机电类专业高职单考单招系列丛书

钳工技术基础

主　编　朱金仙
副主编　何　立
参　编　何　琦　沈榴月　王楚梁　孙庆荣　黄云飞　刘　霞
　　　　吴　迪　侯　迎
主　审　张良华

机 械 工 业 出 版 社

本书是机电类专业高职单考单招系列丛书之一。全书共分为四个单元，主要内容包括钳工入门知识、工具钳工、装配钳工和机修钳工。每个单元都有知识构架，每节内容都按学习要求、学习内容、考点分析和习题练习四部分编排。

本书可作为中等职业学校机械类专业学生基础练习、能力训练、考试复习和高考强化的教学用书，也可作为参加相关岗位培训人员、自考人员和专业爱好者的学习与参考书，更是任教钳工专业课程教师的必备书籍。

图书在版编目（CIP）数据

钳工技术基础／朱金仙主编. —北京：机械工业出版社，2015.2（2024.4重印）

（机电类专业高职单考单招系列丛书）

ISBN 978-7-111-49810-0

Ⅰ. ①钳… Ⅱ. ①朱… Ⅲ. ①钳工—高等职业教育—教学参考资料 Ⅳ. ①TG9

中国版本图书馆 CIP 数据核字（2015）第062690号

机械工业出版社（北京市百万庄大街22号 邮政编码100037）

策划编辑：汪光灿 责任编辑：张云鹏

责任校对：张 薇 封面设计：张 静

责任印制：刘 媛

涿州市般润文化传播有限公司印刷

2024年4月第1版第4次印刷

184mm×260mm · 10印张 · 246千字

标准书号：ISBN 978-7-111-49810-0

定价：29.80元

电话服务

客服电话：010-88361066

010-88379833

010-68326294

网络服务

机 工 官 网：www.cmpbook.com

机 工 官 博：weibo.com/cmp1952

金 书 网：www.golden-book.com

机工教育服务网：www.cmpedu.com

前 言

中等职业学校学生对口升学考试是国家高等职业学校招生考试制度的组成部分，也是我国职业教育人才培养构建中高职“人才培养立交桥”的重要措施。近年来，各省教育部门都在积极探索中等职业教育的发展方向，把对口升学考试作为一项重要的工作来进行。为了帮助广大中职学生全面掌握相关机电类专业的基础知识，做好考前复习，我们组织编写了本书。

本书内容分四个单元，分别是钳工入门知识、工具钳工、装配钳工和机修钳工。通过本书的学习，能使学生掌握工具钳工的基本操作技能，熟悉常用机构的装配工艺，学会机械设备中常见故障的维修。

全书用知识构架归纳各单元的核心知识，每节均设置了学习要求、学习内容、考点分析和习题练习。其中，学习要求主要是结合教学大纲及考试大纲要求，明确本节所要达到的学习要求；学习内容则紧扣教学大纲，与考试大纲紧密结合，且有一定的灵活性，除考试内容之外，还加入了就业岗位所需知识；考点分析是结合考试大纲对一些重要的、必需的知识点进行分析、提示；习题练习主要用于本节的知识巩固和提高。

本书由朱金仙担任主编，何立任副主编，何琦、沈榴月、王楚梁、孙庆荣、黄云飞、刘霞、吴迪、侯迎参与编写，张良华担任主审。在编写过程中，编者参阅了大量的资料和相关文献，并得到了浙江信息工程学校领导、教科室、教务处，以及机电部各位老师的大力支持和帮助，在此深表感谢！

由于编者水平有限，书中错误之处在所难免，恳请广大读者批评指正。

编 者

目　录

第一单元

钳工入门知识

【知识构架】

- 钳工入门知识
  - 钳工基本概念
    - 钳工的定义及分类
    - 钳工的主要任务
      - 加工零件
      - 装配
      - 设备维修
      - 工具的制造和修理
    - 钳工常用设备
      - 台虎钳
      - 钳工工作台
      - 钻床
      - 砂轮机
  - 钳工常用量具
    - 量具的类型
      - 万能量具
      - 专用量具
      - 标准量具
    - 常用量具
      - 游标卡尺
      - 千分尺
      - 百分表
      - 游标万能角度尺
      - 量块
      - 塞尺
    - 量具的维护与保养

第一节　钳工基本概念

【学习要求】

1. 了解钳工在机器制造和设备维修中的地位与重要性。
2. 了解钳工的主要任务。
3. 了解钳工常用设备的操作和保养方法。
4. 熟悉实习场地的规章制度和安全文明生产要求。

【学习内容】

一、钳工的定义及分类

钳工是机械制造中重要的工种之一，在机械生产过程中起着重要的作用。

钳工作业主要包括錾削、锉削、锯削、划线、钻削、铰削、螺纹加工、刮削、研磨、矫正、弯曲和铆接等。钳工是机械制造中最古老的金属加工技术。19 世纪以后，随着各种机床的发展和普及，虽然大部分钳工操作逐步实现了机械化和自动化，但在机械制造过程中钳工仍是广泛应用的基本技术，其原因是：划线、刮削、研磨和机械装配等钳工操作，至今还没有适当的机械化设备可以代替；某些最精密的样板、模具、量具和配合表面（如导轨面和轴瓦等）的加工制作，机械方法不适宜或不能解决，仍需要依靠钳工手工完成；在单件小批生产、修配工作或缺乏设备的情况下，采用钳工制造某些零件仍是一种经济实用的方法。

钳工以手工操作为主，灵活性强、工作范围广。小到自行车，大到航天飞机，它们的装配和维修都离不开钳工；且钳工的好多专业技能像汽车驾驶一样，正逐渐地由职业技能转变为生活技能，车工、铣工、刨工、磨工、电工等很多工种在学习专业技能之前一般也都要先学习一些钳工的基本操作技能。

钳工的工作范围主要有以下三个方面。

1）加工机器所不能加工的表面，如机器内部不便机械加工的表面、精度较高的样板、模具等。

2）除加工外，还可以进行机器的装配。

3）对机器或设备进行调试和维修。

目前，我国《国家职业标准》将钳工分为工具钳工、装配钳工和机修钳工三类。

1. 工具钳工

工具钳工主要从事工具、夹具、量具、辅具、模具、刀具的制造和修理。

2. 装配钳工

装配钳工主要从事工件加工、机器设备的装配、调整工作。

3. 机修钳工

机修钳工主要从事机器设备的安装、调试和维修。

尽管分工不同，但无论哪类钳工，都应当掌握扎实的专业理论知识，具备精湛的操作技能，如划线、錾削、锯削、锉削、钻孔、扩孔、铰孔、攻螺纹、套螺纹、矫正、弯形、铆接、刮削、研磨以及机器装配调试、设备维修、基本测量和简单的热处理等。

二、钳工的主要任务

1. 加工零件

一些采用机械不适宜或不能解决的加工，都可由钳工来完成，如零件加工过程中的划线、检验以及修配等。

2. 装配

装配是指把零件按机械设备的装配技术要求进行组件、部件装配和总装配，并经过调整、检验和试车等，使之成为合格机械设备的过程。

3. 设备维修

当机械设备在使用的过程中发生故障、出现损坏，或长期使用后精度降低，影响使用时，也要通过钳工进行维护和修理。

4. 工具的制造和修理

制造和修理各种工具、夹具、量具及各种专业设备。

三、钳工常用设备及安全文明生产

1. 台虎钳

台虎钳是用来夹持工件的通用夹具，有固定式和回转式两种结构类型，如图 1－1 所示。台虎钳的规格以钳口的宽度进行表示，常用的有 100mm、125mm、150mm 等。

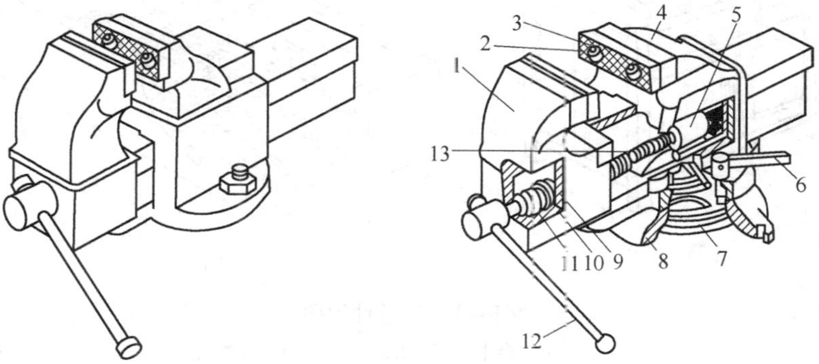

a)　　b)

图 1－1　台虎钳

a）固定式　b）回转式

1—钳身　2—螺钉　3—钳口　4—固定钳身　5—螺母　6，12—手柄　7—夹紧盘　8—转座　9—销　10—挡圈　11—弹簧　13—螺杆

台虎钳使用的安全要求如下。

1）夹紧工件时松紧要适当，只能用手扳紧手柄，不能借助其他工具加力。

2）强力作业时，应尽量使力朝向固定钳身。

3）不允许在活动钳身和光滑平面上敲击作业。

4）对螺杆、螺母等活动表面应经常清洗、润滑，以防生锈。

5）在钳台上安装台虎钳时，钳口高度应以恰好齐人的手肘为宜，如图 1－2 所示。

2. 钳工工作台（简称钳台）

钳工工作台用来安装台虎钳、放置工具和工件等。

钳工工作台使用的安全要求如下。

1）操作者站在钳工工作台的一面工作，对面不允许有人。大型工作台对面有人工作时，工作台必须设置密度适当的安全网。钳工工作台必须安装牢固，不得作铁砧用。

2）钳工工作台上使用的照明电压不得超过 36V。

3）工量具的摆放应按下列要求布置（如图 1－3 所示）。

① 在钳台上工作时，为了取用方便，右手取用的工量具放在右边，左手取用的工量具放在左边，各自排列整齐，且不能让工量具伸出钳台边缘，以免其被碰落损坏或砸伤人脚。

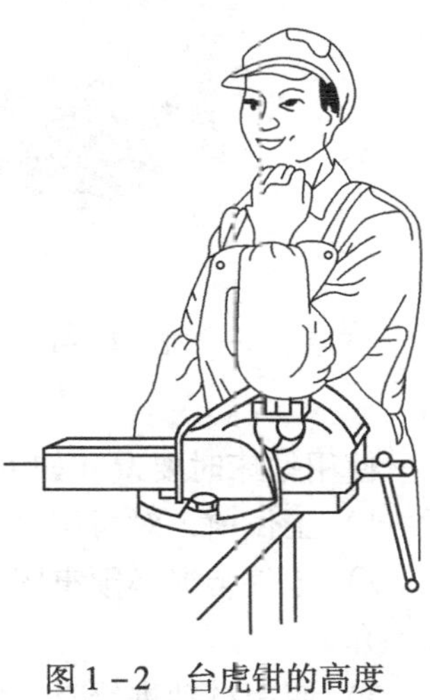

图 1－2　台虎钳的高度

② 量具不能与工具或工件混放在一起，应放在量具盒内

或专用格架上。

③ 常用的工量具，要放在工作位置附近。

④ 工量具收藏时要整齐地放入工具箱内，不应任意堆放，以防损坏或取用不便。

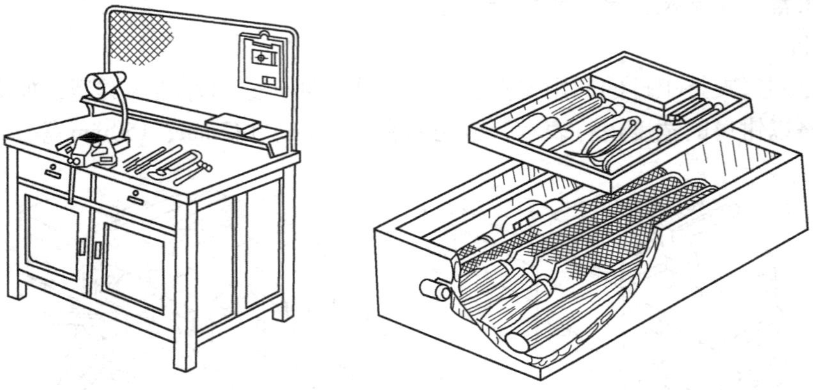

a)　　　　b)

图 1－3　工量具的摆放

a）在钳台上放置　b）在工具箱内放置

3. 钻床

钳工常用的钻床有台式钻床（简称台钻）、立式钻床（简称立钻）和摇臂钻床三种，其中最常用的是台钻，如图 1－4 所示。台钻结构简单，操作方便，用于在小型零件上钻、扩 ϕ12mm 以下的孔。

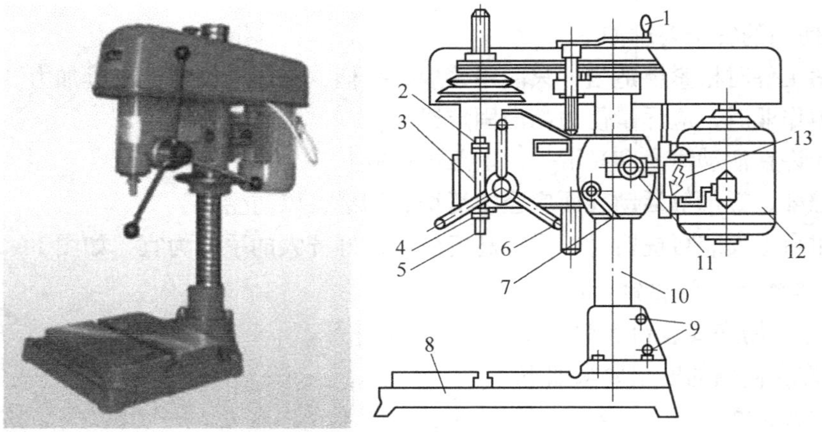

图 1－4　台钻

1—摇把　2—挡块　3—机头　4—螺母　5—主轴　6—进给手柄　7—锁紧手柄　8—底座　9—螺栓　10—立柱　11—螺钉　12—电动机　13—转换开关

使用钻床时要遵守如下安全技术操作规程。

1）工作前，对所用钻床和工具、夹具、量具进行全面检查，确认无误方可操作。

2）工件装夹必须牢固可靠。钻小孔时，应使用工具夹持，不允许用手拿。工作中严禁戴手套。

3）使用自动进给时，要选好进给速度，调整好限位块。手动进给时，一般按照逐渐增压和逐渐减压原则进行，以免用力过猛造成事故。

4）钻头上绕有长铁屑时，要停车清除，禁止用嘴吹、用手拉，要用刷子或铁钩清除。

5）精铰深孔时，取用测量工具时不可用力过猛，以免手撞到刀具上。

6）不准在旋转的刀具下，翻转、卡压和测量工件。手不准触摸旋转的刀具。

7）摇臂钻的横臂回转范围内不准有障碍物。工作前，横臂必须夹紧。横臂和工作台上不准放物件。

8）工作结束后，将横臂降低到最低位置，主轴箱靠近立柱，并且都要夹紧。

4. *砂轮机*

砂轮机如图1－5所示，它主要是作为修磨刀刃具之用，也用作于普通小零件进行磨削、去毛刺及清理等工作。

砂轮机在使用的过程中，要注意如下安全要求。

1）砂轮机起动后应运转平稳，若跳动明显应及时停机修整。

2）砂轮机旋转方向要正确，磨屑只能向下飞离砂轮。

3）砂轮机托架和砂轮之间距离应保持在3mm以内，以防工件扎入造成事故。

4）使用砂轮刃磨工件时，应待空转正常后，由轻而重，拿稳、拿妥，均匀使力。但压力不能过大或猛力磕碰，以免砂轮破裂伤人。

图1－5　砂轮机

5）刃磨工件时，操作者应站在砂轮机侧面，砂轮转动两侧不准站人，以免迸溅伤人。

6）禁止随便起动砂轮或用其他物件敲打砂轮。换砂轮时，要检查砂轮有无裂纹，要垫平夹牢，不准用不合格的砂轮。砂轮完全停转后才能用刷子清理。

【考点分析】

例题1：为保证操作者的安全，钳工工作台照明灯的电压应选（　　）。

A. 380V　　B. 220V　　C. 110V　　D. 36V 以下

解题指导：本题主要考查钳工工作台的安全要求。钳工工作台上使用的照明电压不得超过36V。

参考答案：D

例题2：钻床开动后，操作中允许（　　）。

A. 钻孔　　B. 用棉纱擦钻头

C. 测量工件　　D. 手触钻头

解题指导：本题主要考查使用钻床时的安全技术操作规程。不准在旋转的刀具下，翻转、卡压和测量工件。手不准触摸旋转的刀具。

参考答案：A

【习题练习】

1. 机床照明灯应选（　　）V电压。

A. 6　　B. 24　　C. 110　　D. 220

2. 操作钻床时不能戴（　　）。

A. 帽子　　B. 眼镜　　C. 手套　　D. 口罩

3. 砂轮的形状选择应根据磨削（　　）要求选用。

A. 工件形状　　B. 工件材质　　C. 工件大小　　D. 工件尺寸

4. 手电钻装卸钻头时，按操作规程必须用（　　）。

A. 锤子　　B. 铁棍　　C. 管钳　　D. 钥匙

参考答案：

1. B　2. C　3. A　4. D

第二节　钳工常用量具

【学习要求】

1. 掌握钳工常用量具的刻线原理及读数方法。
2. 掌握应用量具进行测量的操作技能。
3. 熟悉常用量具的维护与保养。

【学习内容】

一、量具的类型

加工零件时，为了保证加工质量，就需要用一些工具来测量。用来测量、检验零件及产品形状和尺寸的工具称为量具。量具的种类很多，根据其用途和特点，可分为万能量具、专用量具和标准量具三种类型。

1. 万能量具

这类量具一般都有标尺，在测量范围内可以测量零件和产品形状及尺寸的具体数值，如游标卡尺、千分尺、百分表和游标万能角度尺等。

2. 专用量具

这类量具不能测量出实际尺寸，只能测定零件和产品的形状及尺寸是否合格，如塞尺等。

3. 标准量具

这类量具只能制成某一固定形状和尺寸，通常用来校对和调整其他量具，也可以作为标准与被测量件进行比较，如量块等。

二、钳工常用量具

1. 游标卡尺

游标卡尺是一种适合于测量中等精度尺寸的量具，可以直接测量出工件的外径、孔径、长度、宽度和孔距等。

（1）游标卡尺的结构　游标卡尺如图 1－6 所示，它由尺身 1 和游标 2 组成，松开锁紧螺母 3 即可推动游标在尺身上移动，两个测量爪 4 和 5 可测量尺寸。测量爪 4 可测量孔径、孔距及槽宽，测量爪 5 可测量外圆和长度等，还可用尺后的测深杆 5 测量孔和沟槽深度。

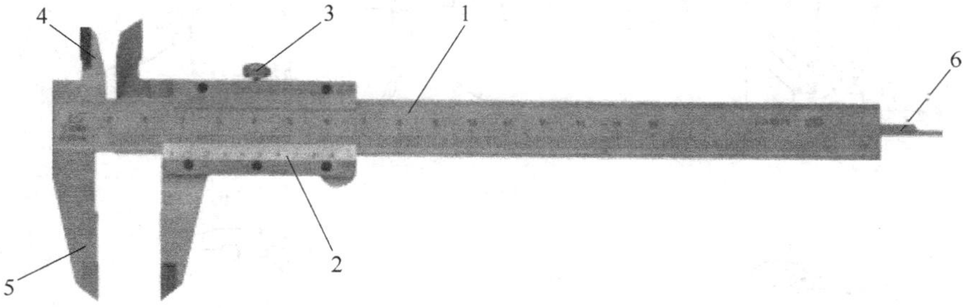

图 1-6　游标卡尺

1—尺身　2—游标　3—锁紧螺母　4，5—测量爪　6—测深杆

（2）游标卡尺的标尺原理　游标卡尺按其分度值，有 0.10mm、0.05mm 和 0.02mm 三种。

1）0.05mm 游标卡尺。如图 1-7a 所示，尺身上每小格是 1mm，当两测量爪合并时，游标上的 20 格刚好与尺身上的 19mm 对正。因此，尺身与游标每格之差为 $1\text{mm}-\frac{19}{20}\text{mm}=0.05\text{mm}$，此差值即游标卡尺的分度值。

2）0.02mm 游标卡尺。如图 1-7b 所示，尺身上每小格是 1mm，当两测量爪合并时，游标上的 50 格刚好与尺身上的 49mm 对正。因此，尺身与游标每格之差为 $1\text{mm}-\frac{49}{50}\text{mm}=0.02\text{mm}$，此差值即游标卡尺的分度值。

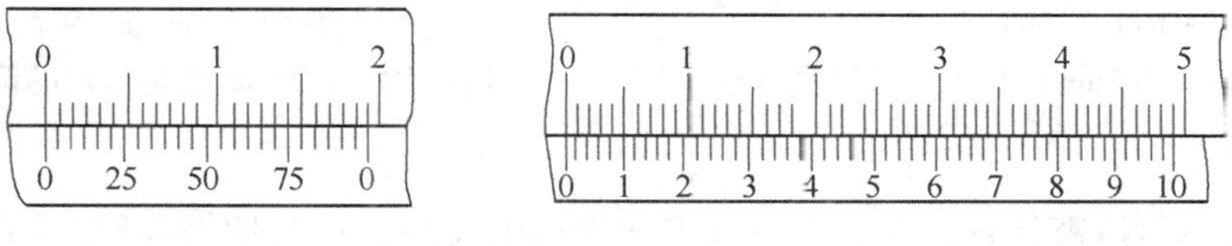

a)　　b)

图 1-7　游标卡尺的刻线原理

a）0.05mm 的游标卡尺　b）0.02mm 的游标卡尺

（3）游标卡尺测量方法和读数方法

1）测量工件宽度如图 1-8a 所示，测量工件外径如图 1-8b 所示，测量工件内径如图 1-8c所示，测量工件深度如图 1-8d 所示。

2）游标卡尺的读数方法。用游标卡尺测量工件时，读法分为三个步骤。

① 读出游标上零线左面尺身上的毫米整数。

② 读出游标上哪一条标尺线与尺身标尺线对齐（第一条零线不算，第二条标尺线开始算起）。

③ 把尺身和游标上的尺寸加起来即为测得尺寸。

0.05mm 和 0.02mm 游标卡尺读数方法相同，分别如图 1-9 和图 1-10 所示。

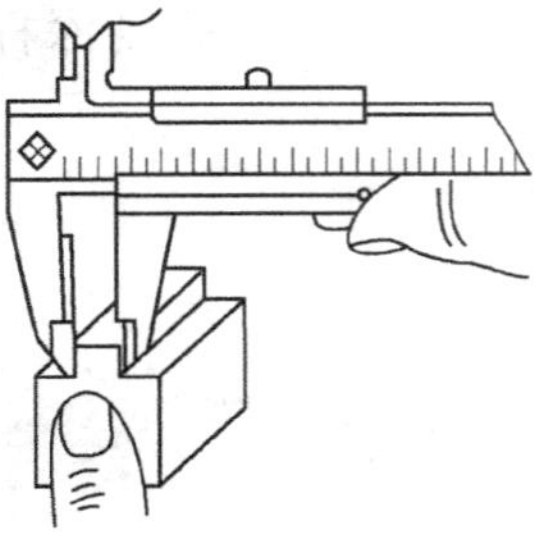

a)

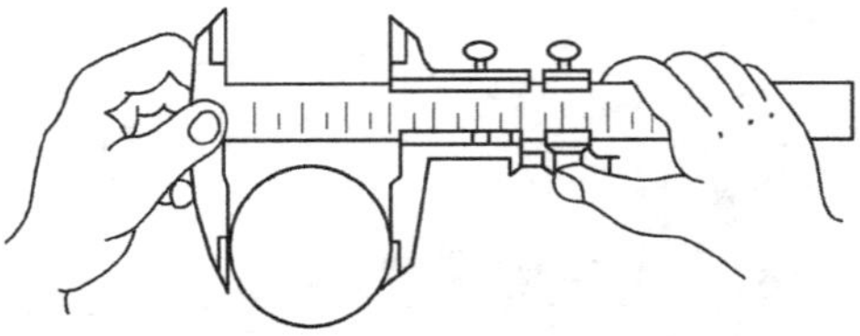

b)

c)

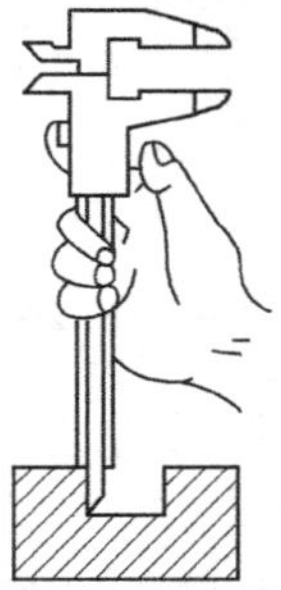

d)

图 1－8　游标卡尺测量方法

a）测量工件宽度　b）测量工件外径　c）测量工件内径　d）测量工件深度

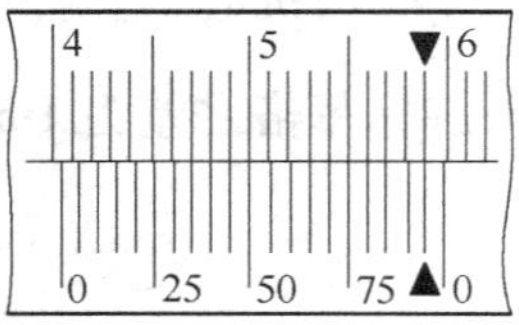

40mm+0.95mm=40.95mm

图 1－9　0.05mm 游标卡尺的读数方法

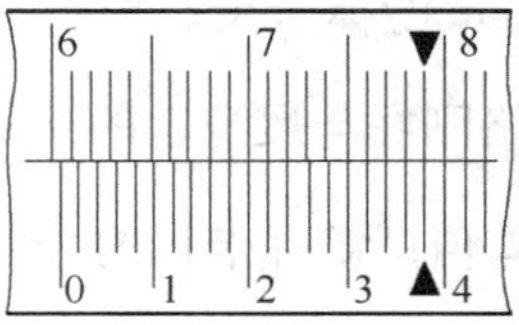

60mm+0.38mm=60.38mm

图 1－10　0.02mm 游标卡尺的读数方法

2. 千分尺

千分尺是一种精密量具，它的测量精度比游标卡尺高，而且比较灵敏。因此，对于加工精度要求较高的工件，要用千分尺来进行测量。

（1）千分尺的结构　图 1－11 所示为千分尺的结构形状，它由固定测砧、测微螺杆、固定套管、微分筒、测力装置、尺架和锁紧装置等组成。

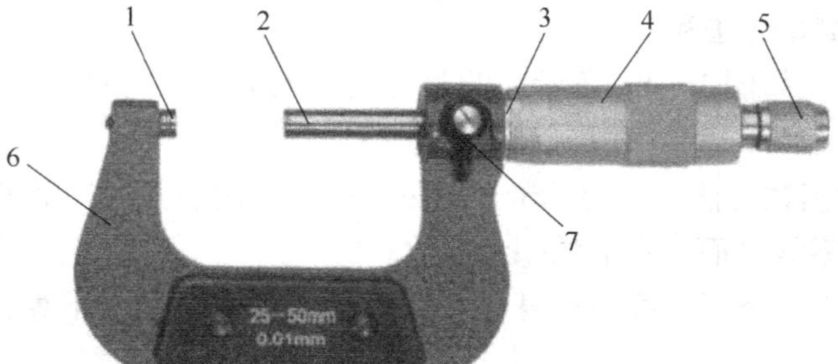

图 1－11　千分尺的结构

1—固定测砧　2—测微螺杆　3—固定套管　4—微分筒　5—测力装置　6—尺架　7—锁紧手柄

（2）千分尺的标尺原理　千分尺的固定套管上刻有主尺标尺，每格0.5mm。测微螺杆右端螺纹的螺距为0.5mm，当微分筒转一周时，螺杆就移动0.5mm。微分筒圆锥面上共刻有50格，因此微分筒每转一格，螺杆就移动0.5mm ÷ 50 = 0.01mm。

（3）千分尺的读法　用千分尺测量工件时，读法分为三个步骤。

1）读出微分筒左侧露出部分在固定套管上的整毫米数和半毫米数。

2）看微分筒上哪一格与固定套管上基准线对齐，并读出不足半毫米的数。

3）把固定套筒和微分筒上的尺寸加起来即为测得的尺寸。

图1－12所示为千分尺的读数方法。

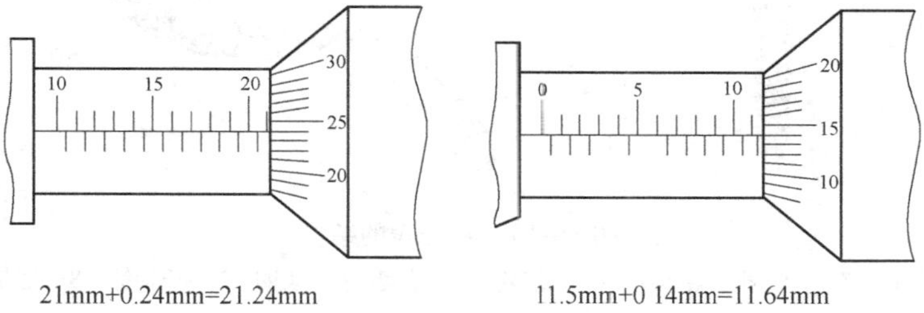

图1－12　千分尺的读数方法

（4）千分尺的测量范围和精度　千分尺的规格按测量范围分为0～25mm、25～50mm、50～75mm、75～100mm等，使用时根据被测工件的尺寸合理选用。

千分尺的制造精度分为0级和1级两种，0级精度最高，1级精度稍差。

3. *百分表*

百分表是一种精度较高的比较量具，它只能测出相对数值，不能测出绝对数值，主要用于测量形状和位置误差，也可用于机床上安装工件时的精密找正。百分表的读数精度为0.01mm。

（1）百分表的结构　百分表的结构如图1－13所示。其中，1是淬硬的测头，用螺纹旋入量杆2的下端。量杆的上端有齿，当量杆上升时，带动齿数为16的小齿轮3，在小齿轮3同轴装有齿数为100的大齿轮4，再由这个齿轮带动中间的齿数为10的小齿轮10。在小齿轮10同轴装有长指针7，因此长指针就随着小齿轮10一起转动。在小齿轮10的另一边装有大齿轮9，在其轴下端装有游丝，用来消除齿轮间的间隙，以保证其精度。该轴的上端装有短指针8，用来记录长指针的转数（长指针转一周时短指针转一格）。拉簧11的作用是使量杆2能回到原位。在表盘5上刻有线条，共分100格。转动表圈6，可调整表盘刻线与长指针的相对位置。

（2）百分表的标尺原理　百分表内的量杆和齿轮的齿距是0.625mm。当量杆上升16齿时（即上升0.625mm × 16 = 10mm），16齿小齿轮转一周，同时齿数为100齿的大齿轮也转一周，就带动齿数为10的小齿轮和长指针转10周，即量杆移动1mm时，长指针转一周，由于表盘上共刻100格，所以长指针每转一格表示量杆移动0.01mm。

（3）百分表的安装方法　用百分表测量工件的尺寸、形位误差时，可把百分表安装在表架上，如图1－14所示。

（4）百分表的测量方法　百分表可用来精确测量零件的圆度、圆跳动、平面度、平行度和直线度等几何误差，也可用来找正工件，如图1－15所示。

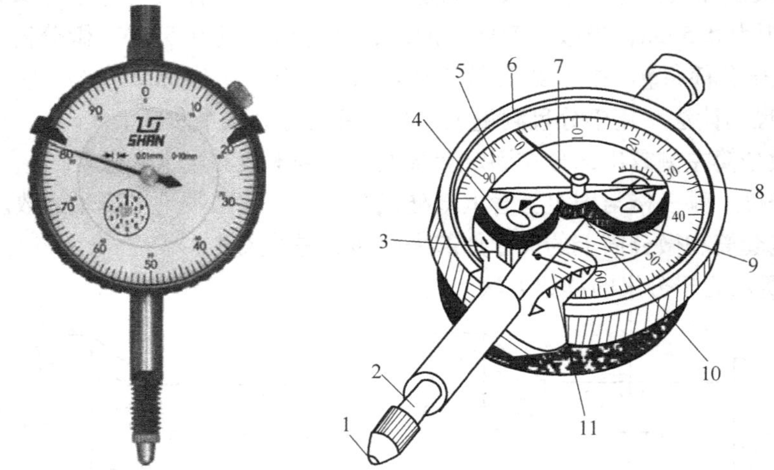

图 1－13 百分表的结构

1—测头 2—量杆 3、10—小齿轮 4、9—大齿轮 5—表盘 6—表圈 7—长指针 8—短指针 11—拉簧

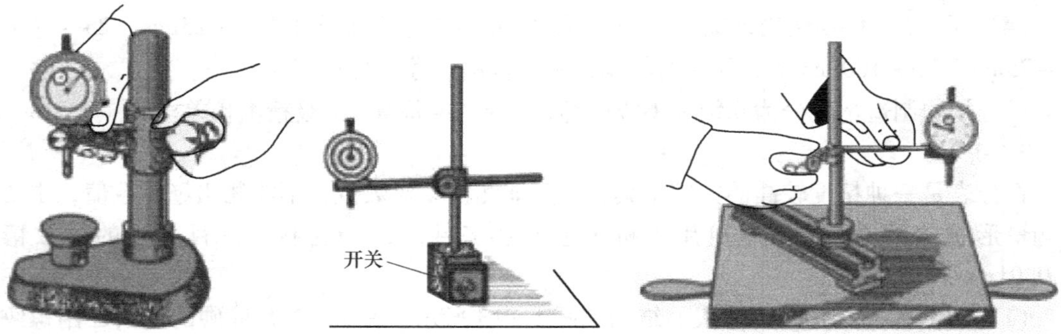

a) b) c)

图 1－14 百分表的安装方法

a）安装在万能表架上 b）安装在磁性表架上 c）安装在普通表架上

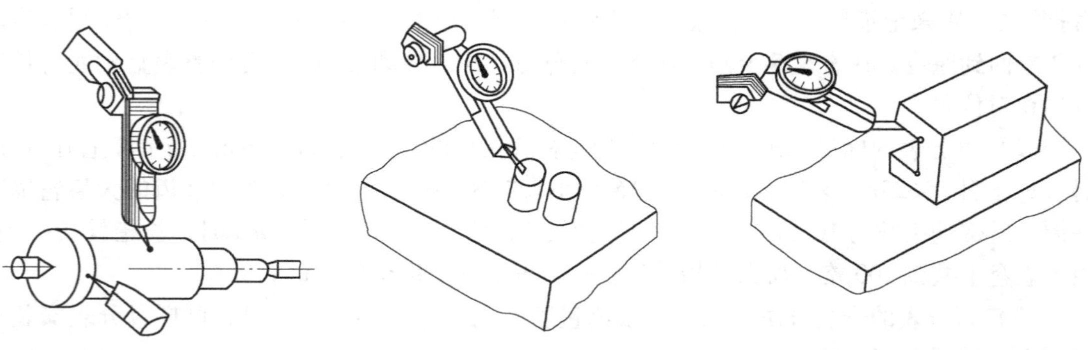

a) b) c)

图 1－15 百分表的测量

a）测量工件径向和端面圆跳动量 b）测量工件的高度 c）测量工件的反向平面

（5）百分表的使用注意事项

1）使用前，应检查测量杆活动的灵活性，即用手轻轻推动测量杆时，测量杆在套筒内的移动要灵活，没有卡涩现象，每次手松开后，指针能回到原来的刻度位置。

2）使用时，必须把百分表固定在可靠的夹持架上，切不可贪图省事，随便夹在不稳固的地方，否则容易造成测量结果不准确，或摔坏百分表。

3）测量时，不要使测量杆的行程超过它的测量范围，不要使测头突然撞到工件上，也不要用百分表测量表面粗糙或有显著凹凸不平的工件。

4）测量平面时，百分表的测量杆要与平面垂直，测量圆柱形工件时，测量杆要与工件的中心线垂直，否则，将导致测量杆活动不灵或测量结果不准确。

5）为方便读数，在测量前一般都让长指针指到刻度盘的零位。

6）百分表不用时，应使测量杆处于自由状态，以免使表内弹簧失效。

4. 游标万能角度尺

（1）游标万能角度尺的结构　如图 1－16 所示，游标万能角度尺由刻有角度刻线的基尺 1 和固定在扇形板 2 上的游标尺 3 组成。扇形板可以在尺身上回转移动，形成与游标卡尺相似的结构。直角尺 5 可用卡块 4 固定在扇形板 2 上，直尺 6 用支架固定在直角尺 5 上，如果拆下直角尺 5，也可将直尺 6 固定在扇形板上。

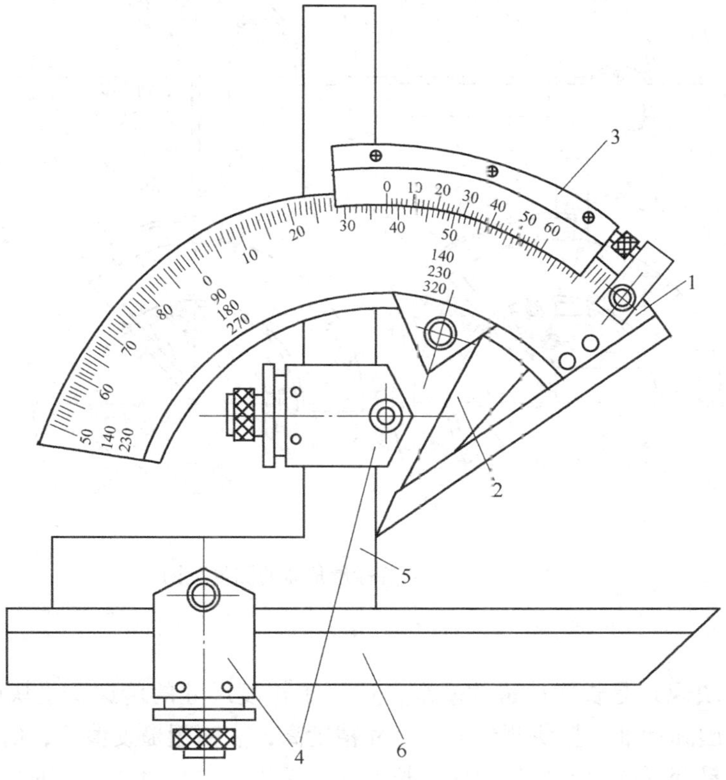

图 1－16　游标万能角度尺

1—基尺　2—扇形板　3—游标尺　4—卡块　5—直角尺　6—直尺

（2）游标万能角度尺的刻线原理　基尺刻线每格1°，游标尺刻线是将基尺上29°所占的弧长等分为30格，即每格所对的角度为29°/30，因此游标尺1格与基尺1格相差1°－29°/30＝1°/30＝2′，即游标万能角度尺的测量精度为2′。

游标万能角度尺的读数方法和游标卡尺相似，先从基尺上读出游标尺零线前的整度数，再从游标尺上读出角度“′”的数值，两者相加就是被测得角度数值。

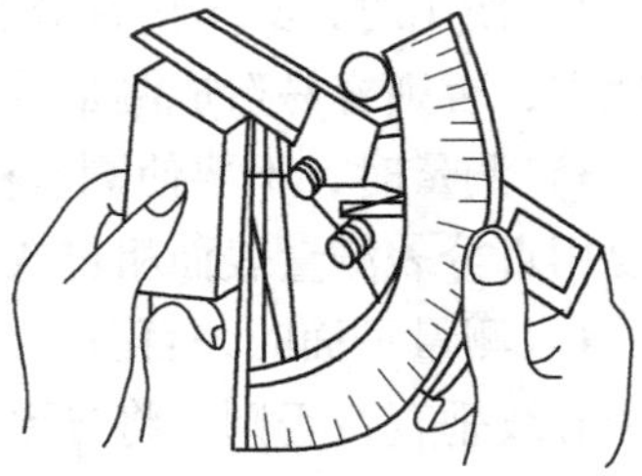

图1－17　测量工件角度

（3）游标万能角度尺的测量方法和测量范围

1）游标万能角度尺的测量方法。用游标万能角度尺对工件角度进行测量时，其方法如图1－17所示。

2）游标万能角度尺的测量范围。由于直尺和直角尺可以移动和拆换，因此游标万能角度尺可以测量0°～320°的任何角度，如图1－18所示。

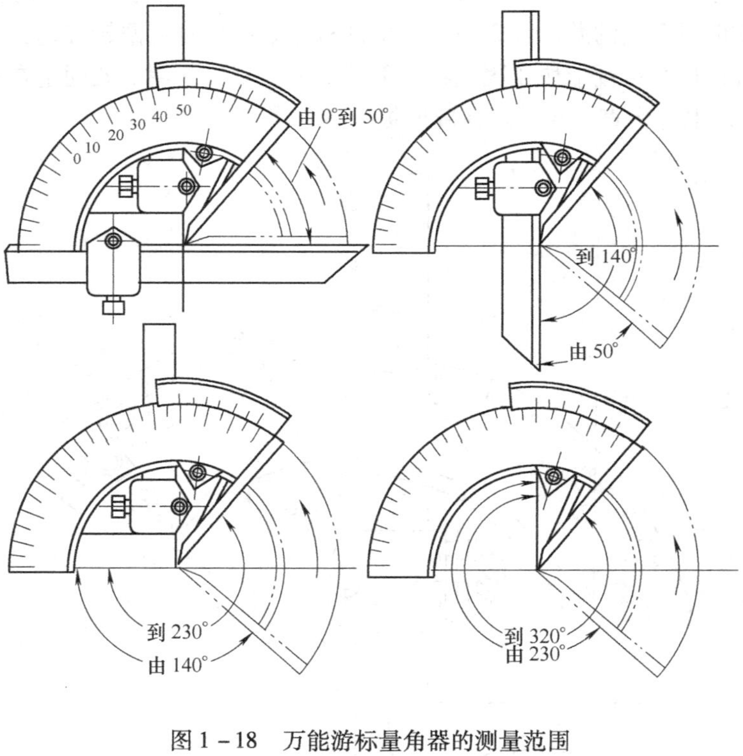

图1－18　万能游标量角器的测量范围

5. 量块

量块（又称块规）是长度计量的基准，适用于长度尺寸的传递，量块的各项精度指标符合国家标准及国际标准。量块测量面的尺寸精度高，表面粗糙度值低，研合力好，尺寸稳定。量块是用不易变形的耐磨材料制成的长方形六面体，它有两个工作面，即测量面，是一对相互平行且平面误差及表面粗糙度值极小的平面（图1－19）。其余为非工作面，在非工作面采用激光标记的先进工艺，字型美观、清晰。量块一般成套使用，装在特制的木盒中，如图1－20所示。常用的成套量块的基本尺寸和块数见表1－1。

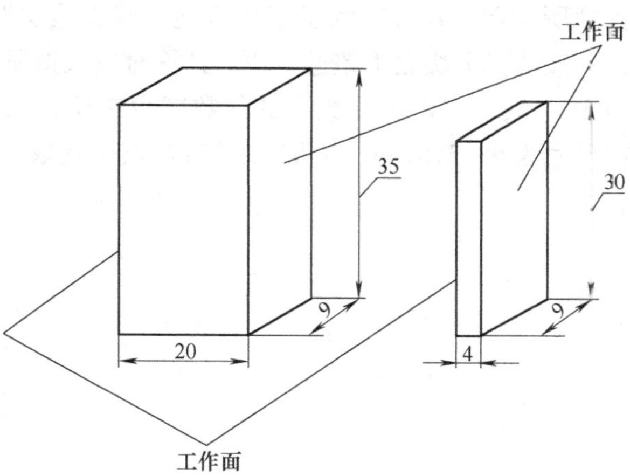

图 1－19　量块工作面

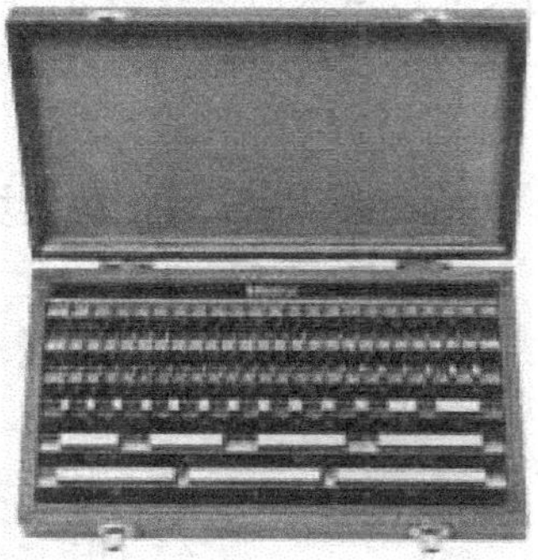

图 1－20　量块

表 1－1　量块成套表（GB/T 6093—2001）

编　号	总块数	级　别	公称尺寸系列/mm	间隔/mm	块　数	质　量
901－01	91	00，0，k，1，2	0.5，1.0	—	2	1.843
			1.001，1.002，1.003，…，1.009	0.001	9	
			1.01，1.02，1.03，…，1.49	0.01	49	
			1.5，1.6，1.7，…，1.9	0.1	5	
			2.0，2.5，3.0，…，9.5	0.5	16	
			10，20，30，…，100	10	10	
0.5	83	00，0，k，1，2	0.5，1.0，1.005	—	3	1.764
			1.01，1.02，1.03，…，1.49	0.01	49	
			1.5，1.6，1.7，…，1.9	0.1	5	
			2.0，2.5，3.0，…，9.5	0.5	16	
			10，20，30，…，100	10	10	
－03	46	0，k，1，2	1.0	—	1	1.580
			1.001. 1.002. 1.003，…，1.009	0.001	9	
			1.01，1.02，1.03，…，1.09	0.01	9	
			1.1，1.2，1.3，…，1.9	0.1	9	
			2，3，4，…，9	1	8	
			10，20，30，…，100	10	10	
－04	38	0，k，1，2（3）	1.0，1.005	—	2	1.563
			1.01，1.02，1.03，…，1.09	0.01	9	
			1.1，1.2，1.3，…，1.9	0.1	9	
			2，3，4，…，9	1	8	
			10，20，30，…，100	10	10	
－05	<10	0，1	0.991，0.992，0.993，…，1	0.001	10	0.021
－06	>10	0，1	1，1.001，1.002，…，1.009	0.001	10	0.021
－07	<10	0，1	1.991，1.992，1.993，…，2	0.001	10	0.04
－08	>10	0，1	2，2.001，2.002，…，2.009	0.001	10	0.042
－09	8	0，1，2	125，150，175，200 250，300，400，500		8	5.020
－10	5	0，1，2	600，700，800，900，1000		5	9.780

把不同公称尺寸的量块进行组合可得到所需要的尺寸。为了工作方便，减少累积误差，选用量块时，应尽可能选用最少的块数，一般情况下块数不超过5块。计算时应根据所需组合的尺寸，从最后一位数字开始选择，每选一块，应使尺寸数字的位数减少一位，以此类推，直至组合成完整的尺寸。例如，所需尺寸为68.315mm，从83块一套的盒中选取：

68.315	组合尺寸
-1.005	第1块量块尺寸
67.31	
-1.31	第2块量块尺寸
66	
-6	第3块量块尺寸
60	第4块量块尺寸

即选用1.005mm、1.31mm、6mm和60mm共4块量块。

（1）量块的用途　量块因具有结构简单、尺寸稳定、使用方便等特点，在实际检测工作中得到非常广泛的应用。

1）作为长度尺寸标准的实物载体，将国家的长度基准按照一定的规范逐级传递到机械产品制造环节，实现量值统一。

2）作为标准长度标定量仪，检定量仪的示值误差。

3）相对测量时以量块为标准，用测量器具比较量块与被测尺寸的差值。

4）也可直接用于精密测量、精密划线和精密机床的调整。

（2）量块在使用过程中的注意事项

1）量块必须在使用有效期内，否则应及时送专业部门检定。

2）使用环境良好，防止各种腐蚀性物质及灰尘对测量面的损伤，影响其粘合性。

3）分清量块的“级”与“等”，注意使用规则。

4）所选量块应用航空汽油清洗、洁净软布擦干，待量块温度与环境温度相同后方可使用。

5）轻拿、轻放量块，杜绝磕碰、跌落等情况的发生。

6）不得用手直接接触量块，以免造成汗液对量块的腐蚀及手温对测量精确度的影响。

7）使用完毕，应用航空汽油清洗所用量块，并擦干后涂上防锈脂存于干燥处。

6. 塞尺

塞尺又称厚薄规，如图1-21所示，它是用来检验两个结合面之间间隙大小的片状量规。

图1-21　塞尺

使用塞尺时，根据间隙的大小，可用一片或数片重叠在一起插入间隙内。例如，用0.2mm的塞尺可以插入工件结合面之间的间隙，而0.25mm的塞尺插不进去时，说明结合面之间的间隙在0.2～0.25mm之间。

塞尺的片有的很薄，容易弯曲和折断。测量时，不可用力硬塞塞尺，以防止塞尺弯曲甚至折断；此外，还应注意不能测量温度较高的工件。塞尺用完后，要及时擦拭干净，并合到夹板中去。

三、量具的维护与保养

为了保持测量工具的精度，延长其使用寿命，不但使用方法要正确，还必须做好量具的维护与保养。

1）使用前应先熟悉测量工具的规格、性能、使用方法和使用注意事项。

2）测量前应将测量工具的测量面和被测工件的被测表面擦净，以免因脏物的存在而影响测量精度。用精密测量工具测量粗糙的锻造毛坯或带有研磨剂的工件表面是错误的，这样易使测量面很快磨损而失去原有精度。

3）量具在使用过程中，不要和工具、刀具放在一起，以免碰坏；也不要随意放在机床上，以免因机床振动而使量具掉下来损坏。

4）温度对测量结果影响很大，一般测量可在室温下进行。量具应存放在20℃的恒温室内，不应放在热源（电炉、暖气片等）附近，以免受热变形或腐蚀而失去精度。

5）不要把量具放在磁场附近（如磨床的磁性工作台等），以免使量具磁化。

6）量具应经常保持清洁。量具用完后，应及时擦净、涂油，放在专用盒中，保存在干燥处，以免生锈。

7）精密量具应实行定期鉴定和保养，发现精密量具有不正常时，应及时送交计量室检修，以免其示值误差超差而影响测量结果。

【考点分析】

例题1：千分尺属于（　　）。

A. 标准量具　　B. 万能量具　　C. 游标量具　　D. 专用量具

解题指导：本题主要考查量具的类型。量具有万能量具、标准量具和专用量具三种，其中千分尺属于万能量具。

参考答案：B

例题2：用游标卡尺测量工件尺寸时，测量数值是（　　）。

A. 尺身数值　　B. 游标数值

C. 计算数值　　D. 尺身数值+游标数值

解题指导：本题主要考查游标卡尺的读数方法。游标卡尺的读数方法分为三个步骤：先读尺身数值，再读游标数值，最后把两次所读数值进行相加便是最终测量数值。

参考答案：D

【习题练习】

1. 测量$\phi50^{+0.01}_{-0.05}$mm的工件尺寸时可选用（　　）mm精度的量具。

　A. 0.05　　B. 0.1　　C. 0.01　　D. 0.02

2. 游标卡尺测量工件尺寸时，小数值是从（　　）读出的。

　A. 基尺　　B. 游标　　C. 尺身和游标　　D. 通过计算

3. 长度量块有（　　）个测量面。

A. 1　　B. 2　　C. 3　　D. 4

4. 内径百分表的表盘沿圆周有（　　）个标线。

A. 50　　B. 60　　C. 80　　D. 100

5. 量具在使用过程中，与工件（　　）放在一起。

A. 不能　　B. 能　　C. 有时能　　D. 有时不能

参考答案：

1. C　2. B　3. B　4. D　5. A

第二单元

工具钳工

【知识构架】

- 工具钳工
  - 划线
    - 划线概述
    - 常用的划线工具
    - 划线的操作方法
    - 划线工具的维护与保养
  - 錾削
    - 錾削的基本概念
    - 錾削的基本操作
    - 錾削注意事项
  - 锯削
    - 常用的锯削工具
    - 锯削的操作方法
    - 各种材料的锯削方法
    - 锯削时存在的问题
    - 锯削注意事项
  - 锉削
    - 锉削概述
    - 锉削的相关工艺知识
    - 锉削时产生废品的原因及预防方法
    - 锉刀的维护与保养
    - 锉削注意事项
  - 孔加工
    - 钻孔
    - 扩孔
    - 锪孔
    - 铰孔
  - 螺纹加工
    - 螺纹加工的相关工艺知识
      - 攻螺纹
      - 套螺纹
    - 螺纹加工注意事项
  - 刮削
    - 刮削概述
    - 常用的刮削工具
    - 刮削姿势
    - 刮削精度的检验
    - 刮削注意事项
  - 研磨
    - 研磨概述
    - 常用的研具材料
    - 常用的研磨剂
    - 研磨要点
    - 研磨注意事项

第一节 划 线

【学习要求】

1. 掌握划线的种类及作用。
2. 熟练掌握划线基准的选择方法。
3. 正确使用各种划线工具，掌握划线方法。
4. 划线操作应达到线条清晰、粗细均匀、尺寸误差小于 ±0.03mm。
5. 懂得划线工具的维护与保养。

【学习内容】

一、划线概述

根据图样或技术文件要求，在毛坯或半成品上用划线工具划出加工界线，或作为找正检查依据的辅助线，这种操作称为划线。

划线不仅能使加工时有明确的界线和加工余量，还能及时发现不合格的毛坯，以免因采用不合格毛坯而浪费工时。当毛坯误差不大时，可通过划线借料得到补偿，从而提高毛坯的合格率。

对划线的要求是线条清晰均匀，定形、定位尺寸准确。考虑到线条宽度等因素，一般要求划线精度能达到0.25～0.5mm。工件的完工尺寸不能完全由划线确定，而应在加工过程中，通过测量以保证尺寸的准确性。

1. 划线的种类

划线分为平面划线和立体划线两种。

（1）平面划线　只需在工件的一个表面上划线便能明确表示加工界线的称为平面划线，如图2－1所示。例如，在板料、条料表面上划线，在复杂零件的几个互相平行的平面上划线都属于平面划线。平面划线是基本的划线方法，因此必须要掌握。

（2）立体划线　在工件几个互成不同角度（通常是互相垂直）的表面上划线才能明确表示加工界线的，称为立体划线，如图2－2所示。例如，划出矩形块各表面的加工线，以及支架、箱体等表面的加工线都属于立体划线。立体划线通常在划线平台上进行，划线时，工件多用千斤顶来支承，有的工件也可用方箱、V形块等支承。

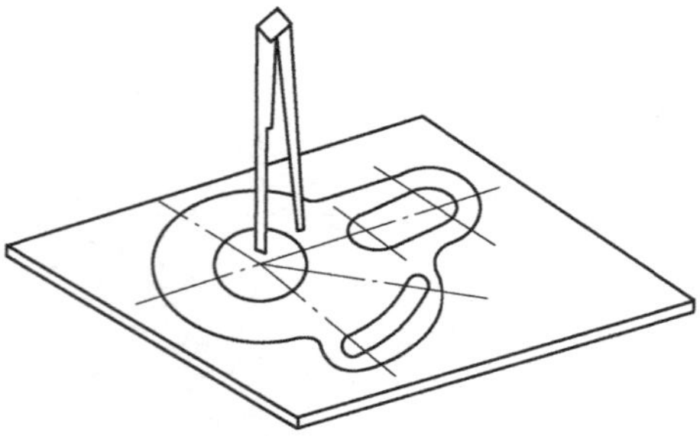

图2－1　平面划线

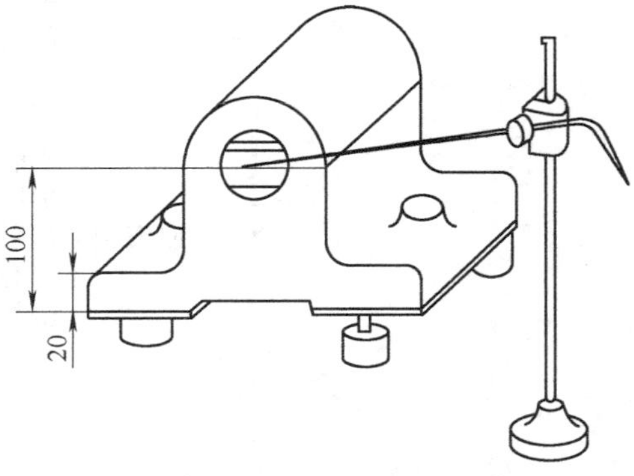

图2－2　立体划线

2. 划线的作用

划线不仅在毛坯表面上进行，也经常在已加工过的工件表面上进行，划线的作用主要有以下两个。

1）确定各表面的加工余量，确定孔的位置，使机械加工有明确的尺寸标志。

2）通过划线可以检查毛坯是否正确。毛坯误差小时，可以通过划线找正补救；无法找正补救的误差大的毛坯，也可通过划线及时发现，避免加工后造成损失。

划线是机械加工的主要工序之一，广泛应用于单件和小批量生产，是钳工必须掌握的一项重要操作。在划线前一定要看清图样，特别要注意视图方向，当划线发生错误或准确度太低时，就有可能造成工件报废。因此，划线时要全神贯注，反复核对尺寸、划线位置，小心仔细，避免出差错。

3. 划线基准的选择

划线基准是指在划线时选择工件上的某个点、线、面作为依据，并用它来确定工件的各部分尺寸、几何形状及工件上各要素的位置。合理地选择划线基准是划线工作的关键，只有划线基准选择得好，才能提高划线的质量和效率以及工件的合格率。

划线基准一般可根据以下三种类型选择。

1）以两个互相垂直的平面（或线）为基准。在零件上互相垂直的两个方向的尺寸可以看出，两个方向的许多尺寸都是依照它们的外平面（在图样上是一条线）来确定的。此时，这两个外平面就分别是两个方向的划线基准。

2）以两条相互垂直的中心线为基准。在零件上两个方向的尺寸与其中心线具有对称性，并且其他尺寸也从中心线起始标注。此时，这两条中心线就分别是这两个方向的划线基准。

3）以一个平面和与之垂直的中心线为基准。在零件上高度方向的尺寸是以底面为依据的，因此底面就是高度方向的划线基准，而宽度方向的尺寸相对于中心线对称，因此中心线就是宽度方向的划线基准。

划线基准的类型见表2-1。

表2-1　划线基准的类型

分　类	图　示	说　明
以两个相互垂直的平面（或线）为基准	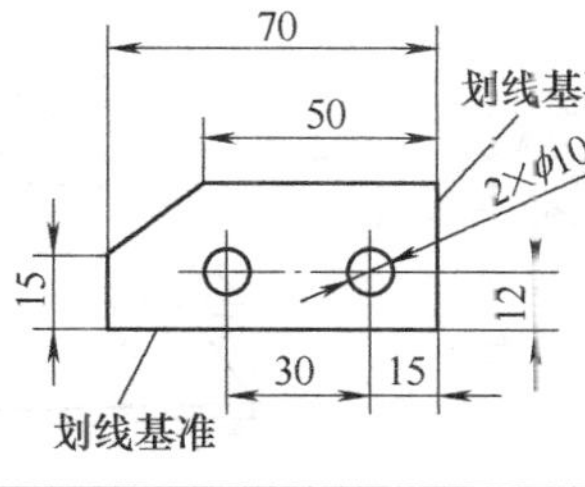	从图上相互垂直的两个方向的尺寸可以看出，两个方向上大部分尺寸都是依照它们的外平面（或底面）来确定的，此时，这两个平面分别是两个方向的划线基准
以两条相互垂直的中心线为基准	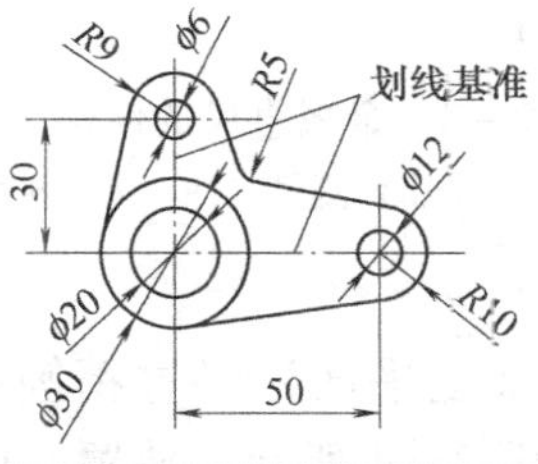	从图中可以看出，φ30mm圆的两条相互垂直中心线是其他尺寸标注的起点，也是其他几何要素的划线基准

（续）

分　类	图　示	说　明
以一个平面和与之垂直的中心线为基准	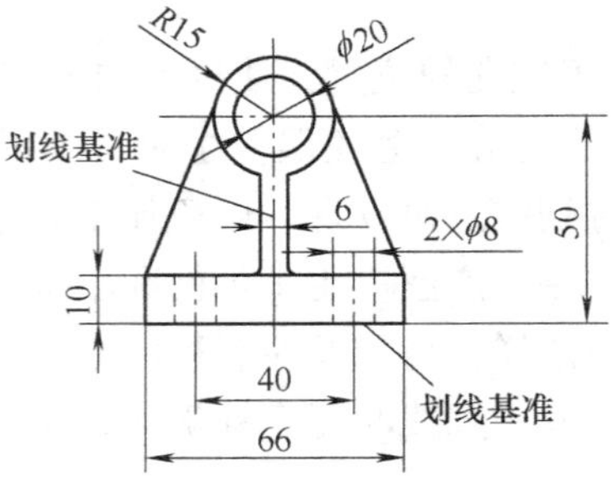	从图中可以看出，工件底面是高度方向的划线基准，中心线是工件左右的对称中心线，是宽度方向的划线基准

4. 划线涂料

为使划出的线条清晰可见，划线前应在零件划线部位涂上一层薄而均匀的涂料。常用划线涂料配方和应用场合见表2－2。

表2－2　常用划线涂料配方和应用场合

名　称	涂料配方	应用场合
石灰水	稀糊状熟石灰水，加适量骨胶合桃胶	大中型铸件、锻件毛坯
蓝油	2%～4%龙胆紫（青莲、普鲁士蓝）加3%～5%漆片（洋干漆）和91%～95%酒精混合	已加工表面
硫酸铜溶液	100g水中加1～1.5g硫酸铜和少许硫酸	形状复杂的工件或已加工表面

二、常用划线工具

1. 金属直尺

金属直尺是一种简单的尺寸量具，在尺面上刻有尺寸标尺，最小标尺间距为0.5mm，它的长度规格有150mm、300mm、1000mm等多种。主要用来量取尺寸、测量工件，也可作划直线时的导向工具，如图2－3所示。

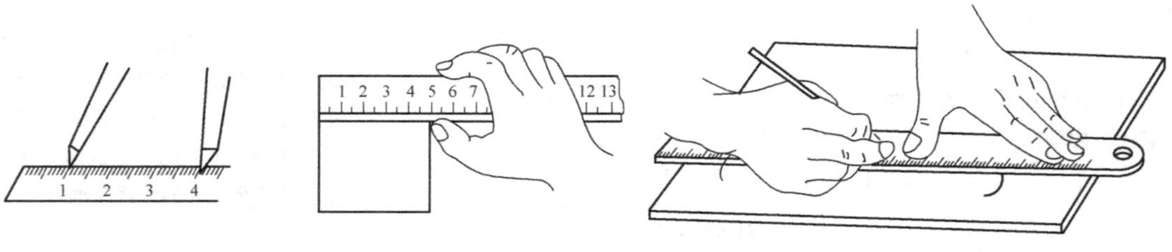

a)　　b)　　c)

图2－3　金属直尺的使用

a）量取尺寸　b）测量工件　c）划直线

2. 划线平台

划线平台由铸铁制成，工作表面（上平面）经过精刨或刮削加工，作为划线时的基准平面。划线平台一般用木架支承，如图2－4所示，放置时应使工作平面处于水平状态。

划线平台的正确使用和保养方法如下：

1）安装时，使工作面保持水平位置，以免日久变形。

2）要经常保持工作面的清洁，防止铁屑、砂粒等划伤平台表面。为防止平台受撞击，使用工件、工具时要轻放。

图2－4　划线平台

3）平台工作面各处要均匀使用，以免局部磨损。

4）划线结束后要把平台表面擦净，并涂防锈油。

5）按规定进行定期检查，并给予及时调整、研修，以保证工作面的水平状态及平面度。

3. 划针

划针是在工件上划线的基本工具，由弹簧钢丝或高速钢制成，划针的直径一般为ϕ3～ϕ4mm，尖端用手工磨成15°～20°的尖角（如图2－5所示），并经热处理淬火使之硬化。划线时，针尖要紧靠导向工具的边缘，上部向外侧倾斜成15°～20°角，如图2－6所示，向划线方向倾斜45°～75°角，如图2－7所示。划线要一次划成，划出的线条要清晰、准确。

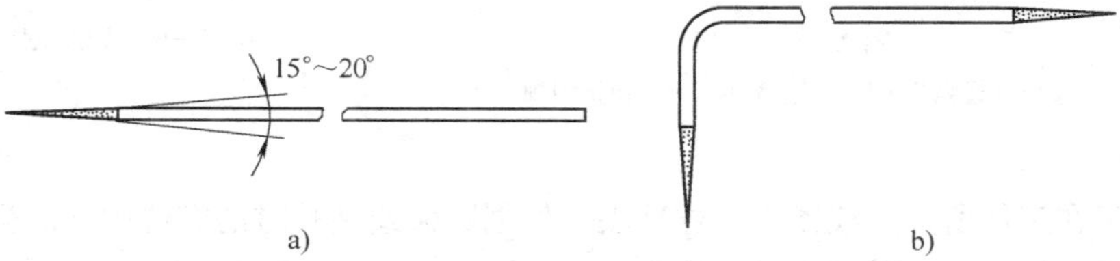

图2－5　划针

a）直划针　b）弯头划针

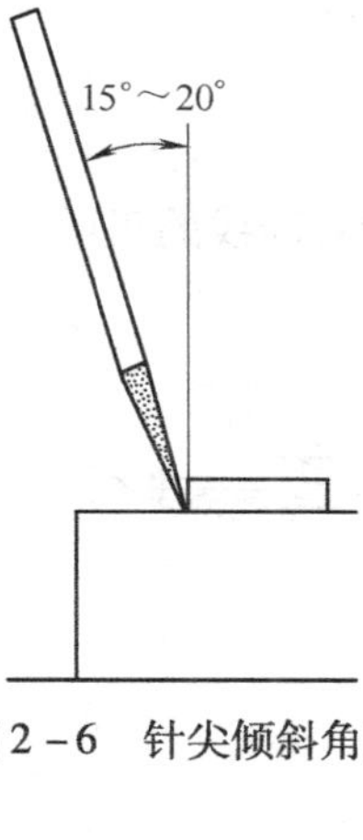

图2－6　针尖倾斜角度

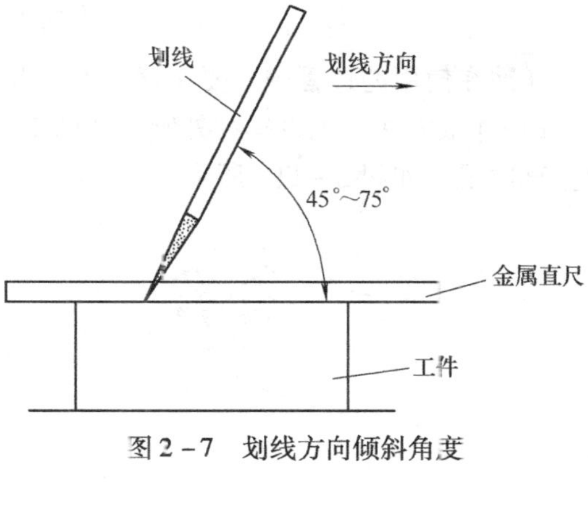

图2－7　划线方向倾斜角度

4. 划规

划规如图2－8所示，它用来划圆和圆弧、等分线段、等分角度以及量取尺寸等。划规一般用中碳钢或工具钢制成，两脚尖刃磨后进行淬硬处理，有的在两脚端部焊有一段硬质合金。

常用的划规有普通划规、扇形划规和弹簧划规。其中普通规划因结构简单制造方便，应用较广，但要求两脚铆接处松紧适度：过松，在测量和划线时易使两脚活动，使尺寸不稳定；过紧，又不便调整。扇形划规因有锁紧装置，两脚间的尺寸较稳定，结构也较简单，常用于粗毛坯表面的划线。弹簧划规易于调整尺寸，但用来划线的一脚易滑动，因此只限于在半成品表面上划线。

划规两脚的长度要磨得稍有不等，而且两脚合拢时脚尖能靠紧；划规的脚尖应保持尖锐，以保证划出的线条清晰均匀；用划规划圆时，作为旋转中心的划规脚应加以较大的压力，避免中心滑动，另一脚以较轻的压力在工件表面划出圆和圆弧，如图 2－9 所示。

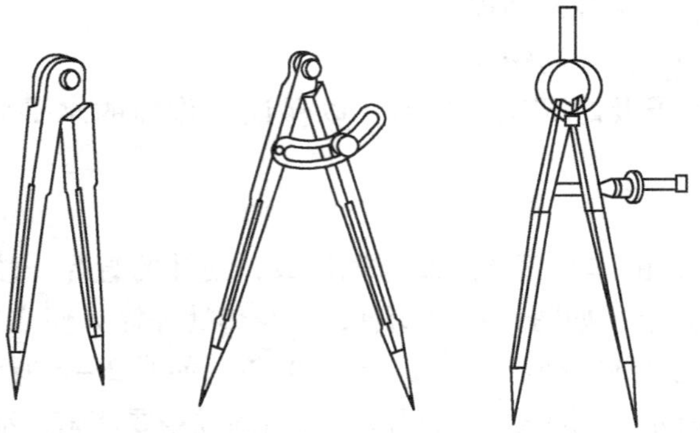
a)　b)　c)

图 2－8　划规

a）普通划规　b）扇形划规　c）弹簧划规

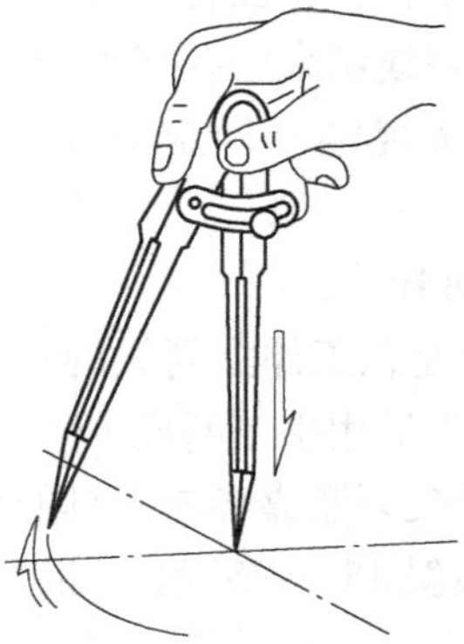
图 2－9　划规划圆

5. 样冲

样冲用于在工件所加工线条上打样冲眼，作划圆弧或钻孔时的定位中心。样冲一般用工具钢制成，尖端处淬硬，其顶尖处角度为 60°左右（如图 2－10 所示）。

图 2－10　样冲

样冲在使用的过程中，要注意以下几点：

1）冲眼方法：先将样冲外倾，如图 2－11a 所示，使尖端对准线的正中，手要搁稳，然后立直冲眼，如图 2－11b 所示。

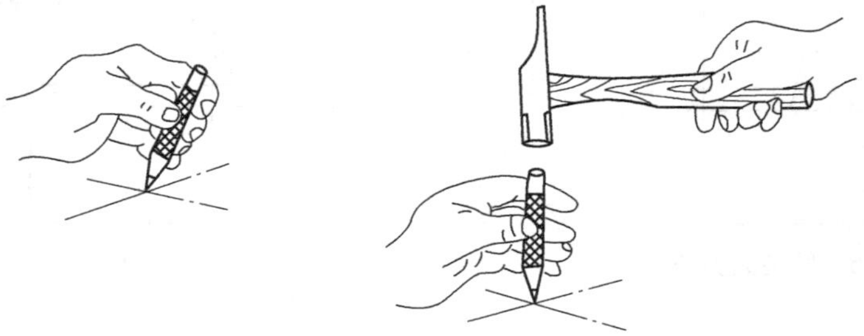
a)　b)

图 2－11　样冲冲眼方法

2）位置要准确，冲眼不可偏离线条，如图 2－12 所示。

3）对打歪的样冲眼，应先将样冲斜放着向划线的交点方向轻轻敲打，当样冲眼的位置找正到已对准划好的线后，把样冲立直再打一下。

4）曲线冲眼距离要小一些，小于 ϕ20mm 的圆周线应有 4 个冲眼；大于 ϕ20mm 的圆周线应有 8 个冲眼。

5）在长直线上的冲眼距离可大些，但短直线至少有 3 个冲眼。

6）线条转折点处必须冲眼。

7）冲眼的深浅要掌握适当，在薄壁上或光滑表面上冲眼要浅，粗糙表面上要深些。

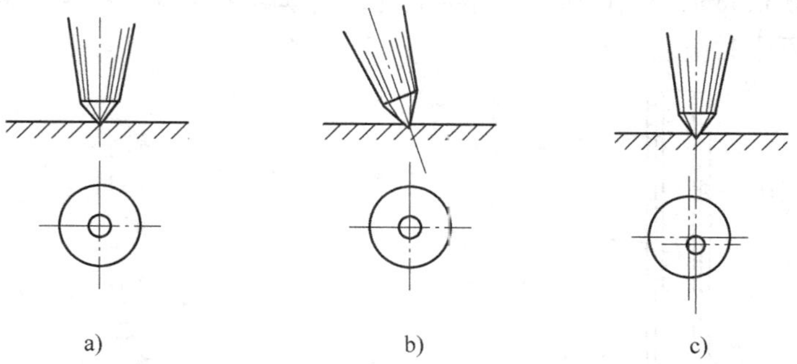

图 2－12　样冲眼

a）正确　b）不垂直　c）偏心

6. 划针盘

划针盘是在工件上划线和找正工件位置常用的工具，如图 2－13 所示。划针的直头端用来划线，弯头端用于对工件安装位置的找正。

划针盘在使用过程中，划针伸出的长度应该尽量短些，并且夹紧要牢固，手握划针盘盘座，使盘座紧贴平板台面，这样划针盘的刚性较好，划针不会抖动；划针与工件表面沿划线方向成 40°～60°角，以减少划线阻力和防止针尖扎入工件表面；划较长线段时，应采用分段连接划线；划针盘不用时，应使划针处于直立状态，保证安全和减少所占空间。

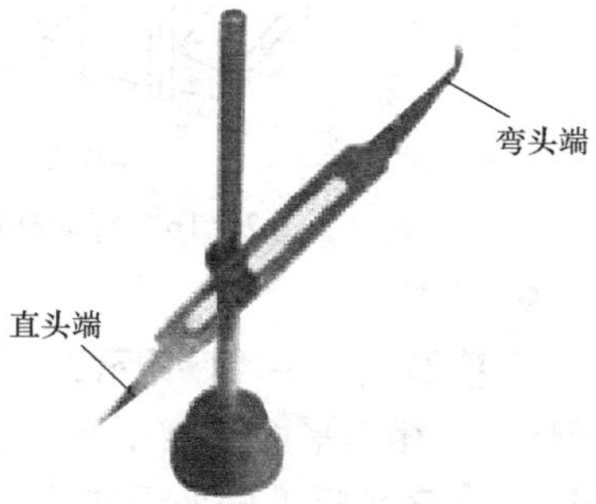

图 2－13　划针盘

7. 90°角尺（图 2－14）

在划线时常用作划平行线（图 2－15a）或垂直线（图 2－15b）的导向工具，也可用来找正工件表面在划线平台上的垂直位置。

图 2－14　90°角尺

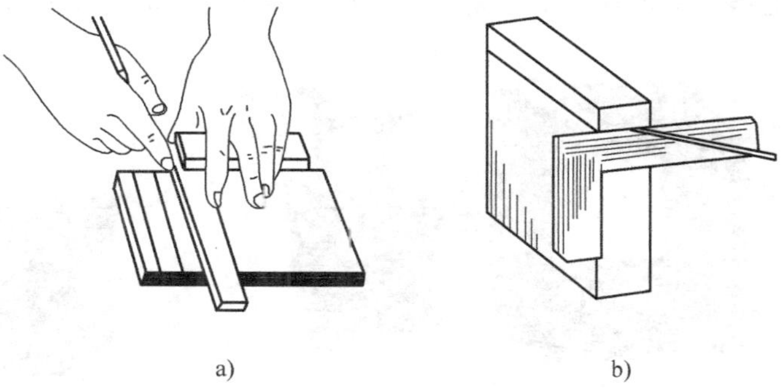

图 2－15　90°角尺的使用

划线前，首先把90°角尺和工件擦干净；划线时，90°角尺尺座内侧要与基准面重合，沿90°角尺另一边划线，就可得与工件基准边相垂直的线条。

8. 高度尺

图2-16所示为普通高度尺，由金属直尺和底座组成，用以给划针盘量取高度尺寸。图2-17所示为高度游标卡尺，它是普通高度尺和划针盘的组合，划针脚前端镶硬质合金，其分度值一般为0.02mm，可作为精密划线工具，其读数方法与游标卡尺相同。高度游标卡尺要防止锈蚀，不用时应装入专用盒中。

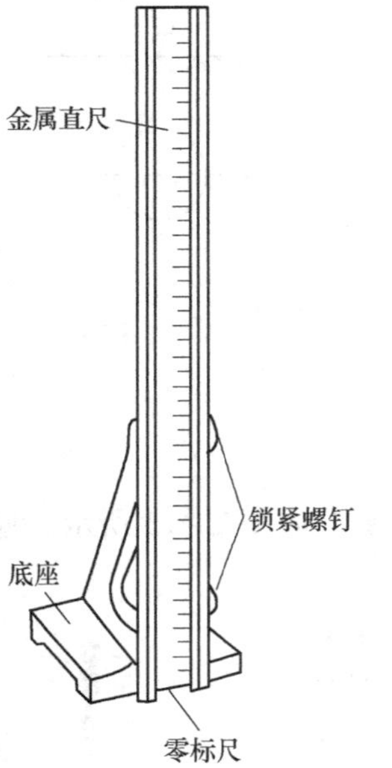

图2-16 普通高度尺

图2-17 高度游标卡尺

9. 方箱

方箱如图2-18所示，通常由灰铸铁制成，一般是100mm见方，分度值通常为0.01mm，相对平面互相平行，相邻平面互相垂直，允许误差均在0.01mm之内。划线时，可用C形夹头将工件夹于方箱上，再通过翻转方箱，便可在一次安装情况下，将工件上互相垂直的线全部划出来。

10. V形块

V形块如图2-19所示，它主要用来安放轴、套筒、圆盘等圆形工件，以便找中心与划出中心线。V形块一般都是一副两块，两块的平面与V形槽都是在一次安装中磨出的。

图2-18 方箱

图2-19 V形块

三、划线的操作方法

1）划线前的准备。对工件或毛坯进行清理、涂色及在工件孔中心填塞木料或其他材料等。

2）分析图样，确定划线基准与划线的先后次序。

3）根据基准检测毛坯，确定是否需要找正或借料。

4）选择合适的划线工具、量具。

5）按确定的划线次序划线。

6）复核划线的正确性，包括尺寸、位置等。

四、划线工具的维护与保养

1）划针、划规、划针盘、90°角尺和高度游标卡尺等划线工具应妥善保管、准确摆放，避免划线部位损伤，影响划线精度（划线精度一般能达到0.25～0.5mm）。

2）工件和划线工具在划线平台上应轻拿轻放，并尽可能减少摩擦，以免损伤划线平台，造成平台精度的降低。

3）划线工具和设备使用完后，应及时进行清理，擦拭干净，并涂上机油防锈。

【考点分析】

例题1：一般的划线精度能达到（　　）。

A. 0.025～0.05mm　　B. 0.25～0.5mm

C. 0.5～0.75mm　　D. 0.1～0.25mm

解题指导：本题主要考查划线的精度。划线的精度一般可以达到0.25～0.5mm。

参考答案：B

例题2：V形块主要用来安放（　　）工件。

A. 圆柱形　　B. 表面光滑　　C. 三角形　　D. 矩形

解题指导：本题主要考查V形块的用途。V形块主要用来安放轴、套筒、圆盘等圆形工件，以便找中心与划出中心线。

参考答案：A

例题3：借料可以挽救（　　）的毛坯。

A. 一切报废　　B. 有缺陷　　C. 尺寸不足　　D. 部分尺寸偏小

解题指导：本题主要考查通过借料来划线的问题。当毛坯误差不大时，可通过划线借料得到补偿，从而提高毛坯的合格率。

参考答案：D

【习题练习】

1. 立体划线一般选取（　　）个基准。

A. 1　　B. 2　　C. 3　　D. 4

2. 大批量粗糙毛坯表面涂色的划线涂料是（　　）。

A. 粉笔　　B. 石灰水　　C. 硫酸铜溶液　　D. 蓝油

3. 通过划线确定加工时的最后尺寸，在加工过程中，通过（　　）来保证尺寸的准确性。

A. 测量　　B. 划线　　C. 加工　　D. 看样冲眼

4. 划线时选择工件上某个点、线、面为依据，用它来确定工件各部分尺寸和几何形状的（　　）。

A. 工序基准　　B. 设计基准　　C. 划线基准　　D. 工步基准

5. 借料划线首先要知道待划毛坯（　　）程度，确定借料方向及大小。

A. 尺寸　　B. 公差　　C. 形状　　D. 误差

参考答案：

1. C　2. B　3. A　4. C　5. D

第二节　錾　削

【学习要求】

1. 掌握錾削的姿势、动作、锤击要领；根据加工材料的不同，正确刃磨錾子。
2. 掌握平面錾削的方法，并达到一定的錾削精度。
3. 了解錾削时的注意事项。

【学习内容】

一、錾削基本概念

1. 錾削的概念

用锤子敲打击錾子对金属进行切削加工的方法称为錾削。在近代的金属切削加工中，只因某种原因不能或不便利用机床加工的工件和毛坯，或在某种情况下利用机床加工很麻烦，而用錾削反而方便的情况下，才用錾削的方法进行加工。因此錾削的工作范围包括去除凸缘、毛刺、分割材料、錾油槽等，有时也作较小表面的粗加工。

2. 錾子

錾削用的工具主要是锤子和錾子。

（1）錾子角度　錾子与任何一种刀具相同，都必须具备两个基本条件，即切削部分的材料比工件的材料要硬，切削部分的形状必须呈楔形。

为了获得一定的錾削质量和工作效率，对錾子刃口的几何角度及切削时所处的位置，都必须很好掌握。

錾子切削时的角度如图 2－20 所示。錾子由头部、切削部分及錾身三部分组成，头部有一定的锥度，顶端略带球形，以便锤击时作用力容易通过錾子中心线，錾身多呈八棱形，以防止錾子转动。

錾子的切削部分由前刀面、后刀面及它们交线形成的切削刃组成。

1）前刀面：切屑流经的表面。

2）后刀面：与切削表面相对的表面。

3）切削刃：前刀面与后刀面的交线。

4）基面：通过切削刃上任一点与切削速度垂直的平面。

5）切削平面：过切削刃任一点与切削表面相切的平面，图中切削平面与切削表面重合。

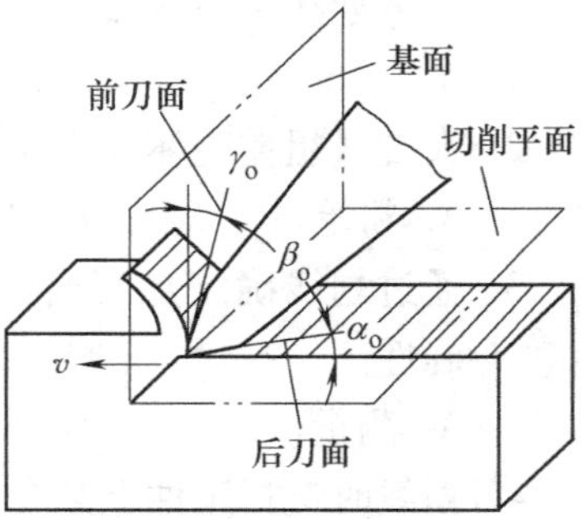

图 2－20　錾削时的角度

6）錾削时形成的角度有。

① 楔角 β_o：錾子前刀面与后刀面之间的夹角称为楔角。楔角大小刃磨时形成，楔角大小决定了切削部分的强度及切削阻力大小。楔角越大，刃部的强度就越高，但受到的切削阻力也越大。因此，应在满足强度的前提下，刃磨出尽量小的楔角。一般情况下，錾削硬材料时，楔角可大些，錾削软材料时，楔角应小些，见表2－3。

表2－3　推荐选择的楔角大小

材　　料	楔　　角
中碳钢、硬铸铁等硬材料	60°～70°
一般碳素结构钢、合金结构钢等中等硬度材料	50°～60°
低碳钢、铜、铝等软材料	30°～50°

② 后角 α_o：后刀面与切削平面之间的夹角称为后角，后角的大小由錾削时錾子被掌握的位置决定，一般取5°～8°，作用是减小后刀面与切削平面之间的摩擦。后角大小不当会给錾削质量和速度带来的不良影响。錾削时后角 α_o 太大会使錾子切入材料太深，如图2－21a所示，这样的话錾子錾不动，甚至损坏錾子刃口；若后角 α_o 太小，如图2－21b所示，錾子容易从材料表面滑出，同样不能錾削，即使能錾削，由于切入很浅，效率也不高。在錾削过程中应握稳錾子使后角 α_o 不变，否则表面将錾得高低不平。除此之外，作用在錾子上的锤击力不可忽大忽小，而且力的作用线要与錾子中心线一致。否则，錾削表面也将高低不平。

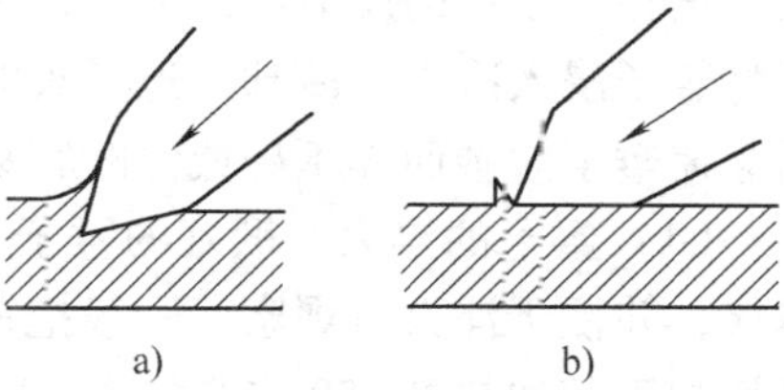

图2－21　后角大小对錾削工作的影响

a）后角太大　b）后角太小

③ 前角 γ_o：前刀面与基面之间的夹角，作用是錾切时，减小切屑的变形。前角越大，则錾削越省力。由于基面垂直于切削平面，存在 $\alpha_o+\beta_o+\gamma_o=90°$ 关系，当后角 α_o 一定时，前角 γ_o 的数值由楔角 β_o 的大小决定。

（2）錾子的材料、种类和构造

1）錾子一般用碳素工具钢锻成，然后将切削部分刃磨成楔形，经热处理后其硬度达到56～62HRC。常用的碳素工具钢有T7A和T8A。

2）种类：钳工常用的錾子有阔錾（扁錾）、窄錾（尖錾）、油槽錾和扁冲錾，如图2－22所示。

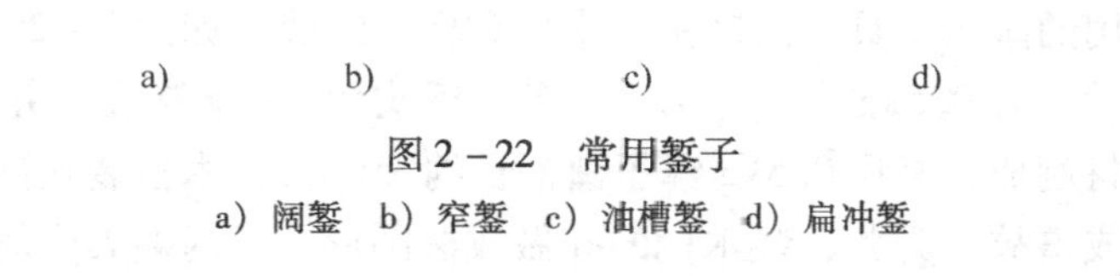

a)　b)　c)　d)

图2－22　常用錾子

a）阔錾　b）窄錾　c）油槽錾　d）扁冲錾

阔錾用于錾切平面，切割和去毛刺，窄錾用于开槽，油槽錾用于切油槽，扁冲錾用于打通两个钻孔之间的间隔。

（3）錾子的刃磨　錾子的好坏直接影响到加工表面质量和生产效率。錾子经过一段时间的使用后，会磨损变钝，而失去切削能力，这时就要修磨和刃磨。此外，在被锤击的过程中，錾子的头部会逐渐产生毛刺，也必须磨掉。修磨和刃磨都要在砂轮上进行。在某种情况下，如錾切光滑的油槽和加工光洁的表面，錾子在刃磨以后应再在油石上精磨。

磨錾子的方法是：将錾子搁在旋转的砂轮轮缘上，但必须高于砂轮的中心，如图 2－23 所示，在砂轮的全宽上作左右移动，要控制握錾子的方向、位置，保证磨出所需要的楔角。锋口的两面要交替刃磨，保证一样宽。錾子刃磨的正确与否，对于初学刃磨的人，可以用样板来检查。但只有经过多次实践后，才可以凭目测来判断刃磨的情况。

刃磨錾子的要求是：楔角的大小与工件硬度相适应；楔角被錾子中心线等分；锋口两面相交成一直线。

刃磨錾子，应在砂轮运转平稳后才能进行。人的身体不准正面对着砂轮，以免产生事故。按在錾子上的压力不能太大，不能使錾子部分温度太高，以免錾子退火。为此，必须经常将錾子浸入冷水中冷却，退了火的錾子必须重新淬火。但是，一般避免多次淬火，那样的话会使錾子脱碳而淬不硬或淬时容易崩裂。

（4）錾子的淬火　锻好的錾子一定要经过淬火后才能使用。为了防止淬火后在刃磨时退火，并便于淬火时观察，一般把锻好的錾子粗磨后进行淬火。碳素工具钢热处理时，把錾子切削刃部加热到 750～780℃（呈暗樱红色）后取出，迅速垂直地放入冷水中 4～6mm，并沿水面微微作水平移动，如图 2－24 所示。当錾子露出水面的部分呈黑色时，从水中取出，利用上部热量进行余热回火。这时要注意观察錾子的颜色，一般刚出水时的颜色是白色的，刃口的温度逐渐上升后，颜色也随着改变，由白色变成黄色，再由黄色变成蓝色。当呈现黄色时，把錾子全部放入水中冷却，这种回火温度称为“黄火”。当錾子呈现蓝色时，把錾子全部放入冷水中冷却，这种回火温度称为“蓝火”。只有通过不断地实践，才能熟练地得到理想的錾子硬度。

图 2－23　錾子的刃磨

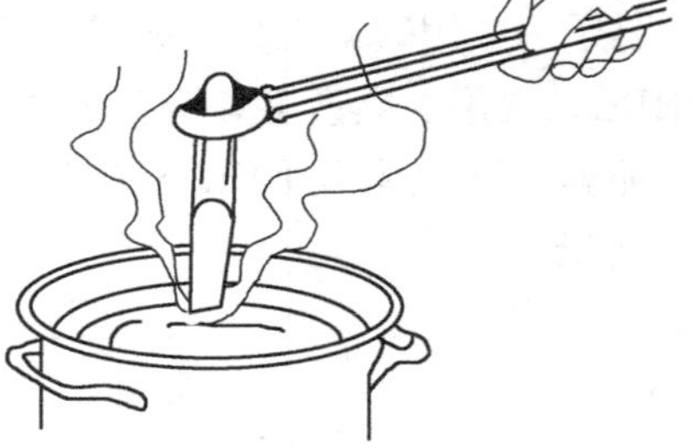

图 2－24　錾子的淬火

3. 锤子

锤子是钳工常用的敲击工具，由锤头、木柄和楔子组成，如图 2－25 所示。锤子的规格以锤头的质量来表示，有 0.5kg、1kg、1.5kg 等。锤头用 T7 钢制成，并经热处理淬硬。木柄用比较坚韧的木材制成，常用 0.5kg 锤子锤柄长约 350mm，木柄装在锤头中，必须稳固可靠，要防止脱落造成事故。为此，装木柄的孔做成椭圆形，且两端大中间小。木柄敲紧在孔中后，端部再打入楔子可防松动。锤头孔做成椭圆形防止木柄发生转动，握在手中也不易转动，便于进行准确敲击。

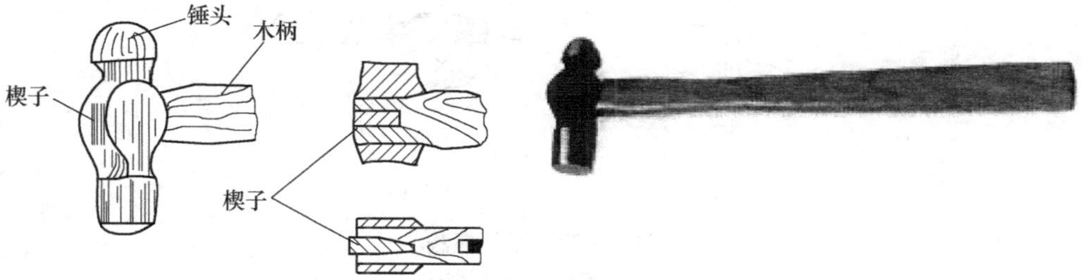

图 2－25　锤子

二、錾削基本操作

1. 錾削姿势

（1）锤子的握法

1）紧握法：右手五指紧握锤柄，大拇指合在食指上，虎口对准锤头方向，木柄尾端露出 15～30mm。在挥锤和锤击的过程中，五指始终紧握，如图 2－26a 所示。

2）松握法：只用大拇指和食指始终紧握锤柄。在挥锤时，小指、无名指和中指则依次放松。在锤击时，又以相反的次序收拢紧握，如图 2－26b 所示。

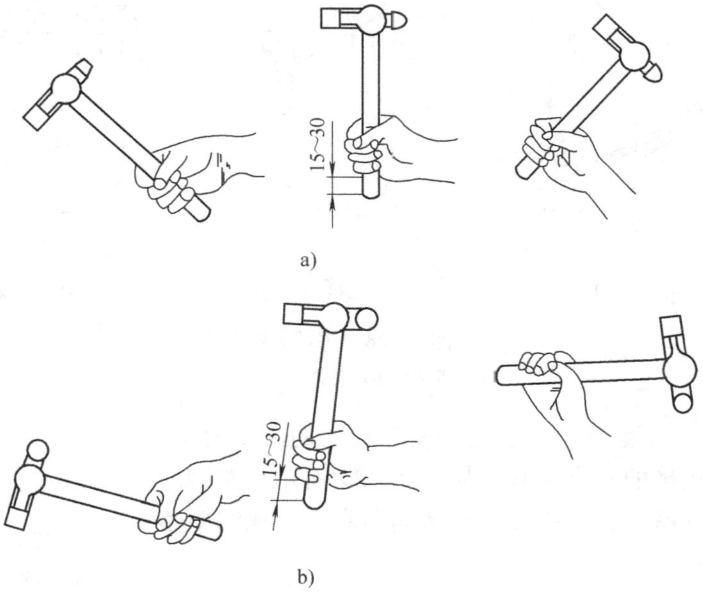

图 2－26　手锤的握法

a）紧握法　b）松握法

（2）錾子的握法

1）正握法：手心向下，腕部伸直，用中指、无名指握住錾子，小指自然合拢，食指和大拇指自然伸直地松靠，錾子头部伸出约 20mm，如图 2－27a 所示。

2）反握法：手心向上，手指自然捏住錾子，手掌悬空，如图 2－27b 所示。

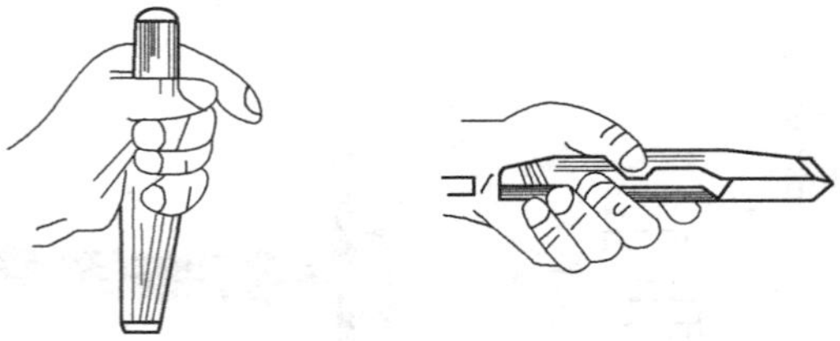

图 2 - 27 錾子握法

a) 正握法 b) 反握法

(3) 挥锤方法

1) 腕挥如图 2 - 28a 所示，仅挥动手腕进行锤击运动，采用紧握法握锤，腕挥约 50 次/min。用于錾削余量较少及錾削开始或结尾。

2) 肘挥如图 2 - 28b 所示，手腕与肘部一起挥动进行锤击运动，采用松握法，肘挥约 40 次/min。用于需要较大力錾削的工件。

3) 臂挥如图 2 - 28c 所示，手腕、肘和全臂一起挥动，其锤击力最大。用于需要大力錾削的工件。

图 2 - 28 挥锤方法

a) 腕挥 b) 肘挥 c) 臂挥

(4) 錾削站立的姿势 为了充分发挥较大的敲击力量，操作者必须保持正确的站立姿势，如图 2 - 29 所示。左脚跨前半步，两腿自然站立，人体重心稍微偏向右方，视线要落在工件的切削部分。

(5) 锤击要领

1) 挥锤：肘收臂提，举锤过肩；手腕后弓，三指微松；锤面朝天，稍停瞬间。

2) 锤击：目视錾刃，臂肘齐下；收紧三指，手腕加劲；锤錾一线，锤走弧形；左脚着力，右腿伸直。

3) 要求：稳——节奏平稳；准——锤击准确；狠——锤击有力。

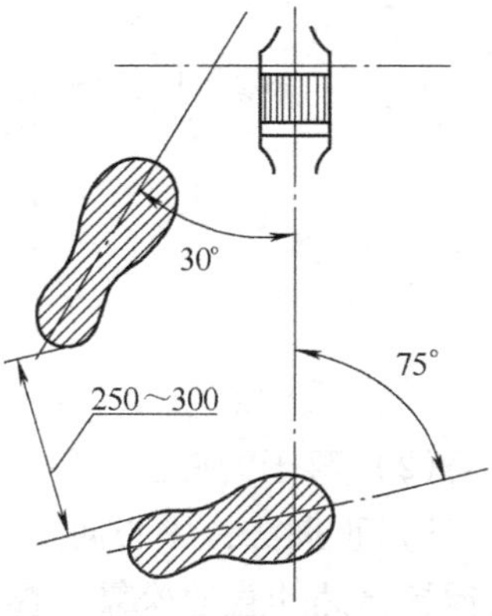

图 2 - 29 錾削时的站立姿势

2. 錾削方法

(1) 錾削板料

1) 工件夹在台虎钳上錾削时，板料按划线与钳口平齐，用扁錾沿着钳口并斜对着板料（约成45°角）自右向左錾削，如图2－30所示。

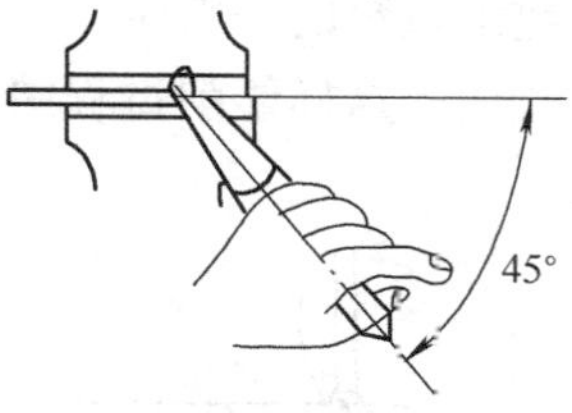

图2－30　錾削板料

2) 錾削时，錾子刃口不可正对板料錾削，否则由于板料的弹动和变形，易造成切断处产生不平整或出现裂缝，如图2－31所示。

3) 用密集钻孔配合錾子錾削。当工件轮廓线较复杂的时候，为了减少工件变形，一般先按轮廓线钻出密集的排孔，然后用扁錾、尖錾逐步錾削，如图2－32所示。

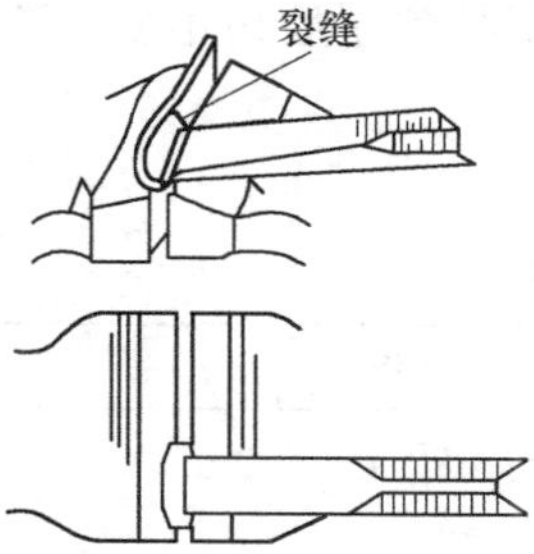

图2－31　不正确的錾削薄料方法

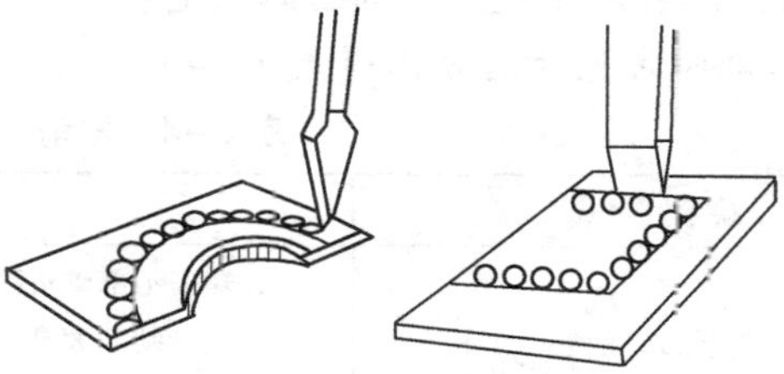
图2－32　用密集钻孔配合錾削

(2) 錾削平面

1) 起錾与终錾。在錾削平面时采用斜角起錾。先在工件的边缘尖角处，轻轻敲打錾子，錾削出一斜面。同时慢慢地把錾子移向中间，然后按正常錾削角度进行，如图2－33所示。

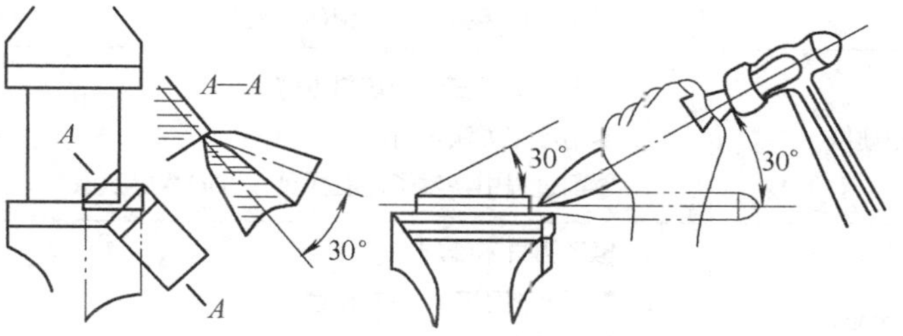

图2－33　起錾方法

在錾削槽时应采用正面起錾，錾子刃口要贴住工件端面，先錾削出一个斜面，然后按正常錾削角度进行。

錾削即将结束时，要防止工件边缘材料崩裂，当錾削接近尽头10～15mm时，必须掉头錾去余下部分。尤其是錾铸铁、青铜等脆性材料更应如此，否则尽头处就会崩裂，如图2－34所示。

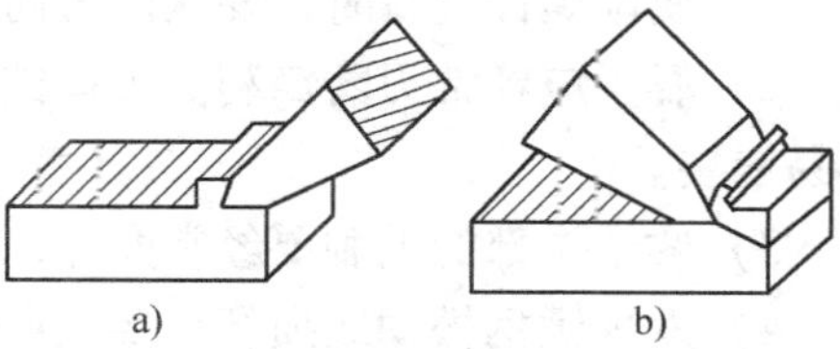

图2－34　终錾方法
a) 正确　b) 错误

2) 錾削平面。用扁錾每次錾削厚度0.5～2mm。在錾削较宽的平面时，一般先用尖錾以适当间隔开出工艺直槽，然后用扁錾将槽间凸起部分錾平，如图2－35所示。

在錾削较窄的平面时，錾子切削刃与錾削前进方向倾斜一个角度，使切削刃与工件有较多的接触面，这样錾削过程中易使錾子掌握平稳，如图2－36所示。

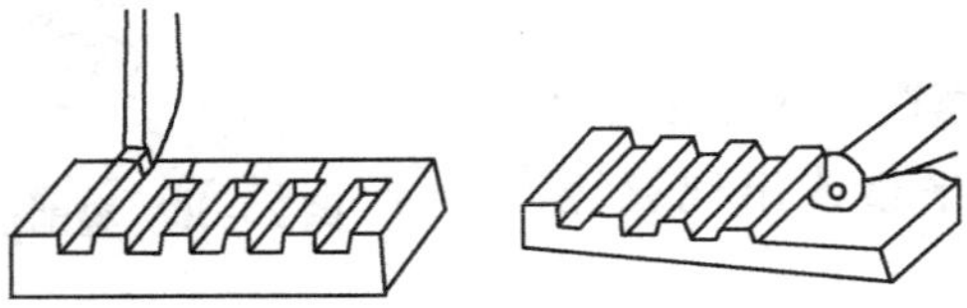

图2－35 錾宽平面

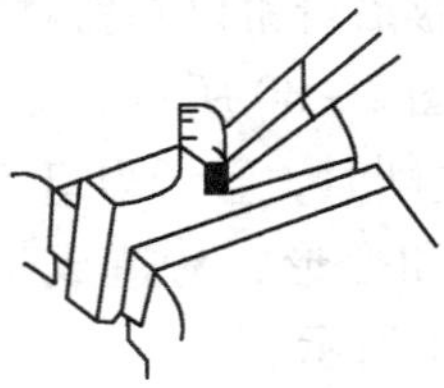

图2－36 錾窄平面

（3）錾削油槽　首先将油槽錾子切削刃刃磨成图样要求的断面形状。其錾削平面上錾削油槽的方法同平面錾削方法相似。曲面上的油槽錾削应保持錾子后角不变，錾子随曲面曲率改变倾角。錾后用锉刀、油石修整毛刺。

3. 錾削时常见缺陷分析（表2－4）

表2－4　錾削时常见缺陷分析

缺陷形式	原因分析
錾子刃口崩裂	1. 錾子刃部淬火硬度值过高，回火不好 2. 工件硬度太高 3. 锤击力过猛
錾子刃口卷边	1. 錾子刃口淬火硬度偏低 2. 楔角太小 3. 錾削量太大
錾削超越尺寸线	1. 工件装夹不牢 2. 起錾超线 3. 錾子方向掌握不正，偏斜越线
工件棱边、棱角崩缺	1. 錾子刃口后部宽于切削刃部 2. 錾削收尾方法不对 3. 錾削过程中，錾子左右摇晃，方向掌握不稳
錾削表面凸凹不平	1. 錾子刃口不锋利 2. 錾子掌握不正，左右偏摆 3. 錾削时后角过大或时大时小 4. 锤击力不均匀

三、錾削注意事项

1）錾削脆性金属时，要从两边向中间錾，以免把边缘的材料崩裂。

2）錾子应经常刃磨锋利。刃口钝了不但效率不高，而且錾出的表面也较粗糙，刃口也容易崩裂。

3）錾子头部的毛刺要经常磨掉，以免伤手。

4）发现锤柄松动或损坏，要立即装牢或更换，以免锤头飞出发生事故。

5）錾削的时候，最好周围有安全网，以免錾下来的金属碎片飞出伤人。錾削时操作者最好要戴上防护眼镜。

6）保持正确的錾削角度。如果后角太小即錾子放得太平，用锤子锤击时，錾子容易飞出伤人。

7）錾削时錾子和锤子不准对着旁人，操作中握锤的手不准戴手套，以免锤子滑出伤人。

8）尽量保持锤子手柄的清洁，沾上油污等污物时应及时擦拭，以免使用时滑出伤人。

9）每錾削两三次后，可将錾子退回一些。刃口不要老是顶住工件，这样，既可随时观察錾削的平整度，又可使手臂肌肉放松一下，下次錾削时刃口再顶住錾削处。如此有节奏的工作，既便于控制錾削层，又可使手臂适当休息，效果较好。

【考点分析】

例题1：錾子一般用（　　）制成。

A. T7A 或 T8A　　B. 45

C. 不锈钢　　D. 高速钢

解题指导：本题主要考查錾子的材料。錾子材料常用碳素工具钢 T7A 和 T8A。

参考答案：A

例题2：錾子前刀面与基面之间的夹角称（　　）。

A. 楔角　　B. 刃倾角　　C. 前角　　D. 后角

解题指导：本题主要錾子的角度问题。錾子前刀面与基面之间的夹角称为前角。

参考答案：C

例题3：选择錾子楔角时，在保证足够的（　　）的前提下，尽量取较小的数值。

A. 韧性　　B. 塑性　　C. 硬度　　D. 强度

解题指导：本题主要考查楔角大小与切削部分的强度及切削阻力大小之间的关系。楔角越大，刃部的强度就越高，但受到的切削阻力也越大。因此，应在满足强度的前提下，刃磨出尽量小的楔角。

参考答案：D

【习题练习】

选择题

1. 为了使錾子切削部分具有一定的硬度，故切削部分必须淬（　　）。

A. 黄火　　B. 白火　　C. 蓝火　　D. 金黄火

2. 錾削时形成的切削角度有前角、后角和楔角，三角之和为（　　）。

A. 60°　　B. 90°　　C. 120°　　D. 180°

3. 錾削时后角一般控制在（　　）为宜。

A. 1°～4°　　B. 5°～8°　　C. 9°～12°　　D. 13°～15°

填空题

1. 锤子的握法有__________和__________两种。

2. 挥锤的方法有____________、____________和____________三种。

参考答案：

选择题

1. D　2. B　3. B

填空题

1. 紧握法，松握法
2. 腕挥，肘挥，臂挥

第三节 锯 削

【学习要求】

1. 掌握正确选用锯条的原则，并能正确装夹锯条。
2. 锯削姿势正确，能正确对各种材料进行锯削，并能达到一定的锯削精度。
3. 能够解决锯削过程中产生的锯缝歪斜现象，有效防止锯条折断。
4. 掌握锯削操作的注意事项。

【学习内容】

一、常用锯削工具

用手锯对材料或工件进行切断或切槽的操作称为锯削。锯削工件的平面度精度最高可达0.2mm。手锯由锯弓和锯条构成。

1. 锯弓

锯弓用来夹持锯条，它有可调式（图2-37a）和固定式（图2-37b）两种。固定式锯弓是一个整体，它只能安装规定长度的锯条；可调式锯弓分为两部分，前半部分可在后半部分中伸出或缩进，可调整前一部分来安装不同长度的锯条。另外，可调式锯弓其捏手的形状便于施力，目前被广泛使用。

a)

b)

图2-37 锯弓的形式

a）可调式 b）固定式

2. 锯条

（1）锯条的材料 锯条的材料常用优质碳素工具钢T10A和T12A制成，经热处理后硬度可达60~64HRC，与制造锉刀的材料一样。因此，平时在操作时，不要把两者混放在一起，更不要叠放，以免产生相对摩擦，造成相互损伤。另外，高速钢也用来制作锯条，具有更高的硬度、更好的韧性、更高的耐热性，但成本要比普通锯条要高出许多。

（2）锯条的规格 锯条的规格主要包括长度和齿距。

1）长度是指锯条两端安装孔的中心距，一般有100mm、200mm、300mm等几种，钳工实训常用的是300mm长度规格的锯条。

2）齿距是指两相邻对应点的距离。按照齿距大小，锯条可分为粗、中、细三种规格，见表2-5。

表 2 – 5　锯条的粗细规格

锯齿粗细	齿距/mm	每 25mm 长度内含齿数目	应　用
粗齿	1.8	14 ~ 18	锯削铜、铝等软材料
中齿	1.4	19 ~ 23	锯削普通钢、铸铁等中等硬度材料
细齿	1.0	24 ~ 32	锯削硬板料及薄壁管子

(3) 锯齿的几何切削角度　常用锯条的锯齿角度是：后角 α 为 40° ~ 50°，楔角 β 为 45° ~ 50°，前角 γ 为 0°，如图 2 – 38 所示。

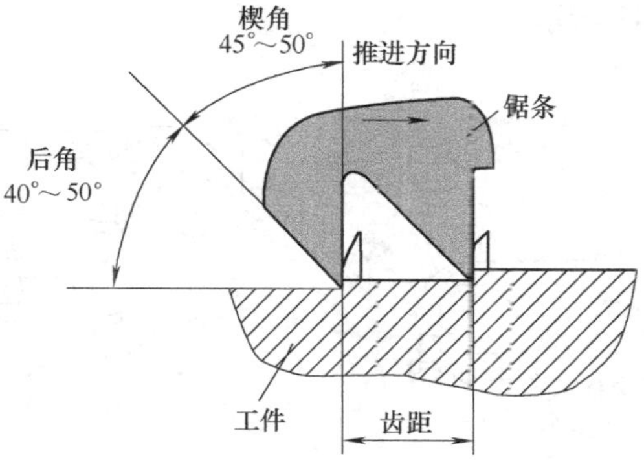

图 2 – 38　锯齿的角度

(4) 锯路　锯条的锯齿按一定规律左右错开排列成一定的形状，从而形成锯路。常见的锯路有交叉形和波浪形，如图 2 – 39 所示。锯路在锯削过程中十分重要，它的存在使锯条两侧面不与工件直接接触，减少了锯条与工件的摩擦，减少热量的产生，同时有利于铁屑的排出。随着锯齿两侧的磨损，锯路会变得越来越窄，阻力也越来越大，锯齿也渐渐失去锋利，到一定程度时，锯条便丧失切削功能。

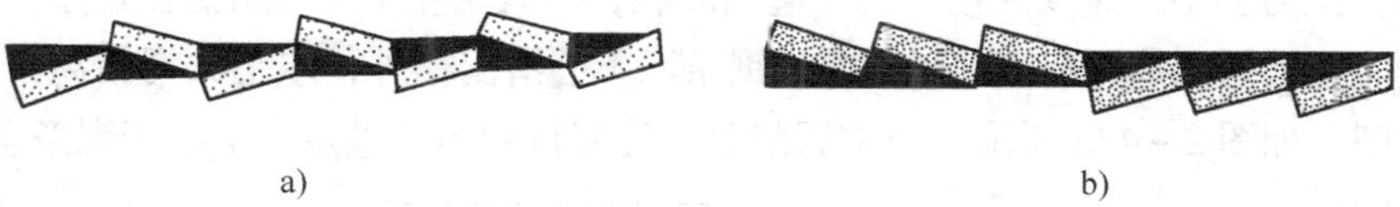

图 2 – 39　锯路
a) 交叉形　b) 波浪形

(5) 锯条粗细的选择　锯条粗细的选择应由工件材料的硬度和厚度来决定。锯削软材料（如铜、铝合金等）或厚件时，由于容屑空间更大，故应选用粗齿锯条；锯削硬材料和薄件时，由于同时切削的齿数要多，而切削量少且均匀，为尽可能减少崩齿和钝化，应选用中齿甚至细齿的锯条。

二、锯削的操作方法

1. 工件的夹持

工件的夹持应该稳当、牢固、不可动弹。工件一般应夹在台虎钳的左面，以便操作；工件伸出钳口不应过长（应使锯缝离开钳口侧面约 20mm），防止工件在锯削时产生振动；锯缝线要与钳口侧面保持平行，便于控制锯缝不偏离划线线条。对较大的工件的锯削，无法夹在台虎钳上时，可以在原地进行锯削。

2. 锯条的安装

手锯是在向前推的时候才起切削作用，因此锯条的安装应使齿尖的方向向前，如图 2－40 所示。在调节锯条松紧时，通过翼形螺母来控制，锯条不能太紧或太松。太紧就失去了应有的弹性，在锯削中用力稍有不当，就会折断；太松会使锯条发生扭曲，也容易折断，且在锯削时锯缝容易歪斜。其松紧程度可以用手扳动锯条来判断，感觉硬实即可。锯条装好后应检查锯条装的是否歪斜扭曲，要保证锯条平面与锯弓中心平面平行，如有歪斜、扭曲，则要校正。

3. 锯削姿势

锯削时的站立位置与錾削基本相似。握锯弓的时候，要舒展自然，右手满握锯柄，左手轻扶锯弓前端，如图 2－41 所示。

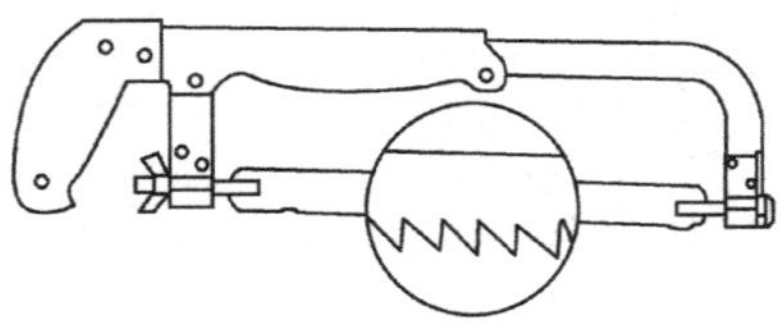

图 2－40　锯条的安装

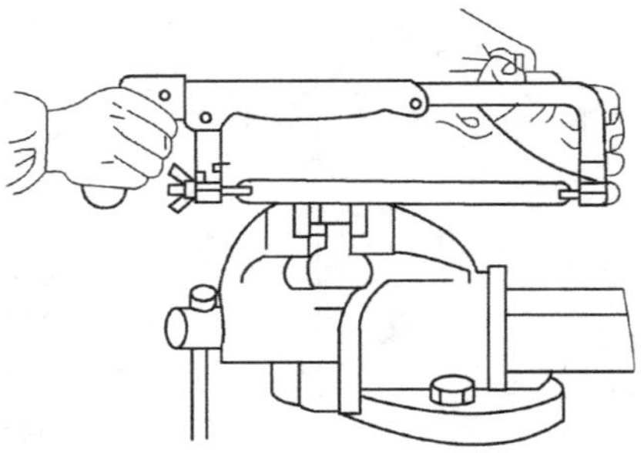

图 2－41　锯弓的握法

4. 起锯

起锯是锯削工作的开始，起锯质量的好坏，直接决定锯削的质量。

起锯有远起锯和近起锯两种，如图 2－42 所示。无论是远起锯还是近起锯，起锯角约 15°为宜，如果起锯角太大，则起锯不易平稳，尤其是在近起锯时锯齿会被工件棱边卡住引起崩裂，如图 2－42a、b 所示。

起锯时，压力要小，速度要慢，为了起锯顺利，一般用左手大拇指挡住锯条，使它在正确的位置锯削。起锯锯到槽深有 2～3mm 时，锯条已不会滑出槽外，左手大拇指离开锯条，然后往下正常锯削，如图 2－42c 所示。正常锯削时，往复行程不宜过短，不小于锯条全长的 2/3。

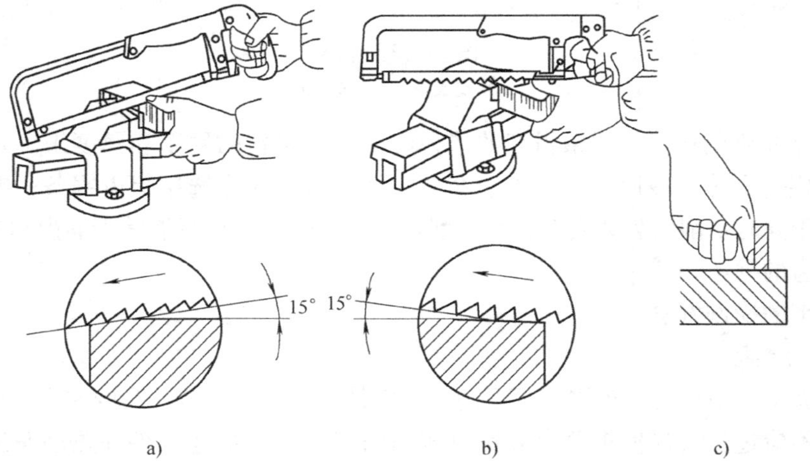

图 2－42　起锯方法

a）远起锯　b）近起锯　c）用拇指引导起锯

5. 压力和速度

在锯削的时候，压在锯条上的压力和锯条在工件上往复的速度都影响到锯削效率和锯条的使用寿命，因此，合理选用压力和速度非常重要。

锯削时，推力和压力由右手控制，左手主要配合右手扶正锯弓。锯削硬材料时，因不易切入，压力应该大些，防止产生打滑现象；锯削软材料时，压力应该小些，防止产生咬合现象。但是，不管何种材料，锯削时，手锯推出时为切削行程，应施加压力，返回行程不切削，不加压力作自然拉回。工件将断时压力要小。

锯削时，锯削速度以 20～40 次/min 为宜。锯削软材料时，速度可以快些；锯削硬材料时，速度可以慢些。

三、各种材料的锯削方法

锯削前，首先在原材料或工件上划出锯削线条，划线时应考虑锯削后的加工余量。锯削时注意力应集中，要始终使锯条与所划的线重合，这样才能得到理想的锯缝。如果锯缝有歪斜，应及时纠正。若已歪斜很多，应改从工件锯缝的对面重新起锯。如果不换方向而硬借锯缝，很难把它改直，而且很可能折断锯条。

1. 锯削棒料或轴类零件

如果锯削的断面要求比较平整、光洁，应从头锯到底。锯削时棒料或轴类零件应夹平，并使锯条与它保持垂直（指所锯的断面与棒料中心线垂直），以防止锯缝歪斜。

当锯削的断面要求不高时，锯时允许渐渐变更起锯方向，这要比在一个地方锯削时的抗力小，容易切入。

2. 锯削管子

锯削的时候，把管子水平地夹在台虎钳内，但要注意不要把管子夹扁。特别对于薄壁管子和精加工过的管子，都应夹在 V 形木垫之间，如图 2－43 所示。锯削时，不可一下子从一个方向把它锯到底。要是把管子一下子从一个方向锯到底，锯齿会被钩住，如图 2－44a 所示，尤其是在锯薄壁管子时，锯齿容易钩住而崩裂。这样锯削的锯缝，因为锯条跳动，也不会平整，所以只可锯到管子内壁上面就要停止，然后把管子向推锯的方向转过一定的角度，如图 2－44b 所示，锯条仍然保持原有的锯缝继续锯下去。这样不断转锯，直到锯断为止。

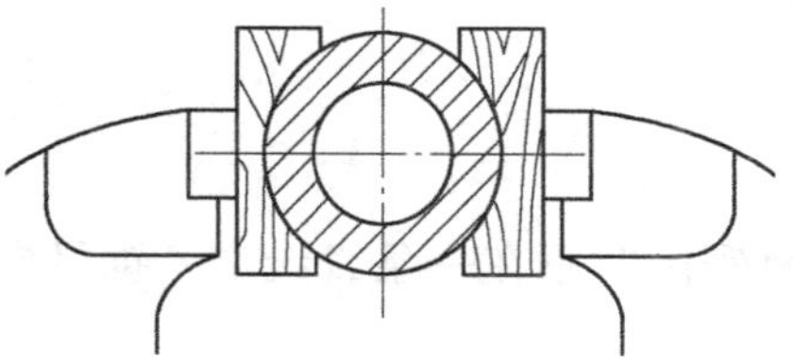

图 2－43　管子的夹持

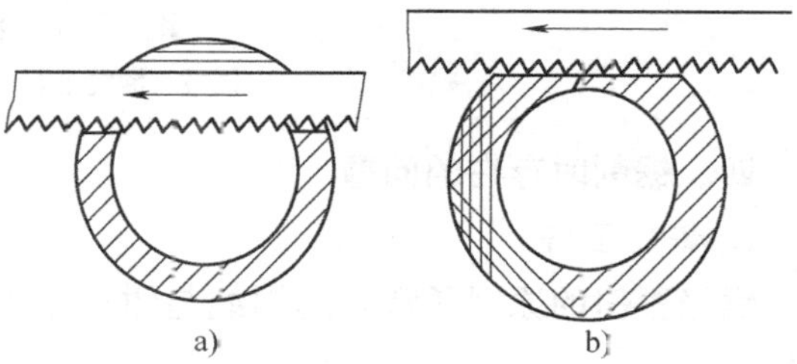

a)　b)

图 2－44　管子的锯削

a）错误锯削　b）转位锯削

3. 锯削条料、扁钢和薄板

锯削条料和扁钢时，应尽可能从宽的一面锯下去。这样，锯条往复的次数比较少，减少了锯齿钩住和崩裂的危险，从而不但保护了锯条，而且增加了锯条使用的有效长度。如果从窄的一面锯削，因为只有很少的锯齿和钢料接触，所以工件越薄，锯齿就越容易被钩住而崩裂。因此，在锯削薄板时，为了增加同时工作的齿数，并使工件刚性较好，往往把一块或几块薄金属板夹于台虎钳内的木垫之间，连木垫一起锯削，如图 2-45 所示。

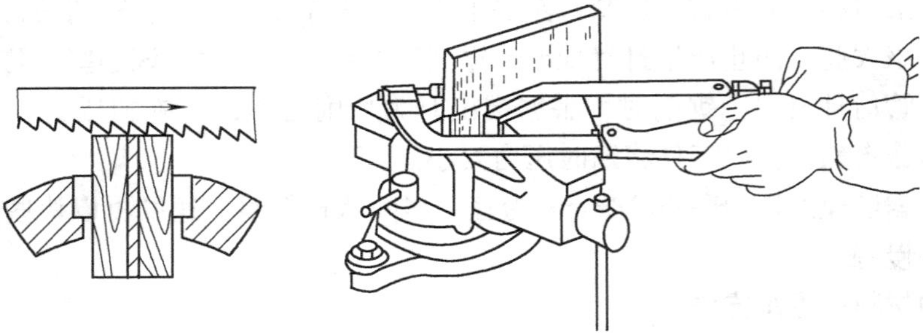

a) b)

图 2-45 板料的锯削

a）锯条运动的方向 b）锯削的姿势

4. 锯削深缝

当所锯削材料的锯缝较深时，应先用正常安装的锯条一直锯到锯弓将要碰到工件为止，如图 2-46a 所示。为防止工件弹动，工件应逐渐在台虎钳中升高。当锯到将要碰到锯弓时，把锯条旋转 90°重新安装，使锯弓转到工件的旁边，如图 2-46b 所示，继续锯削到划线为止。

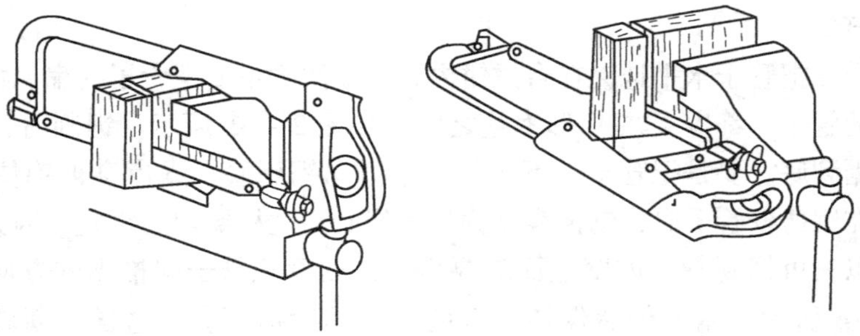

a) b)

图 2-46 深缝的锯削

a）锯弓与深缝平行 b）锯弓与深缝垂直

四、锯削时存在的问题

1. 锯缝歪斜

锯缝歪斜的原因通常是起锯线与钳口不平行，往复锯削时不在一条直线上，锯弓左右偏斜。

2. 锯条折断

锯条折断的原因通常是锯条装得过松或过紧，工件没有夹紧或伸出过长而引起锯削时抖动，锯削时压力过大。正确的锯削方法应是用力均匀，前推时加压，返回时轻轻滑过。

3. 锯齿崩裂

锯齿崩裂的原因通常是锯齿粗细选择不当，起锯方向和角度不对。锯削时应根据工件的材料及厚度选择合适的锯条，起锯角度不超过 15°。

4. 锯齿磨损过快

锯齿磨损过快的原因通常是锯削速度过快，未使锯条全长工作。

五、锯削注意事项

锯削时的注意事项如下。

1）安全操作。

2）锯条不得装反。

3）站立姿势要正确。

4）起锯角不得过大或过小。

5）两手压力要适当。

6）锯削不能左右摆动。

7）锯削时频率不能过快。

8）锯削时身体摆动幅度不宜过大。

9）工件夹持要正确。

10）量具、工具不能混放。

【考点分析】

例题 1：锯削时，起锯的行程要短、压力要小、速度要慢，起锯角一般（　）。

A. 小于 15°　　B. 在 15°左右

C. 大于 15°　　D. 大于 20°

解题指导：本题主要考查锯削时起锯角的大小。起锯有远起锯和近起锯两种，无论是远起锯还是近起锯，起锯角约在 15°为宜。

参考答案：B

例题 2：锯条的长度是指两端安装孔的中心距，钳工实训常用的是（　　）mm 的锯条。

A. 200　　B. 250　　C. 300　　D. 350

解题指导：本题主要考查锯条的规格。长度是指锯条两端安装孔的中心距，一般有 100、200、300mm 等几种，钳工实训常用的是 300mm 长度规格的锯条。

参考答案：C

【习题练习】

选择题

1. 锯削管子和薄板时，必须用（　　）锯条。

A. 细齿　　B. 中齿

C. 粗齿　　D. 细齿或粗齿

2. 锯削中等硬度的材料时，锯削速度控制在（　　）较为适宜。

A. 20 次/min 左右　　B. 40 次/min 左右

C. 60 次/min 左右　　D. 80 次/min 左右

判断题

1. 锯削时，推锯为切削行程，应施加压力，向后回拉时为返回行程，不加压力。（　　）

2. 锯削普通钢、铸铁等中等硬度材料时应采用粗齿锯条。（　　）

参考答案：

选择题

1. A　2. B

判断题

1. √　2. ×

第四节　锉　削

【学习要求】

1. 了解锉刀的材料、构造、种类、规格及选用原则。
2. 掌握正确的锉削姿势和动作要领。
3. 掌握锉削操作的基本技能，并达到一定的锉削精度。
4. 能够进行锉刀的正确保养，了解锉削时的注意事项。

【学习内容】

一、锉削概述

用锉刀对工件表面进行切削加工，使其尺寸、形状和位置精度，以及表面粗糙度等都达到要求的加工方法称为锉削。锉削一般是在錾削、锯削之后对工件进行的精度较高的加工，其精度可达0.01mm，表面粗糙度值可达 $Ra0.8\mu m$。

锉削的应用范围很广，可以加工工件的内外平面、内外曲面、内外角、沟槽和各种复杂形状的表面，还可以配键、做样板，以及在装配中修整工件。所以锉削是钳工的一项重要的基本操作。

二、锉削的相关工艺知识

1. 锉刀

锉刀由碳素工具钢T12、T13或T12A、T13A制成，经热处理淬硬，其切削部分的硬度达到62HRC以上。由于锉削的应用范围较广泛，目前锉刀已标准化。

（1）锉刀的组成　锉刀由锉身和锉柄两部分组成，如图2－47所示。锉刀面是锉削的主要工作面，锉刀舌则用来装锉刀柄。

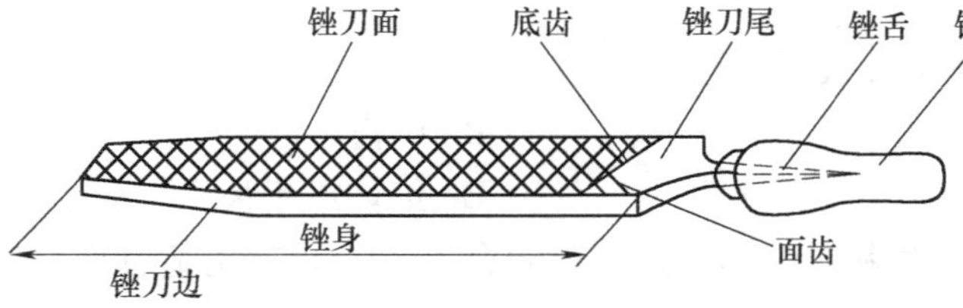

图2－47　锉刀的构造

（2）锉齿和锉纹　锉刀有无数个锉齿，锉削时每个锉齿都相当于一把錾子在对材料进行切削。

锉纹是锉齿有规律排列的图案。锉刀的齿纹有单齿纹和双齿纹两种。单齿纹指锉刀上只有一个方向上的齿纹，锉削时全齿宽同时参加切削，切削力大，因此常用来锉削软材料。双齿纹指锉刀上有两个方向排列的齿纹，齿纹浅的称为底齿纹，齿纹深的称为面齿纹。底齿纹和面齿纹的方向和角度不一样，锉削时能使每一个齿的锉痕交错而不重叠，使锉削表面粗糙度值小。采用双齿纹锉刀锉削时，锉屑是碎断的，切削力小，再加上锉齿强度高，所以适应于硬材料的锉削。

(3) 锉刀的种类　锉刀按其用途不同可分为普通钳工锉、异形锉和整形锉。

普通钳工锉按其断面形状又可分为平锉（板锉）、方锉、三角锉、半圆锉和圆锉。

异形锉有刀口锉、菱形锉、扁三角锉、椭圆锉和圆肚锉等。异形锉主要用于锉削工件上特殊的表面。

整形锉又称什锦锉，主要用于修整工件细小部分的表面。

(4) 锉刀的规格　锉刀的规格分尺寸规格和齿纹粗细规格两种。方锉刀的尺寸规格以方形尺寸表示；圆锉刀的规格用直径表示；其他锉刀则以锉身长度表示。钳工常用的锉刀，其锉身长度有100mm、125mm、150mm、200mm、250mm、300mm、350mm、400mm等多种。

齿纹粗细规格，以锉刀每10mm轴向长度内主锉纹的条数表示。主锉纹指锉刀上起主要切削作用的齿纹；而另一个方向上起分屑作用的齿纹，称为辅助齿纹。

(5) 锉刀的选用　每种锉刀都有一定的功用，如果选择不合理，非但不能充分发挥它的效能，还将直接影响锉削的质量。选择锉刀主要依据下面两个原则。

1) 根据被锉削工件表面形状选用。锉刀形状应适应工件加工表面，如图2-48所示。

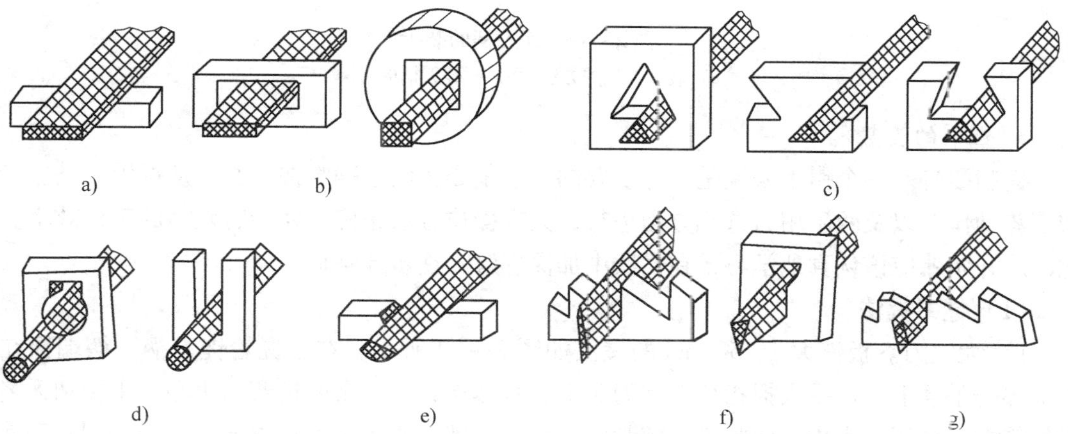

图2-48　工件加工表面与锉刀形状选择

2) 根据工件材料的性质、加工余量的大小、加工精度、表面粗糙度要求选择合适的锉刀，见表2-6。

表2-6　锉刀的选择和粗锉、半精锉削、精锉削确定的参考依据

锉刀粗细	适用场合		
	锉削余量/mm	尺寸精度/mm	表面粗糙度值/μm
1号（粗齿锉刀）	0.5~1	0.2~0.5	$Ra25 \sim Ra100$
2号（中齿锉刀）	0.2~0.5	0.05~0.2	$Ra6.3 \sim Ra25$
3号（细齿锉刀）	0.1~0.3	0.02~0.05	$Ra3.2 \sim Ra12.5$

（续）

锉刀粗细	适用场合		
	锉削余量/mm	尺寸精度/mm	表面粗糙度值/μm
4号（双细齿锉刀）	0.1～0.2	0.01～0.02	Ra1.6～Ra6.3
5号（油光锉刀）	0.1以下	0.01	Ra0.8～Ra1.6

2. 锉刀柄的装拆方法（图2－49）

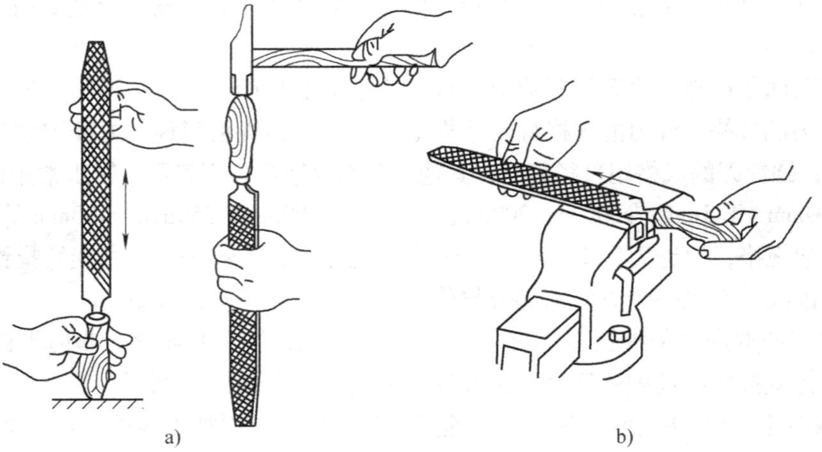

图2－49 锉刀柄的装拆
a）装锉刀柄的方法 b）拆锉刀柄的方法

3. 锉削的姿势

锉削姿势对一个钳工来说是十分重要的。锉削姿势的正确掌握，必须从握锉、站立步位和姿势动作，以及两手用力这几方面进行，只有操作方法正确，才能有较高的工作效率。因此，从开始就应该认真地学习，在实践中加深理解，逐步地掌握。

（1）锉刀握法

1）大锉刀。板锉大于250 mm的握法如图2－50所示。右手握着锉刀柄，柄端顶在拇指根部的手掌上；左手大拇指放在锉刀头上，自然伸直，其余四指弯向手心，中指和无名指捏住前端，食指、小指自然收拢。锉削时右手推动锉刀并决定推动方向，左手协调右手使锉刀保持平衡。

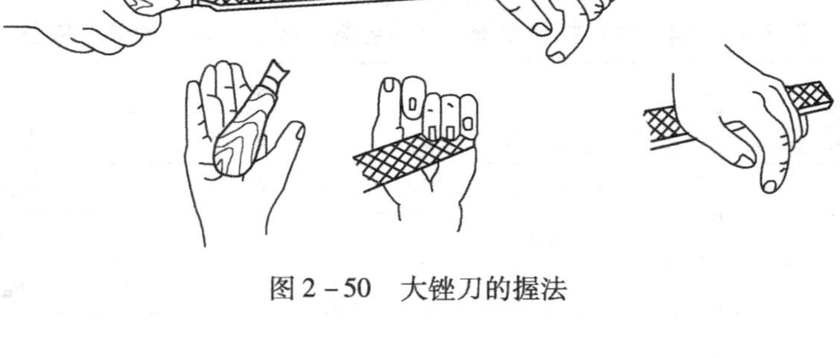

图2－50 大锉刀的握法

2）中型锉。

① 右手同按大锉刀的方法相同。

② 左手的大拇指和食指轻轻持扶锉削。

3）小型锉。

① 右手食指平直扶在手柄的外侧面。

② 左手手指压在锉刀的中部以防止锉刀弯曲。

4）整形锉。单手持手柄，四指放在锉身上方。

5）异形锉。

① 右手与握小型锉的方法相同。

② 左手轻压在右手手掌外侧，以压住锉刀，小指勾住锉刀，其余手指抱住右手。

（2）姿势动作　进行锉削时，身体的重量放在左脚上，右膝伸直，脚始终站稳不移动，靠左膝的屈伸而作往复运动，如图 2－51 所示。

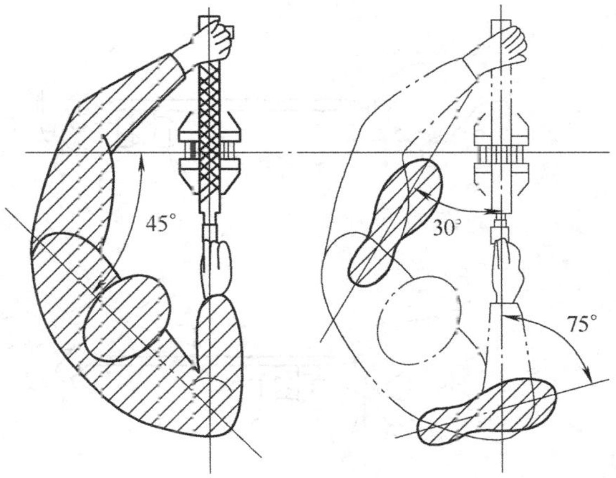

图 2－51　锉削时的站立步位和姿势

（3）锉削动作　锉削动作是由身体和手臂运动合成的。开始锉削时，身体要向前倾斜 10°左右，右肘尽可能向后收缩，如图 2－52a 所示。当锉刀锉至 1/3 行程时，身体向前倾斜 15°左右，使左膝稍弯曲，如图 2－52b 所示。当锉刀锉至 2/3 行程时，右肘继续向前推进，身体向前倾斜 18°左右，如图 2－52c 所示。当锉刀锉至最后 1/3 行程时，右肘继续向前推进，身体随着锉刀的反作用力退回至 15°左右位置，如图 2－52d 所示。锉削行程结束时，左脚自然伸直并随着锉削时的反作用力，将身体重心后移，使身体恢复原位，同时将锉刀略微提起收回。当锉刀收回将近结束时，身体开始先于锉刀前倾，作第二次锉削的向前运动。

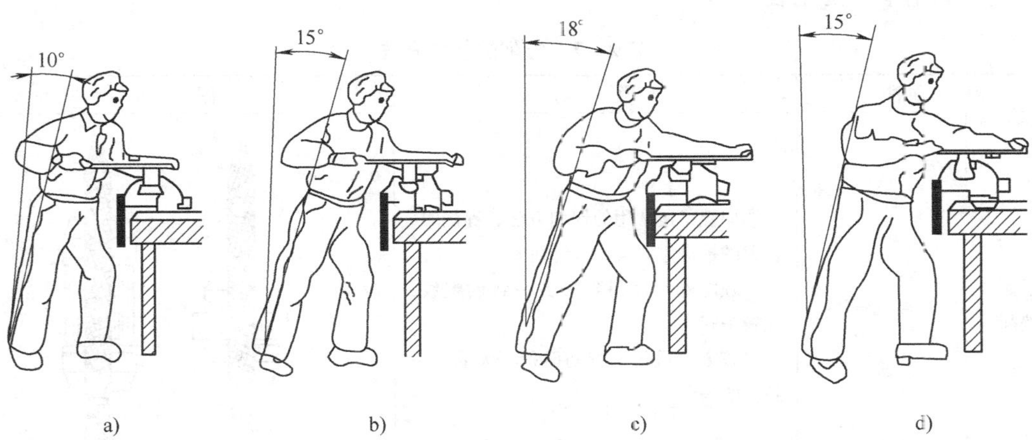

图 2－52　锉削动作

（4）锉削时两手的用力和锉削速度　想要锉出平直的平面，就必须使锉刀保持平直的锉削运动。在推锉的过程中，两手用的力应不断变化。开始推锉时，左手压力要大，右手压力要小而推力要大，如图 2－53a 所示。随着锉刀推进，左手压力减小，右手压力增大。当锉刀推到中间时，两手压力相同，如图 2－53b 所示。再继续推进锉刀时，左手压力逐渐减小，右手压力逐渐增大，左手起引导作用，推到最前端位置时两手用力，如图 2－53c 所示。锉刀回程时不加压力，如图 2－53d 所示，以减少锉齿的磨损。

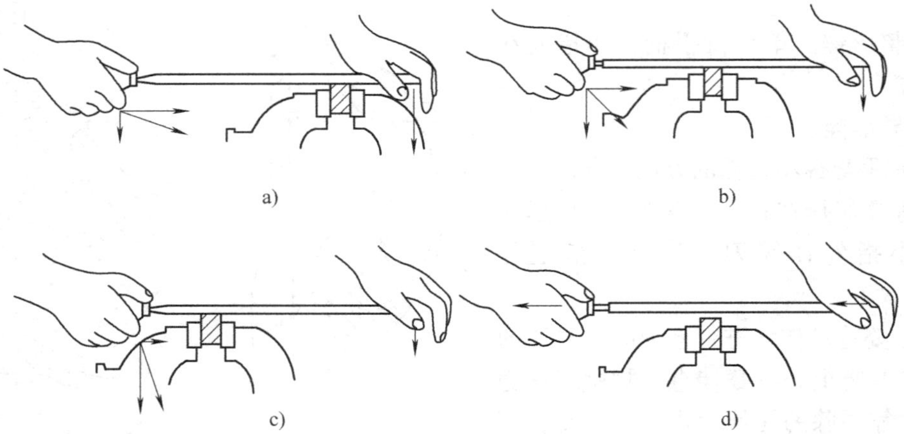

图 2－53　锉削力的平衡

锉削速度一般应在 40 次/min 左右，推出时稍慢，回程时稍快，动作要自然协调。

4. 工件的装夹

1）工件尽量夹持在台虎钳钳口宽度方向的中间。锉削面靠近钳口，以防锉削时产生振动。

2）装夹要稳固，但用力不可太大，以防工件变形。

3）装夹已加工表面和精密工件时，应在台虎钳钳口上衬上纯铜皮或铝皮等软的衬垫，以防夹坏工件。

5. 锉削的基本方法

锉削的基本方法见表 2－7。

表 2－7　锉削的基本方法

锉削方法		说　明	图　示
平面锉削	顺向锉	顺向锉是最常用的锉削方法，锉削时，锉刀的推进方向自始自终朝向一个方向 顺向锉可以得到整齐一致的锉纹，比较美观 该方法适用于锉削面积不大或最后精锉的场合	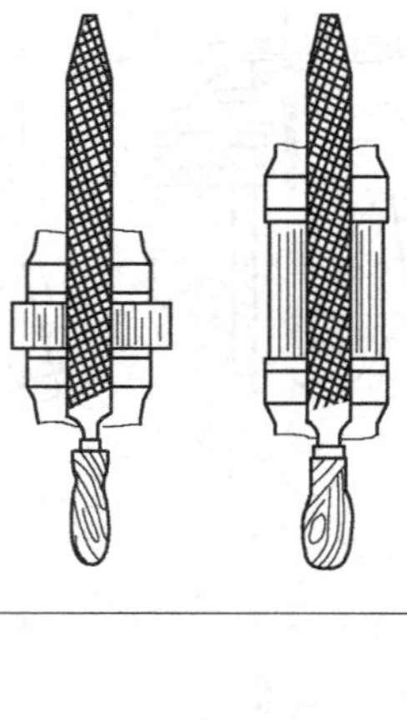

（续）

锉削方法		说　明	图　示
平面锉削	交叉锉	交叉锉是指从两个交叉的方向交替对工件表面进行锉削的方法 交叉锉可使锉刀与工件的接触面积增大，锉刀运动时容易掌握平稳，能及时反映出平面度的情况，且锉削效率较高 在工件表面易留下交叉纹路，美观度相对顺向锉较差，因此，一般多用于粗锉和半精锉	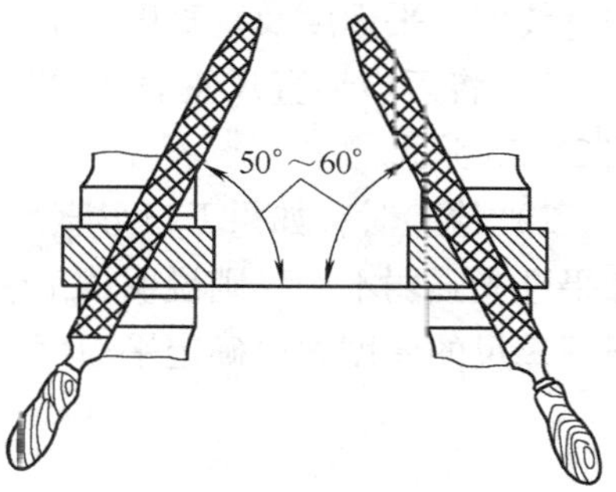
	推　锉	推锉是指用两手对称地横握住锉刀，两手尽可能靠近工件，以减少锉刀左右摆动量，用两大拇指推动锉刀顺着工件长度方向进行推拉 推锉适用于加工余量小、平面相对狭窄和修正尺寸时的使用，此法锉削效率较低	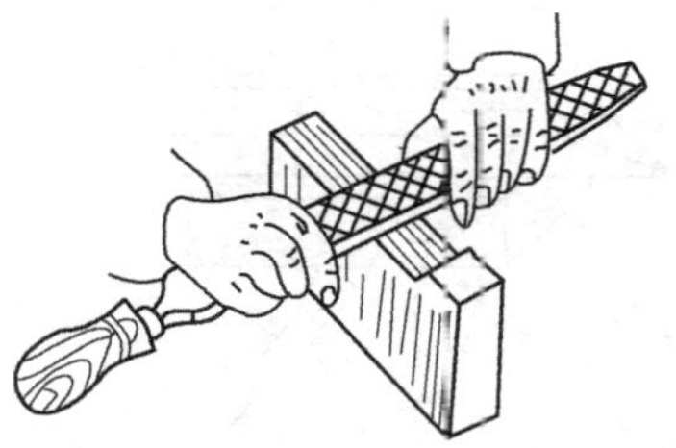
外圆弧面锉削	顺着圆弧面锉削	顺着圆弧面锉削一般用于精锉圆弧面。锉削时，锉刀向前推，右手应向下压，而锉刀尖则向上提起。此方法能保证工件表面获得没有棱角的光滑曲面，而加工面的锉削纹路也是顺着曲率分布的	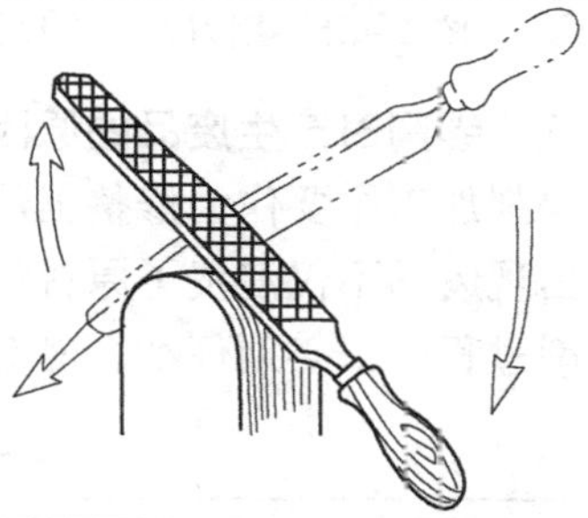
	横着圆弧面锉削	横着圆弧面锉削用于圆弧面的粗加工，或在不能顺着圆弧面锉削的情况下应用。这种方法一般是先依次锉出棱角，即按四角、六角、八角那样的顺序使棱边增多，最后锉去棱角变成圆弧面	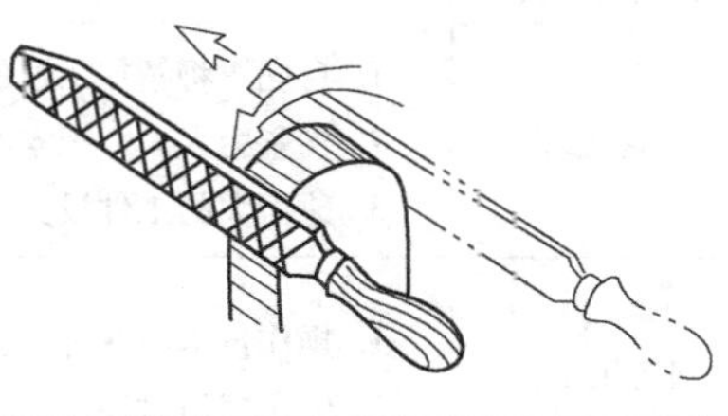

在锉削平面时，为使整个加工表面能够锉削均匀，无论是顺向锉还是交叉锉，每次退回锉刀时应在横向作适当的移动，如图 2－54 所示。

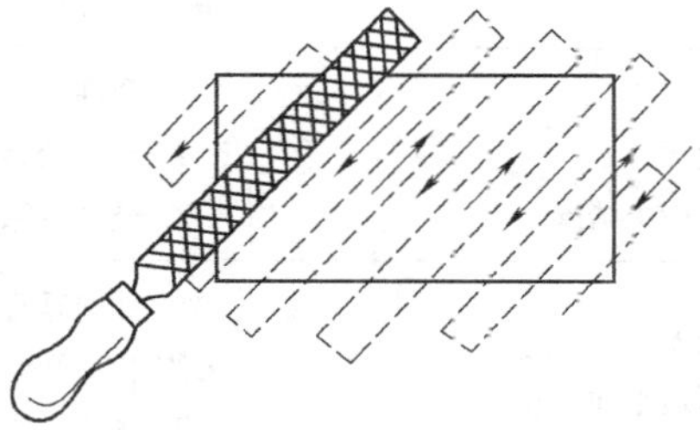

图 2－54　锉刀作横向移动

6. 锉削平面的检验方法

检验工具有刀口形直尺、直角尺和游标万能角度尺等。刀口形直尺和直角尺可检验工件的直线度、平面度及垂直度。下面介绍用刀口形直尺检验工件平面度的方法。

1）将刀口形直尺垂直紧靠在工件表面，并在纵向、横向和对角线方向逐次检查，如图 2－55所示。

2）检验时，如果刀口形直尺与工件平面透光微弱且均匀，则表示该工件平面度合格；如果进光强弱不一，则说明该工件平面凹凸不平。可在刀口形直尺与工件紧靠处插入塞尺，根据塞尺的厚度即可确定平面度的误差，如图 2－56 所示。

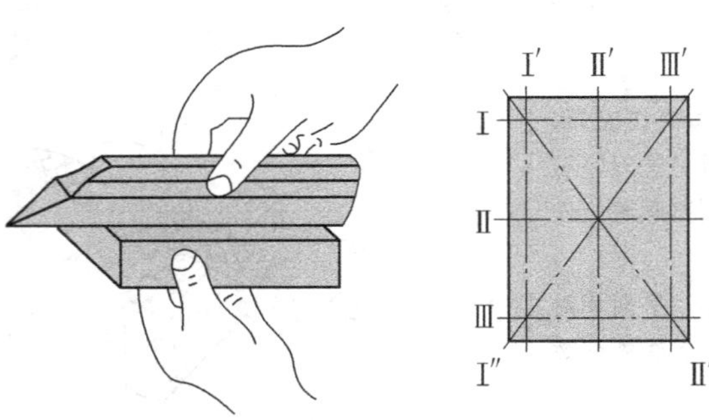

图 2－55 用刀口形直尺检验平面度

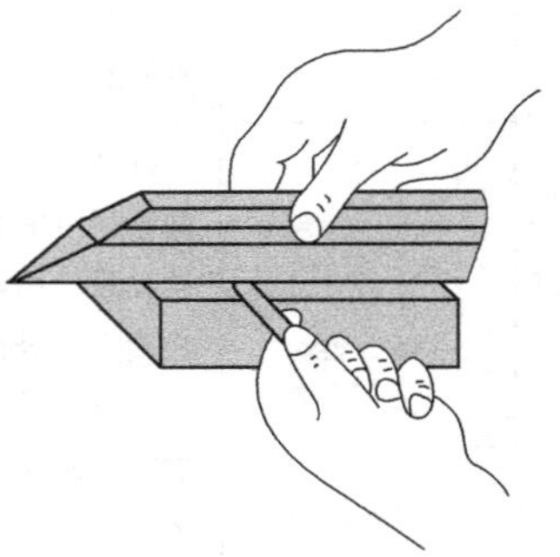
图 2－56 用塞尺测量平面度误差值

三、锉削时产生废品的原因及预防方法

锉削加工主要作为修整工件或工具的精加工工序，它常是最后一道工序，要是工作不小心，出现废品不仅浪费了原材料，更重要的是浪费了以前各工序的加工时间和费用。因此，在锉削过程中，必须仔细、谨慎地进行。锉削时产生废品的原因及预防方法见表 2－8。

表 2－8 锉削时产生废品的原因及预防方法

废品形式	原 因	预防方法
工件夹坏	1. 台虎钳将精加工过的表面夹出凹痕来 2. 夹紧力太大，把空心件夹扁 3. 薄而大的工件没夹好，锉削时变形	1. 夹紧精加工工件应加钳口铜 2. 夹紧力不要太大，夹薄管最好用两块 V 形木垫 3. 夹持薄而大的工件要用辅助工具
平面中凸	1. 操作技术不熟练，锉刀摇摆 2. 使用锉刀时用了凹面锉刀	1. 掌握正确的锉削姿势，采用交叉锉法 2. 选用锉刀时要检查锉刀的锉面，弯的锉刀、凹面锉刀不能使用
工件形状不正确	1. 划线不对 2. 没控制好锉刀每锉一次所锉的厚度，锉出尺寸界限	1. 根据图样正确划线 2. 对每锉一次的锉削用量要心中有数，锉削时要集中注意力，并经常测量
表面不光洁	1. 锉刀粗细选择不当 2. 粗锉时锉痕太深 3. 锉屑嵌在锉纹中未清除	1. 合理选用锉刀 2. 锉削始终应注意表面粗糙度，避免深痕出现 3. 经常清除锉屑
锉掉了不应锉的部位	1. 没选用光边锉刀 2. 锉刀打滑把邻边平面锉伤	1. 锉削垂直面时应选用光边锉刀，如没有光边锉刀则用普通锉刀改制 2. 注意不要打滑

四、锉刀的维护与保养

1）新锉刀要先使用一面，用钝后再使用另一面。

2）在粗锉时，应充分使用锉刀的有效全长，既可提高锉削效率，又可避免锉齿局部磨损。

3）锉刀上不可沾油与沾水。

4）当锉屑嵌入齿缝内时必须及时用钢丝刷沿着锉齿的纹路进行清除。

5）不可锉毛坯件的硬皮及经过淬硬的工件。

6）铸件表面如有硬皮，应先用砂轮磨去或用旧锉刀和锉刀的有齿侧边锉去，然后进行正常锉削加工。

7）锉刀使用完毕时必须清刷干净，避免生锈。

8）锉刀在使用过程中或放入工具箱时，不可与其他工具或工件堆放在一起，也不可与其他锉刀互相重叠堆放，以免损坏锉齿。

五、锉削注意事项

1）锉刀放置时不要露出钳台外面，以免掉落砸伤脚或损坏锉刀。

2）不使用无柄、无柄箍或柄已裂开的锉刀。

3）锉削时锉刀柄不能撞击到工件，以免锉刀柄脱落造成事故。

4）锉削时不能用嘴吹锉屑，要用毛刷清除锉屑。

5）锉削时不可用手摸锉削后的工件表面，以免再锉时锉刀打滑，使操作者身体失去平衡而出危险。

6）锉刀不能作撬棒或锤子使用，否则锉刀会断裂。

【考点分析】

例题1：锉削一般是在錾、锯之后对工件进行的精度较高的加工，其精度可达（　　）mm。

A. 0.001　　B. 0.01　　C. 0.1　　D. 0.02

解题指导：本题主要考查锉削的精度问题。锉削一般是在錾、锯之后对工件进行的精度较高的加工，其精度可达0.01mm。

参考答案：B

例题2：锉削时不能用手摸锉削后的工件表面，以免再锉削时锉刀（　　）。

A. 断裂　　B. 变形

C. 打滑　　D. 变钝

解题指导：本题主要考查锉刀锉削时的注意事项。锉削时不可用手摸锉削后的工件表面，以免再锉时锉刀打滑，使操作者身体失去平衡而出危险。

参考答案：C

【习题练习】

1. 锉齿的粗细规格是以锉刀每（　　）mm轴向长度内的主锉纹条数来表示的。

A. 10　　B. 25　　C. 50　　D. 100

2. 锉削平面时，如果两手使用的力所产生的力矩不平衡，工件表面就会被锉成一个（　　）。

A. 平面　　B. 弧凸面　　C. 弧凹面　　D. 曲面

3. 锉刀的主要工作面指的是（　　）。

A. 有锉纹的上、下两面　　B. 两个侧面

C. 全部表面　　D. 顶端面

4. 双齿纹锉刀适用锉（　　）材料。

A. 大　　B. 厚　　C. 软　　D. 硬

参考答案：

1. A　2. B　3. A　4. D

第五节　孔加工

【学习要求】

1. 掌握标准麻花钻的刃磨方法。
2. 掌握划线钻孔的方法，并能够正确选择钻削用量。
3. 熟悉钻孔时工件的几种基本装夹方法。
4. 掌握扩孔、锪孔及铰孔的基本方法。
5. 能够正确分析孔加工出现的问题及产生的原因和解决办法。

【学习内容】

孔加工的方法主要有两类：一类是在实体工件上加工出孔，即用麻花钻、中心钻等进行钻孔；另一类是对已有孔进行再加工，即用扩孔钻、锪孔钻和铰刀进行扩孔、锪孔和铰孔等。

一、钻孔

用钻头在实体材料上加工孔的方法称为钻孔。

1. 钻削运动

工件固定，钻头安装在钻床主轴上作旋转运动（称为主体运动），钻头沿轴线方向作直线移动（称为进给运动），如图 2－57 所示。

2. 麻花钻的构成

麻花钻一般用高速钢（W18Cr4V 或 9Cr4V2）制成，淬火后硬度达到 62～68HRC。麻花钻由柄部、颈部和工作部分组成，如图 2－58 所示，颈部一般标注钻头的规格、材料、标号等。

3. 麻花钻的刃磨

麻花钻的主要切削角度如图 2－59 所示。刃磨麻花钻主要是刃磨两个主切削刃及其后角。刃磨后的两主切削刃应对称，顶角和后角的大小应根据麻花钻直径的大小及加工材料的性质选择。横刃斜角是在磨主切削刃和后角时自然形成的，它与后角的大小有关。

（1）标准麻花钻的刃磨方法（图 2－60）。

1）将钻头主切削刃摆成水平，并把它靠在砂轮的圆柱面上，磨削点大致在砂轮的中心水平面上。

2）钻头轴线与砂轮圆柱面素线在水平面内夹角等于钻头顶角（$2\varphi = 118° \pm 2°$）的 1/2。

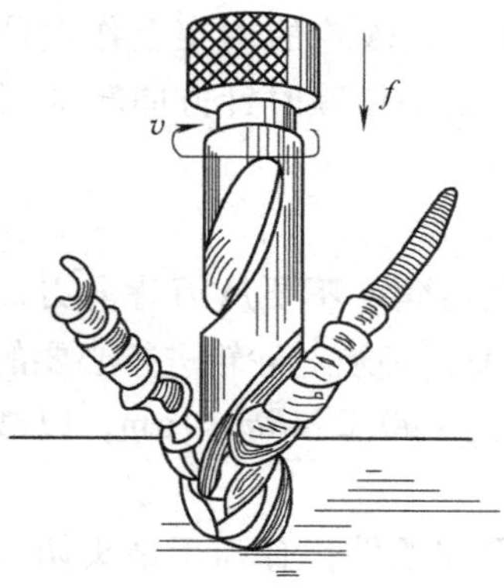

v—主体运动　f—进给运动

图 2－57　钻削运动

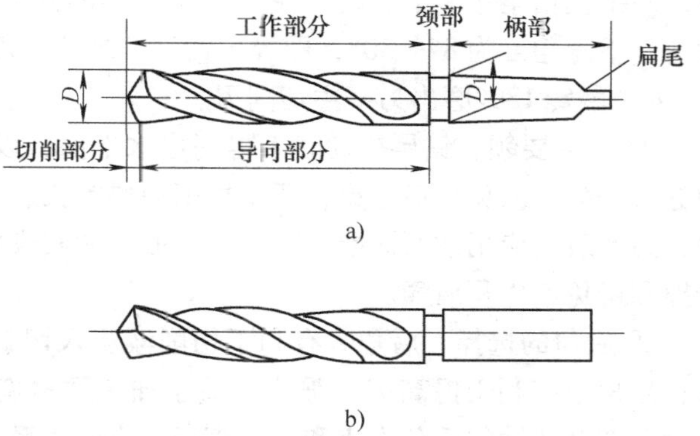

图 2－58　麻花钻的构成

a) 锥柄式　b) 柱柄式

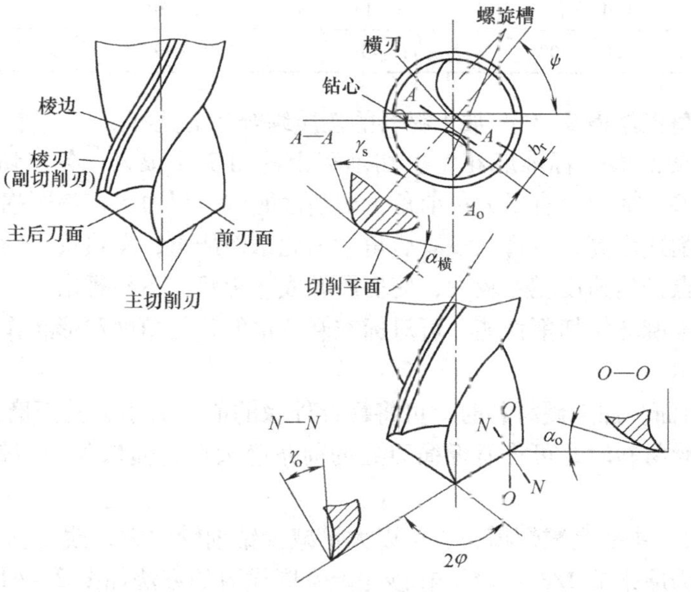

图 2－59　麻花钻的切削角度

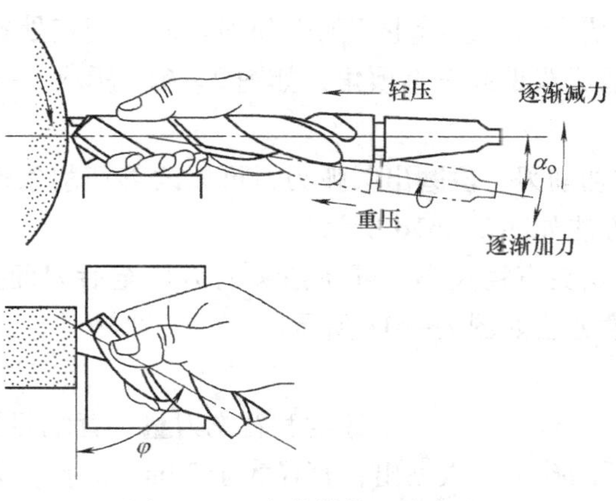

图 2－60　麻花钻的刃磨方法

3）刃磨时，主切削刃接触砂轮，右手握住钻头前端，并靠在砂轮的搁架上作定位支点，左手握钻尾作上下摆动。左手下压钻尾的同时，右手应使钻头作顺时针方向转动（约40°），下压角度为8°~30°，即等于钻头外缘处后角（α_o）。

4）翻转180°磨出另一主切削刃。

① 刃磨要领。钻尾摆动时不得高出水平面，以防止磨出负后角；不要从刃背向刃口方向进行磨削，以免刃口退火；两主切削刃要等长、对称。刃磨前，必须对砂轮进行必要的修整；刃磨后，应用油石研磨其前、后刀面，使其表面粗糙度达到 $Ra0.2 \sim Ra0.4\mu m$，以减少摩擦和避免产生积屑瘤。

② 后角的选择。后角大有利于切削液流入切削区，改善冷却条件，有利于钻头切入工件；后角小有利于提高刃口强度，适于加工硬材料。小钻头一般采用较大后角。一般情况下，标准麻花钻的后角大小和钻头直径大小的关系见表2-9。

表2-9 标准麻花钻的后角（α_o）

钻头直径/mm	1以下	1~15	15~30	30~80
后角 α_o	20°~30°	11°~14°	9°~12°	8°~11°

麻花钻的后角根据表2-9和加工材料的性质综合考虑选择。

（2）麻花钻的修磨　标准麻花钻主切削刃上前角变化很大，各点切削性能差异很大；横刃较长，定心差，横刃处有很大负前角，切削性能差，阻力大，易磨损；主切削刃和副切削刃交点处的切削速度高，棱边又没有后角，因此摩擦严重，发热快，磨损也快；主切削刃长，切屑较宽各点排屑速度相差较大，使切屑卷成螺旋状，不易排出。

为了提高标准麻花钻切削性能，可对标准麻花钻的几何角度和形状作适当修磨，修磨方法如图2-61所示。

1）修磨前刀面。加工硬材料时，可将靠近外缘的前角磨小，甚至磨成负前角，以提高刀刃强度。加工软材料时，可将靠近横刃处的前角磨大些，使该处刀刃锋利，如图2-61a所示。

2）修磨横刃。主要是减短横刃，可以大量减少钻削轴向力，改良钻头的定心作用，横刃修磨后的长度为原来的1/3~1/5。在砂轮上修磨横刃的方法如图2-61b所示。小钻头可用三角磨石进行修磨。

3）磨多重顶角。主要是为了改善主切削刃和副切削刃交点处的散热条件，提高钻头的使用寿命，可将顶角刃磨成双重或三重顶角，如图2-61c所示。一般 $2\varphi_o = 70° \sim 75°$，$f_o = 0.2D$（$D$ 为钻头直径）。

4）磨圆弧刃。将主切削刃一段磨出圆弧刃，可以改善切削条件，利于分屑，同时可提高钻孔的稳定性。刃磨方法如图2-61d所示。

5）磨分屑槽。根据钻头直径大小，可在钻头的刃口至后刀面上磨一条或两条分屑槽，以利于排屑和冷却。刃磨方法如图2-61e所示。

4. 钻削用量的选择

钻孔切削用量主要是指进给量、切削速度和背吃刀量，背吃刀量由钻头大小决定。一般情况下，直径30mm以下的孔可一次钻出；直径大于30mm的孔，为减小背吃刀量，可以分两次钻出，即先用等于0.5~0.7倍孔径的钻头钻孔，再扩孔到所需孔径。

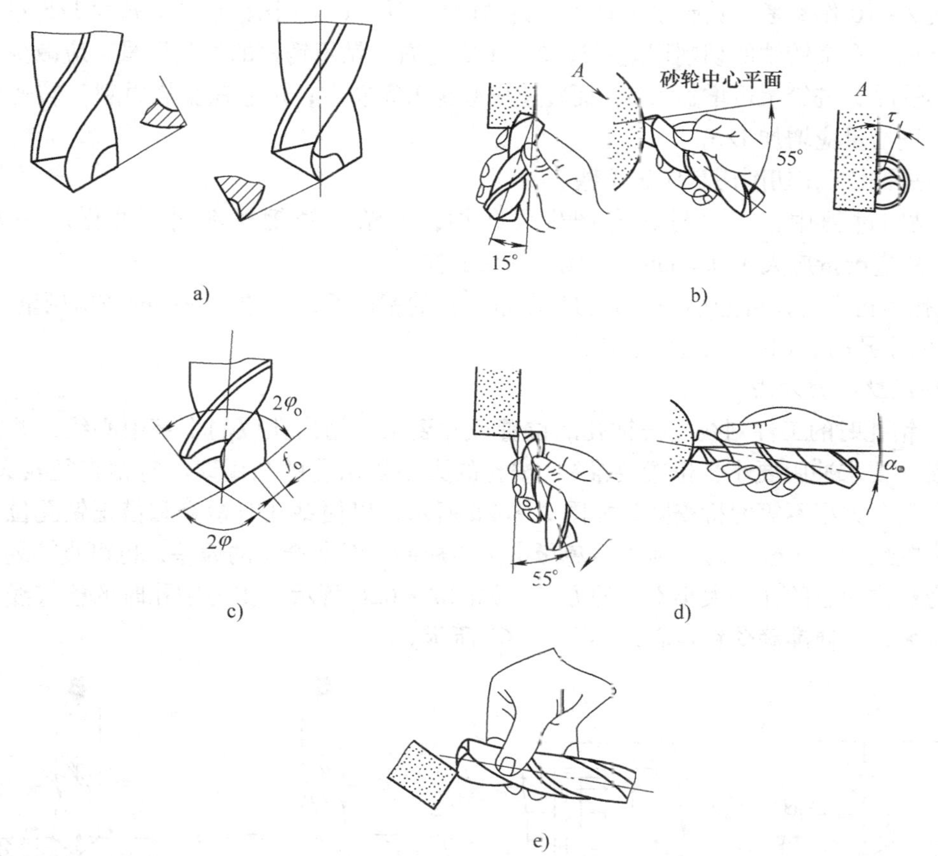

图 2－61　修磨麻花钻的方法

a）修磨前刀面　b）修磨横刃　c）修磨顶角　d）修磨弧刃　e）磨主切削刃分屑槽

进给量是影响钻孔表面粗糙度的主要因素，切削速度是影响钻头使用寿命的主要因素。因此，选择切削用量时应根据工件表面粗糙度、孔径大小、孔的深度及工件材料的硬度、强度等多方面因素综合考虑。

1）材料的强度及硬度较高，钻头直径较大时，首先考虑钻头本身强度的限制，切削速度不宜选得太高；材料较软或钻头直径较小时，切削速度可适当选高一些，一般钢件的钻孔切削用量见表 2－10。

表 2－10　钢件钻孔切削用量表（孔的深径比 $L/D \leqslant 3$）

钻孔直径 D/mm	<2	2 ~ 3	3 ~ 5	5 ~ 10
转速 n/（r/min） 进给量 f/（mm/r）	10000 ~ 2000 0.005 ~ 0.02	2000 ~ 1500 0.02 ~ 0.05	1500 ~ 1000 0.05 ~ 0.15	1000 ~ 750 0.15 ~ 0.30
钻孔直径 D/mm	10 ~ 20	20 ~ 30	30 ~ 40	40 ~ 50
转速 n/（r/min） 进给量 f/（mm/r）	750 ~ 350 0.30 ~ 0.60	350 ~ 250 0.602 ~ 0.75	250 ~ 200 0.75 ~ 0.85	200 ~ 120 0.85 ~ 1

以表2－10作参考，钻碳素工具钢、铸铁的切削用量，应比钻钢件的减少1/5左右；钻合金工具钢、合金铸铁的切削用量，应减少1/3左右；钻不锈钢的切削用量，应减少1/2左右；钻铸铁时，进给量可增加1/5，而转速应减少1/5左右；钻非铁金属材料，转速应增加近一倍，进给量应增加1/5。

2）钻深孔时，切削用量应选小些。

3）钻削过程中，有些材料会产生硬化层，如钻不锈钢材料时，硬化层一般小于0.1mm，故进给量应大于0.1mm，以减少钻头磨损。

4）孔的精度高，可选小一些的切削用量；孔的精度低，可选大一些的切削用量。

5）钻小孔时，以手动进刀为宜。

5. 划线钻孔的方法

（1）钻孔时的工件划线　按钻孔的位置尺寸要求，划出孔位的十字中心线，并打上中心样冲眼（要求冲眼要小，位置要准），按孔的大小划出孔的圆周线。对钻直径较大的孔，还应划出几个大小不等的检查圆，如图2－62a所示，以便钻孔时检查和借正钻孔位置。当钻孔的位置尺寸要求较高时，为了避免敲击中心样冲眼时所产生的偏差，也可直接划出以孔中心线为对称中心的几个大小不等的方框，如图2－62b所示，作为钻孔时的检查线，再将样冲眼敲大，以便准确落钻定心，如图2－63所示。

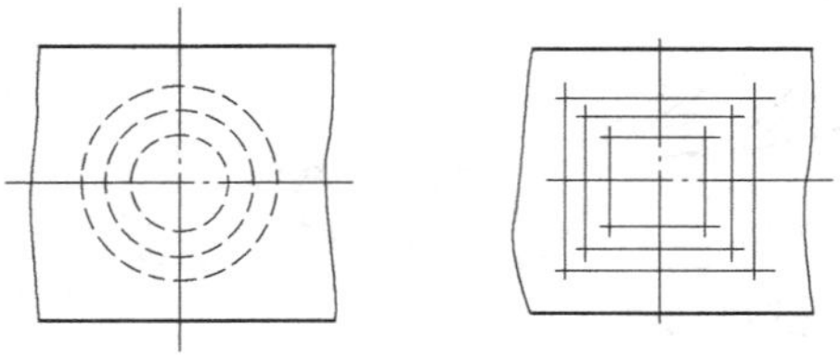

a)　　b)

图2－62　孔位检查线形式

a）检查圆　b）检查方框

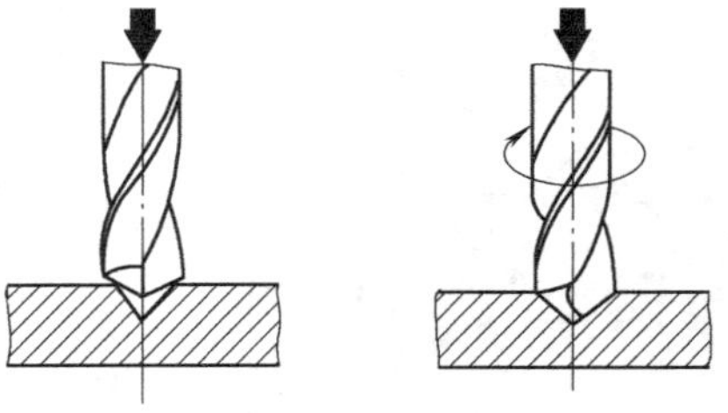

a)　　b)

图2－63　样冲眼准确落钻定心

a）样冲眼引钻　b）钻孔中心准确

（2）工件的装夹　工件钻孔时，要根据工件的不同形状及钻削力的大小（或钻孔的直径大小）等情况，采用不同的装夹（定位和夹紧）方法，以保证钻孔的质量和安全。常用的基本装夹方法如下。

1）平整的工件用机用平口钳装夹。钻直径大于8mm孔时，机用平口钳须用螺栓、压板固定。钻通孔时工件底部应垫上垫铁，空出落钻部位，如图2－64a所示。

2）圆柱形的工件用V形架装夹。钻孔时应使钻头轴线位于V形架的对称中心，按工件划线位置钻孔，如图2－64b所示。

3）压板装夹。对钻孔直径较大或不便用平口钳装夹的工件，可用压板夹持，如图2－64c所示。

4）卡盘装夹。方形工件钻孔，用单动卡盘装夹，如图2－64d所示；圆形工件端面钻孔，用自定心卡盘装夹，如图2－64e所示。

5）角铁装夹。底面不平或加工基准在侧面的工件用角铁装夹，如图2－64f所示。

6）手虎钳装夹。在小型工件或薄板件上钻小孔时，用手虎钳装夹，如图2－64g所示。

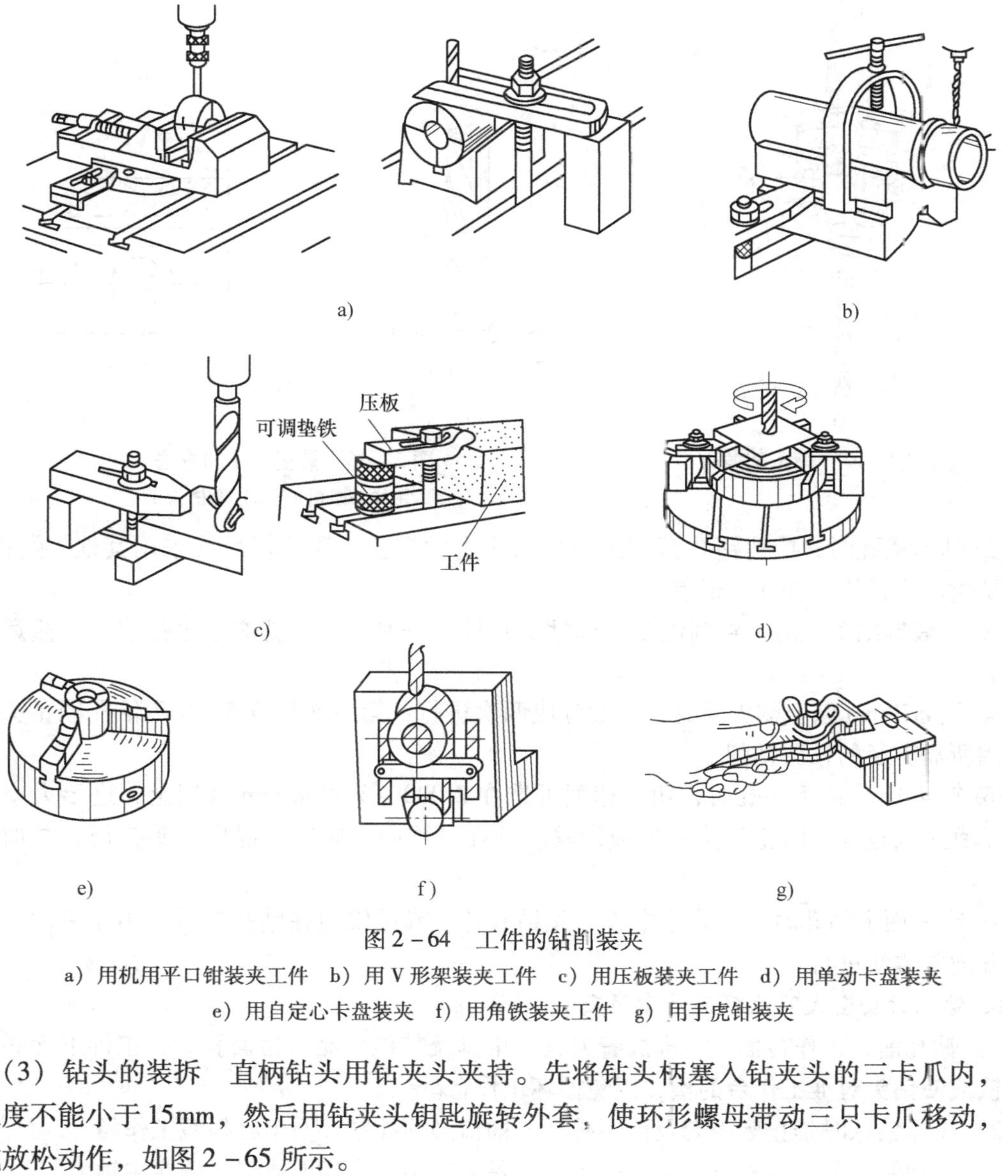

图 2－64　工件的钻削装夹

a）用机用平口钳装夹工件　b）用 V 形架装夹工件　c）用压板装夹工件　d）用单动卡盘装夹　e）用自定心卡盘装夹　f）用角铁装夹工件　g）用手虎钳装夹

（3）钻头的装拆　直柄钻头用钻夹头夹持。先将钻头柄塞入钻夹头的三卡爪内，其夹持长度不能小于15mm，然后用钻夹头钥匙旋转外套，使环形螺母带动三只卡爪移动，作夹紧或放松动作，如图 2－65 所示。

（4）钻孔方法

1）试钻。钻孔时，先使钻头对准划线中心，钻出浅坑，观察是否与划线圆同心，准确无误后，继续完成钻削。如钻出浅坑与划线圆发生偏位，偏位较少时可在试钻同时月力将工件向偏位的反方向推移，逐步借正；如偏位较多，可在借正方向上打几个样冲眼，如图 2－66a 所示，或用油槽錾錾出几条小槽，如图 2－66b 所示，以减少此处的钻削阻力，达到借正的目的。当钻削孔距要求较高的孔时，两孔要边试钻边测量边借正，不可先钻好一个孔再来借正第二个孔的位置。

2）钻孔操作方法。

① 钻削通孔时，当孔快要钻穿时，应减小进给力，以免发生“啃刀”，影响加工质量和折断钻头。

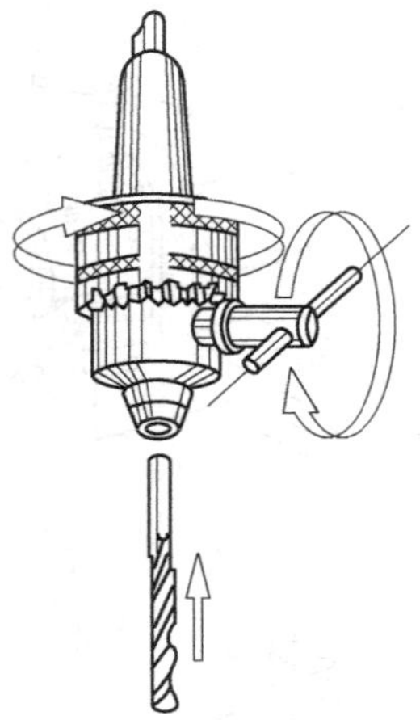

图 2-65　钻头的装拆

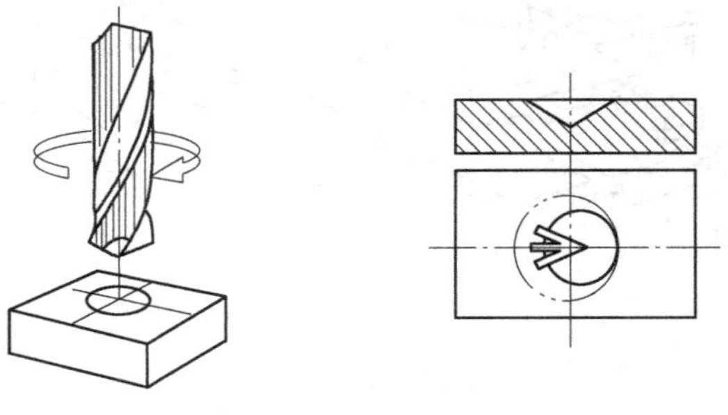

图 2-66　借正偏孔的方法
a) 用样冲眼借正　b) 錾槽借正

② 钻不通孔时，应按钻孔深度调整好钻床上的挡位、深度标尺或采用其他控制措施，以免钻过深或过浅，并注意退屑。

③ 一般钻削深孔时，钻削深度达到钻头直径 3 倍时，钻头就应退出排屑，并注意冷却润滑。

④ 钻 ϕ30mm 以上的大孔时，一般分成两次进行：第一次用 0.5～0.7 倍孔径钻头，第二次用所需直径的钻头钻削。

⑤ 钻 ϕ 1mm 以下小孔时，切削速度可选在 2 000～3 000r/min 及以上，进给力小且平稳，不宜过大过快，防止钻头弯曲或滑移。钻孔过程中，应经常退出钻头排屑，并加注切削液。

⑥ 在斜面上钻孔时，可采用中心钻先钻底孔，或用铣刀在钻孔处铣削出小平面，或用钻套导向等方法进行。

6. 钻孔时安全文明生产及注意事项

1）钻孔前，工作台面上不准放置刀具、量具及其他物品。钻通孔时，工件下面必须垫上垫铁或使钻头对准工作台的槽，以免损坏工作台。

2）操作钻床时禁止戴手套及使用棉纱，袖口必须扎紧，女生必须戴工作帽。

3）开动钻床前，应检查变速是否到位，是否有钻夹头钥匙或斜铁插在主轴上。

4）钻孔时工件一定要夹紧，特别是小工件上钻较大直径的孔时，装夹必须牢固。孔将钻穿时，要尽量减小进给力。

5）钻孔时不可用手、棉纱头或用嘴吹来清除切屑，必须用毛刷清除；钻出长切屑时用钩子钩断后清除；当钻头上绕有长切屑时应停车后清除，严禁用手拉或用铁棒敲击。

6）操作者的头严禁与旋转着的主轴靠得太近，停车时应让主轴自然停止，不可用手刹住，也不能用反转制动。

7）开车状态下严禁装拆工件、检验工件和变换主轴转速，必须在停车状态下进行。

8）清洁钻床或加注润滑油时，必须切断电源。

9）装夹钻头时须用钻夹头钥匙，不可用扁铁或锤子敲击，以免损坏夹头和影响钻床主轴精度。

二、扩孔

当孔径较大时，为了防止钻孔产生过多的热量而造成工件变形或切削力过大，或为了更好地控制孔径尺寸，往往先钻出比要求的孔径小的孔，再把孔径扩大至要求。

用扩孔钻对工件上已有孔进行扩大加工的方法，称为扩孔。工件经扩孔后，一般尺寸精度可达 IT9 ~ IT10，表面粗糙度可达 *Ra*3.2 ~ *Ra*12.5μm，常作为孔的半精加工及铰孔前的预加工。

在实际生产中，常用麻花钻扩孔，如图 2 - 67 所示。当采用麻花钻扩孔时，底孔直径一般为要求直径的 0.5 ~ 0.7 倍。当采用扩孔钻扩孔时，如图 2 - 68 所示，底孔直径一般为要求直径的 0.9 倍。切削速度要比钻孔小一倍，进给可采用机动或手动进给，当采用手动进给时，进给量要均匀、一致。

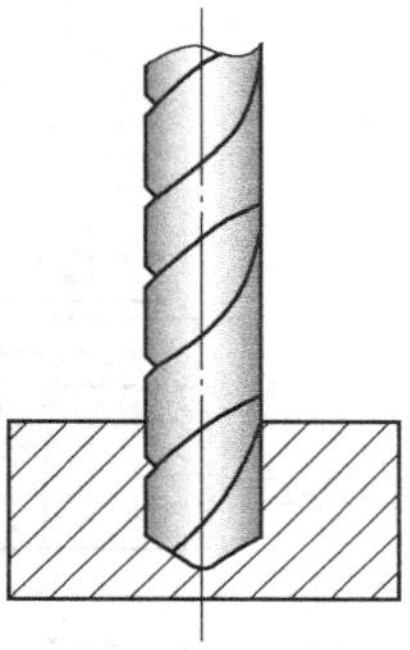

图 2 - 67　用麻花钻扩孔

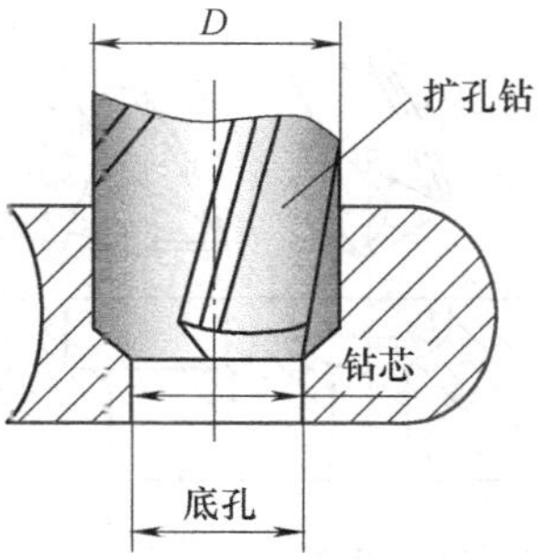

图 2 - 68　用扩孔钻扩孔

扩孔时的注意事项如下。

1）扩孔钻多用于成批大量生产。小批量生产用麻花钻代替扩孔钻使用，此时，应适当减小钻头的前角，以防止扩孔时扎刀。

2）钻孔后，在不改变钻头与机床主轴相互位置的情况下，应立即换上扩孔钻进行扩孔，使钻头与扩孔钻的中心重合，保证加工质量。

三、锪孔

用锪钻刮平孔的端面或切出沉孔的方法，称为锪孔。常见的锪孔应用如图 2 - 69 所示。

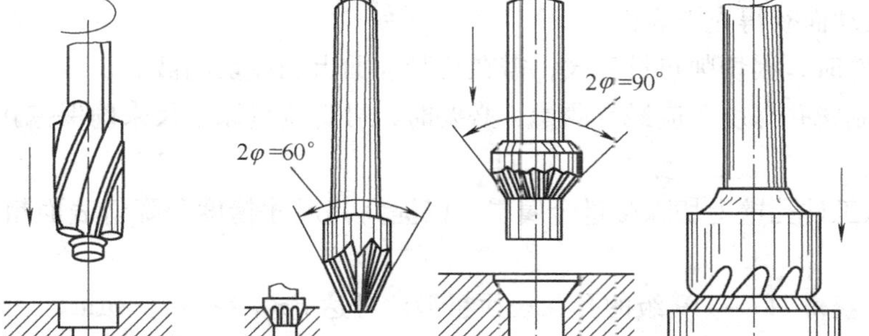

图 2 - 69　锪孔的应用

a）锪圆柱埋头孔　b）锪锥形埋头孔　c）锪孔口和凸台平面

1. 锪圆柱形埋头孔

锪钻底面要平整并与底孔轴线垂直，加工表面无振痕。如果用麻花钻改制的不带导柱的锪钻锪圆柱形埋头孔时，必须用标准麻花钻扩出一个台阶孔作导向，然后用平底钻锪至深度尺寸，如图 2－70 所示。

2. 锪锥形埋头孔

按图样锥角要求选用锥形锪孔钻，锪深一般控制在埋头螺钉装入后低于工件表面约 0.5mm，加工表面应无振痕。

3. 端面锪孔

用专门端面锪孔钻对孔的端面进行锪孔，如图 2－71 所示，其端面刀齿为切削刃，前端导柱用来导向定心，以保证孔端面与孔中心线的垂直度。

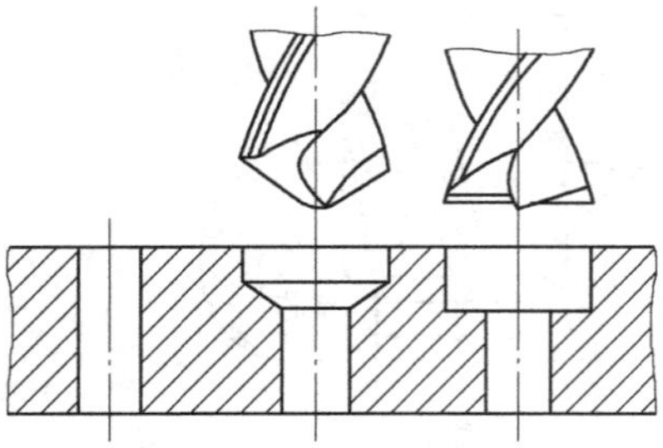

图 2－70　先扩孔后锪平

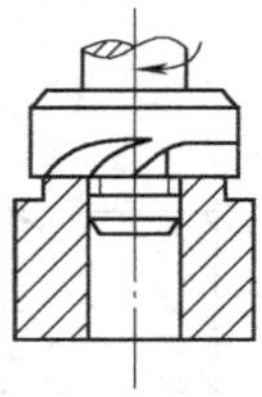

图 2－71　端面锪钻锪孔

锪孔时，进给量为钻孔的 2 ~ 3 倍，切削速度为钻孔的 1/3 ~ 1/2。精锪时，往往利用钻床停车后主轴的惯性来锪孔，以减少振动而获得光滑表面。

锪孔要点及注意事项如下。

1）尽量选用较短的钻头，保证改制后钻头切削刃高低一致，角度对称，以减小加工时的振动。

2）保证底孔与锪孔同轴，工件要装夹牢固。

3）要适当减小锪钻的后角和外缘处的前角，以防扎刀、振动或出现多边形。

4）锪孔时的切削速度一般为钻孔时的 1/3 ~ 1/2。同时，由于锪孔加工的轴向抗力较小，所以手动进给压力不宜过大，进给要均匀。精锪时，可利用钻孔停车后主轴的惯性来锪孔，以减小振动而获得光滑表面。

5）锪钢件时，因切削热量较大，需在切削表面上加注切削液。

6）为控制锪孔深度，应经常测量，必要时，可定位机床标尺来确保锪孔深度。

四、铰孔

用铰刀从工件孔壁上切除微量金属层，以提高其尺寸精度和降低表面粗糙度值的方法，称为铰孔。

铰孔后可获得 IT7 ~ IT9 级的孔，表面粗糙度可达 $Ra0.8 \sim Ra3.2\mu m$。

1. 铰刀的组成

铰刀由柄部、颈部和工作部分组成。工作部分又分为切削部分和校准部分，切削部分担负切去铰孔余量的任务。校准部分有棱边，主要起定向、修光孔壁、保证铰孔直径和便于测量等作用。为了减小铰刀和孔壁的摩擦，校准部分磨出倒锥量。铰刀齿数一般为 4 ~ 8 齿，为测量直径方便，多采用偶数齿。

2. 铰刀的种类

铰刀有手铰刀和机铰刀两种。手铰刀如图2－72a所示，它用于手工铰孔，柄部为直柄，工作部分较长；机铰刀如图2－72b所示，多为锥柄，装在钻床上进行铰孔。

按铰刀用途不同有圆柱形铰刀和圆锥形铰刀，如图2－73所示，圆柱形铰刀又分固定式和可调式，如图2－74所示。圆锥形铰刀是用来铰圆锥孔的，用作加工定位销孔的锥铰刀，其锥度为1∶50（即在50mm长度内，铰刀两端直径差为1mm）使铰的锥孔与圆锥销紧密配合。可调式铰刀主要用在装配和修理时铰非标准尺寸的通孔。

a)　　　　b)

图2－72　铰刀

a）手铰刀　b）机铰刀

图2－73　圆锥铰刀

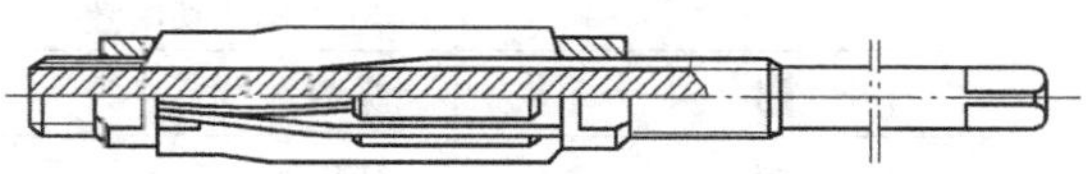

图2－74　可调式铰刀

铰刀的刀齿有直齿和螺旋齿两种。螺旋铰刀如图2－75所示，它多用于铰有缺口或带槽的孔，其特点是在铰削时不会被槽边钩住，且切削平稳。

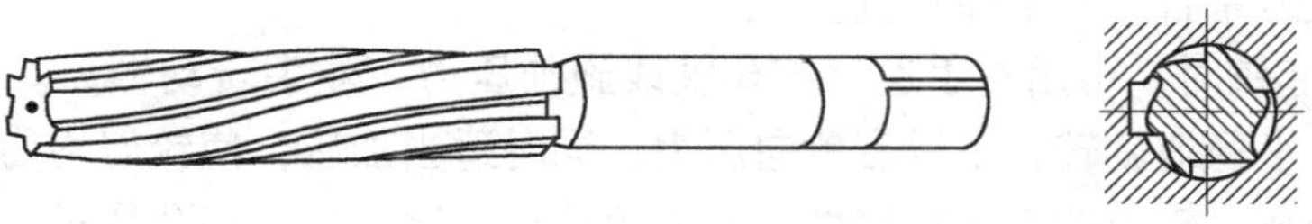

图2－75　螺旋铰刀

3. 铰削用量

铰削用量包括铰削余量、切削速度和进给量。

（1）铰削余量　铰削余量是上道工序（钻孔或扩孔）完成后留下的直径方向的加工余量。若铰削余量留得太多，则铰刀容易磨损，只能增加铰削次数，降低生产率，同时，工件尺寸降低，表面粗糙度值增大；若铰削余量留的太小，则不能去掉上道加工留下的刀痕，不能达到铰孔的要求。因此，合理选择铰削余量很重要。表2－11列出了合理的铰削余量的范围，机铰取其中较大的余量，手铰取较小的余量。

表2－11　铰削余量　（单位：mm）

孔的直径	<5	5～20	21～32	33～50	51～70
铰削余量	0.1～0.2	0.2～0.3	0.3	0.5	0.8

（2）机铰切削速度　为了得到较小的表面粗糙度值，必须避免产生刀瘤，减少切削热及变形，因而应采取较小的切削速度。用高速钢铰刀铰钢件时，$v=4\sim8$m/min；铰铜件时，$v=8\sim12$m/min。

（3）机铰进给量　进给量的选取要适当。如果进给量过大，则铰刀的磨损严重，影响加工质量；如果进给量过小，则很难切下金属材料，形成对材料挤压，使其产生塑性变形和表面硬化，最后形成切削刃撕去大片切屑，使表面粗糙度增大，并加快铰刀磨损。

机铰钢件及铸铁件时，$f=0.5\sim1\text{mm/r}$；机铰铜和铝件时，$f=1\sim1.2\text{mm/r}$。

4. 铰孔时的冷却润滑

铰削时必须选用适当的切削液来减少摩擦并降低刀具和工件的温度，防止产生积屑瘤并避免切屑细末粘附在铰刀切削刃上及孔壁和铰刀的刃带之间，从而减小加工表面的表面粗糙度值与孔的扩张量。切削液选用时可参考表2－12。

表2－12 铰孔时的切削液

加工材料	切削液
钢	① 10%～20%乳化液 ② 铰孔要求高时，采用30%菜油加70%肥皂水 ③ 铰孔要求更高时，可采用菜油、柴油、猪油等
铸铁	① 煤油（但会引起孔径缩小，最大收缩量0.02～0.04mm） ② 低浓度乳化液 ③ 可不用切削液
铝	煤油
铜	乳化液

5. 铰孔时的工作要点

1）手铰时，工件要夹牢，铰刀伸入孔时要与孔端面垂直，特别是在薄件上铰孔时，要用直角尺找正铰刀是否与孔端面垂直。

2）在手铰起铰时，可用右手通过铰孔轴线施加压力，左手转动铰刀。正常铰削时，两手用力要均匀、平稳地旋转，不得有侧向压力，同时适当加压，使铰刀均匀地进给，以保证铰刀正确引进和获得较小的表面粗糙度，并避免孔口成喇叭形或将孔径扩大。

3）铰刀铰孔或铰刀退出时，铰刀均不能反转，以防止刃口磨钝以及切屑嵌入刀具后面与孔壁间，将孔壁划伤。

4）机铰时，应使工件一次装夹进行钻、铰工作，以保证铰刀中心线与钻孔中心线一致。铰削完成后，铰刀退出后再停车，以防止孔壁拉出痕迹。

5）铰尺寸较小的圆锥孔，可先按小端直径并留取圆柱孔精铰余量钻出圆柱孔，然后用锥铰刀铰削即可。对尺寸和深度较大的锥孔，为减小铰削余量，铰孔前可先钻出阶梯孔，如图2－76所示，再用铰刀铰削。铰削过程中要经常用相配的锥销来检查铰孔尺寸，如图2－77所示。

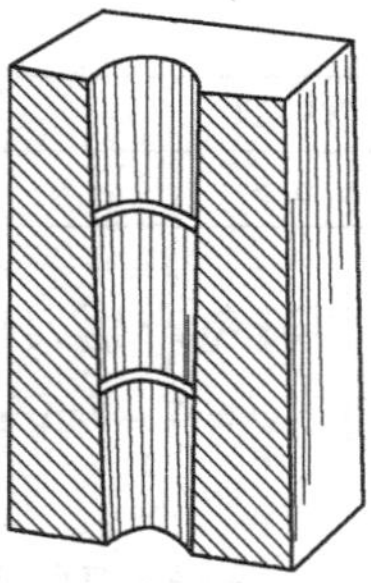

图2－76 钻阶梯孔

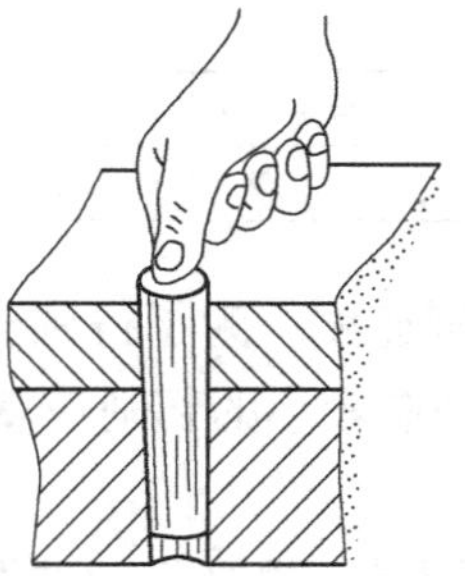

图2－77 用锥销检查铰孔尺寸

【考点分析】

例题1：钻头的规格、材料和标号一般标在钻头的（　　）。

A. 柄部　　B. 颈部　　C. 切削部分　　D. 导向部分

解题指导：本题主要考查麻花钻的构成。麻花钻由柄部、颈部和工作部分组成，颈部一般标注钻头的规格、材料、标号等。

参考答案：B

例题2：采用麻花钻扩孔时，底孔直径一般约为要求直径的（　　）倍。

A. 0.3～0.4　　B. 0.4～0.6　　C. 0.5～0.7　　D. 0.9

解题指导：本题主要考查用麻花钻扩孔时，底孔直径如何确定。当采用麻花钻扩孔时，底孔直径一般约为要求直径的0.5～0.7倍。

参考答案：C

【习题练习】

1. 钻削直径超过30mm的大孔一般要分两次钻削，先用（　　）倍孔径的钻头钻孔，然后用与孔径一样的钻头扩孔。

   A. 0.3～0.4　　B. 0.5～0.7　　C. 0.8～0.9　　D. 1～1.2

2. 铰刀齿数一般多采取偶数，是为了便于（　　）。

   A. 铰刀制造方便　　B. 提高铰刀刚性

   C. 提高铰孔质量　　D. 测量铰刀直径

3. 为改善切削性能，修磨标准麻花钻的横刃后，横刃的长度为原来的（　　）。

   A. 1/2～1/3　　B. 1/3～1/5

   C. 1/4～1/6　　D. 1/5～1/8

4. 在铸铁上铰孔时用（　　）润滑。

   A. 煤油　　B. 柴油　　C. 机油　　D. 矿物油

5. 当孔的精度要求较高和表面粗糙度值要求较小时，加工中应取（　　）。

   A. 较小的进给量和较大的切削速度

   B. 较大的进给量和较小的切削速度

   C. 较小的进给量和较小的切削速度

   D. 较大的切削深度

参考答案：

1. B　2. D　3. B　4. A　5. A

第六节　螺纹加工

【学习要求】

1. 掌握攻螺纹底孔直径和套螺纹圆杆直径的确定方法。
2. 掌握攻、套螺纹方法。
3. 熟悉丝锥折断和攻、套螺纹中常见问题的产生原因和预防方法。
4. 提高钻头的刃磨技能。

【学习内容】

一、螺纹加工相关工艺知识

1. 攻螺纹

用丝锥在工件孔中切削出内螺纹的加工方法称为攻螺纹。

（1）丝锥和铰杠　丝锥是加工内螺纹的工具，其构造如图 2－78 所示，由工作部分和柄部组成，工作部分包括切削部分和校准部分。丝锥按加工方法分有机用丝锥和手用丝锥两种。按加工螺纹的种类不同有普通三角螺纹丝锥（其中 M6～M24 丝锥为每组两只，M6 以下及 M24 以上的丝锥为每组三只）、圆柱管螺纹丝锥（每组两只）和圆锥管螺纹丝锥（大小尺寸均为单只）。

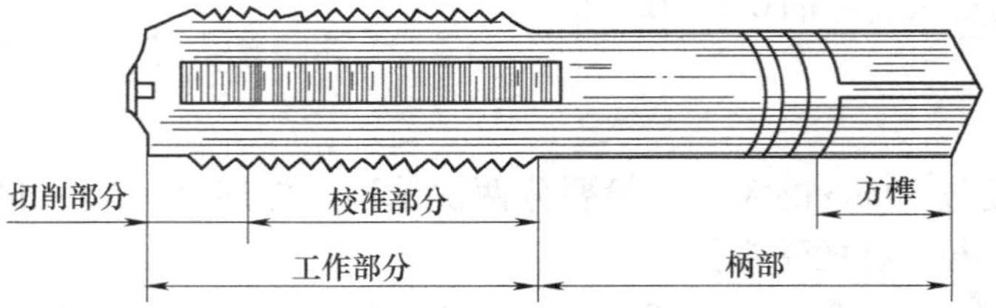

图 2－78　丝锥的构造

铰杠是手工攻螺纹时用来夹持丝锥的工具，分为普通铰杠（图 2－79）和丁字形铰杠（图 2－80）两类，丁字铰杠适用于在高凸台旁边和箱体内部攻螺纹。各类铰杠又可分为固定式和可调式两种，固定式铰杠常用在攻 M5 以下的螺纹，可调式铰杠可以调节夹持孔尺寸。

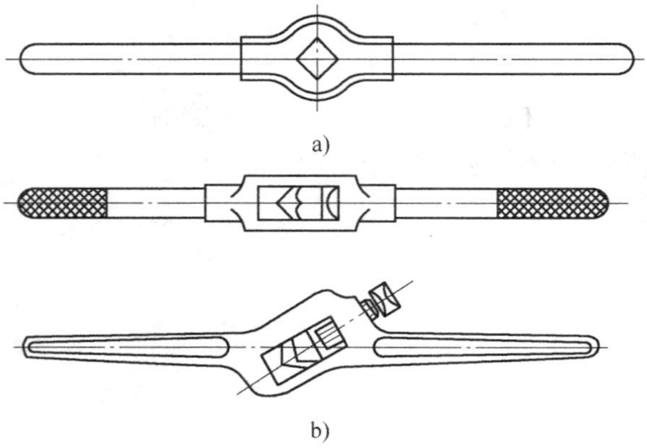

图 2－79　普通铰杠
a）固定式　b）可调式

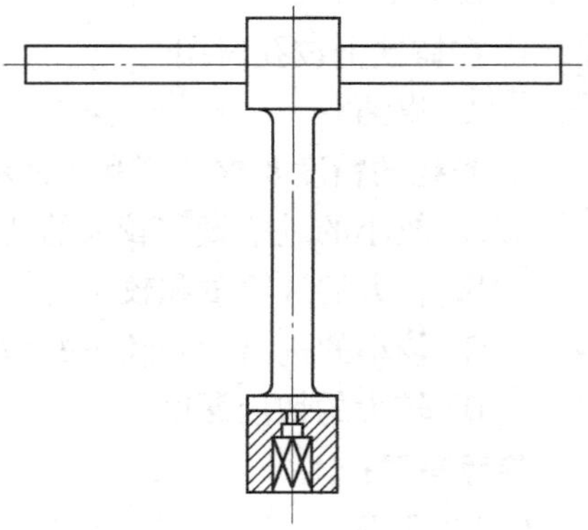
图 2－80　丁字形铰杠

铰杠的方孔尺寸和柄部的长度都有一定规格，使用时应按丝锥尺寸大小，由表 2－13 中合理选用。

表 2－13　活络铰杠适用范围　（单位：mm）

活络铰杠规格	150	225	275	375	475	600
适用的丝锥范围	M5～M8	>M8～M12	>M12～M14	>M14～M16	>M16～M22	M24 以上

（2）攻螺纹底孔直径的确定　攻螺纹时，丝锥在切削金属的同时，还伴随着较强的挤

压作用。因此，金属产生塑性变形形成凸起并挤向牙尖，如图 2 - 81 所示，使攻出的螺纹的小径小于底孔直径。

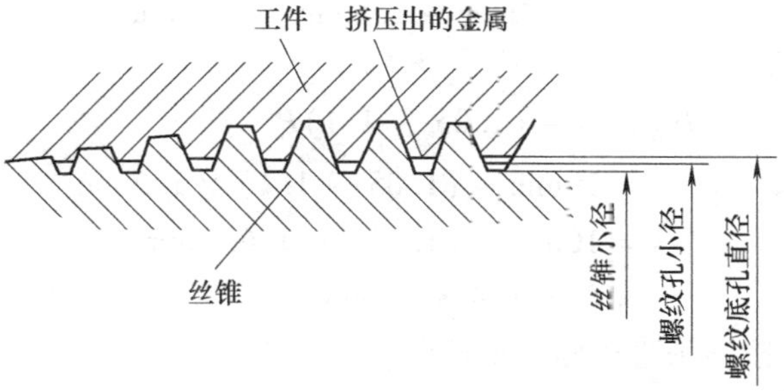

图 2 - 81　金属塑性变形

因此，攻螺纹前的底孔直径应稍大于螺纹小径，否则攻螺纹时因挤压作用，使螺纹牙顶与丝锥牙底之间没有足够的容屑空间，挤压出来的材料会将丝锥箍住，甚至折断丝锥，此种现象在攻塑性较大的材料时将更为严重。但底孔不宜过大，否则会使螺纹牙型高度不够，降低强度。

底孔直径大小要根据工件材料塑性大小及钻孔扩张量考虑，按经验公式计算得出：

1）在加工钢和塑性较大的材料及扩张量中等的条件下：

$$D_{钻} = D - P$$

式中　$D_{钻}$——攻螺纹钻螺纹底孔用钻头直径，单位为 mm；

D——螺纹大径，单位为 mm；

P——螺距，单位为 mm。

2）在加工铸铁和塑性较小的材料及扩张量较小的条件下：

$$D_{钻} = D - (1.05 \sim 1.1)P$$

（3）攻不通孔螺纹底孔深度的确定　攻不通孔螺纹时，由于丝锥切削部分有锥角，端部不能切出完整的螺纹牙型，所以钻孔深度要大于螺纹的有效深度，如图 2 - 82 所示。一般取：

$$H_{钻} = h_{有效} + 0.7D$$

式中　$H_{钻}$——底孔深度，单位为 mm；

$h_{有效}$——螺纹有效深度，单位为 mm；

D——螺纹大径，单位为 mm。

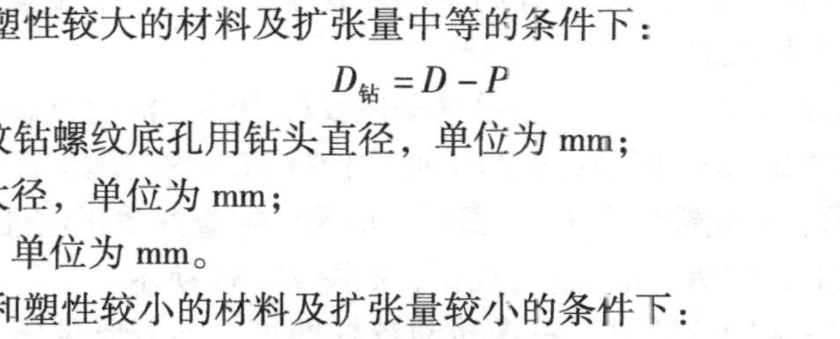

图 2 - 82　攻不通孔螺纹底孔深度的确定

例：　分别计算在钢件和铸铁件上攻 M10 螺纹时的底孔直径各为多少？若攻不通孔螺纹，其螺纹有效深度为 60mm，求底孔深度为多少？

解：钢件攻螺纹时底孔直径

$$D_{钻} = D - P$$
$$= 10mm - 1.5mm = 8.5mm$$

铸铁件攻螺纹时底孔直径

$$D_{钻} = D - (1.05 \sim 1.1)P$$
$$= 10mm - (1.05 \sim 1.1) \times 1.5mm$$
$$= 10mm - (1.575 \sim 1.65)mm$$
$$= 8.425 \sim 8.35mm$$

取 $D_{钻}$ =8.4mm（按钻头直径标准系列取一位小数）

底孔深度

$$H_{钻} = h_{有效} + 0.7D$$
$$= 60mm + 0.7 \times 10mm = 67mm$$

（4）攻螺纹的方法

1）钻孔后，孔口须倒角，且倒角处的直径应略大于螺纹大径，这样可使丝锥开始切削时容易切入材料，并可防止孔口出现挤压出的凸边。

2）工件的装夹位置应尽量使螺纹孔的中心线置于垂直或水平位置，这样攻螺纹时易于判断丝锥是否垂直于工件表面。

3）用头锥起攻。起攻时，可用一手手掌按住铰杠中部，沿丝锥轴线用力加压，另一手配合作顺向旋进，如图 2-83a 所示；或两手握住铰杠两端均匀施加压力，并将丝锥顺向旋进，如图 2-83b 所示。当丝锥切入 1~2 圈后，应及时检查并找正丝锥的位置。检查应在丝锥的前后、左右方向上，用 90°角尺进行找正，如图 2-84 所示。

4）当丝锥切入 3~4 圈螺纹时，只需转动铰杠即可，不需要再施加压力，而靠丝锥作自然旋进切削。

5）攻螺纹时，每扳转铰杠 1/2~1 圈，要倒转 1/4~1/2 圈，使切屑断碎后容易排除，避免因切屑阻塞而使丝锥卡死。

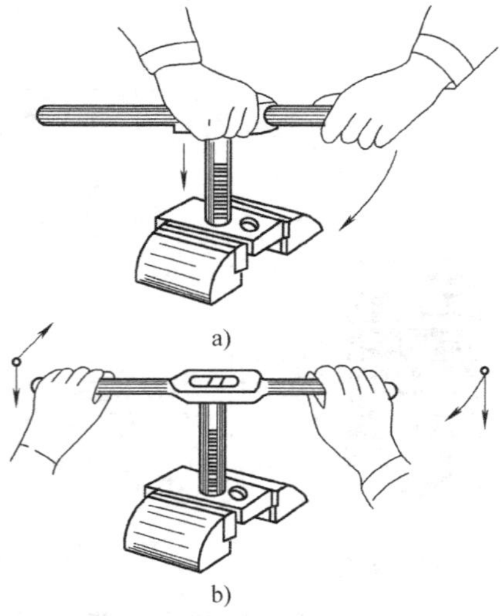

图 2-83 起攻方法

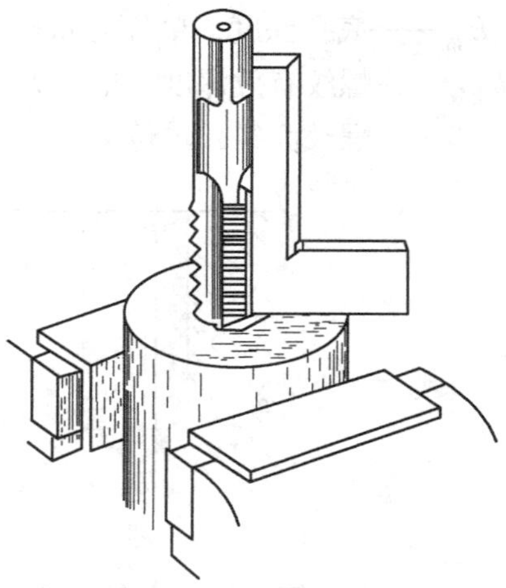

图 2-84 直角尺检查垂直度

6）攻不通孔螺纹时，可在丝锥上做好深度记号，并且丝锥要经常退出，这样以便清除孔内的切屑，以免丝锥折断或被卡死。当工件不便倒向进行清屑时，可用磁性棒吸出切屑。

7）攻塑性材料的螺纹孔时，要加注切削液，以减小切削阻力，减小螺纹孔表面粗糙度值，延长丝锥寿命。攻钢件时加注全损耗系统用油（机油），攻铸铁时加注煤油，螺纹质量要求较高时加注工业植物油。

8）攻螺纹时，必须以头攻、二攻、三攻的顺序攻削至标准尺寸。在较硬的材料上攻螺纹时，可用各丝锥轮换交替进行，以减小切削刃部的负荷，防止丝锥折断。

9）丝锥退出时，先用铰杠平稳反向转动，当能用手旋动丝锥时，停止使月铰杠，防止铰杠带动丝锥退出，产生摇摆、振动而损坏螺纹表面粗糙度。

（5）丝锥的修磨　当丝锥的切削部分磨损时，可以修磨其后刀面，如图 2－85 所示。修磨时要注意保持各刃瓣的半锥角 φ 及切削部分长度的准确性的一致。转动丝锥时要留心，不要使另一刃瓣的刀齿碰擦而磨坏。

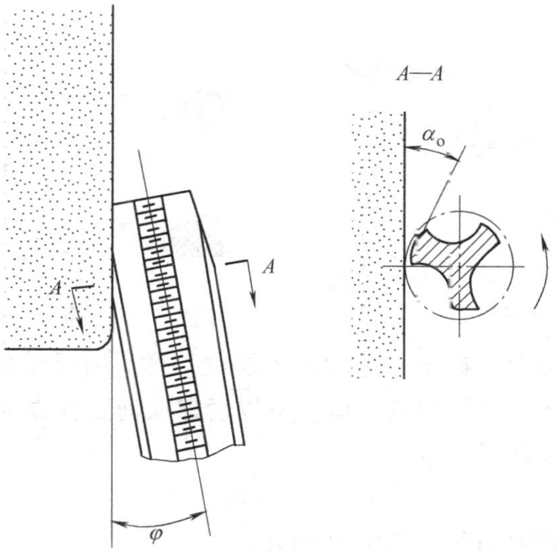

图 2－85　修磨丝锥的后刀面

当丝锥的找正部分有显著磨损时，可用棱角修圆的片状砂轮修磨其前刀面，如图 2－86 所示，并控制好一定的前角 γ_0。

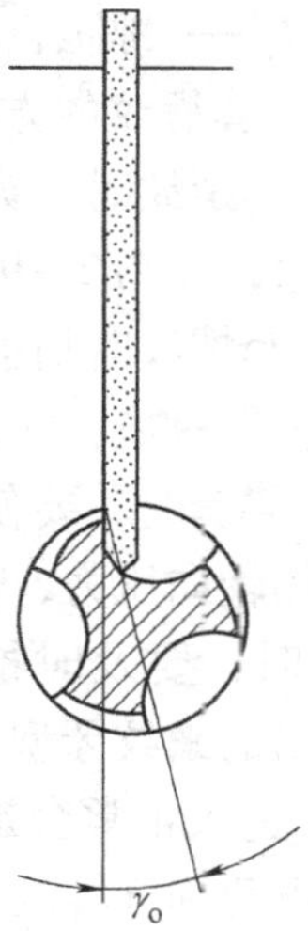

图 2－86　修磨丝锥的前刀面

2. 套螺纹

用板牙在圆杆上切出外螺纹的加工方法称为套螺纹。

（1）板牙和板牙架　板牙是加工外螺纹的工具，它月合金工具钢或高速钢制作并经淬火处理。图 2－87 所示为圆板牙的结构，由切削部分、校准部分和排屑孔组成。圆板牙就像一个圆螺母，只是在其上钻有几个排屑孔并形成切削刃，其外圆上有四个锥坑和一条 V 形槽，图中下面两个锥坑，其轴线与板牙直径方向一致，借助铰杠上的两个相应位置的紧固螺钉顶紧后，用以套螺纹时传递转矩，如图 2－88 所示。当板牙磨损，套出的螺纹尺寸变大以致超出公差范围时，可用锯片砂轮沿板牙 V 形槽将板牙磨割出一条通槽，将铰杠上的另两个紧固螺钉拧紧顶入板牙上面两个偏心的锥坑内，使板牙的螺纹中径变小。调整时，应使用标准样件进行尺寸校对。

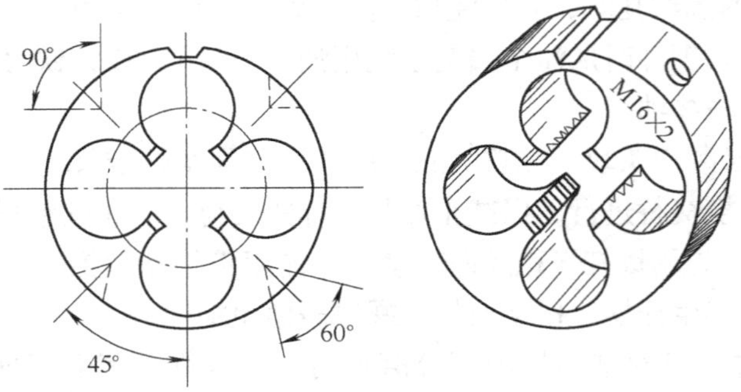

图 2－87 圆板牙

板牙架是装夹板牙的工具，图 2－89 所示为圆板牙架。板牙放入后，用螺钉紧固。

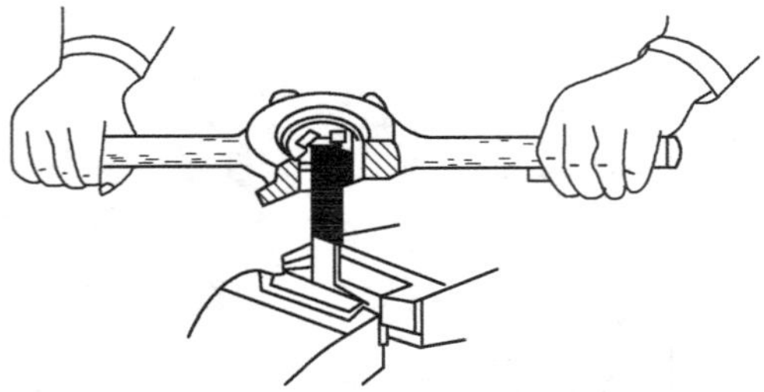

图 2－88 圆板牙铰杠

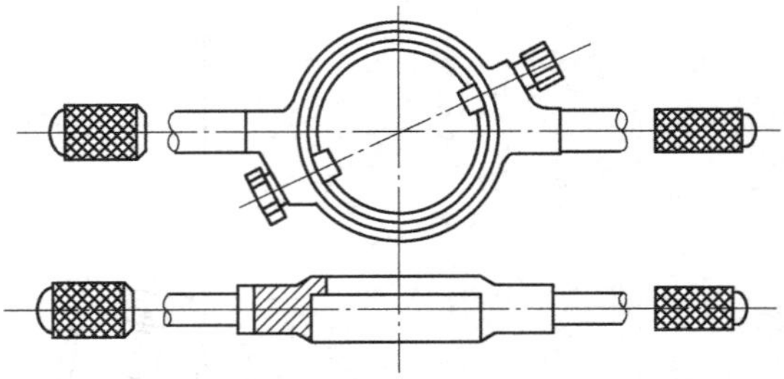

图 2－89 圆板牙架

（2）套螺纹前圆杆直径的确定　与丝锥攻螺纹一样，用板牙在工件上套螺纹时，材料同样因受挤压而变形，牙顶将被挤高一些。所以套螺纹前圆杆直径应稍小于螺纹的大径尺寸，一般圆杆直径用下式计算，即

$$d_{杆} = d - 0.13P$$

式中 $d_{杆}$——套螺纹前圆杆直径，单位为 mm；

d——螺纹大径，单位为 mm；

P——螺距，单位为 mm。

（3）套螺纹的方法

1）套螺纹时，为了使板牙容易切入材料，圆杆端部要倒成锥角，如图 2－90 所示。

2）套螺纹时切削力矩较大，圆杆内工件要用 V 形钳口或厚铜板作衬垫，才能够牢固夹持。

3）起套时，要使板牙的端面与圆杆垂直。要在转动板牙时施加轴向压力，转动要慢，压力要大。当板牙切入材料 2～3 圈时，要及时检查并找正螺牙端面与圆杆是否垂直，否则切出的螺纹牙型一面深一面浅，甚至出现乱牙。

4）进入正常套螺纹状态时，不要再加压，让板牙自然旋进，以免损坏螺纹和板牙，并要经常倒转断屑。

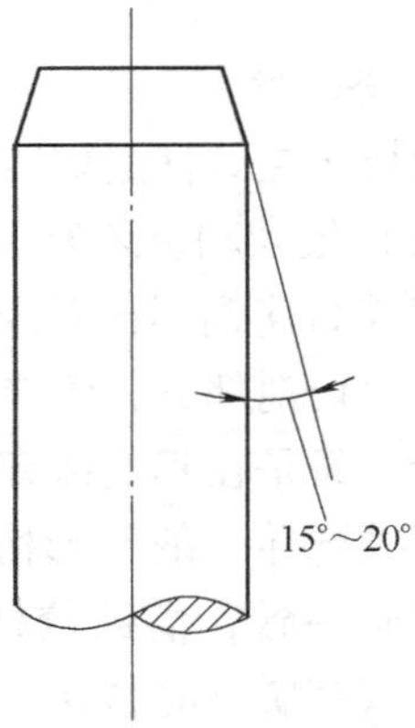

图 2－90 套螺纹时圆杆的倒角

5）在钢件上套螺纹时要加切削液，以提高螺纹表面质

量和延长板牙寿命。切削液一般选用较浓的乳化液或机械油。

6）每次套螺纹前，应将板牙容屑孔内及螺纹内的切屑除净，将板牙用油清洗干净，否则会影响工件的粗糙度。

二、螺纹加工注意事项

1）起攻、起套时，要从两个方向进行垂直度的及时找正，这是保证攻、套螺纹质量的重要一环。特别在套螺纹时，由于板牙切削部分的锥角较大，起套时的导向性较差，容易产生板牙端面与圆杆轴线的不垂直，切出的螺纹牙形一面深一面浅，并随着螺纹长度的增加，其歪斜现象将明显增加，甚至不能继续切削。

2）起攻、起套的正确性以及攻、套螺纹时能控制两手用力均匀和掌握好用力限度，是攻、套螺纹的基本功之一，必须用心掌握。

3）熟悉攻、套螺纹中常见的问题及其产生的原因（表 2－14），以便在练习时加以注意。

表 2－14　攻、套螺纹时可能出现的问题及产生原因

出现问题	产生原因
螺纹乱牙	1. 攻螺纹时底孔直径太小，起攻困难，左右摆动，孔口乱牙 2. 换用二、三锥时强行找正，或没旋合好就攻下 3. 圆杆直径过大，起套困难，左右摆动，杆端乱牙
螺纹滑牙	1. 攻不通孔的较小螺纹时，丝锥已到底仍继续转 2. 攻强度低或小孔径螺纹，丝锥已切出螺纹仍继续加压，或攻完时连同铰杠作自由的快速转出 3. 未加适当切削液及一直攻、套不倒转，切屑堵塞将螺纹啃坏
螺纹歪斜	1. 攻、套时位置不正，起攻、起套时未作垂直度检查 2. 孔口、杆端倒角不良，两手用力不均，切入时歪斜
螺纹形状不完整	1. 攻螺纹底孔直径太大或套螺纹圆杆直径太小 2. 圆杆不直 3. 板牙经常摆动
丝锥折断	1. 底孔太小 2. 攻入时丝锥歪斜或歪斜后强行找正 3. 没有经常反转断屑和清屑，或不通孔攻到底还继续攻下 4. 使用铰杠不当 5. 丝锥牙齿爆裂或磨损过多而强行攻下 6. 工件材料过硬或夹有硬点 7. 两手用力不均或用力过猛

【考点分析】

例题 1：确定底孔直径的大小，要根据工件的（　　）、螺纹直径的大小来考虑。

A. 大小　　B. 螺纹深度　　C. 重量　　D. 材料性质

解题指导：本题主要考查根据什么来确定螺纹底孔直径。底孔直径大小要根据工件材料塑性大小及钻孔扩张量考虑。

参考答案：D

例题 2：在套螺纹的过程中，材料受（　　）作用而变形，使牙顶变高。

A. 弯曲　　B. 挤压　　C. 剪切　　D. 扭转

解题指导：本题主要考查在套丝过程中，材料受什么作用变形，使牙顶变高。与丝锥攻螺纹一样，用板牙在工件上套螺纹时，材料同样因受挤压而变形，牙顶将被挤高一些。

参考答案：B

【习题练习】

1. 起套结束进入正常套螺纹时（　　）。

A. 要加大压力　B. 不要加压　C. 适当加压　D. 可随意加压

2. 丝锥的构造由（　　）组成。

A. 切削部分和柄部　B. 切削部分和校准部分

C. 工作部分和校准部分　D. 工作部分和柄部

3. 套丝前圆杆直径应（　　）螺纹的大径尺寸。

A. 稍小于　B. 稍大于　C. 等于　D. 大于或等于

4. 在中碳钢上攻 M10 ×1.5 螺孔，其底孔直径应是（　　）mm。

A. 10　B. 9　C. 8.5　D. 7

参考答案：

1. B　2. D　3. A　4. C

第七节　刮　削

【学习要求】

1. 熟悉刮削原理、特点及应用。
2. 了解刮削工具的使用。
3. 掌握正确的刮削姿势及操作要领。
4. 掌握刮削质量的检验方法。
5. 了解刮削时的注意事项。

【学习内容】

一、刮削概述

用刮刀在工件表面上刮掉一层很薄金属的加工方法称为刮削，如图 2－91 所示。

1. 刮削原理

刮削是将工件与校准工具或与其相配合的工件之间涂上一层显示剂，先经过对研，使工件上较高的部位显示出来，将高点刮去，再经过多次循环研配，把高点、次高点刮去。刮刀对工件还有推挤和压光作用，这样反复地显示和刮削，就能使工件的加工精度达到预定的要求。

2. 刮削特点

刮削具有切削量小、切削力小、产生热量小、装夹变形小等特点，不存在车削、铣削、刨削、磨削等机械加工中的振动和热变形等因素，所以能获得很高的尺寸精度、形状和位置精度、接触精度、传动精度和很小的表面粗糙度值。

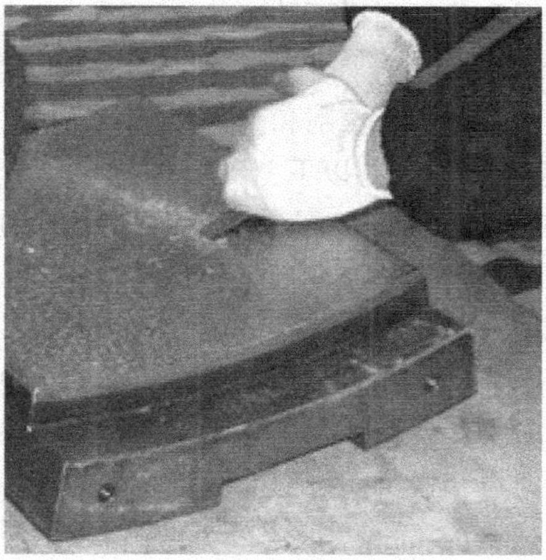

图 2－91　刮削

在刮削过程中，由于工件多次受到刮刀的推挤和压光作用，从而使工件表面组织变得比原来紧密，表面粗糙度值很小。

刮削后的工件表面，还能形成比较均匀的微浅凹坑，可创造良好的存油条件，改善了相对运动零件之间的润滑情况。

3. 刮削应用

1）用于零件的形状精度和尺寸精度要求较高时。

2）用于互配件精度要求较高时。

3）用于装配精度要求较高时。

4）用于零件需要得到美观的表面。

4. 刮削余量

刮削是一项繁重的操作，每次的刮削量很少。因此机械加工所留下的刮削余量不能太大，否则会耗费很多时间和不必要地增加劳动强度。但是也不能太小，否则不能得到正确的形状、尺寸和很好的表面粗糙度。合理的刮削余量与工件面积有关，其数值见表 2－15。当工件刚性较差、容易变形时，刮削余量可比表 2－15 中略大些。

表 2－15　刮削余量　（单位：mm）

平面的刮削余量					
平面宽度	平 面 长 度				
	100～500	500～1000	1000～2000	2000～4000	4000～6000
<100	0.10	0.15	0.20	0.25	0.30
100～500	0.15	0.20	0.25	0.30	0.40

孔的刮削余量			
孔　径	孔　长		
	<100	100～200	200～300
<80	0.05	0.08	0.12
80～180	0.10	0.15	0.25
180～360	0.15	0.20	0.35

5. 刮削种类

刮削种类可分为平面刮削和曲面刮削两种。

(1) 平面刮削　有单个平面刮削（如平板）和组合平面刮削（如燕尾槽面）两种。

平面刮削一般要经过粗刮、细刮、精刮和刮花。

1）粗刮。一般要进行粗刮的表面有以下三种情况：

① 经过机械加工（如车、铣、刨等）的表面还留有较深的加工纹路。

② 由于保养不妥，表面严重生锈。

③ 工件经测量，尚有较多的余量（如0.05mm以上）。

粗刮是用粗刮刀在刮削面上均匀地铲去一层较厚的金属，可以采用连续推铲的方法，在长度方向刀迹要连成长片，刀迹的宽度应是刮刀宽度的2/3~3/4。刀迹越宽越好，这样刮削量大，粗刮能很快地去除刀痕、锈斑或过多的余量。一般均匀地刮削一两遍后，机加工纹路基本上可以消除。当粗刮到每25mm×25mm的方框内有两三个研点时，即可转入细刮。

2）细刮。经过粗刮后的表面，还不平整，与标准平板的接触点很少，因此须进行细刮。细刮是用细刮刀在刮削面上刮去稀疏的大块研点，目的是进一步改善不平现象。细刮时采用短刮法，刀痕宽而短，刀迹长度均为切削刃宽度，而且随着研点的增多，刀迹逐渐缩短。每刮一遍时，须按同一方向刮削（一般要与平面的边成一定角度），刮第二遍时要交叉刮削，以消除原方向刀迹。在整个刮削面上达到12~15点/（25mm×25mm）时，即可转入精刮。

3）精刮。在细刮的基础上，要通过精刮来增加接触面积，进一步提高表面质量。精刮就是用精刮刀更仔细地刮削研点，目的是增加研点，改善表面质量，使刮削面符合精度要求。精刮时采用点刮法（刀迹长度约为5mm）。刮面越窄小，精度要求越高，刀迹越短。精刮时，更要注意压力要轻，提刀要快，在每个研点上只刮一刀，不要重复刮削，并始终交叉地进行刮削。当研点增加到20点/（25mm×25mm）以上时，精刮结束。注意交叉刀迹的大小应该一致，排列应该整齐，以增加刮削面的美观。

精刮时的清洁工作很重要，如果忽视它，往往在研磨研点时会在刮削面上拉出细纹或深痕来，那就要花很多时间才能够修复，严重的甚至还须从粗刮开始，若有尺寸要求时甚至因此而成为废品。

4）刮花。刮花是在刮削面或机器外观表面上用刮刀刮出装饰性花纹，目的是使刮削面美观，并使滑动件之间形成良好的润滑条件。常见的刮花花纹如图2-92所示。

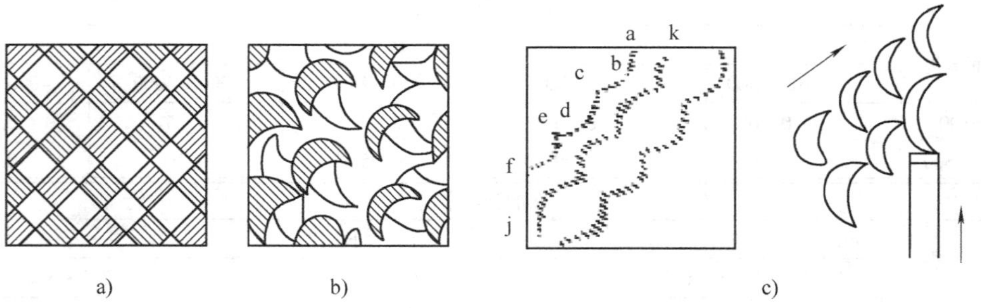

图2-92　刮花花纹

a）斜花纹　b）鱼鳞花　c）半月花

（2）曲面刮削　曲面刮削的原理和平面刮削一样，但内曲面所用的工具跟平面刮削不同。内曲面刮削用三角刮刀或蛇头刮刀，刀具作螺旋运动，以标准心轴或相配合的轴作内曲面研点的校准工具。校准时将蓝油涂在心轴上，将心轴或轴塞在轴承孔中来回旋转来显示研点，如图 2 －93a 所示，然后就可以针对高研点进行刮削，如图 2 －93b 所示。

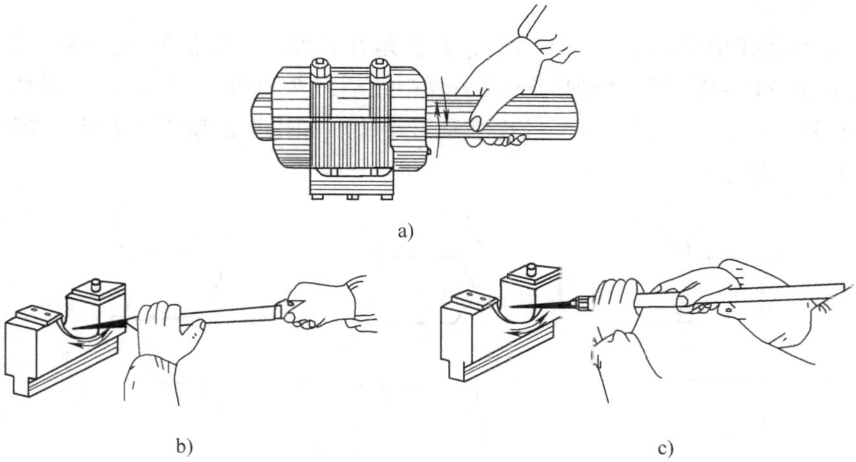

图 2 －93　曲面刮削
a）研点　b）、c）刮刀的握法

曲面刮削有内圆柱面、内圆锥面和球面刮削等。

二、常用刮削工具

1. 刮刀

刮刀是刮削的主要工具，具有高的硬度，使刃口能经常保持锋利。刮刀的材料一般由 T12A 碳素工具钢或耐磨性较好的 GCr15 滚动轴承钢锻造，并经磨制和热处理淬硬而成。刮削硬工件时，也可焊上硬质合金刀头。

刮削时，由于工件的形状不同，因此要求刮刀有不同的形式，一般分为平面刮刀和曲面刮刀两大类。

（1）平面刮刀　用来刮削平面和外曲面。平面刮刀又分普通刮刀和活头刮刀两种。

普通刮刀如图 2 －94 所示，它是平面刮刀中最常见的一种。按所刮表面精度的不同，可分为粗刮刀、细刮刀和精刮刀三种。刮刀尺寸见表 2 －16。

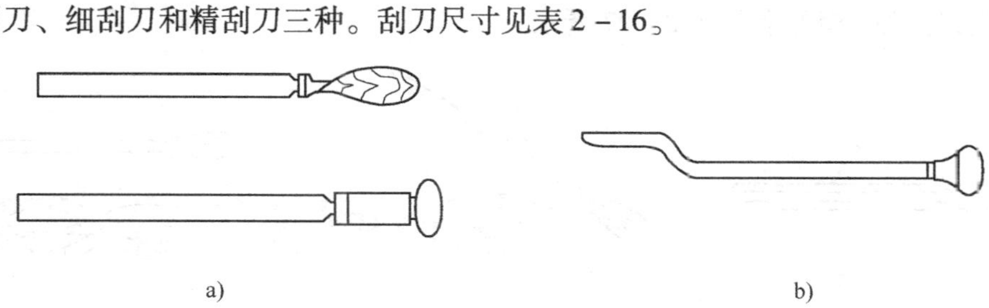

图 2 －94　平面刮刀
a）直头刮刀　b）弯头刮刀

表 2-16　平面刮刀的规格　（单位：mm）

	全长 L	宽度 B	厚度 t	活动头长度 l
粗刮刀	450~600	25~30	3~4	100
细刮刀	400~500	15~20	2~3	80
精刮刀	400~500	10~12	1.5~2	70

刮刀头部形状和角度如图 2-95 所示，其楔角 β 的大小，应根据粗、细、精刮的要求而定。粗刮刀 β 为 90°~92.5°，切削刃必须平直；细刮刀 β 为 95°左右，切削刃稍带圆弧；精刮刀 β 为 97.5°左右，切削刃圆弧半径比细刮刀小些。如用于刮削韧性材料，楔角 β 可磨成小于 90°，但只适用于粗刮。

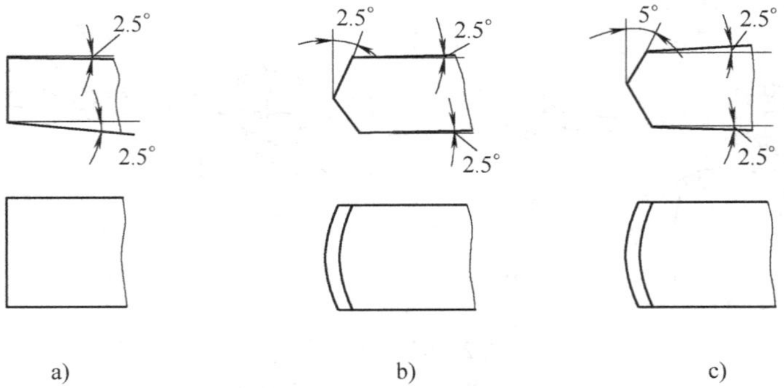

图 2-95　刮刀头部形状和角度

a）粗刮刀　b）细刮刀　c）精刮刀

活头刮刀如图 2-96 所示，刮刀刀头采用碳素工具钢或轴承钢，刀身则用中碳钢，刀头与刀杆焊接或机械夹固在一起，可以根据不同的需要调换各种形状的刀头。

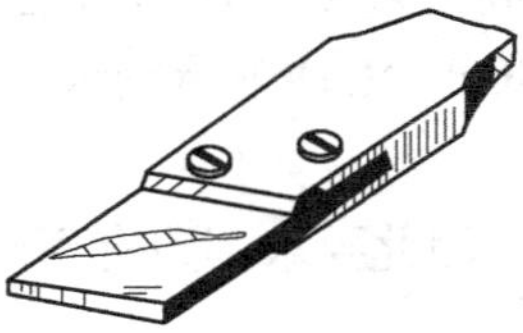

图 2-96　活头刮刀

（2）曲面刮刀　用来刮削内曲面，如滑动轴承等。曲面刮刀又分为三角刮刀、柳叶刮刀和蛇头刮刀三种，其形状如图 2-97 所示。

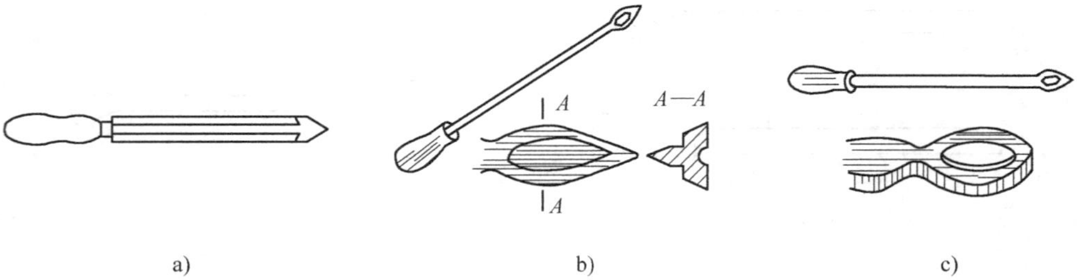

图 2-97　曲面刮刀

a）三角刮刀　b）柳叶刮刀　c）蛇头刮刀

2. 校准工具

校准工具是用来推磨研点和检验刮削面准确性的工具，它有下列几种。

（1）标准平板　标准平板用来检验宽的平面，它的结构和形状如图 2－98 所示，是用一级铸铁制成经过粗刨、粗刮、细刮和精刮而达到较高的精度。

（2）校准直尺　校准直尺用来检验狭长的平面，它的形状如图 2－99 所示。其中，图 2－99a所示是桥式直尺，用来检验较大导轨的平直度。图 2－99b 所示是工字形直尺，它有两种：一种是单面直尺，它的一面经过精刮，精度较高，用来检验较短导轨的平直度；另一种是两面都经过精刮并且互相平行的直尺，用来检验导轨相对位置的正确性。

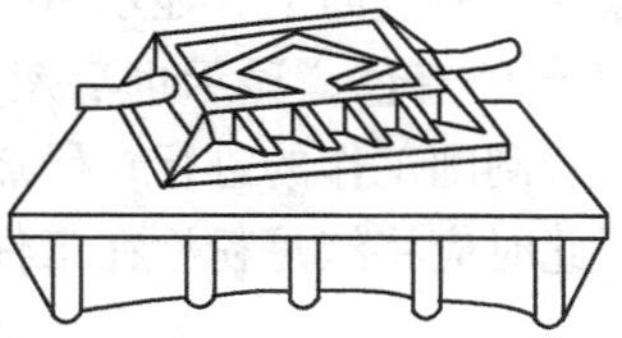

图 2－98　标准平板

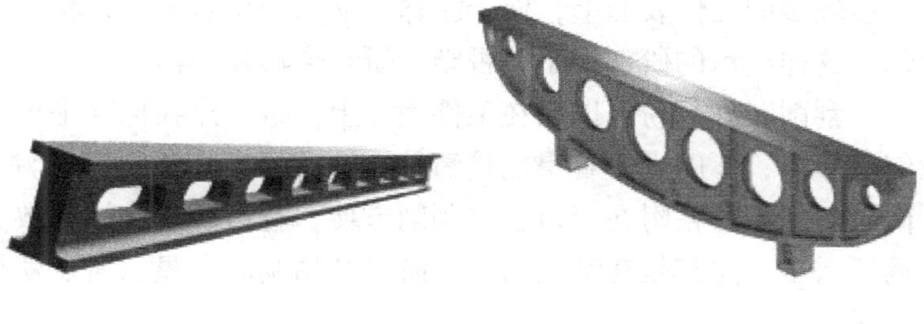

a)　　b)

图 2－99　校准直尺

a）桥式直尺　b）工字形直尺

（3）角度直尺　角度直尺用来检验燕尾导轨的角度，其形状如图 2－100 所示，尺的两面经过精刮并成所需的标准角度，如 60°。第三面只需刨光，此面在放置时作支撑面用。

刮削曲面时，往往用相配的轴作为校准工具。如无现成轴，可自制一根标准检验棒来检验。

3. 显示剂

工件和校准工具对研时，所加的涂料称为显示剂，其作用是显示工件误差的位置和大小。利用显示剂校准的方法称为显示法，显点的方法应根据不同形状和刮削面积的大小有所区别，图 2－101 所示，为平面与曲面显点法。

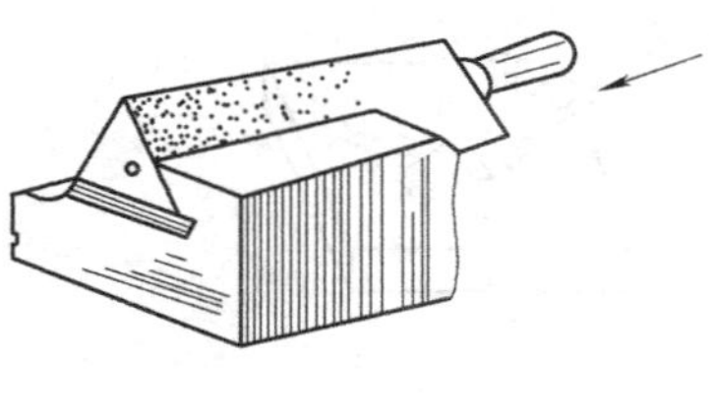

图 2－100　角度直尺

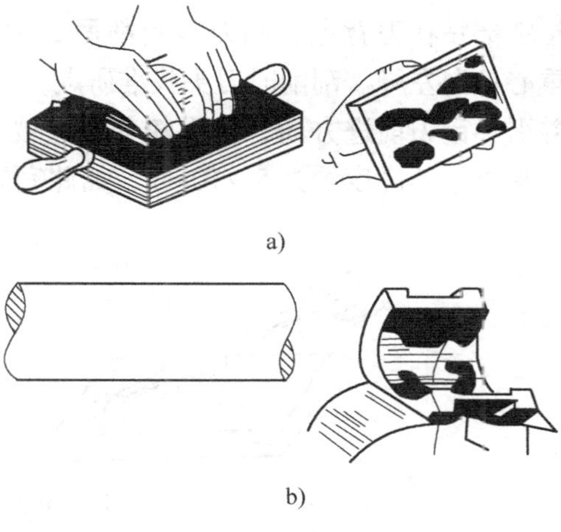

a)

b)

图 2－101　平面和曲面的显点方法

a）平面显点　b）曲面显点

（1）显示剂的种类

1）红丹粉。红丹粉有铅丹和铁丹两种。铅丹（氧化铅，呈桔红色）和铁丹（氧化铁，呈红褐色）的粒度极细，用时与牛油和机油调和。红丹粉由于显示清晰，价格较低，因此使用最广，通常在铸铁和钢件上使用。

2）蓝油。蓝油是用蓝粉和蓖麻油及适量机油调和而成的，呈深蓝色，其研点小而清楚，多用于精密工件和非铁金属材料及其合金的工件。

（2）显示剂的使用方法　显示剂使用的是否正确与刮削质量有很大的关系。红丹粉与牛油或机油调和时，油不能加得太多，主要能润开就可以了。粗刮时，可调得稀些，这样在刀痕较多的工件表面上，便于涂抹，显示的研点也大；精刮时，应调得厚些，涂抹要薄而均匀，这样显示的研点细小，否则，研点会模糊不清。

刮削时红丹粉可以涂在工件表面上，也可涂在标准平板上。涂在工件表面上，显示后呈红底黑点，不闪光，看得比较清楚。涂在标准平板上，工件只在高点处着色，显示也清楚，同时切削不易粘附在刀口上，刮削方便，且可减少涂抹次数。但随着刮削工作的进行，研点逐渐增多，尤其是在刮削的最后阶段和精刮时，显示研点就模糊，此时应将红丹粉涂在工件表面上。

（3）显示剂使用注意事项

1）显示剂在使用过程中必须保持清洁干净，不能混进污物、沙粒、铁屑和其他脏物，以免把工件表面划伤。因此装显示剂的器皿应有盖子，以保持显示剂的清洁和防止挥发（蓝油易挥发）。

2）涂红丹粉用的棉布团或羊毛毡必须干净，涂抹时应均匀，才能显示真实的贴合情况。

三、刮削姿势

刮削时姿势很重要，如果姿势不正确，就很难发挥出力量，工作效率不高，质量也不能保证，因此必须掌握正确的刮削姿势。目前常采用的刮削姿势有手刮法和挺刮法。

1. 手刮法

如图 2－102 所示，右手握刀柄，左手四指向下握住距刮刀头部 50～70mm 处。左手靠小拇指掌部贴在刀背上，刮刀与刮削面成 25°～30°角。同时，左脚前跨一步，上身前倾，身体重心偏向左脚。刮削时刀头找准研点，右臂利用上身摆动向前推，同时左手下压，落刀要轻并引导刮刀前进方向；左手随着研点被刮削的瞬间，以刮刀的反弹作用力迅速提起刀头，刀头提起的高度约为 5～10mm，如此完成一个刮削动作。

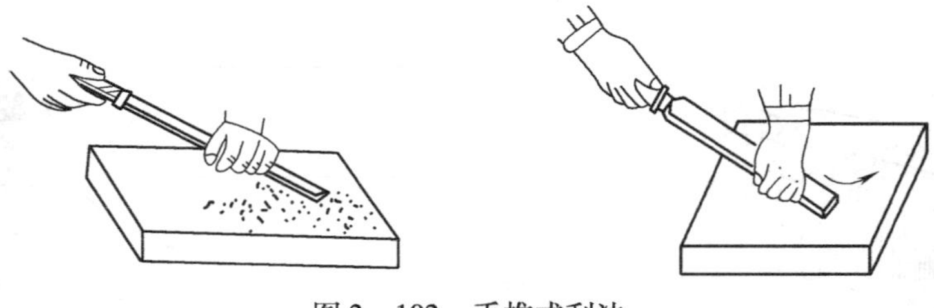

图 2－102　手推式刮法

2. 挺刮法

如图 2－103 所示，将刮刀柄顶在小腹右下侧，左手在前，掌心向下；右手在后，掌心向上，在距刮刀头部 70 ~ 80mm 处握住刀身。刮削时刀头对准研点，左手下压，右手控制刀头方向，利用腿部和臀部的力量往前推动刮刀；随着研点被刮削的瞬间，双手利用刮刀的反弹作用力迅速提起刀头，刀头提起的高度为 5 ~ 10mm。

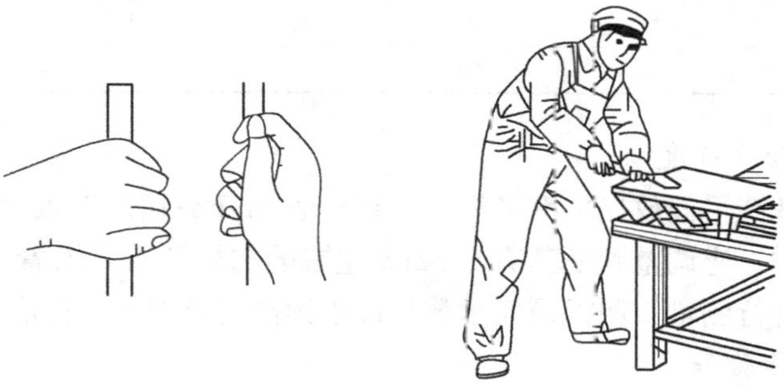

a)　　b)

图 2 – 103　挺刮式刮法

a）刮刀的握法　b）挺刮姿势

挺刮法便于用力，每刀刮削量大，但身体常弯曲着比较疲劳。手刮法推、压和提起的动作，都是依靠两手臂的力量来完成的。它与挺刮法相比，要求臂力大，尤其是在工件误差较大时，若没有较大的臂力和锋利的刮刀，要完成工件的刮削工作需要很长的时间。但是在刮削很大面积的表面时，挺刮就有困难，甚至没法刮，这种情况只能用手刮法。

综上所述，两种方法各有其优缺点，手刮法灵活性大，挺刮法刮削量大。究竟采用哪一种方法，应根据个人习惯而定。若能掌握这两种方法，则可根据工件刮削面的大小、高低情况采用其中一种刮削方法或两种方法混合使用，使刮削工作很快地进行，出色地完成任务。

四、刮削精度的检验

检验刮削精度的方法主要有下列三种。

1. 以接触点数目检验接触精度

就是用 25mm × 25mm 的正方形方框罩在被检验的平面上，如图 2 – 104 所示，根据在正方形方框内的接触点数目的多少确定接触精度。各种平面接触精度的研点数见表 2 – 17，曲面刮削中，常见的是滑动轴承的内孔刮削，其各种不同接触精度的研点数见表 2 – 18。

表 2 – 17　各种平面接触精度研点数

平面种类	每（25 × 25）mm^2 内的研点数	应用举例
一般平面	2 ~ 5	较粗糙机件的固定结合面
	5 ~ 8	一般结合面
	8 ~ 12	机器台面、一般基准面、机床导向面、密封结合面
	12 ~ 16	机床导轨及导向面、工具基准面、量具接触面
精密平面	16 ~ 20	精密机床导轨、直尺
	20 ~ 25	1 级平板、精密量具
超精密平面	> 25	0 级平板、高精密机床导轨、精密量具

表 2-18 滑动轴承的研点数

轴承直径/mm	机床或精密机械主轴轴承			锻压设备、通用机械的轴承		动力机械、冶金设备的轴承	
	高精度	精密	普通	重要	普通	重要	普通
	每（25×25）mm^2 内的研点数						
≤120	25	20	16	12	8	8	5
>120		16	10	8	6	6	2

2. 用百分表检验平行度

测量时将工件基准平面放在标准平板上，百分表测杆头在加工表面上，如图 2-105 所示，触及测量表面时，应调整到使其有 0.3mm 左右的初始读数，沿着工件被测表面的四周及两条对角线方向进行测量，测得最大读数与最小读数之差即为平行度误差。

3. 用标准圆柱检验垂直度

用标准圆柱检验垂直度如图 2-106 所示。

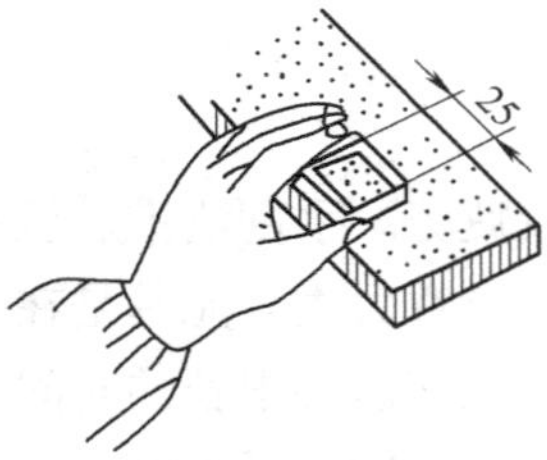

图 2-104 用方框检查接触点精度

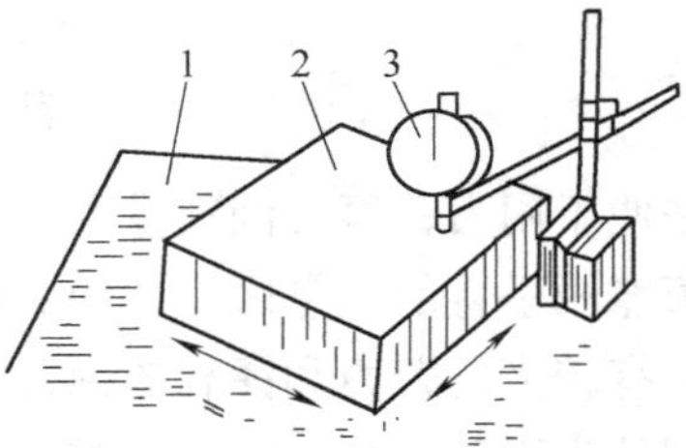

图 2-105 用百分表检查平行度

1—标准平板 2—工件 3—百分表

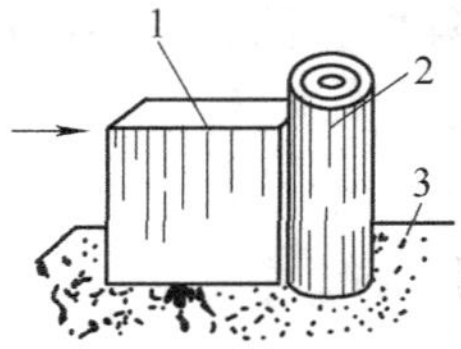

图 2-106 用标准圆柱检查垂直度

1—工件 2—圆柱直尺 3—标准平板

五、刮削注意事项

1）刮削前，锐边、锐角必须倒钝，防止碰伤手。

2）在显点研刮时，工件不可超出标准平板太多，以免掉下损伤工件或砸伤脚。

3）挺刮时，因高度不够，人需站在垫脚板上工作时，必须将垫脚板放平稳后，才可上去操作。以免因垫脚板不稳，用力后，人跌倒而出事故。

4）刮削工件边缘时，不可用力过猛，以免失控，发生事故。

5）刮刀使用完毕后，刀头部位应用纱布包裹，妥善放置。

6）标准平板使用完毕后，必须用纱布擦试干净，并涂抹机油防锈。

【考点分析】

例题 1：粗刮时，显示剂应调得（　　）。

A. 干些　　B. 稀些　　C. 不干不稀　　D. 稠些

解题指导： 本题主要考查显示剂的使用方法。显示剂使用的是否正确与刮削质量有很大的关系。粗刮时，可调得稀些，这样在刀痕较多的工作表面上，便于涂抹，显示的研点也大。

参考答案： B

例题 2： 检查曲面刮削质量，其校准工具一般是与被检曲面配合的（　　）。

A. 孔或轴　　B. 孔　　C. 轴　　D. 都不是

解题指导： 本题主要考查检查曲面刮削质量的校准工具。刮削曲面时，往往用相配的轴作为校准工具。如无现成轴，可自制一根标准心轴来检验。

参考答案： C

【习题练习】

选择题

1. 用于精刮的平面刮刀的楔角为（　　）。

A. 90°　　B. 92.5°　　C. 95°　　D. 97.5°

2. 红丹粉颗粒很细，用时以少量（　　）油调和均匀。

A. 煤　　B. 柴　　C. 机　　D. 汽

3. 机械加工后留下的刮削余量不宜太大，一般为（　　）mm。

A. 0.05 ~0.4　　B. 0.04 ~0.05

C. 0.05 ~0.5　　D. 0.4 ~0.5

判断题

1. 刮削小面积的工作表面，由于金属层易于切除，所以可留较大的余量。（　　）

2. 刮削的种类有平面刮削和曲面刮削，实际加工中主要用平面刮削。（　　）

参考答案：

选择题

1. D　2. C　3. A

判断题

1. ×　2. √

第八节　研　磨

【学习要求】

1. 熟悉研磨的原理、目的及研磨余量。
2. 能够准确地使用研磨材料和研磨剂。
3. 掌握平面研磨的方法及其要点。

【学习内容】

一、研磨概述

通过研磨工具（简称研具）和研磨剂，从工件表面磨去一层极薄的金属，使工件具有精确的尺寸、准确的几何形状和很高的表面粗糙度，这种对工件表面进行最后一道精加工的工序称为研磨。

1. 研磨原理

研磨时，加在研具上的磨料，在受到工件和研具的压力后，部分磨料被嵌入研具内。同时由于研具和工件作复杂的相对运动，磨料在工件和研具之间作滑动和滚动，产生切削、挤压作用，而每一颗磨粒不会在表面上重复自己的运动轨迹，这样磨料就在工件表面上切去很薄的一层金属（主要是前道工序在工件表面上留下的凸峰）。手工研磨的方法如图 2－107 所示。有些研磨剂还起化学作用，使工件被加工表面上形成一层氧化膜，这样研磨时，凸起的氧化膜首先被磨去，新的金属表面很快又被氧化，新形成的氧化膜又很易被磨掉。如此继续下去，凸峰逐渐被磨平，而工件表面凹处的氧化膜起了保护作用，使凹处不至被继续氧化。有了化学作用将加速研磨过程。

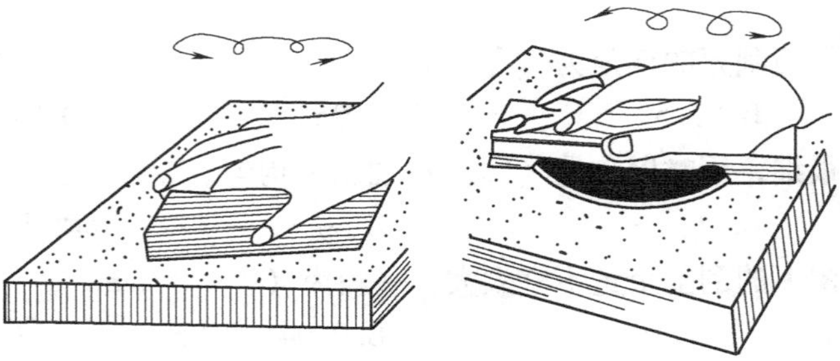

图 2－107　手工研磨

2. 研磨目的

（1）减小表面粗糙度值　工件的表面粗糙度取决于其加工方法。加工过的工件表面，粗看上去很光滑，但放大起来看它的表面是很粗糙的。表 2－19 为各种加工方法所达到的表面粗糙度情况，与其他加工方法比较，经过研磨加工后的表面粗糙度最小，一般情况表面粗糙度为 $Ra0.1 \sim Ra1.6\mu m$，最小可达 $Ra0.012\mu m$。

表 2－19　加工方法获得表面粗糙度的比较

加工方法	加工情况	表面放大的情况	表面粗糙度值 $Ra/\mu m$
车	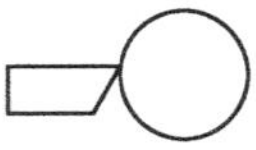		1.5～80
磨	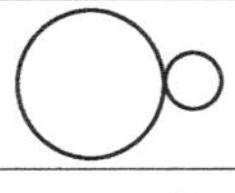	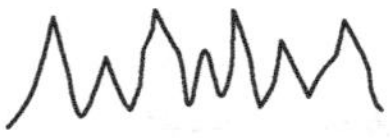	0.9～5
压光			0.15～2.5
珩磨			0.15～1.5
研磨	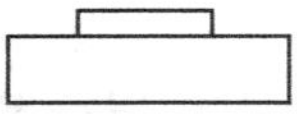		0.1～1.6

（2）能达到精确的尺寸精度　各种机械加工所控制的精度是有一定限度的。随着工业的发展，对零件精度的要求提高了，要达到高精度的要求，就必须经过研磨。研磨后的尺寸精度可达到0.001~0.005mm。

（3）能改进工件的几何形状　有些工件要求表面几何形状准确，但是用其他机械方法加工往往不能满足这个要求。例如，经无心磨床磨出的圆柱形工件往往是弧多边形。当工件形状精度要求较高时，就需要用研磨的方法来找正。

研磨后的零件，由于表面粗糙度值小，形状准确，所以，零件的耐磨性、耐蚀能力和疲劳强度都相应地提高，延长了零件的使用寿命。

3. *研磨余量*

研磨是工件最后的一道精加工工序，要使工件达到精度和表面粗糙度要求，研磨余量要适当，一般每研磨一遍所磨去的金属层厚度不超过0.002mm，因此研磨余量不宜过大，通常研磨余量在0.005~0.030mm范围内比较适宜。研磨余量的大小应根据工件尺寸大小和精度高低有所不同，有时研磨余量就留在工件的公差之内。具体可参见表2-20。

表2-20　研磨余量　（单位：mm）

	平面长度	平面宽度		
		≤25	26~75	76~150
研磨平面余量	25	0.005~0.007	0.007~0.010	0.010~0.014
	26~75	0.007~0.010	0.010~0.014	0.014~0.020
	76~150	0.010~0.014	0.014~0.020	0.020~0.024
	151~260	0.014~0.018	0.020~0.024	0.024~0.030
研磨外圆余量	直径	余量	直径	余量
	≤10	0.005~0.003	51~80	0.008~0.012
	11~18	0.006~0.008	81~120	0.010~0.014
	19~30	0.007~0.010	121~180	0.012~0.016
	31~50	0.008~0.010	181~260	0.015~0.020
研磨内孔余量	孔径	铸铁	钢	
	25~125	0.020~0.100	0.010~0.040	
	150~275	0.080~0.100	0.020~0.050	
	300~500	0.120~0.200	0.040~0.060	

二、常用研具材料

在研磨加工中，研具是保证研磨工件的几何形状准确的主要因素，因此对研具的材料、几何精度要求较高，而表面粗糙度值要小。

研磨时，要使磨料嵌入研具，而不会嵌入工件内，研具的材料要比工件软，但不要太软，否则会使磨料全部嵌入研具而失去研磨的作用。

常用的研磨材料有以下几种。

1. *灰铸铁*

灰铸铁有润滑性好，磨耗较慢，硬度适中，研磨剂在其表面容易涂抹均匀等优点，是一种研磨效果较好、价廉易得的研具材料，因此得到广泛的应用。

2. 球墨铸铁

球墨铸铁比一般灰铸铁更容易嵌存磨料，且更均匀、牢固、适度，同时还能增加研具的使用寿命。采用球墨铸铁制作研具已得到广泛应用，尤其用于精密工件的研磨。

3. 软钢

软钢的韧性较好，不容易折断，常用于制作小型的研具，如研磨螺纹和小直径工具、工件等。

4. 铜

铜的性质较软，表面容易被磨料嵌入，适于作研磨软钢类工件的研具。

三、常用研磨剂

研磨剂是由磨料和研磨液混合而成的一种混合剂。

1. 磨料

磨料在研磨中起切削作用，研磨工作的效率、研磨精度和工件表面粗糙度都与磨料有密切的关系。常用的磨料有氧化物磨料、碳化物磨料和金刚石磨料。磨料的系列与用途见表 2－21。

表 2－21 磨料的系列与用途

系列	磨料名称	代号	特性	适用范围
氧化铝系	棕刚玉	GZ（A）	棕褐色，硬度高，韧性大，价格便宜	粗、精研磨钢、铸铁和黄铜
	白刚玉	GB（WA）	白色，硬度比棕刚玉高，韧性比棕刚玉差	精研磨淬火钢、高速钢、高碳钢及薄壁零件
	铬刚玉	GG（PA）	玫瑰红或紫红色，韧性比白刚玉高，磨削粗糙度值低	研磨量具、仪表零件等
	单晶刚玉	GD（SA）	淡黄色或白色，硬度和韧性比白刚玉高	研磨不锈钢、高钒高速钢等强度高、韧性大的材料
氧化物系	黑碳化硅	TH（C）	黑色有光泽，硬度比白刚玉高，脆而锋利，导热性和导电性良好	研磨铸铁、黄铜、铝、耐火材料及非金属材料
	绿碳化硅	TL（GG）	绿色，硬度和脆性比黑碳化硅高，具有良好的导热性和导电性	研磨硬质合金、宝石、陶瓷、玻璃等材料
	碳化硼	TP（BC）	灰黑色，硬度仅次于金刚石，耐磨性好	精研磨和抛光硬质合金、人造宝石等硬质材料
金刚石系	人造金刚石		无色透明或淡黄色、黄绿色、黑色，硬度高，比天然金刚石略脆，表面粗糙	粗、精研磨硬质合金、人造宝石、半导体等高硬度脆性材料
	天然金刚石		硬度最高，价格昂贵	
其他	氧化铁		红色至暗红色，比氧化铬软	精研磨或抛光钢、玻璃等材料
	氧化铬		深绿色	

磨料的粗细用粒度表示，粒度有两种表示方法。颗粒尺寸大于 50μm 的磨粒，粒度号代表的是磨粒所通过的筛网在每 25.4mm 长度上所含的孔眼数。例如，60 号粒度是指它可以通过每 25.4mm 长度上有 60 个孔眼的筛网，但不能通过每 25.4mm 长度上有 70 个孔眼的筛网。因此用这种方法表示的粒度号越大，磨粒就越细。尺寸很小的磨粒，成微粉状，一般用显微镜测量的方法测定其粒度，粒度号 W 表示微粉，阿拉伯数字表示磨粒的实际宽度尺寸。例如 W40 表示颗粒大小为 40～28μm。

2. 研磨液

研磨液在研磨过程中的作用如下。

1）起调和磨料的作用，使磨料分布均匀。

2）起润滑作用，使研磨时推动轻松。

3）起冷却作用，降低因摩擦而产生的温度。

4）有的还起化学作用，加速研磨过程。

研磨液必须有一定的黏度和稀释能力，并且对个人健康无害，对工件无腐蚀作用，且易于洗净。常用的研磨液有煤油、汽油、10 号和 20 号机油、工业用甘油等。

目前工厂在研磨时，还采用自配的研磨膏（研磨膏由磨料和研磨液调和而成，但较稠），因此在使用时，用少许机油将研磨膏稀释后再进行研磨。

3. 磨石

除了用研磨剂研磨外，还可用各种形状的油石来进行研磨。例如，许多刀具、模具、量规及其他淬火的工件往往用磨石进行研磨。

四、研磨要点

1. 手工研磨运动轨迹

（1）直线往复式　常用于研磨有台阶的狭长平面，如平面样板、直角尺的测量面等，能获得较高的几何精度，如图 2－108a 所示。

（2）直线摆动式　用于研磨某些圆弧面，如样板角尺、双斜面直尺的圆弧测量面，如图 2－108b 所示。

（3）螺旋式　用于研磨圆片或圆柱形工件的端面，能获得较好的表面粗糙度和平面度，如图 2－108c 所示。

（4）8 字形或仿 8 字形式　常用于研磨小平面工件，如量规的测量面等，如图 2－108d 所示。

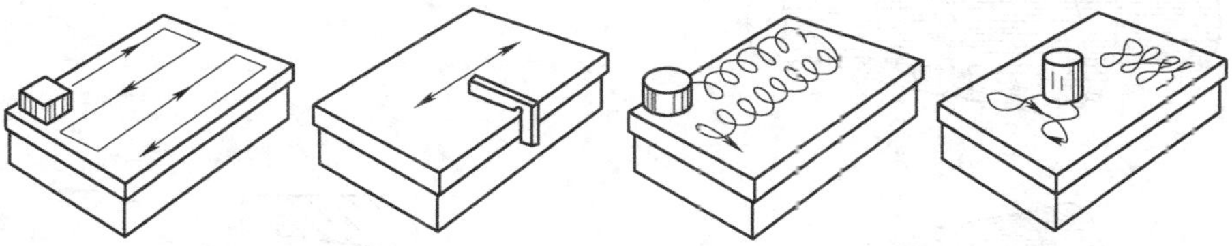

a)　b)　c)　d)

图 2－108　研磨运动轨迹

a）直线往复式　b）直线摆动式　c）螺旋式　d）8 字形或仿 8 字形式

2. 圆柱面研磨

圆柱面研磨一般是手工与机器配合进行研磨。

外圆柱面的研磨如图 2－109a、b 所示，工件由车床带动，并均匀涂抹研磨剂，用手推动研磨环，通过工件的旋转和研磨环在工件上沿轴线方向作往复运动进行研磨。一般工件的转速，在直径小于 80mm 时为 100r/min；直径大于 100mm 时为 50r/min。研磨环的往复移动速度可根据工件在研磨时出现的网纹来控制。当出现 45°交叉网纹时，说明研磨环的移动速度适当，如图 2－109c 所示。

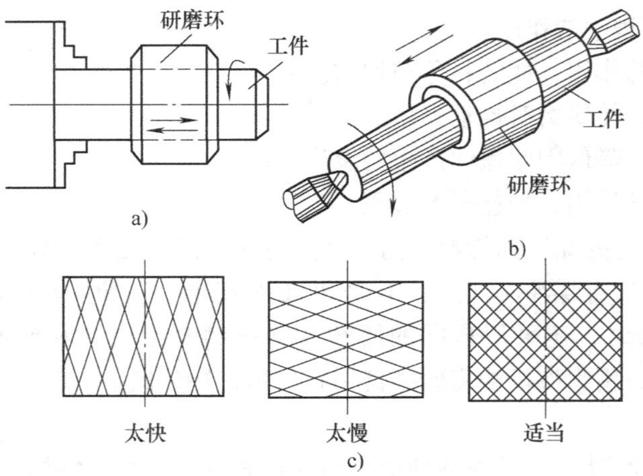

图 2 - 109　研磨外圆柱面

3. 圆锥面研磨

研磨锥形表面的工件，必须用如图 2 - 110 所示的带有锥度的研磨棒。研磨棒的锥度应与工件内孔或轴的锥度相同。在研磨棒上开有螺旋槽，以嵌入研磨剂。

研磨圆锥形表面时，在研磨棒上均匀地涂上一层研磨剂，把研磨棒插入工件孔内，用手顺着同一方向旋转（也可在车床或钻床上进行），旋转四五次后，将研磨棒稍微拔出一些，再推入研磨，如图 2 - 111 所示。研磨过一定时间后，取下研磨棒，擦干研磨棒和被研磨的表面，然后重复研磨，一直到被加工的表面呈现银灰色或发光为止。有些工件是直接用彼此接触的表面进行研磨来达到的，不必用研磨棒。

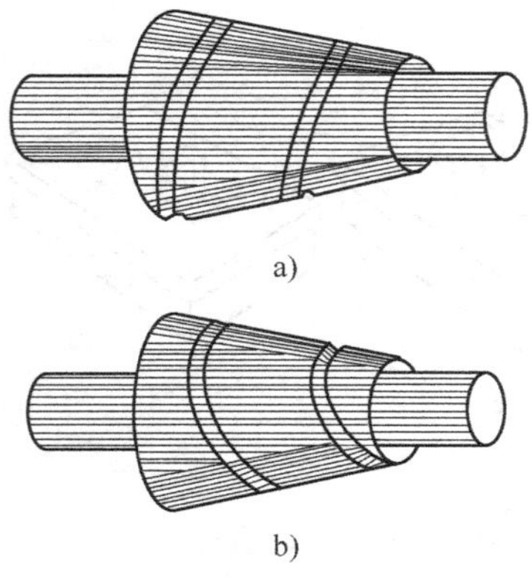

图 2 - 110　圆锥面研棒

a）左向螺旋槽　b）右向螺旋槽

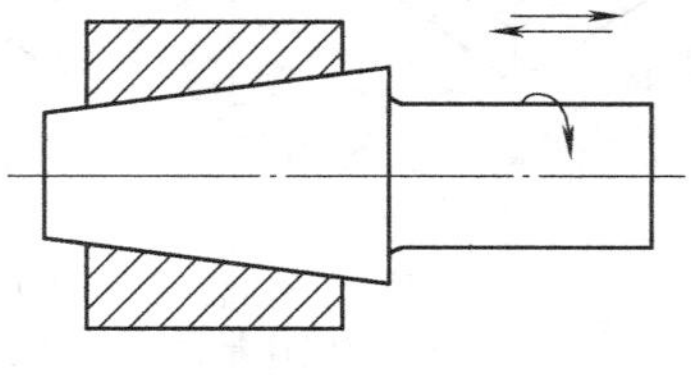

图 2 - 111　圆锥面研磨

4. 研磨压力和速度

1）研磨时，压力和速度对研磨效率和研磨质量有很大影响。压力太大，研磨切削量虽大，但表面粗糙度值大，且容易把磨料压碎而使表面划出深痕。一般情况粗磨时压力可大些，精磨时压力应小些。

2）速度也不应过快，否则会引起工件发热变形。尤其是研磨薄形工件和形状规则的工件时更应注意。一般情况下，粗研磨时速度为 40 ~ 60 次/min，精研磨时速度为20 ~40 次/min。

五、研磨注意事项

1）研磨工具材料的硬度不能高于被研磨工件材料的硬度。

2）研磨剂不宜涂得太厚，否则会影响研磨质量也浪费研磨剂。

3）在研磨中必须重视清洁工作，才能研磨出高质量的工件表面。若忽视了清洁工作，轻则工件表面拉毛，重则会拉出深痕而造成废品。

4）研磨完毕后，应及时清洗研具，擦净后上油妥善保管。

【考点分析】

例题 1：研磨效果好，价廉易得，应用最为广泛的研具材料是（　　）。

A. 灰铸铁　　B. 球墨铸铁　　C. 软钢　　D. 铜

解题指导：本题主要考查常用的研具材料。灰铸铁具有润滑性好，磨耗较慢，硬度适中，研磨剂在其表面容易涂抹均匀等优点，是一种研磨效果较好、价廉易得的研具材料，因此得到广泛的应用。

参考答案：A

例题 2：在研磨中起调和磨料、冷却和润滑作用的是（　　）。

A. 研磨剂　　B. 研磨液　　C. 磨料　　D. 研具

解题指导：本题主要考查研磨液的作用。研磨液在研磨过程中起的四个作用，即①起调和磨料的作用，使磨料分布均匀；②起润滑作用，使研磨时推动轻松；③起冷却作用，降低因摩擦而产生的温度；④有的还起化学作用，加速研磨过程。

参考答案：B

【习题练习】

1. 通过研磨后的尺寸精度可达（　　）。

A. 0.001 ~0.005μm　　B. 0.001 ~0.005mm

C. 0.005 ~0.030μm　　D. 0.005 ~0.030mm

2. 在研磨过程中，氧化膜迅速形成，即是（　　）作用。

A. 物理　　B. 化学　　C. 科学　　D. 哲学

3. 在研磨过程中的研磨效率、研磨精度和工件表面粗糙度，都与（　　）有密切关系。

A. 磨料　　B. 研磨液　　C. 研具　　D. 工件

4. 一般工厂常采用成品研磨膏，使用时加（　　）稀释。

A. 汽油　　B. 煤油　　C. 机油　　D. 柴油

【参考答案】

1. B　2. B　3. A　4. C

第三单元

装配钳工

【知识构架】

- 装配钳工
  - 装配工艺概述
    - 装配组织形式
    - 装配工艺规程的作用
    - 装配工艺过程
    - 装配前的零件处理
  - 装配常用工具
    - 常用螺钉旋具
    - 常用扳手
    - 电动工具
  - 旋转件的平衡
    - 旋转件的不平衡形式
    - 旋转件的平衡方法
  - 尺寸链的概念
    - 尺寸链基本概念
    - 尺寸链的建立
  - 固定连接的装配
    - 螺纹连接的装配与调整
    - 键连接的装配
    - 销连接的装配
    - 过盈连接的装配
  - 传动机构的装配
    - 带传动机构的装配
    - 齿轮传动机构的装配
  - 轴承和轴组的装配
    - 滑动轴承的装配
    - 滚动轴承的装配
    - 轴组的装配

第一节　装配工艺概述

【学习要求】

1. 了解装配组织形式及装配工艺规程的作用。
2. 熟悉装配工艺过程。
3. 掌握装配前零件的各项处理工作。

【学习内容】

按照一定的精度标准和技术要求，将若干个零件组成部件或将若干个零件、部件组合成机构或机器的工艺过程，称为装配。

装配工作是产品生产过程中的最后一道工序，产品质量的好坏除了取决于零件的加工质量以外，就是取决于装配质量，因此装配是装配钳工应该掌握的一项重要操作技能。

一、装配组织形式

装配组织形式随着生产类型及产品复杂程度和技术要求的不同而不同。机器制造中产品的生产类型及装配的组织形式有以下几种形式。

1. 单件生产时装配组织形式

单件生产时，产品几乎不重复。装配工作多在固定的地点，由一个工人或一组工人独立完成整个装配工作。这种装配组织形式，对工人技术要求高，装配周期长，生产效率低。

2. 成批生产时装配组织形式

成批生产时，装配工作通常分为部件装配和总装配。每个部件由一个工人或一组工人完成，然后进行总装配。这种装配工作常采用移动方式进行流水线生产，因此装配效率较高。

3. 大量生产时装配组织形式

在大量生产中，把产品的装配过程划分为主要部件、主要组件，在此基础上进行部件、组件的装配。每一个工序只有一个工人来完成，只有当所有工人都按顺序完成了他们所担负的装配工序后，才能装配出产品。这种装配组织形式的装配质量好、效率高、生产周期短。

二、装配工艺规程的作用

装配工艺规程是规定装配全部部件和这个产品的工艺过程，以及所使用的设备和工具、夹具、量具等的技术文件。装配工艺规程是生产实践和科学实验的总结，是提高生产效率、提高产品质量的必要措施，是组织装配生产的重要依据。执行装配生产工艺规程，能使装配工作有条理地进行，降低生产成本。但是装配工艺规程所规定的内容应随着生产的发展不断改进。

三、装配工艺过程

装配工艺过程由以下四个部分组成。

1. 装配前的准备工作

1）研究产品装配图、工艺文件及技术文件，了解产品的结构，熟悉各零件、部件的作用、相互关系及连接方法。

2）确定装配方法，准备所需要的工具。

3）对装配的零件进行清洗，检查零件的加工质量，对有特殊要求的零件进行平衡或压力试验以及密封性试验。

2. 装配工作

较复杂产品的装配分为部件装配和总装配。

（1）部件装配　凡是将两个以上的零件组合在一起，或将零件与几个组件结合在一起成为一个装配单元的装配工作，都可以称为部件装配。

（2）总装配　将零件、部件及各装配单元结合成一台完整产品的装配工作，称为总装配。

3. 调整、检验和试车

（1）调整　调节零件或机构的相互位置、配合间隙、结合面的松紧等，使机器或机构工作协调。

（2）检验　检验机构或机器的几何精度和工作精度等。

（3）试车　试验机构或机器运转的灵活性、振动情况、工作温度、噪声、转速、功率等性能参数是否达到相关技术要求。

4. 喷漆、涂油和装箱

机器装配完毕后，为了使外观美观、不生锈和便于运输，还要进行喷漆、涂油和装箱等工作。

四、装配前的零件处理

1. 零件的清理和清洗

在装配过程中，零件的清理与清洗工作对保证装配质量、延长产品使用寿命具有十分重要的意义。特别是对轴承、液压元件、精密配合件、密封件和有特殊要求的零件更为重要。如果清洗和清理做得不好，会使轴承工作时发热，产生噪声，并加快磨损，很快失去原有精度；对于滑动表面，可能造成拉伤，甚至咬死；对于油路，可能造成油路堵塞，使转动配合件得不到良好的润滑，磨损加快，甚至损坏咬死。

（1）零件清理和清洗的内容

1）装配前，要清除零件上残存的型砂、铁锈、切屑、研磨剂及油污等。对孔、槽及其他容易残存污垢处更要仔细清洗。

2）装配后，应对配钻、配铰、攻螺纹等加工时产生的切屑进行清除。

3）试车后，应对因摩擦而产生的金属微粒进行清理和清洗。

（2）零件清洗时注意事项

1）对于橡胶制成的零部件，如密封圈、密封垫等，严禁使用汽油进行清洗，以防发胀变形，应使用酒精或专用清洗剂进行清洗。

2）清洗滚动轴承时，不能使用棉纱进行擦洗，防止因棉纱进入轴承内而影响轴承的精度。

3）清洗后，应待零件干燥后，再进行装配。还应注意，零件清洗后，不能放置时间过长，以防止灰尘和油污再次将零件弄脏。

4）有些零件在装配时应分两次进行清洗。第一次清洗后，检查零件有无碰伤和拉伤，如齿轮有无毛刺，螺纹有无损伤等。对零件上存在的毛刺和轻微碰伤应进行修整。经检查修整后，再进行第二次清洗。

（3）零件清理与清洗实例　清理清洗图 3－1 所示的滑动轴承。

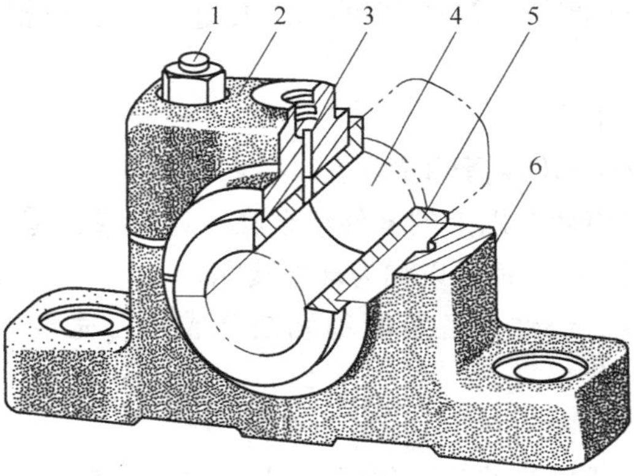

图 3－1　滑动轴承

1—螺柱　2—轴承盖　3—注油孔　4—轴颈　5—轴瓦　6—轴承座

1）清理的方法。

① 用錾子、钢丝刷清除轴承座和轴承盖上的型砂、飞边和毛刺等。

② 用刮刀、锉刀和砂布清除零件上的毛刺、切屑和锈痕。

③ 用毛刷、风箱或压缩空气清除零件孔、沟槽、台阶处残存的切屑、灰尘或油垢等。

2）清洗的方法。经过清理后的零件还必须进行清洗，一般是先清洗精密零件，再清洗一般零件；先清洗较小零件，再清洗较大零件。

① 将适量煤油倒入清洗盒内。

② 清洗上、下衬套。

③ 清洗油杯、螺母、螺栓。

④ 清洗上轴承盖。

⑤ 清洗轴承座。

3）清理与清洗应注意的问题。

① 在清理与清洗过程中，要防止将零件的加工表面损伤。

② 对清理与清洗完毕的零件，要妥善放置，避免零件变形或再次被污染。

③ 对不同材料的零件，要选用不同的清洗液，以免造成零件的腐蚀或老化。

2. 零件的密封性试验

对于设备中的一些精密零件，如液压元件、液压缸、阀体等，在一定的工作压力下不仅要求不发生泄漏现象，还要求具有可靠的密封性。但是，由于零件毛坯在铸造过程中容易产生砂眼、气孔及疏松等缺陷，易造成在一定压力下的渗漏现象。因此，在装配前必须对这类零件进行密封性试验，否则，将对设备的质量、功能产生很大的影响。

密封性试验有气压法和液压法两种，见表 3－1，其中以液压法压缩空气密封性试验比较安全。试验时，应按照技术要求对施加的压力进行相应的调整。

表 3－1　密封性试验的方法

类　别	图　示	操作方法	检验方法
气压法	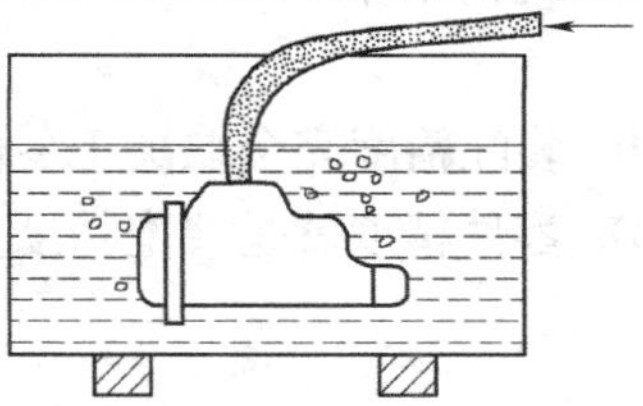	试验前，先将零件各孔用压盖或螺塞进行密封，然后将密封零件浸入水中，最后向零件内充入压缩空气	观察密封的零件在水中有无气泡逸出
液压法	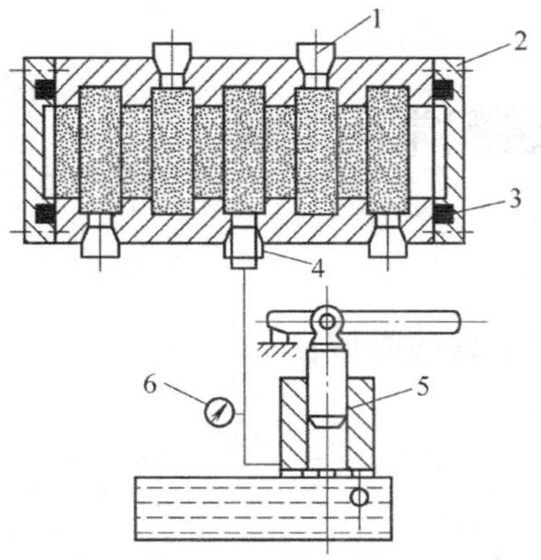 1—锥形螺塞　2—端盖　3—密封圈　4—管接头 5—手动液压泵　6—压力表	试验前，两端装好密封圈和端盖，并用螺钉紧固，各螺孔用锥形螺塞拧紧，装上管接头并与手动液压泵接通，然后用手动液压泵将油液注入阀体空腔内，并使油液达到技术要求所规定的试验压力	观察阀体有无渗漏和泄漏现象

【考点分析】

例题1：按照一定的精度标准和技术要求，将若干个零件组成部件或将若干个零件、部件组合成机构或机器的工艺过程，称为（　　）。

A. 配合　　B. 装配　　C. 装调　　D. 安装

解题指导：本题主要考查装配的概念。按照一定的精度标准和技术要求，将若干个零件组成部件或将若干个零件、部件组合成机构或机器的工艺过程，称为装配。

参考答案：B

例题2：装配工艺过程不包括（　　）部分。

A. 装配前的准备工作　　B. 调整、检验和试车

C. 喷漆、涂油和装箱　　D. 产品运输

解题指导：本题主要考查装配工艺过程。装配工艺过程由装配前的准备工作，装配工作，调整、检验和试车，喷漆、涂油和装箱四个部分组成。

参考答案：D

【习题练习】

1. 装配前的准备工作主要包括零件的清理和清洗，（　　）和旋转件的平衡试验。

   A. 零件的密封性试验　　B. 气压法

   C. 液压法　　D. 静平衡试验

2. 凡是将两个以上的零件结合在一起，或将零件与几个组件结合在一起，成为一个装配单元的装配工作称为（　　）。

   A. 零件装配　　B. 总装配　　C. 部件装配　　D. 间隙调整

3. 零件的密封试验是（　　）。

   A. 装配工作　　B. 试车

   C. 装配前的准备工作　　D. 调整工作

4. 零件精度与装配精度的关系是（　　）。

   A. 零件精度是保证装配精度的基础　　B. 装配精度完全取决于零件精度

   C. 装配精度与零件精度无关　　D. 零件精度就是装配精度

参考答案：

1. A　2. C　3. C　4. A

第二节　装配常用工具

【学习要求】

1. 掌握常用螺钉旋具、常用扳手以及电功工具的类型；
2. 能够熟练掌握各种装配常用工具的应用。

【学习内容】

一、常用螺钉旋具

常用螺钉旋具见表3-2。

表 3－2　常用螺钉旋具

名　　称	概念及应用	图　　示
一字螺钉旋具	常用规格有 100mm、150mm、200mm、300mm 和 400mm 等几种，使用时，应根据螺钉沟槽的宽度选用相应的螺钉旋具	
弯头螺钉旋具	弯头螺钉旋具两头各有一个刃口，互成垂直位置，适用于螺钉头顶部空间受到限制的特殊装拆场合	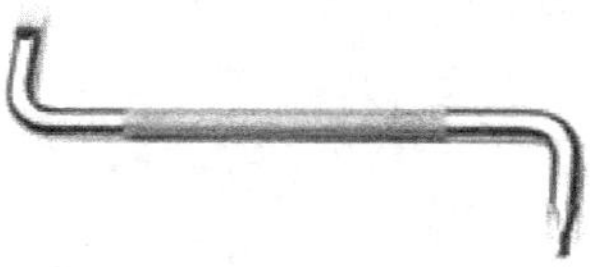
十字螺钉旋具	主要用来旋动头部带十字槽的螺钉，其优点是旋具不易从槽中滑出，大小规格分类与一字螺钉旋具相同	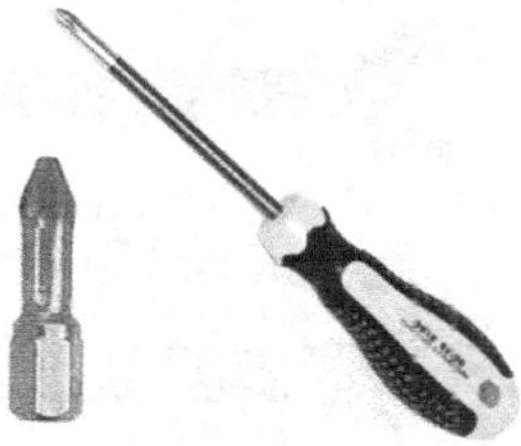
快速螺钉旋具	快速螺钉旋具工作时推压手柄，使螺旋杆通过来复孔而转动，可以快速拧紧或松开小螺钉，提高装拆速度	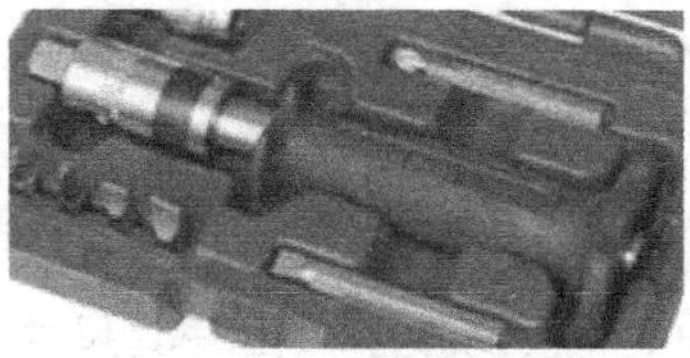

二、常用扳手

1. 通用扳手

通用扳手也称活扳手，如图 3－2 所示。使用活扳手时，应让其固定钳口承受主要作用力，如图 3－3 所示，否则容易损坏扳手。钳口的开度应适合螺母对边间距尺寸，过宽会损坏螺母。不同规格的螺母，应选用相应规格的活动扳手。扳手手柄不可任意接长，以免拧紧力矩过大而损坏螺母或螺钉的头部棱角。

图 3－2　活扳手

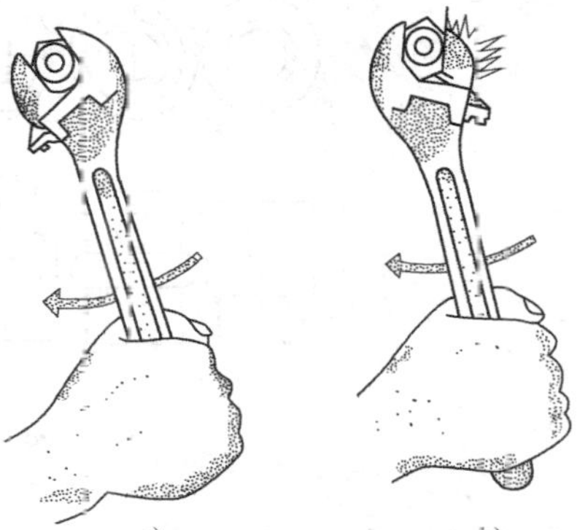

a)　b)

图 3－3　活扳手的使用

a）正确　b）错误

2. 专用扳手

专用扳手只能扳动一个尺寸的螺母和螺钉。

（1）开口扳手（呆扳手） 用于扳动或装拆六角形或四方头的螺母或螺钉，有单头和双头之分，如图3－4所示。它的开口尺寸与螺母或螺钉对边间距的尺寸相适应，并根据标准尺寸做成一套。

（2）整体扳手 整体扳手的用途与开口扳手的用途基本相同，但它能将螺母或螺钉的头部全部围住，从而使装拆更加可靠。整体扳手分为方形、六角形、梅花扳手等，如图3－5所示。

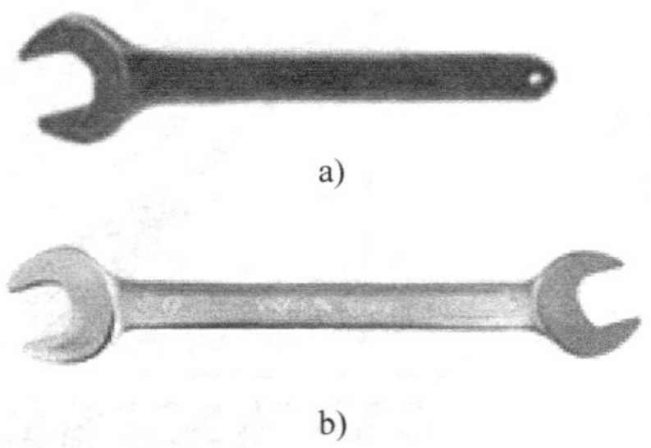

图3－4 开口扳手

a）单头 b）双头

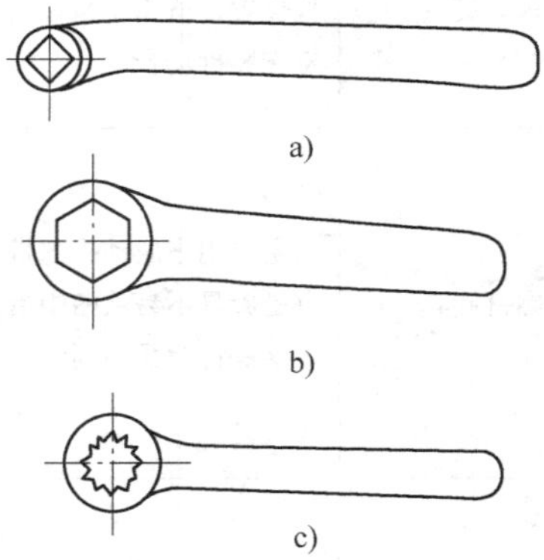

图3－5 整体扳手

a）方形扳手 b）六角形扳手 c）梅花扳手

（3）套筒扳手 由一套尺寸不等的梅花套筒组成，如图3－6所示。成套套筒扳手用于装拆操作空间狭小或比较隐蔽的螺母或螺钉。

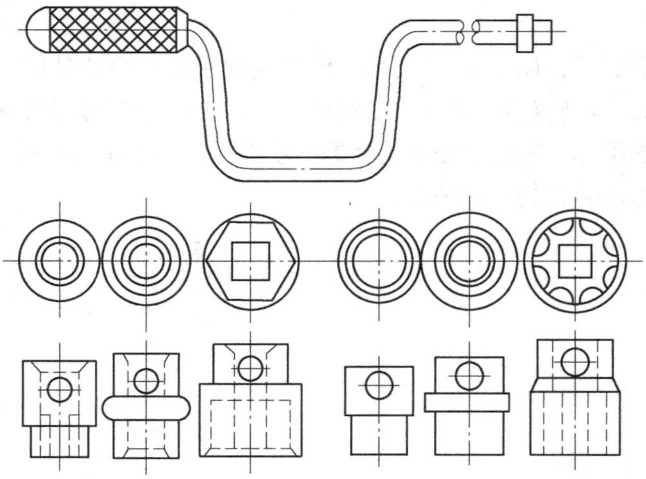

图3－6 成套套筒扳手

（4）锁紧扳手 专门用来锁紧各种结构的圆螺母，其结构多种多样，常用的如图3－7所示。

（5）内六角扳手 如图3－8所示，用于装拆标准的内六角螺钉。成套的内六角扳手，可供装拆M4～M30的内六角螺钉。

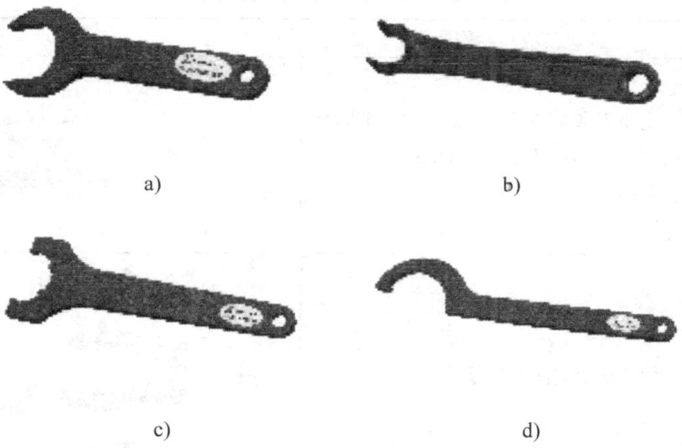

图 3－7　锁紧扳手

a）A 型　b）M 型　c）U 型　d）C 型

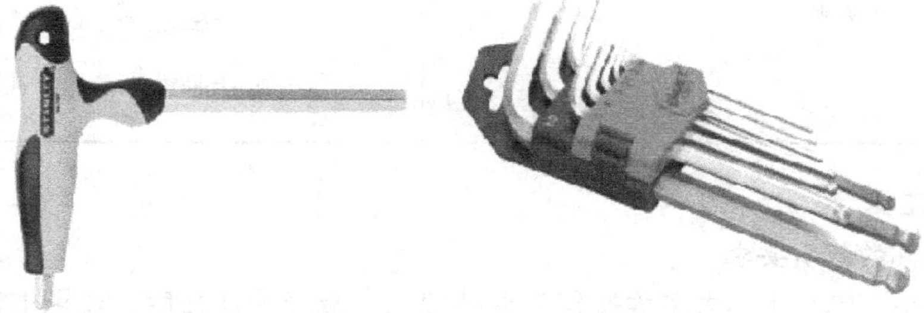

图 3－8　内六角扳手

（6）棘轮扳手　如图 3－9 所示，它使用方便，效率较高。

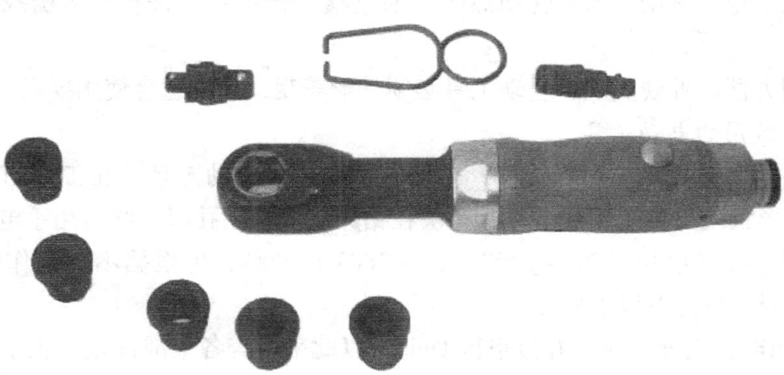

图 3－9　棘轮扳手

3. 钳子

常用钳子的分类见表 3－3。

表 3-3 常用钳子的分类

类 型	应 用	图 示
钢丝钳	主要用来夹持或弯折金属件、剪断金属丝。主要规格为 160mm、180mm 和 200mm	
尖嘴钳和弯嘴钳	用于狭窄空间夹持零件	 a）尖嘴钳 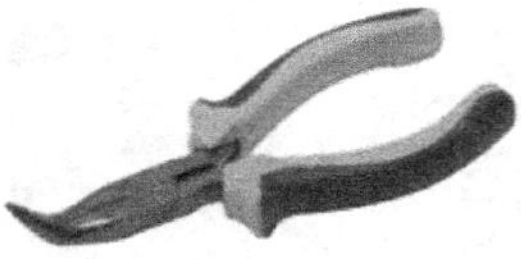 b）弯嘴钳
挡圈钳	用于装拆弹性挡圈，分为轴用和孔用两种	 a）轴用挡圈钳  b）孔用挡圈钳

三、电动工具

1. 电动工具的基本要求

（1）质量小　电动工具大多为操作者握持使用，减轻劳动强度，要求电动工具的单位质量的输出功率（W/kg）应尽量高，即在功率不变的条件下，电动工具应尽量轻。

（2）安全　电动工具绝缘必须良好，以保证使用者的安全。

（3）可靠　电动工具在使用时，工作必须可靠，机械结构应坚固、耐用、且装卸方便。

（4）运转平稳　电动工具的转动部件（如电枢、转子）应进行动平衡找正，确保运转平稳。

（5）使用方便、外观美观　电动工具必须外形美观，尺寸适合使用要求。

2. 装配中常用的电动工具

（1）手钻　手钻如图 3-10 所示，它是一种手提式电动工具。在工件的修理或装配过程中，当工件形状或部位受到限制以致无法在钻床上进行钻孔时，则可用手电钻来钻孔。手电钻所使用的电源有单相（220V）和三相（380V）两种，可根据不同工作情况来选择使用。使用电钻时，应注意以下两点。

1）在使用电钻之前，应先开机空转 1min，以此来检查各个部件是否正常。如有异常现象，应在故障排除后，再进行钻削。

2）使用的钻头必须保持锋利，且钻孔时不宜用力过猛。当孔将被钻穿时，应逐渐减轻压力，以防发生事故。

（2）电动扳手　电动扳手是拆装螺纹连接的工具，目前在成批生产的企业中得到广泛应用，如图 3-11 所示。

（3）电磨头　电磨头如图3－12所示，它是一种高速旋转的磨削工具，适用于零件的修理、修磨和除锈。使用电磨头时，应注意以下几点。

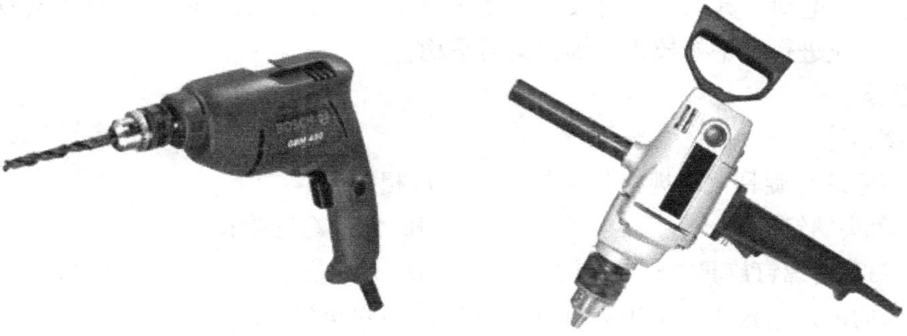

a)　　b)

图3－10　手钻

a）单相手钻　b）三相手钻

图3－11　电动扳手

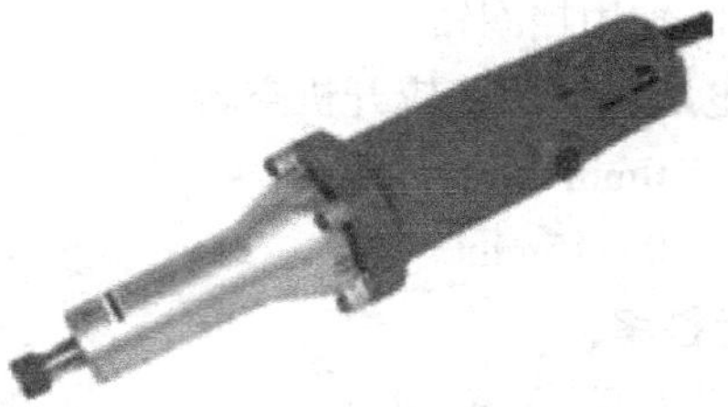

图3－12　电磨头

1）使用前应开机空转2～3min，检查旋转声音和旋转状况是否正常。如有异常现象，应在故障排除后再使用。

2）新安装的砂轮应修整后再使用，否则因砂轮不平衡而产生离心力，将造成剧烈的振动，严重影响磨削质量。

3）砂轮外径不得超过磨头铭牌上规定的尺寸。

4）磨削时，不宜用力过大，更不能用砂轮冲击工件，以防砂轮碎裂，造成严重事故。

【考点分析】

例题1：一字螺钉旋具常用来拆装开槽螺钉，以（　　）代表其规格

A. 刀体部分的长度　　B. 刀体部分的宽度

C. 旋具总长　　D. 手柄长度

解题指导：本题主要考查旋具的概念及应用。一字螺钉旋具常用来拆装开槽螺钉，以刀体部分的长度代表其规格。常用规格有100mm、150mm、200mm、300mm和400mm等几种。

参考答案：A

例题2：电动工具的转动部件（如电枢、转子）应进行（　　），确保运转平稳。

A. 静平衡校正　　B. 垂直度检测

C. 动平衡校正　　D. 平行度检测

解题指导：电动工具的基本要求。电动工具要求运转平稳，电动工具的转动部件（如电枢、转子）应进行动平衡校正，确保运转平稳。

参考答案：C

【习题练习】

1. 十字槽螺钉旋具大小规格分类与（　　）相同。

A. 弯头螺钉旋具　　B. 快速螺钉旋具

C. 一字槽螺钉旋具　　D. 开口扳手

2. 成套的内六角扳手，可供装拆（　　）的内六角螺钉。

A. M4 ~ M50　　B. M4 ~ M30

C. M4 ~ M40　　D. M3 ~ M30

3.  左图所示的钳子是（　　）。

A. 尖嘴钳　　B. 弯嘴钳

C. 轴用挡圈钳　　D. 钢丝钳

4. 电磨头使用前应开机空转（　　），检查旋转声音和旋转状况是否正常。

A. 10min　　B. 2 ~ 3min

C. 10 ~ 15min　　D. 45min

参考答案：

1. C　2. B　3. A　4. B

第三节　旋转件的平衡

【学习要求】

1. 了解旋转件的不平衡形式。
2. 了解旋转件静平衡的原理及其特点。
3. 掌握旋转件静平衡的操作要点及操作步骤。
4. 能够对旋转件进行静平衡。

【学习内容】

机器中的旋转零件，如带轮、齿轮和叶轮等，因受形状、加工等因素的限制和影响，都可能引起零件旋转时的不平衡而产生振动现象，从而使机器的工作精度降低，零件的使用寿命缩短，噪声增大，甚至发生设备事故。因此，为了保证机械的运转质量，对转速较高或长径比较大的旋转件，都必须进行平衡，以减小不平衡离心力。

一、旋转件的不平衡形式

旋转件的不平衡形式可分为静不平衡和动不平衡两类，见表3－4。

表 3-4　旋转件的不平衡形式

形　　式	定　　义	图　　示
静不平衡	有些旋转件在径向各截面上存在不平衡量，但由此产生的离心力的合力仍通过旋转件的重心，这种情况不会产生旋转轴线倾斜的力矩，这种不平衡称为静不平衡	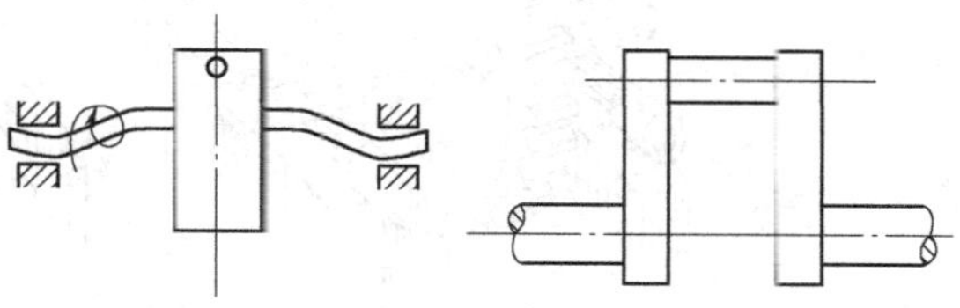
动不平衡	有些旋转件在径向各截面上存在不平衡量，且由此产生的离心力不能形成平衡力矩，所以旋转件不仅会产生垂直于旋转轴线方向的振动，还会产生使旋转轴线倾斜的振动，这种不平衡称为动不平衡	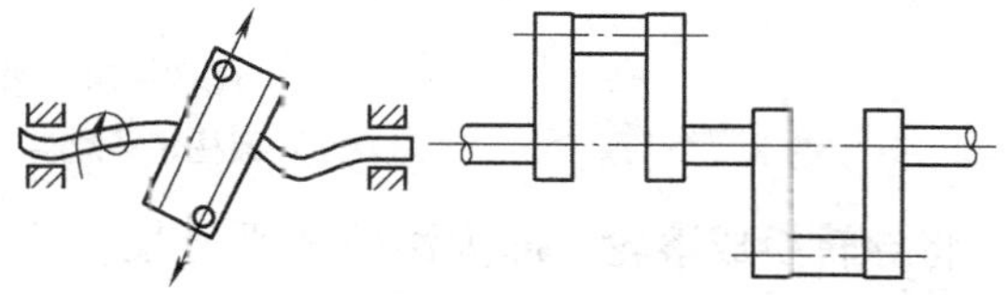

二、旋转件的平衡方法

为了防止机器在工作时出现不平衡的离心力，对于尚未安装的旋转零、部件都需要预先进行平衡，将旋转构件的重心调整到转动轴线上，使构件转动时的离心惯性力矩等于零。

1. 静平衡

（1）静平衡的原理　在旋转件较轻的一边附加重量（配重法）或在较重的一边通过钻、铣等机械加工方法以减轻重量（去重法）而使零件恢复平衡的办法就是静平衡，如图 3-13 所示。

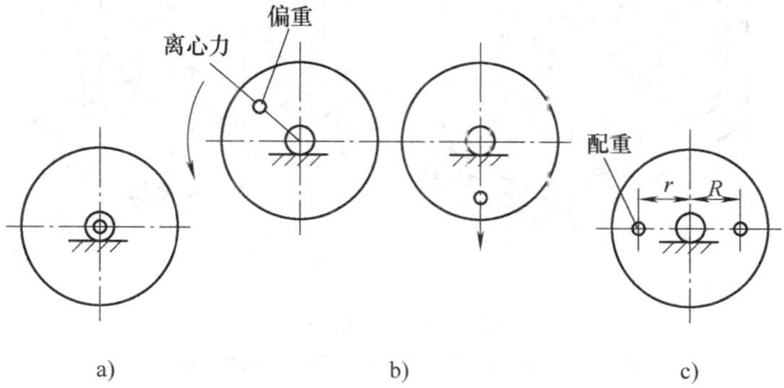

图 3-13　静平衡原理

a）自然平衡状态　b）不平衡状态　c）静平衡

（2）静平衡的作用　平衡或消除旋转体运转时产生的离心力，以减少机器的振动，改善轴承受力的情况，提高机器工作精度，延长使用寿命。

（3）静平衡的特点　平衡重物的大小和位置是在零、部件处于静止状态时确定的，静平衡的工作过程是在静平衡架上进行的，静平衡主要适用于长径比小于 0.2（L/D）的盘类零件。

静平衡的装置主要有圆柱式平衡架和菱形平衡架两种，如图 3-14 所示。

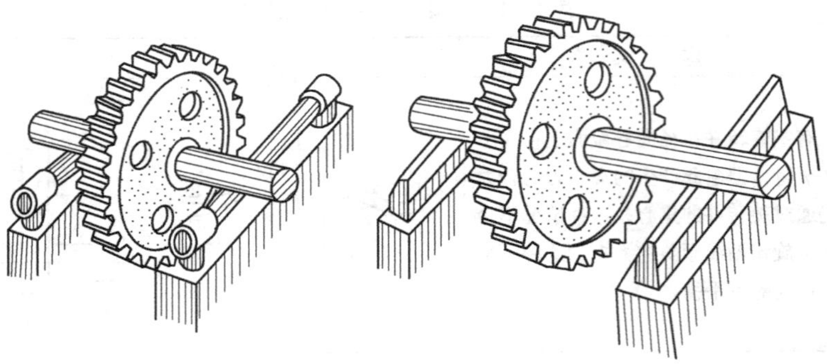

a)　　　　b)

图 3－14　静平衡装置

a）圆柱式平衡架　b）菱形平衡架

将导轨换成滚轮，即为滚轮式平衡架。这类装置的缺点是：当零件两端的轴径不相等时，不能进行平衡。

还有一种平衡架，一端可作升降调整，可用于平衡轴径不相等的零件。

（4）静平衡操作步骤

1）用水平仪将静平衡装置沿平衡架的纵、横两个方向调整成水平，误差应在 0.02mm/100mm 以内，如图 3－15 所示。

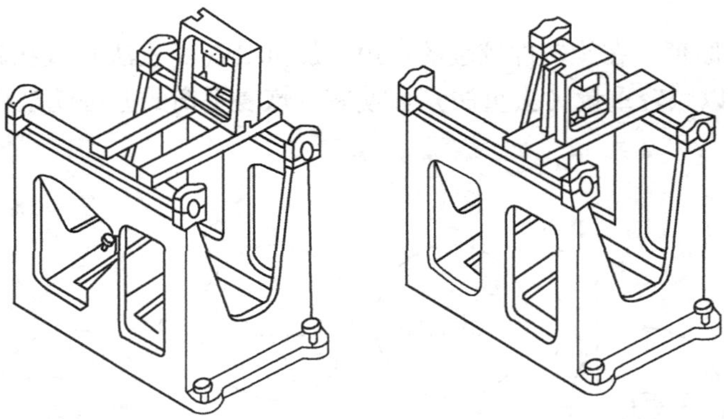

a)　　　　b)

图 3－15　调整平衡架

a）平衡架导轨纵向处于水平　b）平衡架导轨横向处于水平

2）盘套类工件穿心轴，轴类零件可直接置于静平衡装置上，用手缓慢而均匀地转动工件，使之在静平衡装置上自由的滚动，待工件静止不动后，在工件最大直径正下方处做一记号，表示工件的偏重在这条直径方向上。

3）重复转动工件若干次，如果做记号处始终处于正下方，则说明此工件有偏重，且偏重的方向指向做记号处。如果每次静止的位置各不相同，说明此工件正趋于静平衡。

4）在心轴上固定一带有平衡块的平衡杆，调整平衡块在平衡杆上的位置，使平衡力矩等重心偏移而形成的力矩（$L_0F_0=L_1F_1$）。

如平衡块的重量是 $F_1=0.1\text{N}$，移动距离 $=40\text{mm}$，现要从零件偏重一侧距中心 $L_0=$

20mm 处去除的金属材料为

$$F_0=\frac{L_1F_1}{L_0}=\frac{40\text{mm}\times0.1\text{N}}{20\text{mm}}=0.2\text{N}$$

（5）齿轮部件的静平衡　齿轮部件的静平衡操作步骤如下。

1）将齿轮部件放在水平的静平衡装置上。

2）将齿轮部件慢转动，待静止后在其正下方作一记号“S”。

3）重复转动齿轮部件若干次，如“S”，始终处于正下方，即说明齿轮部件有偏重，其方向指向记号“S”处，如图 3－16 所示。

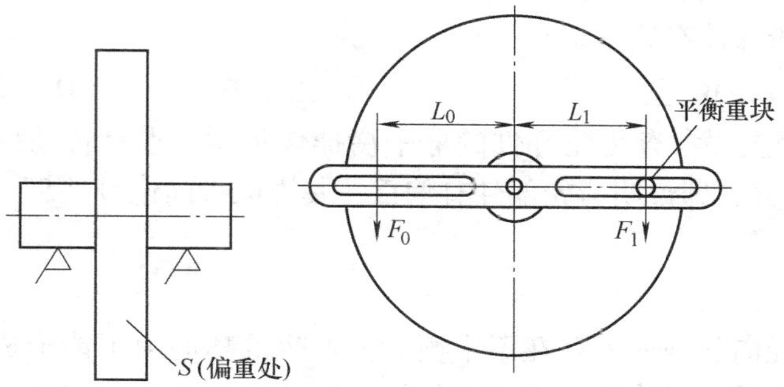

图 3－16　静平衡方法

4）装上平衡杆，调整平衡块，使平衡力矩等于重心偏移而形成的力矩（$L_0F_0=L_1F_1$），设 $L_1=L_0=40$mm，当 $F_1=0.1$N 时，在零件偏重一侧距中心 40mm 处去除金属材料，即可消除静不平衡。

2. 动平衡

对于长径比较大或转速较高的旋转件，需要进行动平衡。

动平衡不仅要平衡离心力，而且还要平衡离心力所形成的力矩。动平衡需要在动平衡机上进行，常用的动平衡机有弹性支梁式动平衡机、框架式动平衡机和电子动平衡机等。磨床主轴在动平衡机上的装夹，如图 3－17 所示。

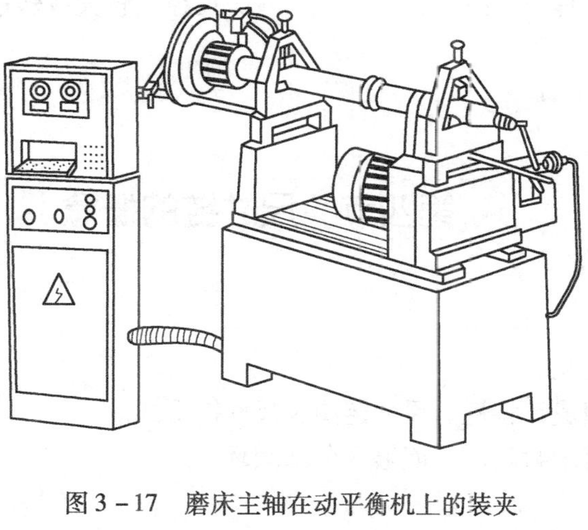

图 3－17　磨床主轴在动平衡机上的装夹

【考点分析】

例题1：由旋转件在径向各截面上存在不平衡量而产生的离心力的合力通过旋转件的重心时，这种情况不会产生旋转轴线倾斜的力矩，这种不平衡称为（　　）。

A. 静不平衡　　B. 动不平衡　　C. 静平衡　　D. 静平衡

解题指导：本题主要考查静不平衡的定义。有些旋转件在径向各截面上存在不平衡量，但由此产生的离心力的合力仍通过旋转件的重心，这种情况不会产生旋转轴线倾斜的力矩，这种平衡称为静不平衡。

参考答案：A

例题2：齿轮部件的静平衡时，重复转动齿轮部件若干次，如果标记处始终处于（　　），即说明齿轮部件有偏重。

A. 正上方　　B. 左侧　　C. 正下方　　D. 右侧

解题指导：本题主要考查齿轮部件的静平衡操作步骤。重复转动齿轮部件若干次，如“*S*”，始终处于正下方，即说明齿轮部件有偏重，其方向指向记号“*S*”处。

参考答案：C

【习题练习】

1. 由旋转件在径向各截面上存在不平衡量而产生的离心力不能形成平衡力矩时，旋转件不仅会产生垂直于旋转轴线方向的振动，还会产生使旋转轴线倾斜的振动，这种不平衡称为（　　）。

   A. 动不平衡　　B. 静不平衡　　C. 动平衡　　D. 静平衡

2. 用水平仪将静平衡装置沿平衡架的纵、横两个方向调整成水平，误差应在（　　）以内。

   A. 0.04mm/100mm　　B. 0.03mm/100mm

   C. 0.02mm/100mm　　D. 0.05mm/100mm

3. 静平衡主要适用于长径比（　　）（*L/D*）的盘类零件。

   A. 小于0.2　　B. 大于0.2　　C. 小于0.4　　D. 0.2~0.6

4. 对于（　　）的旋转件，需要进行动平衡。

   A. 长径比较小　　B. 转速较低

   C. 长径比较大和转速较高　　D. 长径比较大或转速较高

参考答案：

1. A　2. C　3. A　4. D

第四节　尺寸链的概念

【学习要求】

1. 了解尺寸链的定义。
2. 掌握尺寸链的组成、特性、尺寸链图及尺寸链形式。
3. 能够确定尺寸链中封闭环，能够区分增减环。

【学习内容】

在加工过程中，工件的尺寸在不断地变化，由毛坯尺寸到工序尺寸，最后达到设计要求的尺寸。这些尺寸之间存在一定的联系，应用尺寸链理论去揭示它们之间的内在关系，掌握它们的变化规律是合理确定工序尺寸及其公差和计算各种工艺尺寸的基础，这也是工艺人员工作中的重要内容之一。

一、尺寸链基本概念

1. 尺寸链的定义

在零件加工或机器装配过程中，由相互连接的尺寸形成封闭的尺寸组称为尺寸链。如图3－18a所示的台阶零件，零件图样上标注设计尺寸 A_1 和 A_Σ。当用调整法最后加工表面 B 时（其他表面均已完成加工），为了使工件定位可靠和夹具结构简单，常选 A 面为定位基准，按尺寸 A_2 对刀加工 B 面，间接保证尺寸 A_Σ。这样，尺寸 A_1、A_2 和 A_Σ 是在加工过程中，由相互连接的尺寸形成封闭的尺寸组，如图3－18b 所示，这就是一个尺寸链。

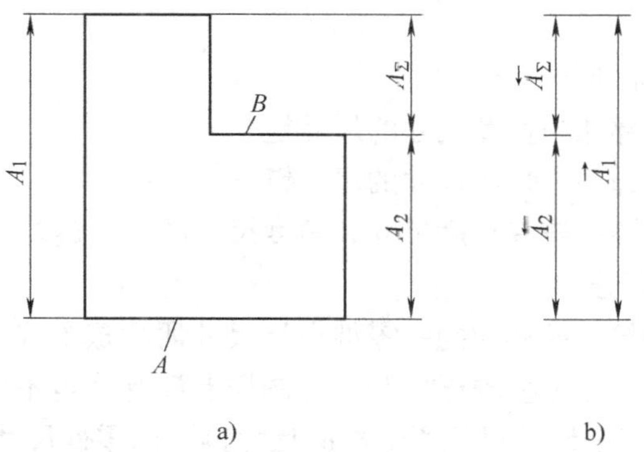

图3－18　零件加工过程中的尺寸链

a）台阶零件　b）尺寸链图

2. 尺寸链的组成

（1）环　尺寸链中的每一个尺寸均称为尺寸链中的环。例如，图3－18 中的 A_1、A_2 和 A_Σ 都称为尺寸链的环。

（2）封闭环　尺寸链中在加工过程或装配过程间接获得或间接保证的一环。例如，图3－18中的 A_Σ 是封闭环。封闭环以下角标“Σ”表示。

（3）组成环　尺寸链中在加工过程或装配过程直接获得，并且对封闭环有影响的全部环。这些环中任一环的变动必然引起封闭环的变动。图3－18 中的 A_1 和 A_2 均是组成环。组成环以下角标“i”表示。

（4）增环　尺寸链中的组成环，由于该环的变动引起封闭环同向变动。同向变动是指该环增大时封闭环也增大，该环减小时封闭环也减小。图3－18 中的 A_1 是增环。在以后的计算公式中以符号“$\overrightarrow{A_i}$”表示。

（5）减环　尺寸链中的组成环，由于该环的变动引起封闭环反向变动。反向变动是指该环增大时封闭环减小，该环减小时封闭环增大。图3－18 中的 A_2 是减环。在以后的计算公式中以符号“$\overleftarrow{A_i}$”表示。

（6）补偿环　尺寸链中预先选定的某一组成环，可以通过改变其大小或位置，使封闭环达到规定要求。补偿环将在装配尺寸链中用到。

3. 尺寸链的特性

（1）封闭性　由于尺寸链是封闭的尺寸组，因而它是由一个封闭环和若干个相互连接的组成环所构成的封闭图形，不封闭就不成为尺寸链。

（2）关联性　由于尺寸链具有封闭性，所以尺寸链中的封闭环随任一组成环变动而变动。

4. 尺寸链图

将尺寸链中各相应的环，用尺寸或符号标注在示意图上（零件图样或装配图样），如图3－18a所示；或将其单独表示出来，如图3－18b 所示，此时只需按大致比例依次画出相应的环，这些尺寸图称为尺寸链图。为了能迅速判别组成环的性质（即判别增减环），可在绘制尺寸链图时，用首尾相接的单箭头顺序表示各环。其中，凡与封闭环箭头方向相同的环即为减环；与封闭环箭头方向相反的环即为增环。如图3－18b 中，A_2 为减环，A_1 为增环。

5. 尺寸链形式

（1）按环的几何特征划分

1）长度尺寸链：全部环为长度尺寸的尺寸链。

2）角度尺寸链：全部环为角度尺寸的尺寸链。

3）组合形式的尺寸链：兼有长度尺寸和角度尺寸的尺寸链。

（2）按其应用场合划分

1）零件尺寸链：全部组成环为同一零件设计尺寸所形成的尺寸链。如图3－18a 所示，台阶零件上设计尺寸 A_Σ、A_1（组成环）和设计图样上没有（也不应）标注的 A 面与 B 面的距离尺寸 A_2（封闭环）三个设计尺寸所形成的尺寸链，即零件尺寸链。

2）工艺尺寸链：全部组成环为同一零件工艺尺寸所形成的尺寸链。如图3－18b 所示，工艺尺寸 A_1、A_2（组成环）和 A_Σ（封闭环）所形成的尺寸链，即工艺尺寸链。

3）装配尺寸链：全部组成环为不同零件设计尺寸所形成的尺寸链。

设计尺寸是指零件图样上标注的尺寸，必须注意到零件图样上的尺寸不能注成封闭的尺寸，即零件尺寸链中的封闭环（与工艺尺寸链的封闭环不是一个）不应标注在零件上。工艺尺寸是指工序尺寸、定位尺寸和基准尺寸等。在装配尺寸链的尺寸中，有一个尺寸是自然形成的，它在部件装配完成时才具有完全一定的值，它的大小随尺寸链其余尺寸的变动而变动，这就是封闭环。

（3）按各环所处空间位置划分

1）直线尺寸链：全部组成环平行于封闭环的尺寸链。

2）平面尺寸链：全部组成环位于一个或几个平行平面内，但某些组成环不平行于封闭环的尺寸链。

3）空间尺寸链：组成环位于几个不平行平面内的尺寸链。

二、尺寸链的建立

1. 封闭环的确定

正确确定封闭环是解工艺尺寸链最关键的一步。如果封闭环确定错了，整个尺寸链的计算则将是错误的。对于工艺尺寸链，要认准封闭环是“间接、最后”获得的尺寸这一关键点。

2. 组成环的查找

从封闭环两端起，按照零件表面间的联系，逆向循着工艺过程的顺序，分别向前查找该表面最近一次加工的加工尺寸，之后再找出该尺寸另一端表面的最后一次加工尺寸，直至两边汇合为止，所经过的尺寸都为该尺寸链的组成环。

3. 区分增减环

对于环数少的尺寸链，可以根据增、减环的定义来判别。对于环数多的尺寸链，可以采用箭头法，即从A_{Σ}开始尺寸的上方（或下方）画箭头，然后顺着各环依次画下去，凡箭头方向与封闭环A_{Σ}的箭头方向相同的环为减环，相反的为增环。

【考点分析】

例题 1：

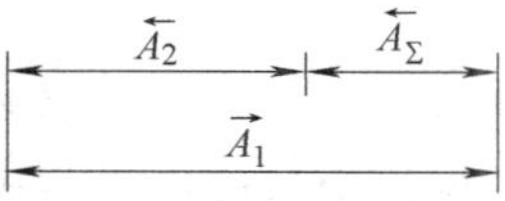

如左图所示，A_{Σ}为封闭环，A_1为（　　），A_2为（　　）。

A. 增环　　B. 减环　　C. 封闭环

解题指导：本题主要考查区分增减环的方法。采用箭头法，即从A_{Σ}开始尺寸的上方（或下方）画箭头，然后顺着各环依次画下去，凡箭头方向与封闭环A_{Σ}的箭头方向相同的环为减环，相反的为增环。

参考答案：A　B

例题 2：按环的几何特征划分有长度尺寸链、角度尺寸链和（　　）。

A. 零件尺寸链　　B. 装配尺寸链

C. 直线尺寸链　　D. 组合形式的尺寸链

解题指导：本题主要考查尺寸链形式。按环的几何特征划分①长度尺寸链，即全部环为长度尺寸的尺寸链。②角度尺寸链，即全部环为角度尺寸的尺寸链。③组合形式的尺寸链，即兼有长度尺寸和角度尺寸的尺寸链。

参考答案：D

【习题练习】

1. 在尺寸链中，如果某一组成环增大，封闭环随之（　　），那么该组成环为减环。

　A. 增大　　B. 减小

　C. 不变　　D. 增大或减小

2. 按（　　）划分，尺寸链可以划分为零件尺寸链、工艺尺寸链和装配尺寸链。

　A. 应用场合　　B. 环的几何特征

　C. 各环所处空间位置　　D. 组成环的数量

3. 平面尺寸链是全部组成环位于一个或几个（　　）平面内，但某些组成环不平行于封闭环的尺寸链。

　A. 垂直　　B. 相交　　C. 平行　　D. 空间交错

4. 正确确定（　　）是解工艺尺寸链最关键的一步。

　A. 增环　　B. 封闭环　　C. 减环　　D. 组成环

参考答案：

1. B　2. A　3. C　4. B

第五节　固定连接的装配

【学习要求】

1. 掌握螺纹连接装配方法和预紧防松方法。
2. 了解螺纹连接的损坏形式及修理方法。
3. 掌握各种键连接的装配要点，熟悉键连接的原理。
4. 掌握销连接的装配要点。
5. 掌握过盈连接的装配要点，熟悉过盈连接的装配方法。

【学习内容】

固定连接是装配中最基本的装配方法，常见的固定连接有螺纹连接、键连接和销连接。

一、螺纹连接的装配与调整

螺纹连接是一种可拆的固定连接，具有结构简单、连接可靠、装拆方便等优点，在机械中应用广泛。螺纹连接分普通螺纹连接和特殊螺纹连接两大类，由螺栓、双头螺柱或螺钉构成的连接称为普通螺纹连接，除此之外的螺纹连接称为特殊螺纹连接。

1. 螺纹连接装配的技术要求

（1）保证有足够的拧紧力矩　螺纹连接为达到连接可靠和紧固的目的，必须保证螺纹副具有一定的摩擦力矩，此摩擦力矩是由连接时拧紧力矩后使螺纹副产生了预紧力而获得的。拧紧力矩或预紧力的大小是根据装配要求由设计者确定的。一般紧固螺纹连接无预紧力要求，可采用普通扳手、风动或电动扳手由装配者按经验控制。在一些重要的螺纹连接中，如汽车制造、飞机制造等，常提出螺纹连接应达到规定的预紧力要求，常用控制转矩法、控制螺栓伸长法、控制螺母扭角法、扭断螺母法和加热拉伸法来保证准确的预紧力。

1）控制转矩法。用扭力扳手来指示拧紧力矩，使预紧力达到规定值，方法简便，但误差较大，适用于中、小型螺栓的紧固。图 3－19 所示为手动指针式扭力扳手，在工作时扳手杆和刻度板一起向旋转的方向弯曲，因此指针尖就在刻度板上指出拧紧力矩的大小。

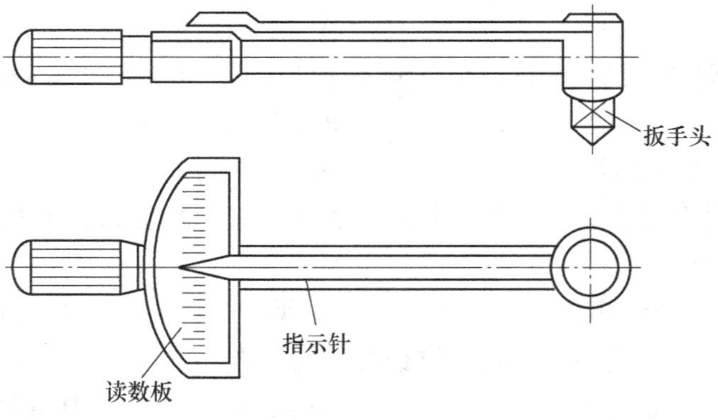

图 3－19　手动指针式扭力扳手

活扳手使用时应让固定钳口承受主要的作用力，扳手长度不可随意加长，以免损坏扳手和螺钉。

2）控制螺栓伸长法。用液力拉伸器使螺栓达到规定的伸长量以控制预紧力，螺栓不承受附加力矩，误差较小。

3）控制螺母扭角法。通过控制螺母拧紧时应转过的角度来控制预紧力。图3－20所示为定扭力扳手，在操作时，先用定扭力扳手对螺母施加一定的预紧力矩，使夹紧零件紧密地接触，然后在角度刻盘上将角度设定为零，再将螺母扭转一定角度来控制预紧力。使用这种扳手时，螺母和螺栓之间的摩擦力已经不会对操作产生影响。这种扳手主要用于汽车制造及钢制结构中预紧螺栓的应用。

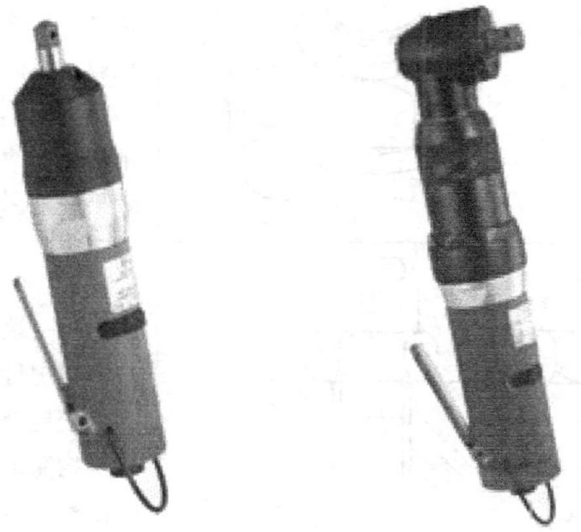

a)　　b)

图3－20　定扭力扳手

a）直型定扭力扳手　b）弯型定扭力扳手

4）扭断螺母法。在螺母上切一定深度的环形槽，扳手套在环形槽上部，以螺母环形槽处扭断来控制预紧力。这种方法误差小、操作方便，但螺母本身的制造和修理重装时不太方便。

以上四种控制预紧力的方法仅适用于中、小型螺栓。对于大型螺栓，可用加热拉伸法。

5）加热拉伸法。用加热法（加热温度一般小于400℃）使螺栓拉伸伸长，然后采用一定厚度的垫圈（常用对开式）或螺母扭紧弧长来控制螺栓的伸长量，从而控制预紧力。这种方法误差小。

（2）有可靠的防松装置　螺纹连接一旦出现松脱，轻者会影响机器的正常运转，重者会造成严重事故。因此，为了防止连接松脱，保证连接安全可靠，设计时必须采取有效的防松措施。

防松的根本问题在于防止螺旋副在受载时发生相对转动。防松的方法，按其工作原理可分为摩擦防松、机械防松和破坏螺旋副运动关系防松等。一般说，摩擦防松简单、方便，但没有机械防松可靠。对于重要的连接，特别是在机器内部的不易检查的连接，应采用机械防松。常用的防松装置有以下几种，见表3－5。

表 3-5 常用的防松装置

防松方法		结构形式	特点和应用
摩擦防松	双螺母锁紧	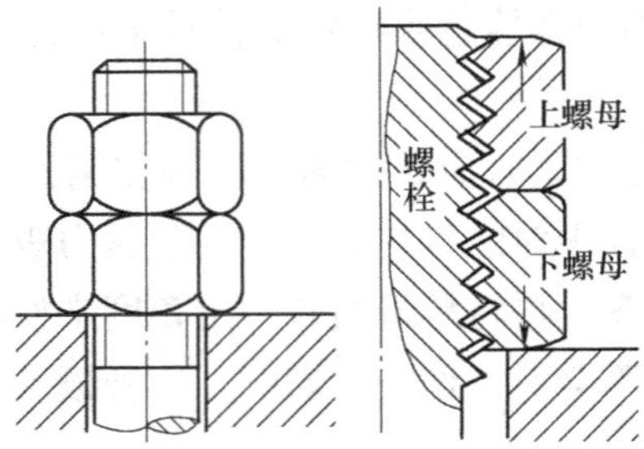	两螺母对顶拧紧后，使旋合螺纹间始终受到附加的压力和摩擦力的作用。工作载荷有变动时，该摩擦力仍然存在。旋合螺纹间的接触情况如图所示，下螺母螺纹牙受力较小，其高度可小些，但为了防止装错，两螺母的高度取相等为宜 结构简单，适用于平稳、低速和重载的固定装置上的连接
	弹簧垫圈锁紧	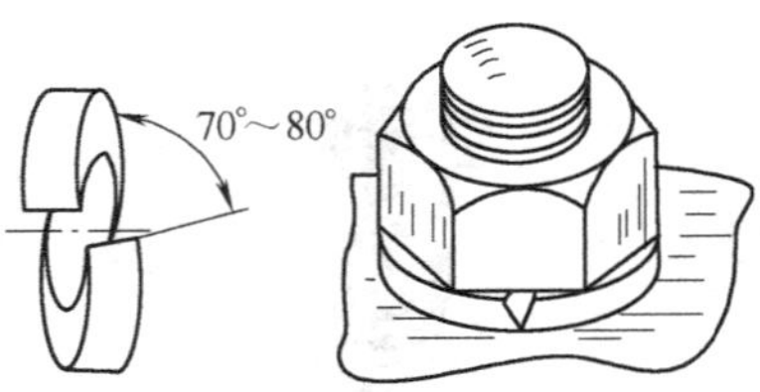	螺母拧紧后，靠垫圈压平而产生的弹性力使旋合螺纹间压紧。同时垫圈斜口的尖端抵住螺母与被连接件的支承面也有防松作用 结构简单、使用方便。但由于垫圈的弹力不均，在冲击、振动的工作条件下，其防松效果较差，一般用于不重要的连接
	自锁螺母	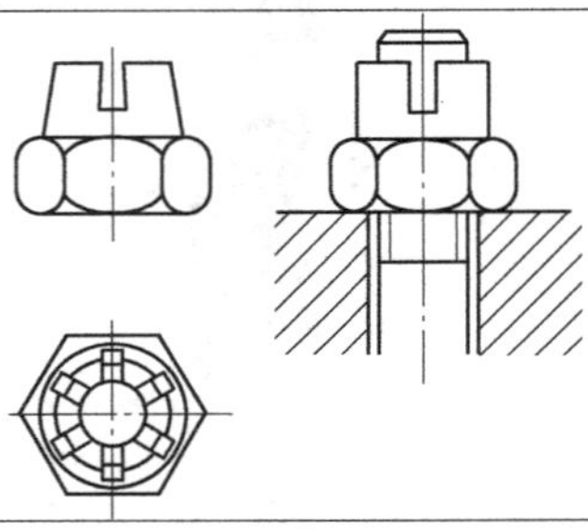	螺母一端制成非圆形收口或开缝后径向收口。当螺母拧紧后，收口胀开，利用收口的弹力使旋合螺纹间压紧 结构简单，防松可靠，可多次装拆而不降低防松性能
机械防松	开口销与六角开槽螺母	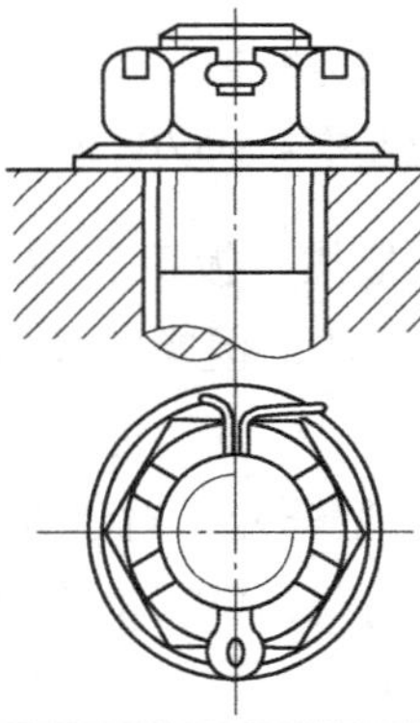	六角开槽螺母拧紧后，将开口销穿入螺栓尾部小孔和螺母的槽内，并将开口销尾部掰开与螺母侧面贴紧。也可用普通螺母代替六角开槽螺母，但需拧紧螺母后再配钻销孔 适用于较大冲击、振动的高速机械中运动部件的连接
	止动垫圈	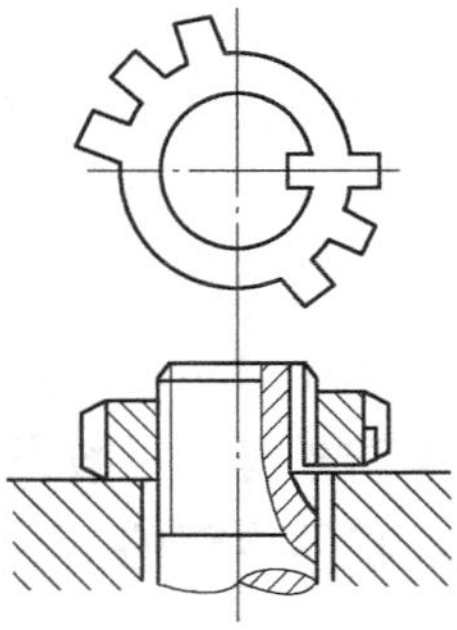	螺母拧紧后，将单耳或双耳止动垫圈分别向螺母和被连接件的侧面折弯贴紧，即可将螺母锁住。若两个螺栓需要双连锁紧时，可采用双连止动垫圈，使两个螺母相互制动 结构简单，使用方便，防松可靠

（续）

防松方法		结构形式	特点和应用
机械防松	串联钢丝	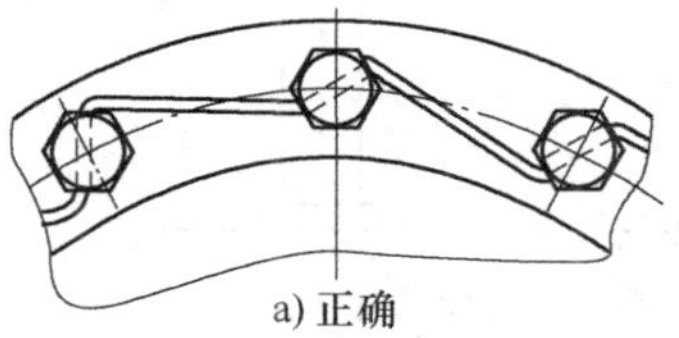 a) 正确 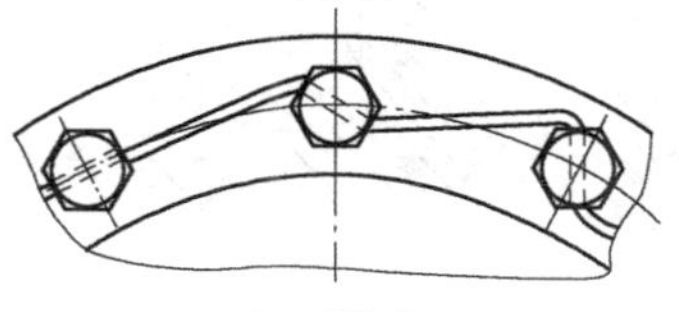 b) 不正确	用低碳钢丝穿入各螺钉头部的孔内，将各螺钉串联起来，使其相互制动。使用时必须注意钢丝的穿入方向（上图正确，下图错误） 适用于螺钉组连接，防松可靠，但装拆不便
破坏螺旋副运动关系防松	铆合	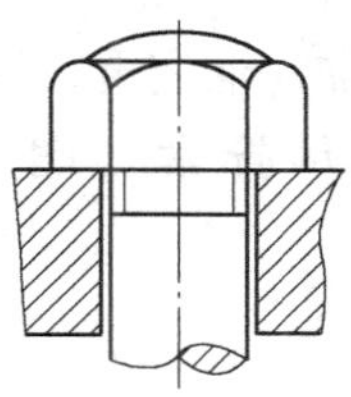	螺栓杆末端外露长度为（1～1.5）P，当螺母拧紧后把螺栓末端伸出部分铆死 这种防松方法可靠，但拆卸后连接件不能重复使用
	冲点	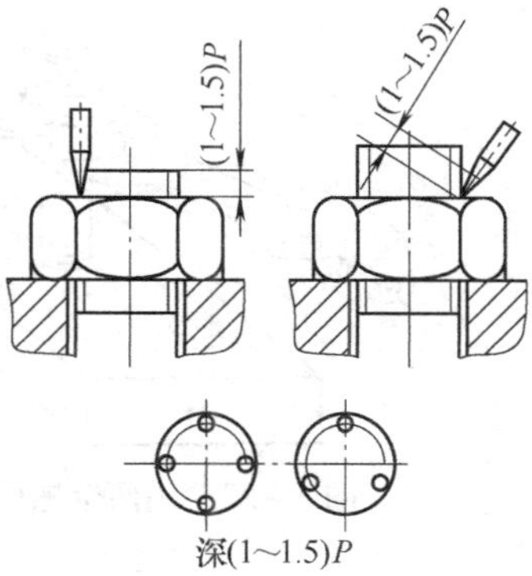	用冲头在螺栓杆末端与螺母的旋合缝处打冲，利用冲点防松。冲点可以在端面，也可以在侧面，冲点中心一般在螺纹的小径处 这种防松方法可靠，但拆卸后连接件也不能再使用
	涂胶粘剂	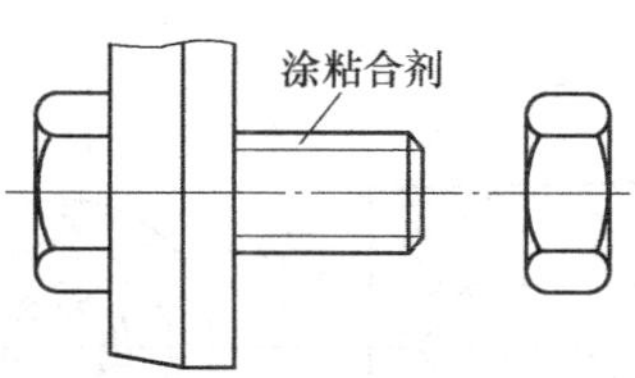	在旋合螺纹间隙以液体胶粘剂，拧紧螺母后，胶粘剂硬化、固着，防止螺纹副的相对运动

2. 常见螺纹连接的装配

（1）双头螺柱装配技术要求

1）应保证双头螺柱与固定零件螺纹的配合有足够的紧固性，保证在装拆螺母过程中无任何松动现象，可采用过盈配合，如图 3－21a 所示，或采用阶台形式紧固在固定零件上，如图 3－21b 所示。

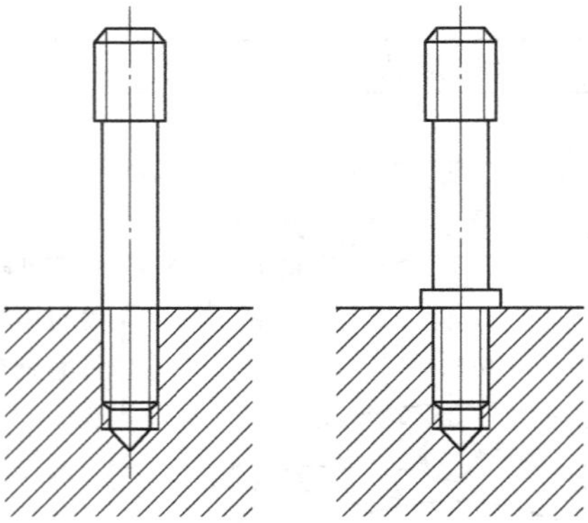

a) b)

图 3-21 双头螺柱的紧固形式

2）双头螺柱的轴线必须与固定零件表面垂直。

3）将双头螺柱紧固端装入固定零件时必须加注油润滑，以防发生咬住现象。

4）常用拧紧双头螺柱的方法有用长螺母拧紧（图 3-22）、用两个螺母拧紧（图 3-23）和用专用工具拧紧（图 3-24）等。

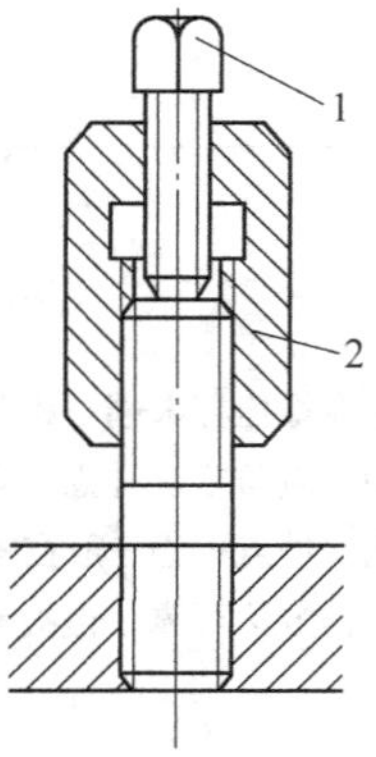

图 3-22 用长螺母拧紧双头螺柱

1—止动螺钉 2—长螺母

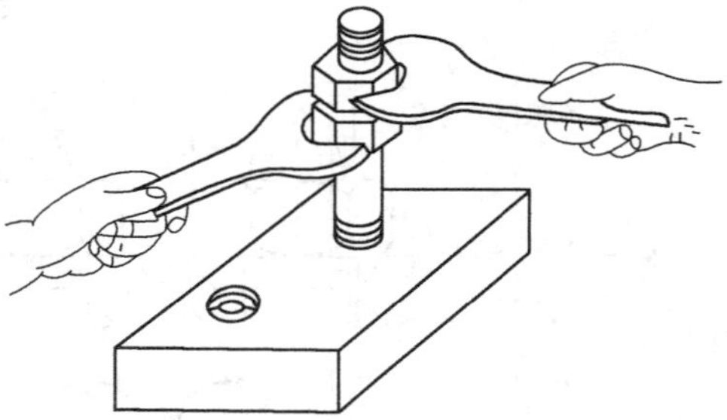

图 3-23 用两个螺母拧紧双头螺柱

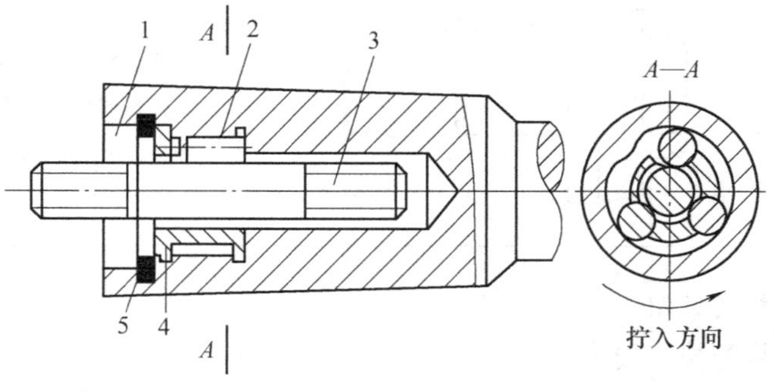

图 3-24 用专用工具拧紧双头螺柱

1—工具体 2—滚柱 3—双头螺柱 4—限位套筒 5—卡簧

（2）螺母和螺钉的装配要点　螺母和螺钉装配除了要按一定的拧紧力矩来拧紧以外，还应注意以下几点。

1）螺钉不能弯曲变形，螺钉头部、螺母底面应与连接件接触良好。

2）被连接件应均匀受压，互相紧密贴合，连接牢固。

3）成组螺母拧紧时，按一定的顺序逐次（一般为 2～3 次）拧紧，如图 3－25 所示。在拧紧长方形布置的成组螺母（图 3－25a）时，应从中间开始，逐次向两边对称的扩展；在拧紧圆形或方形布置的成组螺母时（图 3－25b、c），必须对称地进行（如有定位销，应从靠近定位销附近开始），以防止螺栓受力不一致，甚至变形。

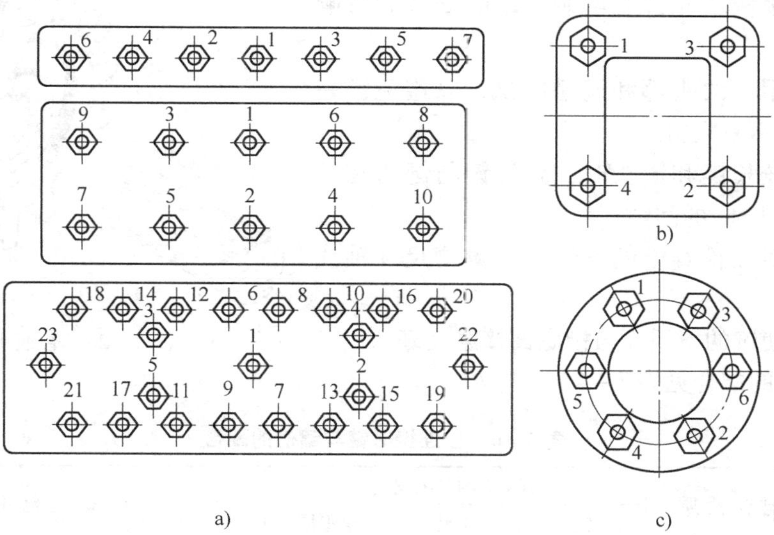

图 3－25　拧紧成组螺钉的顺序

（3）螺纹连接装配的注意事项

1）螺纹连接装配时应检查零件是否合格。

2）要求使用的垫圈不能减少。

3）螺纹连接的拧紧力或预紧力不能太大或太小。

4）成组螺栓或螺母拧紧时拧紧顺序不能混乱。

5）螺钉连接不宜用在需要经常装拆的场合。

6）螺纹连接的支承面不宜偏斜，应保持接触良好。

7）工作中有冲击、振动的螺纹连接必须增加防松装置。

（4）螺纹连接损坏形式和修理

1）损坏形式：螺纹有部分或全部滑牙、螺钉头损坏、螺杆断裂等。

2）修理方法：通过更换新件方法解决。对螺孔滑牙的修理可采用扩大螺纹直径的方法。

3）措施：在螺纹修理时，常会遇到锈蚀的螺纹难以拆卸，可采用以下措施。

① 用煤油浸润或把零件放入煤油中。

② 用锤子敲击螺钉或螺母。

③ 用火焰对锈蚀部位加热，经过膨胀或冷缩的作用，使锈蚀处松动。

二、键连接的装配

键是用来连接轴和轴上零件（齿轮、带轮、凸轮等），实现周向固定，并传递转矩的一种机械零件。键连接属于可拆连接，具有结构简单、工作可靠、装拆方便及已经标准化等特点，故得到广泛的应用。

1. 松连接的装配

松连接时，键是靠键的侧面来传递转矩的，并对轴上零件作周向固定，但不能承受轴向力。松连接所采用的键有普通平键（图3－26）、导向平键和半圆键三种。

（1）松连接装配的技术要求

1）键与键槽不允许有毛刺，以防配合后影响配合的可靠性。

2）只能用键的头部和键槽配试，以避免键在键槽内嵌紧而不易取出。

3）锉配较长键和键头时，允许键与键槽在长度方向上有0.1mm的间隙。

4）必要时须检查键的直线度及键槽尺寸轴线的对称度。

5）必须使键的下平面与槽底面接触良好。

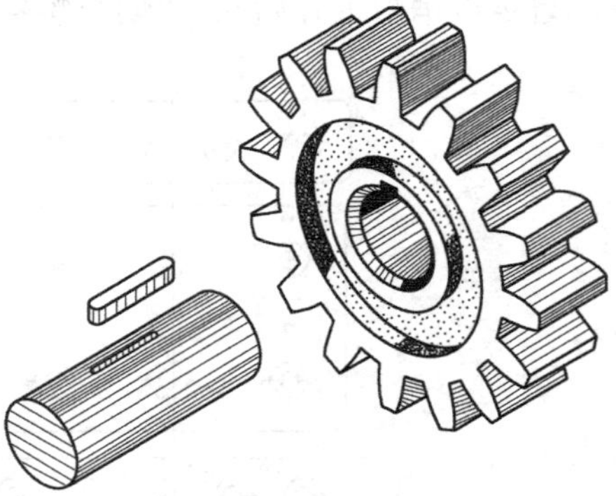
图3－26 普通平键

键与键槽的配合见表3－6。

表3－6 松连接时键与键槽的配合

配合种类	配合性质	宽度 b 的极限偏差			适用范围
		键	轴槽	轮毂槽	
1	松连接	h8	H9	D10	主要应用在导向平键上
2	正常连接		N9	JS9	常用的机械装置
3	紧密连接		P9	P9	传递重载荷、冲击性载荷及双向传递转矩

（2）平键连接的装配步骤和方法（表3－7）

表3－7 平键连接的装配步骤和方法

装配步骤	装配方法
去除键槽的锐边及毛刺	使键容易装入
试装轴和轴上的配件	先不装入平键，主要检查轴和孔的配合状况，避免装配时轴与孔配合过紧
修配平键与键槽宽度的配合精度	要求配合稍紧，不得有较大间隙，若配合过紧，则将键侧面稍作修整
修锉平键半圆头	平键两端与轴上键槽两端头应留有0.1mm左右的间隙
将平键安装与轴的键槽中	在配合面上加机油，用台虎钳夹紧或用铜棒敲击，将平键压装在轴的键槽内，并与槽底接触
安装相配件	键顶面与配件槽底面应留有0.3～0.5mm间隙，若侧面配合过紧，则应拆下配件，根据键槽上的印痕，修锉配件键槽两侧面，使之能正常装入，但不允许产生松动，以避免传递动力时产生冲击和振动

2. 紧密连接的装配

紧密连接常用楔键连接（也可用切向楔键连接），即键的上表面和与它相接触的轮槽底面均为1∶100的斜度，键的侧面与键槽间有一定的间隙，如图3－27所示。装配时，将键打入而构成紧密连接。紧密连接能传递转矩并能承受单向轴向力。

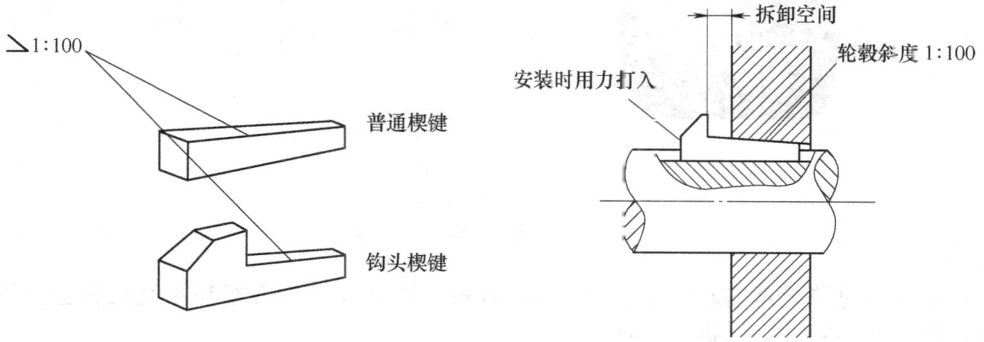

图3－27　楔键连接

（1）紧密连接装配的技术要求

1）楔键的斜度一定要和配合键槽的斜度一致。

2）楔键与键槽的两侧面要留有一定的间隙，而键的上下工作面应与轴槽、轮槽的底部贴紧。

3）钩头楔键不能使钩头紧贴套件的端面，以便拆卸。

（2）紧密连接的装配步骤和方法，见表3－8。

表3－8　紧密连接的装配步骤和方法

装配步骤	装配方法
锉配键宽	使键与键槽之间保持一定的配合间隙
检查键与键槽的配合	1）将轴上配件的键槽与轴上键槽对正，在楔键的斜面上涂色后敲入键槽内，根据接触斑点来判断斜度配合是否良好 2）用锉削或刮削法修整，使键与键槽的上、下结合面紧密贴合
装配楔键	清洗楔键和键槽，将楔键涂油后敲入键槽中

3. 花键连接的装配

花键连接有静连接和动连接两种方式，它的特点是轴的强度高，传递转矩大，对中性及导向性都很好，但制造成本高，因此广泛应用在机床、汽车、飞机等制造业中。

花键连接按齿廓形状可分为矩形花键、渐开线花键（图3－28a）及三角形花键三种，其中以矩形花键应用最广，其结构形状如图3－28b所示。

（1）花键连接装配的技术要求

1）固定连接的花键，当过盈量较小时，可用铜棒轻轻打入，对于过盈量较大的连接，可将套件加热至80～100℃后进行装配。

2）活动的花键连接应保证精确的间隙配合，使套件在轴上滑动自如，但用手摇动套件时不应感觉到间隙。

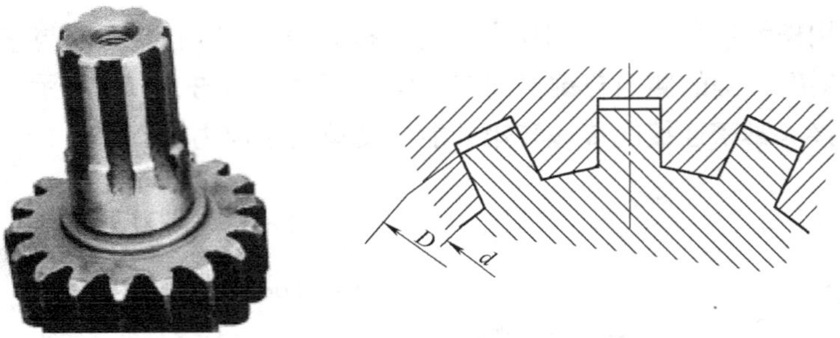

a)　　b)

图 3－28　花键

a）渐开线花键　b）矩形花键

3）对于经过热处理的花键孔，当孔径缩小时，可用花键推刀修整花键孔后进行装配。

4）装配前应对孔和轴进行清理。

（2）花键连接装配的步骤

1）试装时采用涂色法进行修整。

2）将齿轮装夹在台虎钳上，把外花键对准内花键，找到配合误差最小的位置，同时在齿轮和外花键端面做记号，以后按此记号位置装配。

3）拉出外花键后，在齿轮内花键表面涂色，再将外花键用锤子轻轻敲入。

4）根据色斑分布状况来修整键槽两侧，反复多次直到合格为止。

5）装配后，外花键在孔中沿轴向滑动自如，转动轴时不应感觉有较大的间隙。

三、销连接的装配

销连接主要用来固定零件之间的相对位置，也用于轴和轮毂的连接或其他零件的连接，并可传递不大的载荷，还可以作为安全装置中的过载剪断元件。销主要有圆柱形和圆锥形两种形式，如图 3－29 所示，其他形式是由此演化而来的。

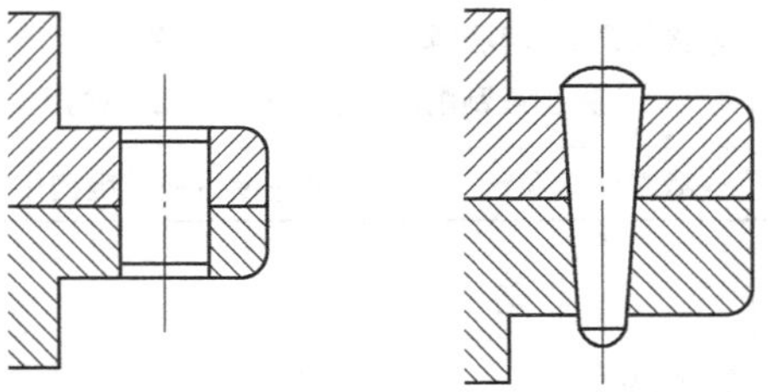

a)　　b)

图 3－29　销的形式

a）圆柱形　b）圆锥形

1. 销连接的功用

销连接的主要功用是定位、传递运动和动力，以及作为安全装置中的过载剪断零件。

（1）定位作用　固定零件之间的相互位置，靠过盈配合而固定在孔中的，所以经过多次装拆，就会降低连接可靠性和定位精度。

对于不通孔的连接或者为了装拆方便，则可用内螺纹圆柱销或内螺纹圆锥销定位。

（2）传递横向力和转矩　圆柱销或圆锥销可传递不大的横向力或转矩，但圆柱孔须铰制，依靠过盈配合实现连接。

（3）安全装置中的被剪断零件　在传递横向力或转矩过载时，销就会被剪断，从而保护了连接件，这种销称为安全销。安全销可用于传递装置的过载保护，如安全联轴器等过载时的被剪断零件。

2. 销连接的装配与拆卸

销连接的装配与拆卸方法见表3－9。

表3－9　销连接的装配与拆卸方法

销连接种类	销连接的装配方法	销连接的拆卸方法
圆柱销连接	为保证配合精度，通常需要两孔同时钻、铰，使其配合有少量过盈，以保证连接的紧固和定位的准确性，并使孔的表面粗糙度值在 $Ra1.6\mu m$ 以下。装配时应在销的表面涂些润滑油，用铜棒将销敲入孔中	1）拆卸普通圆柱销和圆锥销时，可用锤子敲出（圆锥销从小端向外敲出） 2）有螺尾的圆锥销可用螺母旋出 3）拆卸带内螺纹的圆柱销和圆锥销时，可用拔销器取出
圆锥销连接	圆锥销以小端直径和长度表示其规格。圆锥销具有1:50的锥度，定位准确，可多次拆卸。圆锥销装配时，被连接的两孔也同时钻、铰出来，孔径大小以销自由插入孔中长度约80%为宜，然后用锤子打入即可	

3. 销连接装配的注意事项

1）圆柱销装入后尽量不要拆卸，以免影响连接精度及连接的可靠性。

2）销连接的两连接件上的销孔应同时钻、铰加工。

3）装配时应在销上涂些润滑油后敲入。

4）圆锥销销孔铰削时，应用试装法控制孔径。销的大头可稍微露出或与被连接件一样平，销大头不宜缩进孔内。

5）装配时必须保证销轴线与零件表面垂直，可以使用校准套，先把销装在一个零件上，再装上另一个零件。

6）用于安全装置中的销的尺寸应按过载时被剪断的条件来确定，不能凭经验确定。

四、过盈连接的装配

过盈连接是依靠包容件（孔）和被包容件（轴）配合后的过盈值达到紧固连接的目的。

装配后，由于材料的弹性变形，在包容件和被包容件配合面间产生压力，依靠此压力产生的摩擦力传递转矩和轴向力。过盈连接的对中性好，承载能力强，并能承受一定冲击力，但配合面的加工要求高。

1. 过盈连接的装配方法

过盈连接的装配方法见表3－10。

表 3－10　过盈连接的装配方法

装配方法		特　点	应用范围
压入法	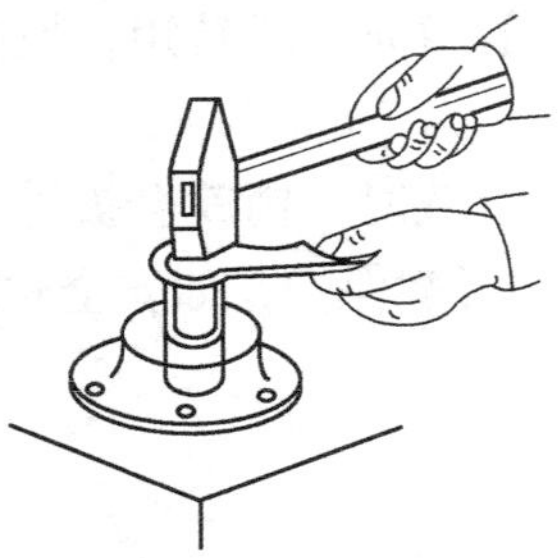	用锤子加垫块敲击压入，其方法简便，但导向性不好，容易产生歪斜	适用于配合要求较低或配合长度较短的过渡配合的连接件的单件生产
	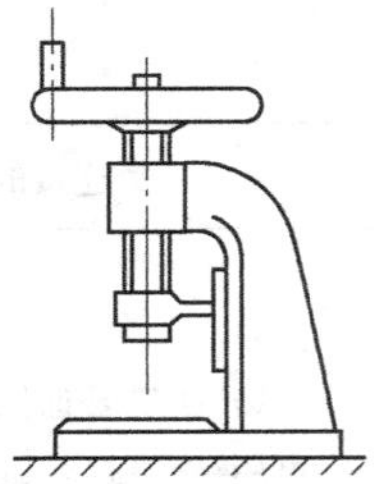	这些设备进行压合时，其导向性比敲入法好	适用于装配过渡配合和小过盈量的配合
	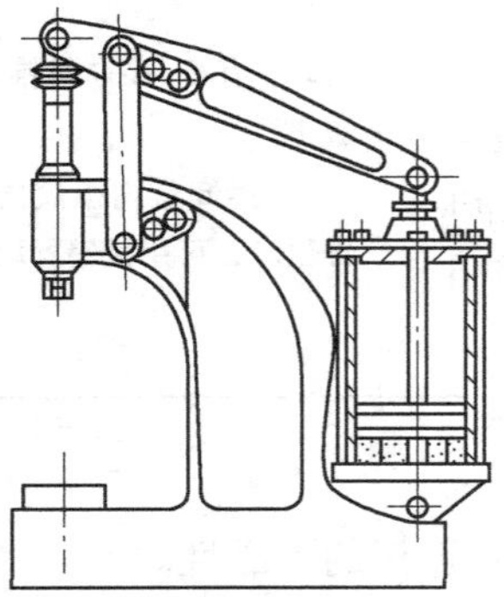	气动杠杆压力机，其压力范围大，配以专用夹具，可提高压合的导向性	适用于装配过盈配合的连接件，且多用于成批生产
热胀法	火焰加热	加热温度小于350℃，使用加热器，热量集中，易于控制，操作简便	适用于局部加热中等或大型连接件
	介质加热	沸水槽加热温度80～100℃，蒸汽加热槽可达120℃，热油槽90～320℃，均可使连接件去污干净，热胀均匀	适用于过盈量较小的连接件，如滚动轴承、连杆衬套等
	电阻和辐射加热	加热温度可达400℃以上，热胀均匀、表面洁净，加热温度易自动控制	适用于中、小型连接件成批生产
	感应加热	加热温度可达400℃以上，加热时间短，调节温度方便，热效率高	适用于采用特重型和重型静配合的中、小型连接件

（续）

装配方法		特 点	应用范围
冷缩法	干冰冷缩	可冷至 -78℃，操作简便	适用于过盈量小的小型连接件和薄壁衬套等
	低温箱冷却	可冷至 -40 ~ -140℃，冷缩均匀，表面洁净，冷缩温度易自动控制，生产率高	适用于配合面精度较高的连接件，以及在热态下工作的薄壁套筒件
	液氮冷缩	可冷至 -195℃，冷缩时间短，生产率高	适用于过盈量较大的连接件

2. 过盈连接装配的主要事项

1）装配前，应对工件进行清理，并将配合表面涂润滑油，以防装配时擦伤表面。

2）过盈连接的过盈值不能太大或太小。过盈太小不能满足传递转矩的要求，太大会造成装配困难。

3）对于细长件或薄壁件必须注意检查过盈量和形位偏差，装配时最好垂直压入，以防变形。

4）为了便于装配，应该在孔口和轴端进行倒角，一般轴端倒角取5°~10°，孔口倒角为30°~45°。

5）装配时压入过程应连续，速度不宜太快，一般为2~4mm/s。

6）压合时应经常用角尺检查，以保证孔与轴的轴线一致，不得有歪斜现象。

【考点分析】

例题1：（　　）防松结构简单，适用于平稳、低速和重载的固定装置上的连接。

A. 双螺母锁紧　B. 弹簧垫圈锁紧　C. 止动垫圈　D. 串联钢丝

解题指导：本题主要考查常用的防松装置特点和应用。双螺母锁紧结构简单，适用于平稳、低速和重载的固定装置上的连接。

参考答案： A

例题2：平键两端与轴上键槽两端头应留有（　　）左右的间隙。

A. 0.5mm　B. 0.3mm　C. 0.1mm　D. 1mm

解题指导：本题主要考查平键连接的装配步骤和方法。修锉平键半圆头时平键两端与轴上键槽两端头应留有0.1mm左右的间隙。

参考答案：C

例题3：销连接的两连接件上的销孔应（　　）。

A. 同时钻、铰加工　B. 分别钻、铰加工

C. 同时钻孔加工　D. 同时加工

解题指导：本题主要考查销连接装配的注意事项。圆柱销装入后尽量不要拆卸，以免影响连接精度及连接的可靠性。销连接的两连接件上的销孔应同时钻、铰加工。

参考答案：A

【习题练习】

1. 下列哪种放松不属于机械防松。（　　）

A. 开口销与六角开槽螺母　B. 止动垫圈

C. 铆合　D. 串联钢丝

2. 成组螺母拧紧时，按一定的顺序逐次拧紧，一般为（　　）。

A. 2～3次　B. 1次　C. 5～8次　D. 8～10次

3. 销可用于轴与（　　）的连接或其他零件的连接。

A. 轮毂　B. 轴　C. 机架　D. 传动带

4. 圆锥销具有（　　）的锥度，被连接的两孔也同时钻、铰出来，孔径大小以销自由插入孔中长度约（　　）为宜。

A. 1∶50　B. 60%　C. 80%　D. 1∶100

5. 过盈连接的装配时，（　　）适用于过盈量小的小型连接件和薄壁衬套等。

A. 液氮冷缩　B. 低温箱冷却　C. 干冰冷缩　D. 感应加热

参考答案：

1. C　2. A　3. A　4. A　C　5. C

第六节　传动机构的装配

【学习要求】

1. 掌握带传动的装配方法及检验。
2. 掌握带传动张紧力及调整方法。
3. 了解齿轮传动机构装配的技术要求。
4. 掌握圆柱齿轮传动机构的装配及啮合质量的检查。

【学习内容】

传动机构的类型较多，如螺纹传动、链传动、带传动、齿轮传动、蜗杆传动、联轴器和离合器等。本节只介绍带传动和齿轮传动的装配工艺。

一、带传动机构的装配

带传动是常用的一种机械传动，广泛应用在金属切削机床、输送机械、农业机械、纺织机械和通风机械等。带传动是依靠带与带轮之间的摩擦力或啮合来传递运动和动力的。带传动结构简单，工作平稳，对机构能起到过载保护的作用，主要用于两轴中心距较大的场合，但带传动的传动比不准确（除同步齿形带外）、传动效率低、带的使用寿命短。

1. 带传动机构的要求

1）应严格控制带轮的径向跳动和轴向窜向。

2）两带轮端面应在同一平面内。

3）带轮工作面的表面粗糙度要适当，一般为 $Ra1.6\mu m$，表面粗糙度过细容易打滑，过粗则传动带易磨损。

4）传动带在带轮上的包角不能小于120°，否则也容易打滑。

5）传动带的张紧力要适当。张紧力过小，所能传递的功率降低；张紧力过大，则传动带、轴和轴承的磨损加大，同时轴易发生变形，降低传动效率。

2. 带传动的装配方法及检验

带传动的装配包括带轮与传动轴的装配和传动带的安装。一般带轮孔与轴为过渡配合

(H7/k6)，有少量过盈，同轴度精度较高。为传递较大转矩，还需要用紧固件保证周向固定和轴向固定。

(1) 带轮与传动轴的装配　带轮与传动轴的连接形式如图 3 - 30 所示。其中，图 3 - 30a为圆锥形轴头，在轴端用螺母固定；图 3 - 30b 为圆柱形轴头，用轴肩并在轴端加挡圈后用螺母固定；图 3 - 30c 为圆柱形轴头，用楔键连接。

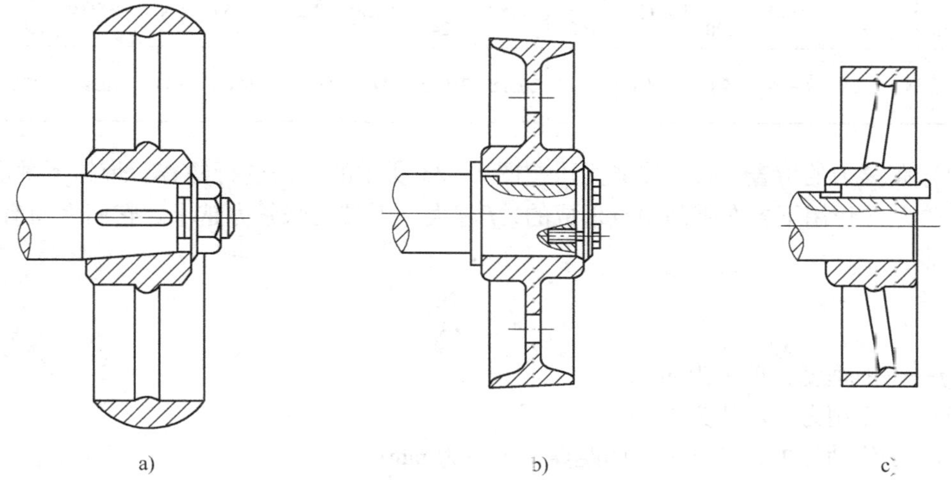

图 3 - 30　带轮与传动轴的连接

a) 圆锥形轴头连接　b) 圆柱形轴头连接　c) 圆柱形轴头用楔键连接

带轮装在轴上后，要检查带轮的径向圆跳动量和端面圆跳动量。允许带轮在轴上径向跳动小于 (0.00025 ~ 0.0005) D，轴向窜动量小于 (0.001 ~ 0.0005) D，D 为带轮直径。一般情况用划针盘检查，要求较高时也可以用百分表检查，如图 3 - 31 所示。

安装带轮一般用螺旋压入工具将带轮压到轴上。安装后，应检查带轮在轴上的正确性和带轮相互位置的正确性，防止由于两带轮错位或倾斜而引起带张紧不均匀而过快磨损。检查方法如图 3 - 32 所示，中心距较大的用拉线法，中心距不大的可用直尺测量。

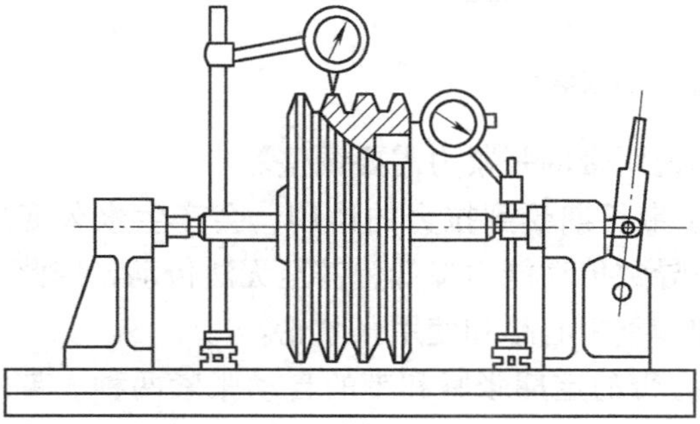

图 3 - 31　带轮圆跳动量的检查

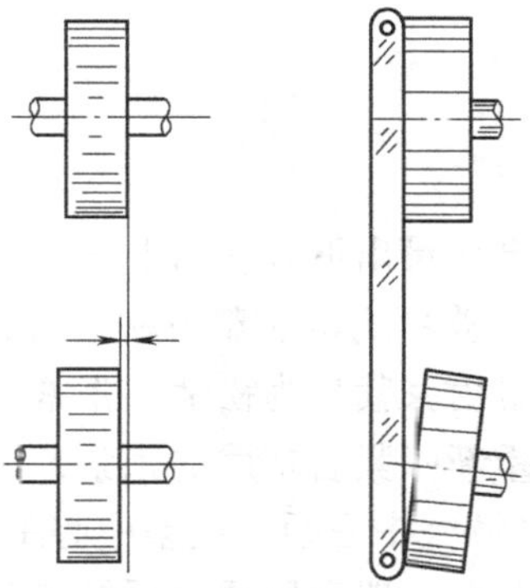

图 3 - 32　带轮相互位置正确性的检查方法

(2) 传动带的安装　安装传动带时，先将带套在小带轮槽中，然后将带用旋具拨入大带轮槽中，同时转动大带轮。在安装传动带时，不易用力过猛，以防损坏带轮。

3. 带传动张紧力及调整方法

（1）张紧力的大小　V 带张紧力的大小与带的初拉力和带的根数有关，一根带的初拉力可按表 3－11 确定。

表 3－11　单根 V 带的初拉力

型　号	O		A		B		C		D		E		F	
小带轮计算直径 d/mm	63－80	≥90	90－120	≥126	125－160	≥180	200－224	≥250	315	≥355	500	≥560	800－900	≥1000
初拉力 S_0/N	53.9	68.6	98	117.6	161.7	205.8	269.5	343	568.4	686	833	1029	1372	1715

（2）张紧力的检查　带的张紧力可按图 3－33 所示的方法进行检查。带的下垂度 f，是在一定的力 P 作用下，在带的中点形成的，f 越大，则带的张紧力越小。它们之间有如下的关系，即

$$f=\frac{Pl}{2S_0}$$

式中　f——下垂度，单位为 mm；

P——作用力，单位为 N；

l——传动带中点到支承点的距离，单位为 mm；

S_0——带的初拉力，单位为 N。

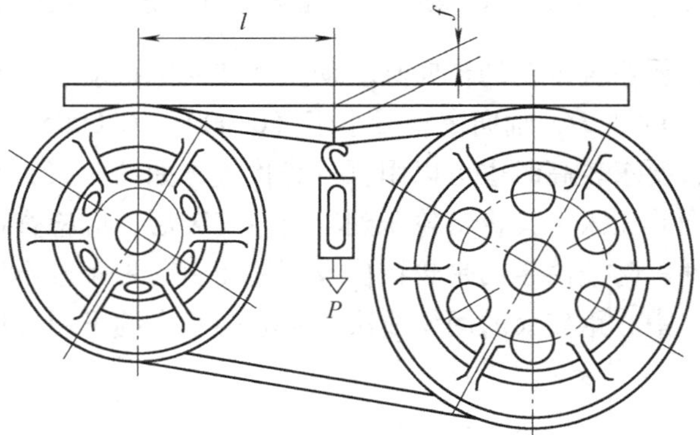

图 3－33　张紧力的测量方法

如果测量出下垂度与上述计算值不符，则说明带的张紧力需要调整。

（3）张紧力的调整方法　带传动中，由于带长期受到拉力的作用，会产生永久变形而伸长，带由张紧变为松弛，张紧力逐渐减小，导致传动能力降低，甚至无法传动，因此，必须将带重新张紧。常用的张紧方法有两种，即调整中心距和使用张紧轮。

1）调整中心距。调整中心距的张紧装置有带的定期张紧和带的自动张紧两种。带的定期张紧装置一般利用调整螺钉来调整两个带轮轴线间的距离。如图 3－34a 所示，将装有带轮的电动机固定在滑座上，旋转调整螺钉使滑座沿滑槽移动，将电动机推到所需位置，使带达到预期的张紧程度，然后固定。这种张紧方式适用于水平传动或接近水平的传动。图 3－34b所示为垂直或接近垂直传动时采用的定期张紧方式。装有带轮的电动机安装在可

以摆动的托架上，旋转调节螺母使托架固定轴摆动，达到调整中心距使带张紧的要求。

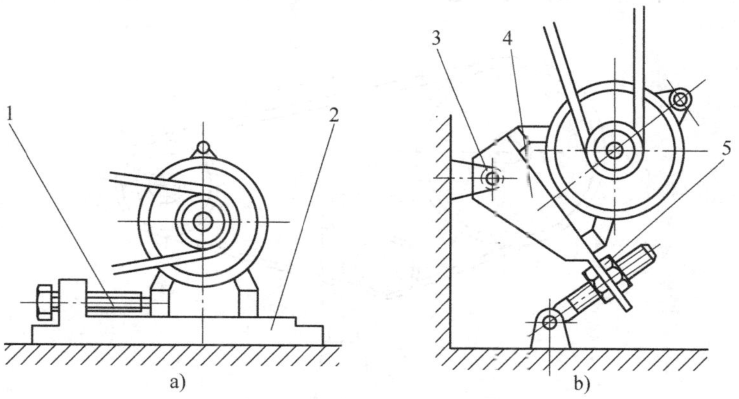

图 3-34　带的定期张紧装置
a）水平传动　b）垂直传动
1—调整螺钉　2—滑槽　3—固定轴　4—托架　5—调节螺母

如图 3-35 所示，将装有带轮的电动机固定在浮动的摆架上，利用电动机及摆架的自重，使带轮随同电动机绕固定轴摆动，自动保持张紧力。这种方式多用在小功率的传动中。

2）使用张紧轮。张紧轮是为改变带轮的包角或控制带的张紧力而压在带上的随动轮。当两带轮中心距不能调整时，可使用张紧轮张紧装置。

图 3-36 所示为平带传动时采用的张紧轮装置，它是利用平衡重锤使张紧轮张紧平带的。平带传动时，张紧轮应放在平带松边的外侧，并要靠近小带轮处，这样可以增大小带轮上的包角，提高平带传动的传动能力。

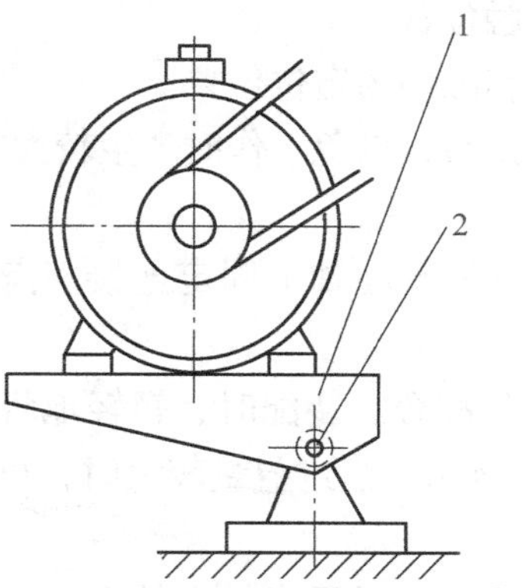

图 3-35　带的重力自动张紧装置
1—摆架　2—固定轴

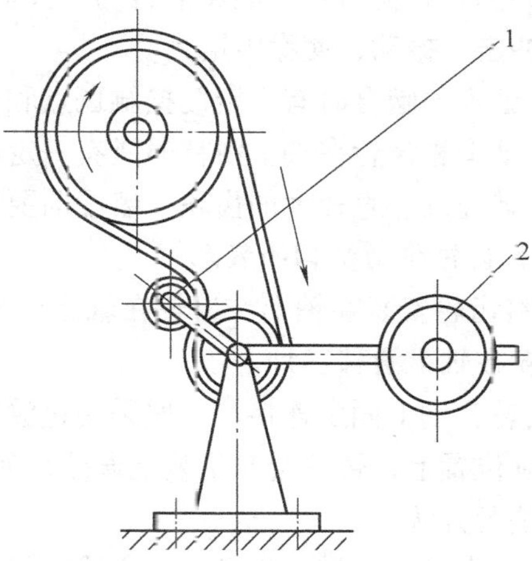

图 3-36　平带传动的张紧轮装置
1—张紧轮　2—平衡重锤

图 3-37 所示为 V 带传动时采用的张紧轮装置。V 带传动中使用的张紧轮应安放在 V 带松边的内侧。张紧轮放在带外侧，带在传动时受双向弯曲而影响使用寿命；放在带的内侧

时，传动时带只受单方向的弯曲，但会引起小带轮上包角的减小，影响带的传动能力，因此，应使张紧轮尽量靠近大带轮处，这样可使小带轮上的包角不致减小太多。

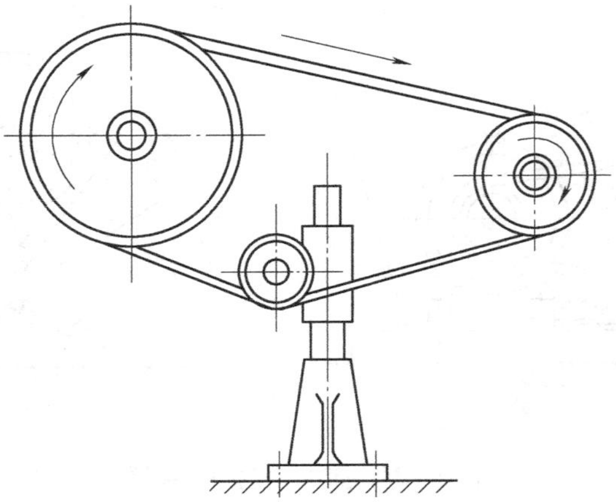

图 3－37 V 带传动的张紧轮装置

二、齿轮传动机构的装配

齿轮传动是依靠轮齿间的啮合来传递运动和扭矩的。齿轮传动的主要优点包括：①传动功率和速度的适用范围广；②具有恒定的传动比，平稳性较高；③传动效率高；④工作可靠；⑤使用寿命长；⑥结构紧凑。其缺点包括：①制造和安装精度要求高，价格较贵；②精度低时，振动和噪声较大；③不宜用于轴向距离大的传动等。

1. 齿轮传动机构装配的技术要求

1）要保证齿轮与轴的同轴度要求，严格控制齿轮的径向圆跳动和轴向窜动。

2）保证相互啮合的齿轮之间有准确的中心距和适当的齿侧间隙。齿侧间隙过小，会加剧齿轮的磨损，并使齿轮不能灵活转动，甚至出现卡死的现象；齿侧间隙过大，换向时会产生剧烈的冲击、振动，使噪声增大。

3）保证齿轮啮合时有一定的接触斑点和正确的接触位置。

4）保证滑移齿轮在轴上滑移时具有一定的灵活性和准确的定位位置。

5）对转速高、直径大的齿轮，装配前要进行平衡试验，以免工作时产生较大的振动。

2. 圆柱齿轮传动机构的装配

（1）将齿轮安装在轴上　齿轮在轴上的连接方法有齿轮在轴上固定连接、齿轮在轴上空转和齿轮在轴上滑移三种。

1）齿轮在轴上固定连接。一般采用过渡配合和过盈配合。装配时，轻轻地将齿轮压入到轴的准确位置上，否则会产生装配误差，如图 3－38 所示。当过盈量较大时，可采用压力机压入的装配方法。

2）齿轮在轴上空转。这种结合方式一般采用间隙配合，只要齿轮在轴上转动灵活且间隙合理即可。

3）齿轮在轴上滑移。要求装配后齿轮在轴上移动轻便，不能有阻滞或卡住的现象。

当齿轮传动机构的精度较高时，齿轮安装到轴上后应进行径向圆跳动和轴向圆跳动的测量，其测量方法如图 3－39 所示。

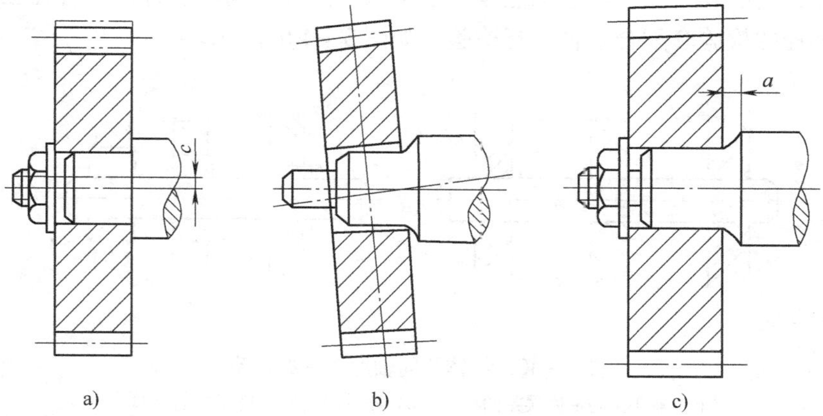

图 3－38　齿轮在轴上的装配误差
a）偏心　b）垂直度误差　c）轴向误差

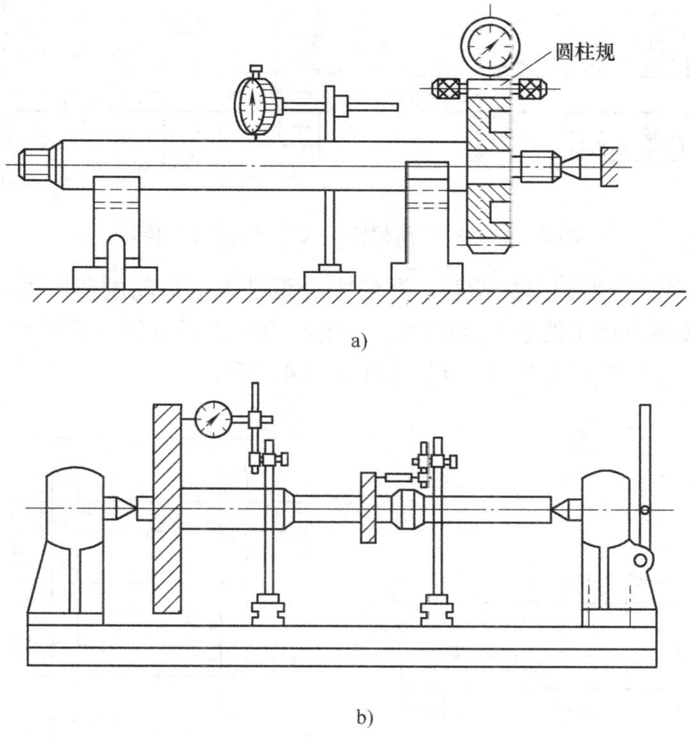

图 3－39　齿轮径向圆跳动、端面圆跳动的测量
a）径向圆跳动的测量　b）端面圆跳动的测量

（2）将齿轮组件装入箱体内　将齿轮组件装入箱体是保证齿轮啮合质量的一道关键工序。其装配方法应根据轴在箱体中的结构特点而定。为了保证装配质量，除零件本身要满足一定的质量要求外，箱体孔的精度对齿轮传动机构的影响也非常大，因此，装配前应对箱体孔的精度进行认真检查。

1）同轴线孔的同轴度误差的检验。成批生产时，可使用专用检验棒，如图 3－40a 所示。对于孔径相同的几个孔，若心轴能顺利地穿入，则表明同轴度合格。若孔径不同，可制作几副不同外径的检验套配合心轴进行检验，如图 3－40b 所示。

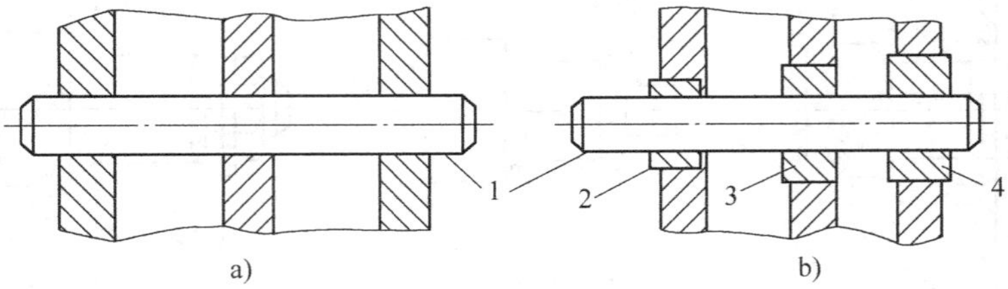

图 3－40　箱体孔同轴度误差的检验

a）等孔径同轴度误差的检验　b）不等径孔同轴度误差的检验

1—心轴　2、3、4—检验套

对于不便制作检验套的箱体，可用心轴配合杠杆式百分表检验，如图 3－41 所示。

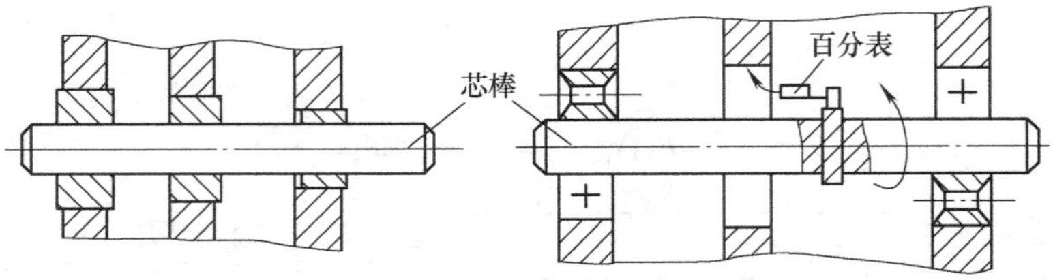

图 3－41　用心轴和杠杆式百分表检验同轴度

2）孔中心距及平行度误差的检验。孔的中心距是影响齿轮副侧隙的主要因素，所以应保证孔的中心距误差在规定的公差范围内。孔中心距和平行度误差可用精度较高的游标卡尺直接测量，也可通过测量后的计算得到，如图 3－42 所示。

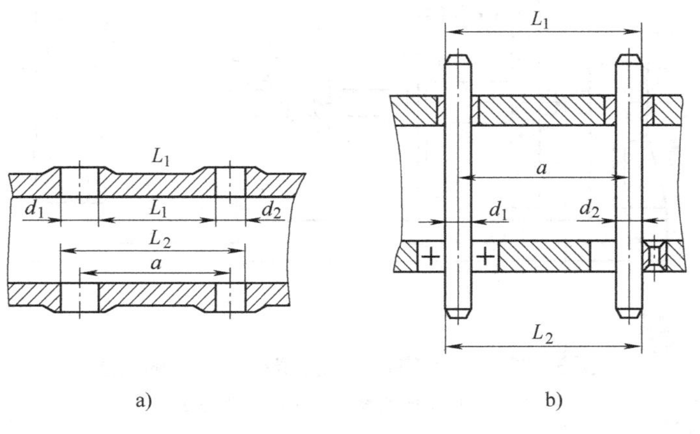

图 3－42　孔中心距及平行度误差的检验

a）用游标卡尺直接测量孔中心距　b）用游标卡尺和心轴测量孔中心距

图 3－42a 所示是用游标卡尺分别测量出 d_1、d_2、L_1、L_2 后，计算出孔中心距 a，即

$$a = L_1 + \frac{d_1 + d_2}{2} \text{ 或 } a = L_2 - \frac{d_1 + d_2}{2}$$

图 3 -42b 所示是用游标卡尺测量出 d_1、d_2、L_1、L_2 后，通过计算可得到孔中心距 a 和平行度误差，即

$$a = \frac{L_1 + L_2}{2} - \frac{d_1 + d_2}{2}$$

平行度误差等于 L_1 与 L_2 之间的差值。

3）孔端面对孔轴线垂直度误差的检验。图 3 -43a 所示是用带圆盘的专用心轴穿入箱体孔内，用塞尺检验孔端面与轴线的垂直度。

图 3 -43b 所示是用心轴和百分表检验。先将测量套 2 和心轴 1 装入箱体孔内，装上止推套 3 并用圆锥销 4 固定，按图示位置装好百分表。心轴转动一周（止推套紧贴端面，防止心轴轴向移动），百分表的读数差即孔端面对轴线的垂直度误差。

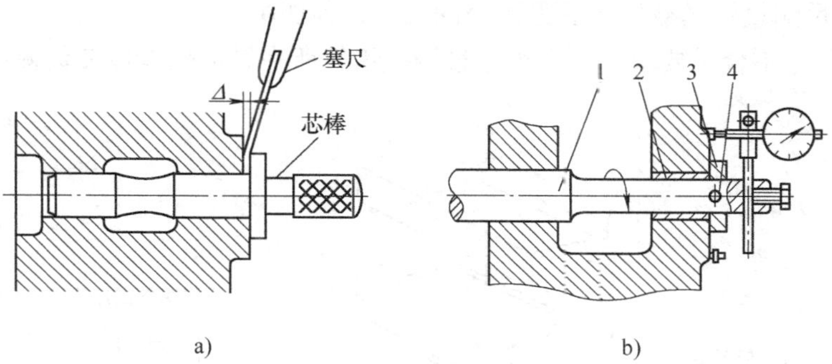

图 3 -43　孔端面对孔轴线垂直度误差的检验
a）用专用心轴和塞尺检验　b）用心轴和百分表检验
1—心轴　2—测量套　3—止推套　4—圆锥销

4）箱体孔轴线对基面平行度误差的检验。百分表在心轴两端的读数差即平行度误差，如图 3 -44 所示。

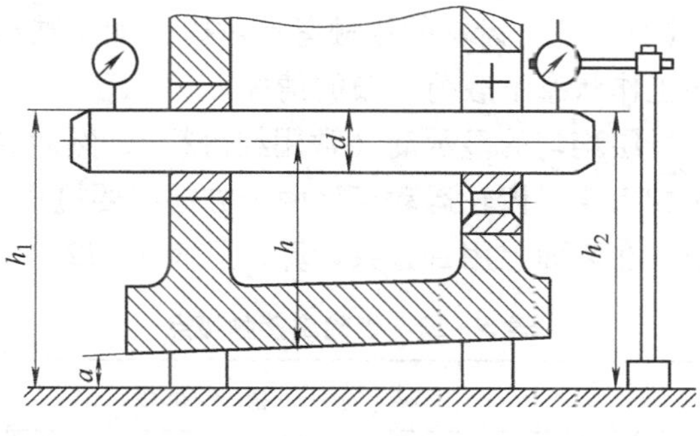

图 3 -44　箱体孔轴线对基面平行度误差的检验

用游标卡尺测量出 d、h_1、h_2 和 a（等高块的高度）后，通过计算可得出孔轴线到基面的距离 h 为

$$h = \frac{h_1 + h_2}{2} - \frac{d}{2} - a$$

（3）齿轮啮合质量的检查　将齿轮组件装入箱体后，必须对齿轮的啮合质量进行检查。齿轮的啮合质量主要包括齿轮副的侧隙、齿轮接触斑点的检查和接触斑点位置的

检查。

1）齿轮副侧隙的检查。确定齿侧间隙时，必须调节齿轮使齿侧间隙在两个极限值之间，并最好接近最小的齿侧间隙值。调节齿轮后，还必须定期检查。

啮合齿轮的侧隙最直观、最简单的测量方法就是压铅丝法。测量齿侧间隙时，必须在齿轮的四个不同位置测量齿侧间隙，所以，每次测量后须将轮子旋转90°。通过这种方法，可以确定齿轮的摆动或偏心误差。

在实际操作中的测量步骤如下。

① 取两根直径相同的铅丝，其直径不宜超过最小间隙的4倍，注意铅丝不能太粗。

② 在齿宽两端的齿面上，平行放置两条铅丝，如图3－45所示。

③ 转动齿轮，将铅丝压扁。铅丝必须在一个方向上转动后压扁，齿轮不能来回转动。

④ 用千分尺测量铅丝被挤压后最薄处的尺寸，即侧隙。

如果齿侧间隙不合乎要求，则必须通过调整齿轮所在轴的位置以使齿侧间隙达到规定的要求。

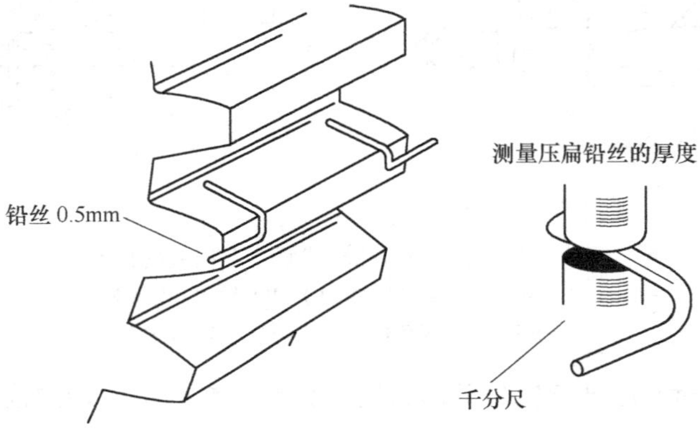

图3－45 用压铅丝法测量齿侧间隙

2）齿轮接触斑点的检查。啮合齿轮的接触斑点可以全面反映出齿轮的制造误差和安装误差，也可以反映齿轮在工作状态下载荷分布的情况。

将齿轮两侧面都涂上一层均匀的显示剂（常用红丹粉），然后转动主动轮，同时轻微制动从动轮，对于双向工作的齿轮，齿轮运动正反两个方向都要检查。

接触斑点面积的大小，在齿面上用百分数计算，见表3－12。

表3－12 齿轮副接触斑点

接触斑点	单位	精度等级											
		1	2	3	4	5	6	7	8	9	10	11	12
按高度不小于	%	65	65	65	60	55	50	45	40	30	25	20	15
按长度不小于	%	95	95	95	90	80	70	60	50	40	30	30	30

啮合齿轮斑点的接触位置是以分度圆为基准，上下对称分布。通过斑点的位置（见表3－13）可以分析出误差产生的原因，进而确定调整的方法。

表 3－13　渐开线圆柱齿轮接触斑点的检验及调整方法

接触斑点	原因分析	调整分析
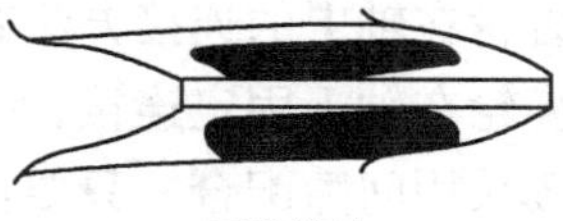 正常接触		
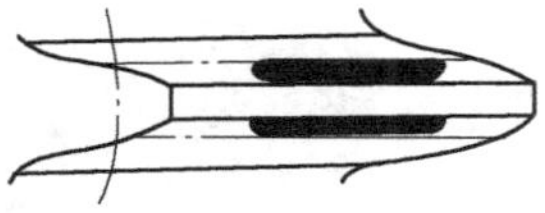	中心距太大	
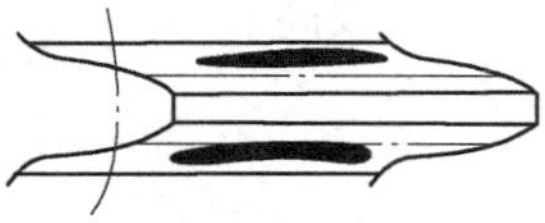	中心距太小	可在中心距公差范围内，刮削轴瓦或调整轴承座
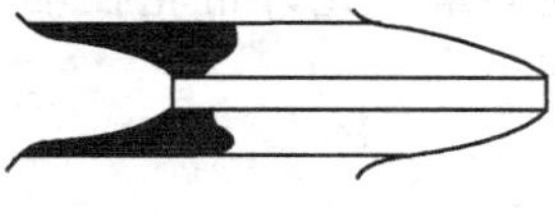 同向偏接触	两齿轮轴线不平行	可在中心距公差范围内，刮削轴瓦或调整轴承座
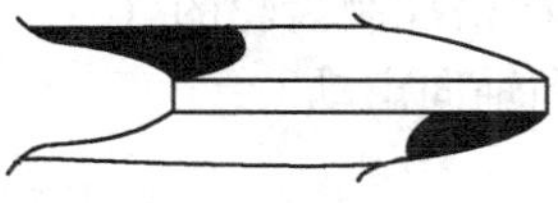 异向偏接触	两齿轮轴线歪斜	可在中心距公差范围内，刮削轴瓦或调整轴承座
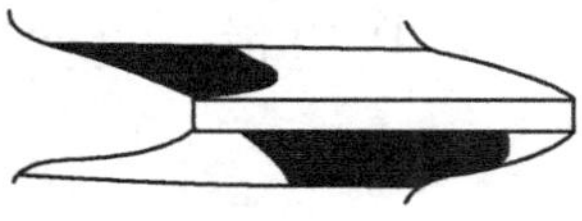 单面偏接触	两齿轮轴线不平行，同时歪斜	可在中心距公差范围内，刮削轴瓦或调整轴承座
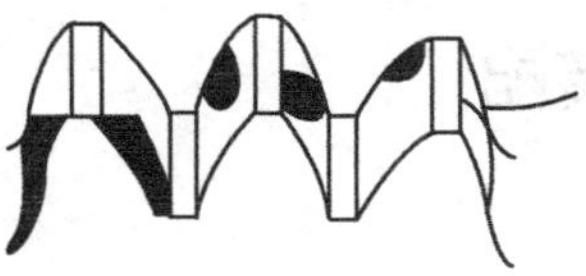 游离接触，在整个齿圈，接触区由一边逐渐移至另一边	齿轮端面与回转中心线不垂直	检查并找正齿轮端面与回转中心线的垂直度
不规则接触（有时齿面一个点接触，有时在端面边线上接触）	齿面有毛刺或有碰伤隆起	去毛刺、修整

【考点分析】

例题 1：带传动机构中，传动带在带轮上的包角不能小于（　　）。

A. 60°　　B. 90°　　C. 100°　　D. 120°

解题指导：本题主要考查带传动机构的要求。传动带在带轮上的包角不能小于 120°，否则也容易打滑。

参考答案：D

例题 2：当齿轮在轴上（　　），一般采用过渡配合和过盈配合。

A. 固定连接　　B. 空转　　C. 滑移　　D. 固定和滑移

解题指导：本题主要考查圆柱齿轮传动机构的装配方法。齿轮在轴上的连接方法有齿轮在轴上固定连接、齿轮在轴上空转和齿轮在轴上滑移三种。①齿轮在轴上固定连接，一般采用过渡配合和过盈配合。②齿轮在轴上空转，这种结合方式一般采用间隙配合，只要齿轮在轴上转动灵活且间隙合理即可。③齿轮在轴上滑移，要求装配后齿轮在轴上移动轻便，不能有阻滞或卡住现象。

参考答案：A

【习题练习】

1. 一般带轮孔与轴为过渡配合（H7/k6），有少量过盈，（　　）较高。

A. 平行度　　B. 同轴度

C. 垂直度　　D. 径向圆跳动

2. 带轮装在轴上后要检查带轮的径向圆跳动量和端面圆跳动量，允许带轮在轴上径向跳动小于（　　）D，D 为带轮直径。

A. 0.00025～0.0005　　B. 0.025～0.05

C. 0.15～0.5　　D. 0.0025～0.005

3. 齿轮传动机构装配中，要保证齿轮与轴的同轴度要求，严格控制齿轮的（　　）。

A. 径向圆跳动　　B. 径向圆跳动和轴向窜动

C. 径向圆跳动或轴向窜动　　D. 轴向窜动

4. 用压铅丝法齿轮副侧隙的检查时，铅丝直径不宜超过最小间隙的（　　）。

A. 8 倍　　B. 5 倍　　C. 4 倍　　D. 10 倍

参考答案：

1. A　2. A　3. B　4. C

第七节　轴承和轴组的装配

【学习要求】

1. 掌握滑动轴承的装配要点。
2. 掌握滚动轴承的装配要点。
3. 掌握轴组的装配方法及装配注意事项。

【学习内容】

用于确定轴与其他零件相对运动位置并起支承或导向作用的零（部）件称为轴承。简单地说，轴承是支承轴的零件或部件。

按照轴承与轴工作表面间摩擦性质的不同，轴承可分为滑动轴承和滚动轴承两大类。滑动轴承适用于高速、高精度、重载和有较大冲击的场合，也应用于不重要的低速机器中。滚动轴承具有摩擦阻力小、易起动、适用范围广、润滑和维修方便等优点，应用广泛。

一、滑动轴承的装配

滑动轴承工作平稳可靠，无噪声，承载能力高，并能承受较大的冲击载荷。所以多用于精密、高速、重载的转动场合。

1. 整体式滑动轴承的装配

整体式滑动轴承的操作要点如下。

1）将加工合格的轴套和轴承孔去除毛刺并擦洗干净之后，在轴承外径和轴承座孔内涂抹全损耗系统用油（机油）。

2）根据轴套的尺寸和配合的过盈量的大小选择压入方法，将轴套压入机体中。若尺寸或过盈量较大时，则宜用压入或拉紧夹具，如图3－46所示，把轴套压入机体中。压入时，应注意轴套上的油孔应与机体上的油孔对准。

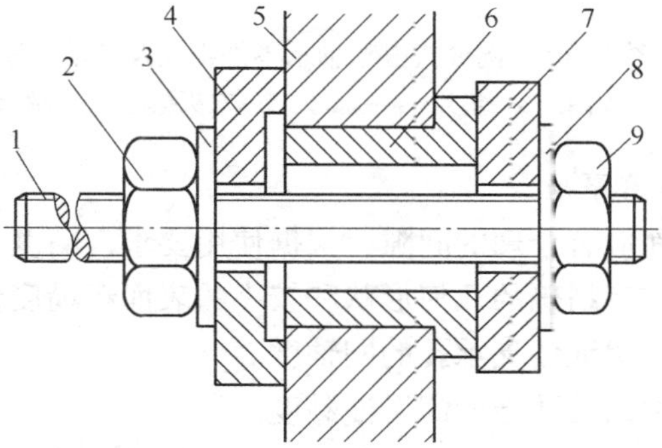

图3－46 压轴套用拉紧工具

1—螺杆 2、9—螺母 3、8—垫圈 4、7—挡圈 5—机体 6—轴套

3）在压入轴套之后，要用紧定螺钉或定位销固定承受较大负荷的滑动轴承的轴套。定位方式如图3－47所示。

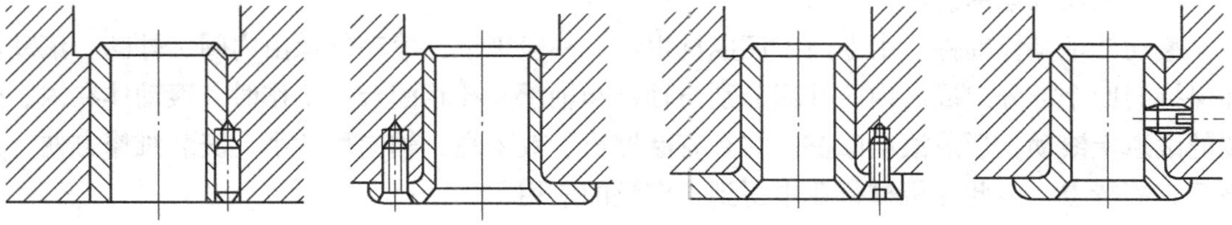

图3－47 轴套的定位方式

4）压装后，要检查轴套内孔。若内孔缩小或变形，可用铰削或刮削等方法对轴套进行休整，以保证良好的配合精度要求。

2. 剖分式滑动轴承的装配

剖分式滑动轴承的装配顺序如图3－48所示，装配时应注意下列问题。

1）上下轴瓦与轴承座、轴承盖应有良好的接触，同时轴瓦的台肩紧靠座孔的两端面。

2）轴瓦在机体中，除了轴向依靠台肩固定外，周向也应固定。周向固定常用定位销固定。

3）为了提高配合，轴承孔应进行配刮。配刮多采用与其相配的轴研点。

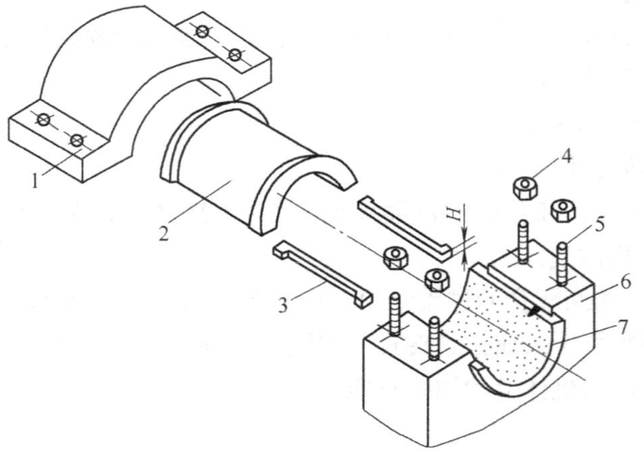

图3-48 剖分式滑动轴承零件组成及装配顺序

1—轴承盖 2—上轴瓦 3—垫片 4—螺母 5—双头螺柱 6—轴承座 7—下轴瓦

3. 滑动轴承的装配注意事项

1）轴颈与轴承配合面应有合理的间隙，根据使用要求、精度要求确定其间隙量。

2）轴颈与轴承配合应有精确的几何形状和较小的表面粗糙度值。

3）多支承的轴承，应保证各支承孔的同轴度。

4）要有充足的润滑油以及适当的润滑油黏度。

5）滑动轴承的润滑油槽不得开在油膜承载区内，且油槽的边缘不得有锐边及棱角。

6）用敲入法装配时不能用锤子直接敲打，为了防止损坏零件，应该加轴承套进行敲打。

7）轴套直径过大或过盈量超过0.1mm时，在常温下压装容易损坏零件，应采用温差法装配，不宜采用压入装配法。

二、滚动轴承的装配

滚动轴承是标准件，由专门工厂成批生产。一般来说，滚动轴承由内圈、外圈、滚动体和保持架四个部分组成。内、外圈分别与轴颈和轴承座孔相配合，工作时，滚动体在内、外圈的滚道上滚动，形成滚动摩擦。它具有摩擦小、效率高、轴向尺寸小、安装维修方便、价格便宜等特点，因此在机械行业中得到了广泛的应用。

1. 装配前的准备工作

滚动轴承是一种精密部件，认真做好装配前的准备工作，对保证装配质量和提高装配工作的效率都是非常重要的。

1）按轴承的规格准备好装配所需的工具和量具。

2）按图样要求认真准备与轴承相配合的零件，如轴颈、箱体孔、端盖等的尺寸是否符合图样要求，是否有凹陷、毛刺、锈蚀和固体微粒等，并用煤油或汽油清洗，仔细擦拭干净，然后薄薄地涂上一层油。

3）检查轴承型号与图样是否一致，并清洗轴承。如轴承是用防锈油封存的，可用煤油或汽油清洗；对于用防锈油脂封存的，可用轻质矿物油加热溶解清洗，冷却后再用煤油或汽油清洗，擦净待用。

2. 滚动轴承的装配

滚动轴承的装配方法应根据轴承尺寸的大小和过盈量来选择。一般滚动轴承的装配方法有锤击法、用螺旋或杠杆压力机压入法和热装法等。

（1）向心球轴承的装配　向心球轴承常用的装配方法有锤击法和压入法。图 3－49a 所示为用铜棒垫上特制套，用锤子将轴承内圈装到轴颈上。图 3－49b 所示为用锤击法将轴承外圈装入壳体内孔中。图 3－50 所示为用压入法将轴承内、外圈分别压入轴颈和轴承座孔中的方法。当轴颈尺寸较大，且过盈量也较大时，为装配方便，可用热装法，即将轴承放在温度为 80～100℃的油中加热，然后和常温状态的轴配合。

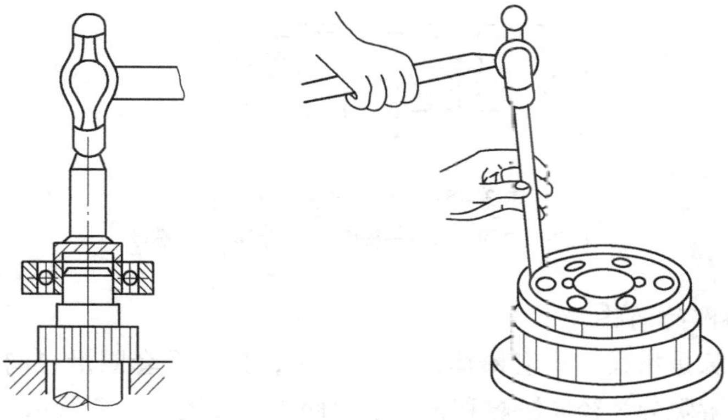

a)　　　b)

图 3－49　锤击法装配滚动轴承

a）将轴承内圈装入轴颈上　b）将轴承外圈装入座孔内

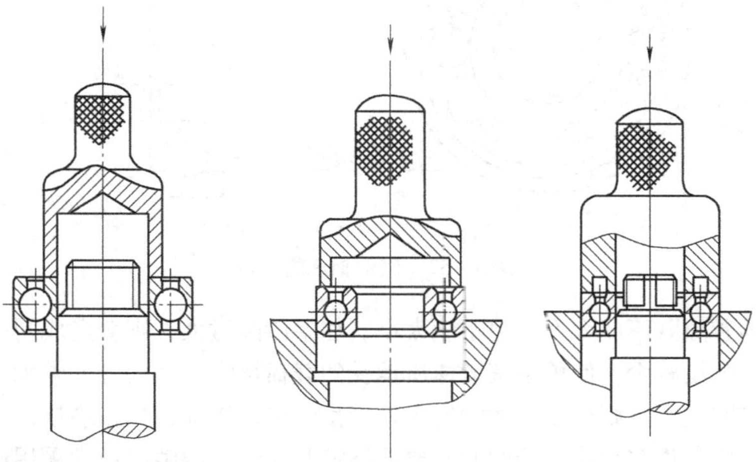

a)　　　b)　　　c)

图 3－50　压入法装配滚动轴承

a）将内圈压入轴颈上　b）将外圈压入轴承孔内　c）将内、外圈同时压入轴孔中

（2）角接触球轴承的装配　角接触球轴承与其他内、外圈可分离的轴承一样，均可采用锤击法、压入法将轴承内圈安装到轴上，将轴承外圈用锤击或压入的方法装入轴承座孔内，再调整游隙。

（3）推力球轴承的装配　推力球轴承有松圈和紧圈之分，装配时一定要注意，千万不可装反，否则将造成轴发热甚至出现卡死现象。装配时应使紧圈靠在转动零件的端面上，松圈靠在静止零件（或箱体）的端面上，如图3－51所示。

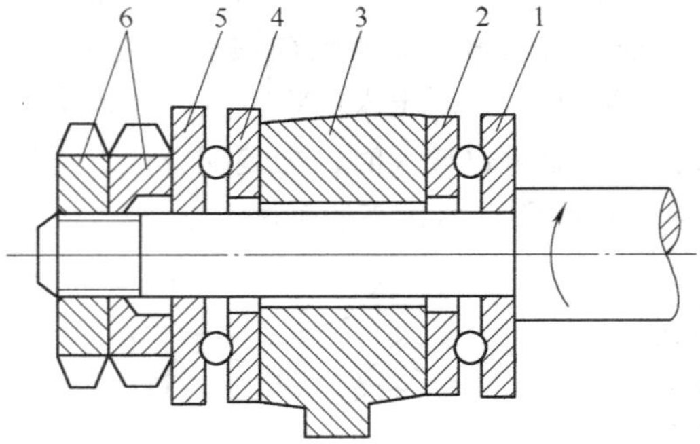

图3－51　推力球轴承的装配

1、5—紧圈　2、4—松圈　3—箱体　6—螺母

3. 滚动轴承游隙的调整

滚动轴承的游隙是指在一个套圈固定的情况下，另一个套圈沿径向或轴向的最大活动量，故滚动轴承的游隙分为径向游隙和轴向游隙两种，如图3－52所示。

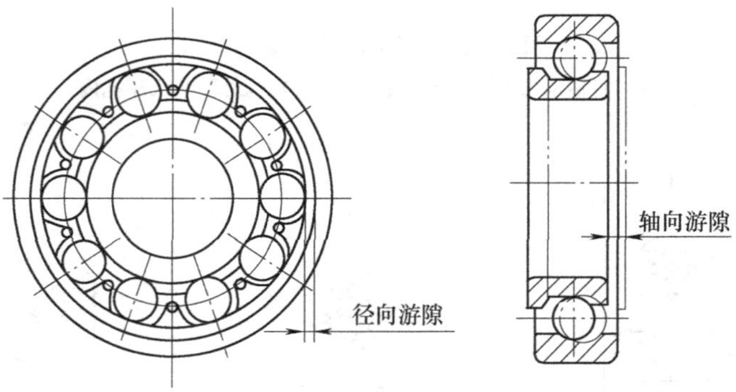

图3－52　滚动轴承的游隙

滚动轴承的游隙既不能太大，也不能太小。如果游隙过大，则会造成同一时刻承受载荷作用的滚动体的数量减少，使单个滚动体所承受的载荷增大，从而降低轴承的旋转精度和使用寿命。如果游隙太小，则会使摩擦力增大，产生的热量增加，加剧磨损，同样使轴承的使用寿命降低。因此，许多轴承在装配时都要严格控制和调整游隙。通常采用使轴承内圈相对外圈作适当轴向移动的方法，来保证游隙适当。其采用的具体方法如下。

（1）调整垫片法　通过调整轴承盖与壳体端面间的垫片厚度来调整轴承的轴向游隙，如图3－53所示。

（2）调整螺钉螺母法　图3－54所示为用螺钉和螺母调整轴承游隙方法的结构图。用螺钉调整轴承游隙如图3－54a所示，先松开螺母2，再调整螺钉3，待游隙调整好之后，最后锁紧螺母2。用螺母调整轴承游隙如图3－54b所示，先拔出开口销4，再调整带槽螺母5，待游隙调整好后，最后插入开口销 4。

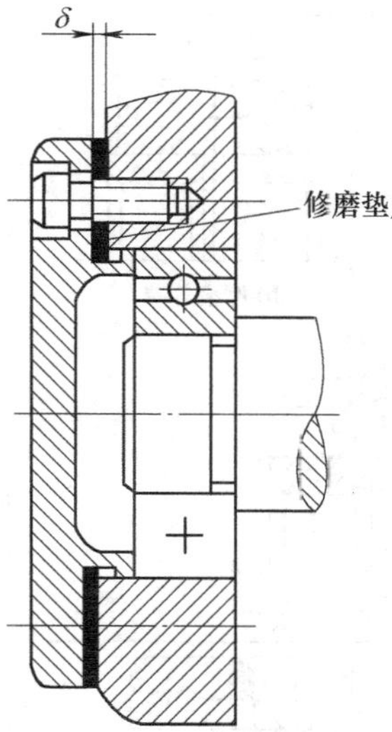

图 3－53　用垫片调整轴承游隙

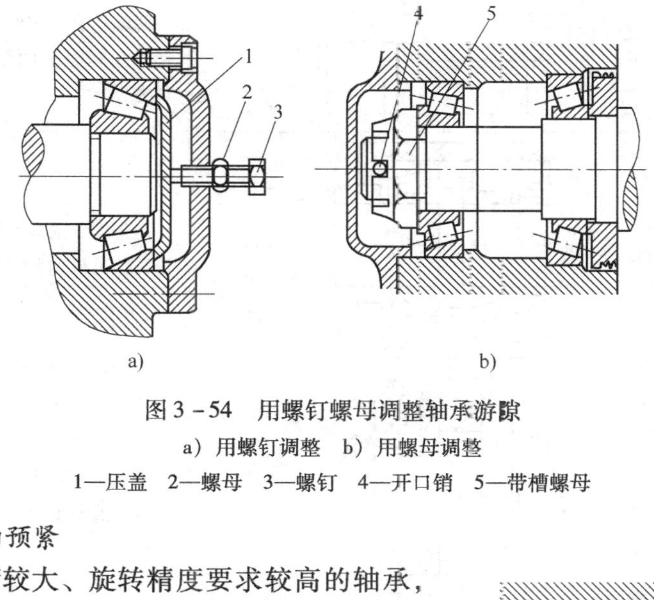

图 3－54　用螺钉螺母调整轴承游隙

a）用螺钉调整　b）用螺母调整

1—压盖　2—螺母　3—螺钉　4—开口销　5—带槽螺母

4. 滚动轴承的预紧

对于承受载荷较大、旋转精度要求较高的轴承，大都是在无游隙，甚至有少量过盈的状态下工作的。这种轴承都需要在装配时进行预紧。所谓预紧，就是在装配轴承时，给轴承的内圈或外圈施加一个轴向力，以消除轴向游隙，并使滚动体与内、外圈接触处产生初始弹性变形。预紧能提高轴承在工作状态下的刚度和旋转精度。滚动轴承的预紧原理如图 3－55所示。

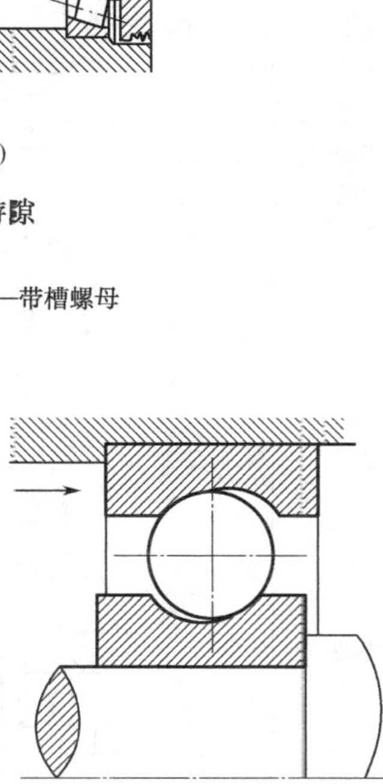

图 3－55　滚动轴承的预紧原理

滚动轴承的常用预紧方法见表 3－14。

表 3-14　滚动轴承常用预紧方法

轴承类型	图　　例	预紧方法
角接触球轴承	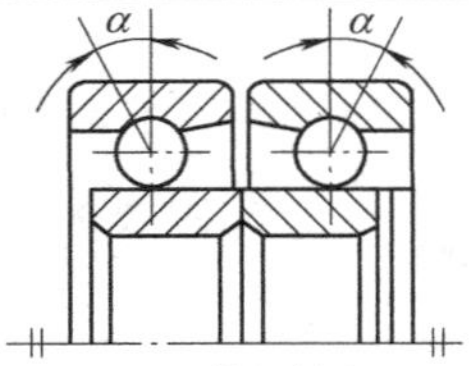 a) 磨窄内圈 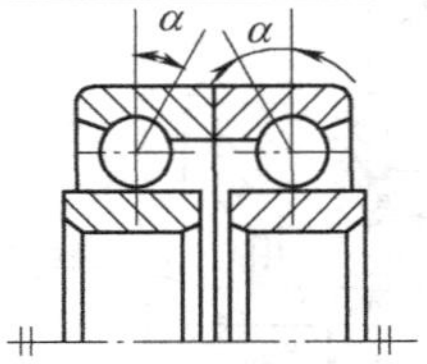 b) 磨窄外圈 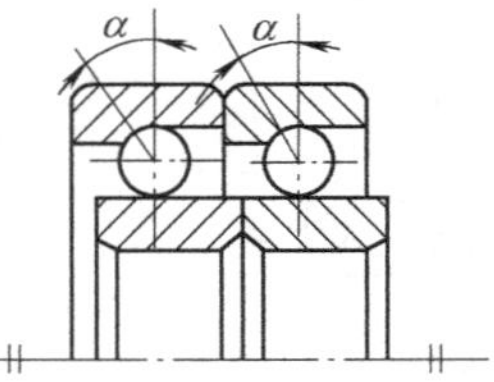 c) 外圈宽、窄相对安装	采用成对安装使用，安装后不需进行调整，即能获得精确的预紧力 适用于成批生产及精度要求较高的轴承部件
	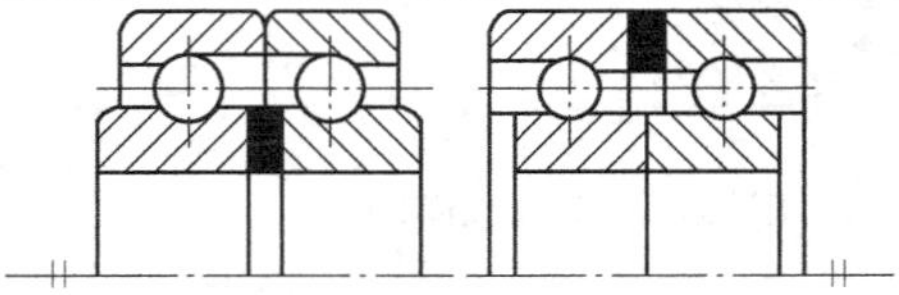	成对组合的轴承并排安装在部件内时，应用不同厚度的衬垫能得到不同的预紧力
	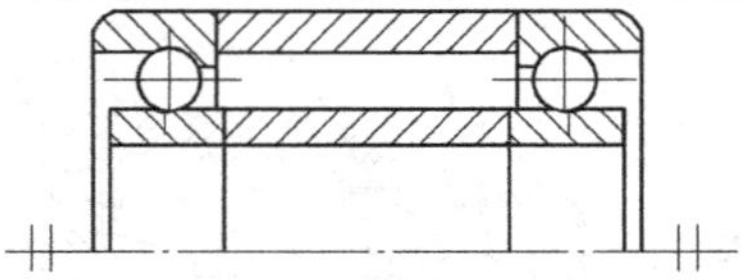	两轴承有一定的轴向距离时，改变内圈和外圈间隔套的厚度，能得到不同的预紧力
内圈为圆锥孔的轴承	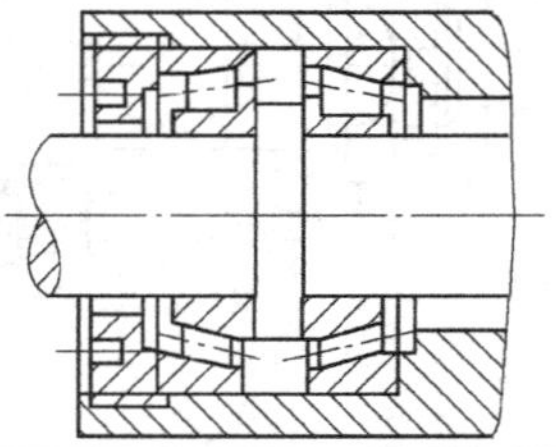	用带螺纹的端盖预紧，调整端盖轴向位置，即可得到所需要的预紧力
	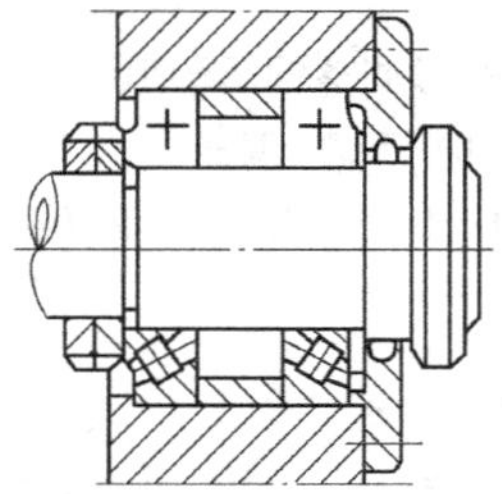	用双螺母预紧，调整螺母轴向位移，获得不同的预紧力
单个轴承	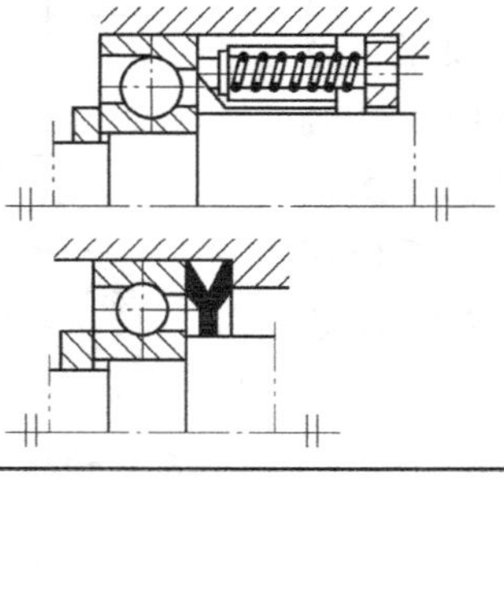	利用经常作用于轴承外圈上的弹簧定压预紧，此方法不受轴承磨损和轴向热变形的影响，能保持一定的预紧力。预紧大小靠弹簧调整

5. 滚动轴承的修理

滚动轴承在使用过程中会出现故障，发生磨损甚至损坏的现象。发现此故障后应及时予以调整或修理，否则轴承会很快的被磨损甚至被损坏。滚动轴承常见的故障、原因及解决方法见表3－15。

表3－15 滚动轴承常见的故障、原因及解决方法

故障类型	原　因	解决方法
轴承工作时发出不规则的声音	可能有杂物进入轴承	及时清洗或进行润滑
轴承工作时发出冲击声	滚动体或轴承圈有破裂现象	及时更换新轴承
轴承工作时发出尖锐哨声	轴承间隙过小或润滑不良	及时调整间隙，并对轴承进行清洗和润滑
轴承工作时发出轰鸣声	轴承内、外圈严重磨损而剥落	更换新轴承

三、轴组的装配

轴和轴上的零件及两端轴承支座的组合称为轴组。轴组装配是指将已装好的轴组组件，准确地安装到机器中，并达到一定的装配技术要求，以保证其能够正常工作。

轴组装配的过程包括将轴组装入箱体或机架中、对轴承进行固定、游隙调整、轴承预紧、轴承密封和轴承润滑等。

1. 轴组装配的方法

轴承固定的方式有两端单向固定和一端双向固定两种方式。

（1）轴承两端单向固定　如图3－56所示，在轴承两端的支点上，用轴承盖单向固定，分别限制两个方向上的轴向移动。为避免轴受热伸长时将轴卡死，在右端轴承外圈与端盖间留有0.5～1mm的间隙，以便游动。

（2）轴承一端双向固定　如图3－57所示，将右端轴承双向固定，左端轴承可随轴作轴向游动。这种固定方式不仅不会产生轴向窜动，而且轴受热时不能向一端伸长，因此，轴不会出现被卡死现象。

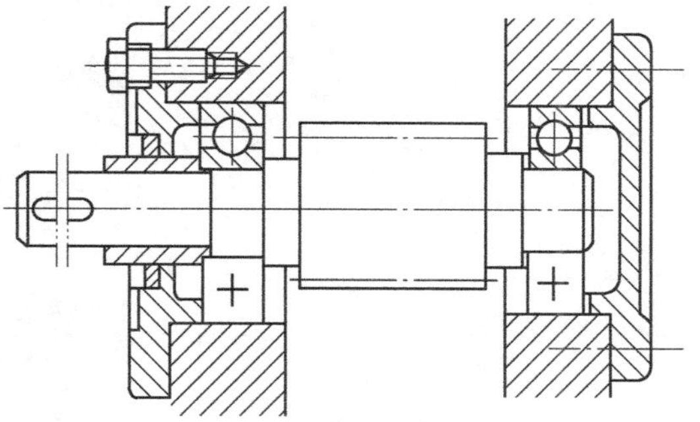

图3－56　轴承两端单向固定

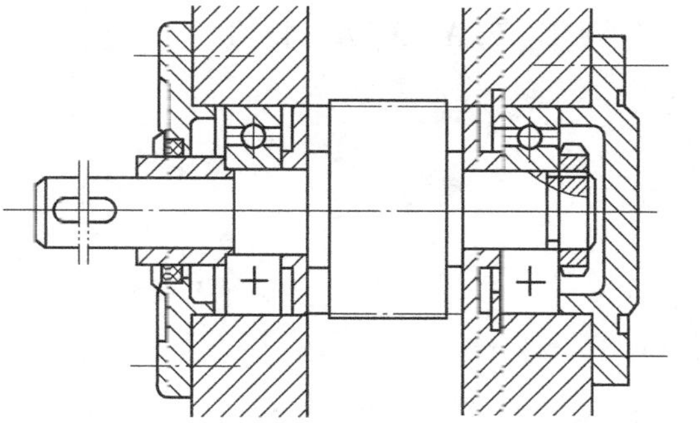

图3－57　轴承一端双向固定

2. 轴组装配的注意事项

1）为了提高主轴的旋转精度，应采用合理的装配方法。

2）必要时应保持规定的湿度和恒温条件及环境清洁条件，并注意范围内的振源影响。

3）应根据温度、载荷和转速等工作条件的不同，合理选取润滑剂的类型及其型号。

4）应根据结构和润滑剂的类型不同来合理选择密封装置。

【考点分析】

例题1：剖分式滑动轴承的装配，轴瓦在机体中周向固定常用（　　）固定。

A. 紧固螺钉　　B. 定位销　　C. 平键　　D. 楔键

解题指导：本题主要考查剖分式滑动轴承的装配时应注意问题。轴瓦在机体中，除了轴向依靠台肩固定外，周向也应固定。周向固定常用定位销固定。

参考答案：A

例题2：轴承工作时发出不规则的声音，应及时（　　）。

A. 及时更换新轴承　　B. 更换新轴承

C. 清洗或进行润滑　　D. 及时调整间隙，并对轴承进行清洗和润滑

解题指导：本题主要考查滚动轴承常见的故障、原因及解决方法，见表3-15。

参考答案：A

【习题练习】

1. 滑动轴承的装配，轴套直径过大或过盈量超过（　　）时，在常温下压装容易损坏零件，应采用压入法装配。

A. 0.01mm　　B. 0.05mm　　C. 0.1mm　　D. 0.15mm

2. （　　）主要由轴承座、轴瓦、紧定螺钉和润滑装置等组成。

A. 滑动轴承　　B. 滚动轴承

C. 向心轴承　　D. 推力轴承

3. 根据轴颈和轴承之间的（　　）不同，轴承可分为滑动轴承和滚动轴承。

A. 摩擦性质　　B. 配合性质

C. 结合方式　　D. 装配方法

4. 轴组装配当轴承两端单向固定时，为避免轴受热伸长时将轴卡死，在右端轴承外圈与端盖间留有（　　）的间隙。

A. 0.05~0.1mm　　B. 0.5~1.5mm　　C. 0.5~1mm　　D. 1~1.5mm

参考答案：

1. C　2. A　3. A　4. C

第四单元

机修钳工

【知识构架】

- 机修钳工
  - 设备修理的基本知识
    - 设备修理概述
    - 设备拆卸的基本知识
  - 传动机构的修理
    - 带传动机构的修理
    - 链传动机构的修理
    - 齿轮传动机构的修理
  - 轴承的修理
    - 滑动轴承的修理
    - 滚动轴承的修理
  - 机床常见故障及排除
    - 运行中设备的外观检查及故障分析
    - 机床常见故障及排除

第一节　设备修理的基本知识

【学习要求】

1. 了解设备检查的划分。
2. 掌握设备保养的内容、设备修理的分类、设备修理的工作过程及方法。
3. 了解设备拆卸前的准备工作。
4. 掌握设备拆卸的常用方法及拆卸时的注意事项。

【学习内容】

一、设备修理概述

1. 设备的检查

设备的检查就是对设备在工作时的运转可靠性、精度保持性和零件磨损情况的检查。通过检查，可以了解设备的机械、电气、液压、润滑等系统的技术状况，可以了解设备零部件的磨损情况，可以及时发现并消除设备存在的隐患，防止设备的急剧磨损和突发性事故。通过检查可以对发现的问题提出修理和解决的办法，做好修理前的准备工作。设备检查按时间划分，可分为日常检查和定期检查；按技术划分，可分为机能检查和精度检查，见表 4－1。

表 4－1 设备检查的划分

划分种类		定　义
时间划分	日常检查	指操作工人每天按照设备管理制度点检查所规定的项目对设备进行的检查
	定期检查	指维修人员在操作工人的配合下，定期对设备进行的检查
技术划分	机能检查	指对设备的各项机能进行全面检查和测定，如检查设备是否漏水、漏油、漏气现象，零件耐高温、高速和高压的性能等
	精度检查	指对设备的工作精度进行全面的检查，以确定设备的实际精度

2. 设备的保养

设备的保养分日常保养、一级保养和二级保养。日常保养又分日保养和周保养。日常保养由当班的操作工人进行，机修钳工负责对维护保养进行指导和监督。这里主要介绍一级保养。

（1）什么是一级保养　一级保养是以操作工人为主，由设备维修人员辅助，按预先排定的计划时间进行的定期性维护。

一级保养与二级保养之间的时间间隔一般控制在 3 个月左右，不宜时间过长或过短。按设备加工的性质，粗加工设备月初生产较忙，一级保养应安排在月底进行；精加工设备月底较忙，一级保养应安排在月初进行。

（2）一级保养的内容

1）拆卸指定的部件、箱盖及防护罩等，彻底清洗，擦拭设备内外表面。

2）检查、调整各部分的配合间隙，紧固松动部位，更换个别易损件。

3）疏通油路，增添油量，清洗滤油器、油毡、油线、油标，更换切削液和清洗切削液箱。

4）清洗导轨及滑动面，清除毛刺与划伤。

5）清扫、检查、调整电气线路，擦拭接触器触头。

（3）一级保养的检查和验收　由设备管理部门的设备检查员或有经验的机修钳工、维修电工对已完成一级保养设备的质量进行检查和验收，经验收合格的设备才允许重新投入使用。

（4）卧式车床的一级保养　卧式车床一级保养的内容及要求见表 4－2。

表 4－2 卧式车床一级保养的内容及要求

保养部位	保养内容及要求
外保养	1）清洗机床外表及各罩盖，保持内外清洁，无锈蚀，无油污 2）清洗长丝杠、光杠、操纵杆 3）检查补齐螺钉、手球、手柄
主轴箱	1）清洗滤油器，清除沉渣杂物 2）检查主轴、螺钉有无松动，定位螺钉是否调整适当

3. 设备修理的分类

设备修理主要分为维修、小修、中修和大修。

（1）维修　设备维修是设备维护和修理两项作业的总称。维护是一种保持设备规定技术性能的日常活动，修理是排除临时故障、恢复设备技术性能的活动。其目的是要保证设备的正常生产。

（2）小修　小修是对设备定期的、间隙时间不长的修理。

1）检查设备精度，恢复设备的使用性能。

2）调整容易松动或磨损的零部件，如斜铁、紧固螺钉和螺栓等。

3）检查并清洗应拆卸的部件。

4）更换和修复设备工作过程中磨损的零件，并进行调整。

5）修复设备工作过程中的突发故障。

6）检查并清洗电动机、电气系统和液压系统。

（3）中修　除更换磨损或损坏的零件，检查机构，找准设备几何精度外，还要拆卸并修理经常出现故障的部件。中修包括的内容如下。

1）拆卸经过检查发现有磨损的部件。

2）刮研滑动接触面及轴瓦。

3）全面检查几何精度，超差则恢复。

4）更换失效的滚动轴承。

5）清洗润滑系统、电气系统，并更换易损元件。

6）电动机、液压泵的修理。

设备的项目修理是对设备经常出现故障的部件及精度下降的部件进行修理。

项目修理的关键在于确认相互连接或相关部件对项目的影响。如车床床身导轨拉毛、刨削或磨削会影响到主轴与车床尾座的等高度、丝杠三点同轴度、溜板箱齿轮与床身齿条的间隙等，项目修理时要把这些因素都考虑进去。

（4）大修　大修指的是设备的全面修理，包括机械、电气、液压等系统的修理，使设备的几何精度、性能、通用技术标准都达到国家标准或出厂标准。

4. 设备修理的工作过程

设备修理过程一般包括修理前的准备、零部件的拆卸、修理工作、装配和试车验收等步骤。

（1）修理前的准备　修理前的准备对设备修理的停歇时间和修理进度及质量都有直接影响。修理前准备一般包括设备状态调查与检测、熟悉技术资料及质量检查标准、制订修理工艺、准备工具、量具和整理工作场地等。

（2）零部件的拆卸　机械设备均是由若干个零部件按一定的顺序装配起来的。因此，在修理过程中只有将设备解体，才能对某些零部件进行检查修复或更换。

在拆卸过程中，应熟悉所拆卸部位的结构、零部件的作用和相互位置关系。一定要防止盲目拆卸或因拆卸方法不当而造成零部件的损坏。

拆卸下来的零部件，应妥善处理，防止磕碰、拉伤或变形，同时还要做到寻找方便。

（3）修理工作　对已经解体的零部件，按照修理类别和修理工艺进行相应的修复或更换。

在修理过程中，首先应对拆卸下来的零部件进行清洗，然后对其尺寸精度、几何精度及磨损或损坏情况进行检查。这种修理前检查与核实工作，可以保证修复或更换的准确性。

（4）装配调整和试车验收　零部件经修复或更换后，即可开始进行装配。在装配过程中，要按照修理验收的精度标准，对设备进行检查、空运转试车和负荷试验。

5. 设备修理的方法

（1）标准修理法　该方法是根据设备磨损规律和零部件的使用寿命，明确规定修理的日期、类别和项目。到了规定的修理时间，不管设备的技术状况如何，都要严格按照计划进行修理。这种方法的优点是修理前准备工作充分，缺点是不一定完全符合设备的实际情况，由于要强制性地更换一些零部件，从而相应地抬高了修理成本。因此，标准修理法只适用于那些严格保证安全运转的设备和生产中的关键设备，如动力设备，自动生产线上的设备等。

（2）定期修理法　该方法是根据设备运转的实际情况，确定大致的修理日期、类别和项目。至于具体的修理日期、类别和具体内容，则需根据修理前检查结果来确定。这种方法的优点是便于做好修理前准备工作，能缩短设备的停歇时间，比较符合实际情况。维修工作做得较好的企业一般都采用这种方法。

（3）检查后修理法　该方法需要先规定设备的检查期限，然后根据检查结果编制修理计划，确定修理日期、类别和项目。这种方法的优点是简单易行，而缺点是不便做好修理前准备工作，修理停歇时间较长。

二、设备拆卸的基本知识

1. 设备拆卸前的准备工作

拆卸工作是设备修理中的一个重要环节。若在拆卸过程中存在考虑不周全、方法不恰当、使用工具不合理等问题，都可能造成被拆卸的零部件损坏，甚至使整台设备的精度降低，工作性能受到严重影响。因此拆卸前必须做好以下准备工作。

1）读懂设备或零部件的装配图，熟悉零部件的构造及它们的连接与固定方式。

2）读懂设备的机械传动系统图、轴承的布置图。了解传动元件的用途及相互关系，了解轴承的型号及结构。

3）熟悉拆卸的操作规程，并要确定典型零部件、关键零部件的正确拆卸方法。

4）准备必要和专用的工具、设备。

2. 设备拆卸的常用方法

对于设备拆卸工作，应根据设备零部件的结构特点，采用不同的拆卸方法。常用的拆卸方法有击卸法、拉拔法、顶压法、温差法和破坏法等。

（1）击卸法　击卸法是拆卸工作中最常用的方法，它是用锤子或其他重物对需要拆下来的零部件进行冲击，从而实现把零件拆下来的一种方法。

1）用锤子击卸。用锤子拆卸时应注意以下事项。

① 要根据被拆卸零件的尺寸、形状及配合的牢固程度，选用合适的锤子，且锤击时用力要适当。

② 必须对受击部位采取相应的保护措施，切忌用锤子直接敲击零件。一般使用铜棒、胶木棒或木板等来保护受敲击的轴端、套端或轮辐等易变形、强度低的零件或部位。拆卸精密或重要零部件时，还应制作专用工具加以保护，如图 4－1 所示。

③ 应选择合适的锤击点，以防止零件变形或损坏。对于带有轮辐的带轮、齿轮等，应锤击轮毂，锤击点要对称，不能敲击轮缘或轮辐。

④ 对于严重锈蚀而难以拆卸的连接件，不能强行锤击，应加煤油浸润锈蚀部位，当略有松动时再进行敲击。

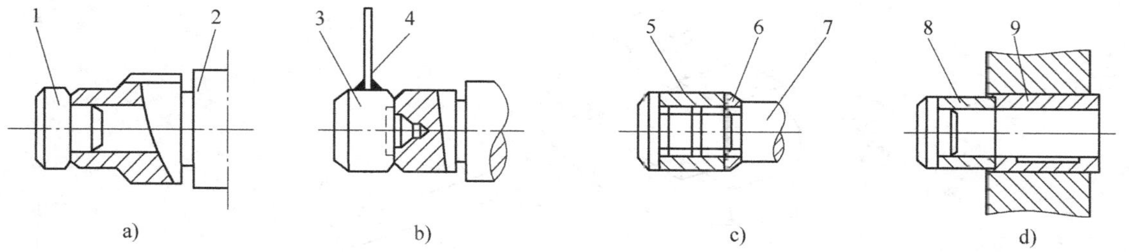

图4－1 击卸时的保护

a）保护主轴用的垫铁 b）保护中心孔用的垫铁 c）保护轴端螺纹用的装置 d）保护轴套用的垫套

1、3—垫铁 2—主轴 4—铁条 5—螺母 6、8—垫套 7—轴 9—轴套

2）利用零件自重冲击拆卸。图4－2所示是利用自重冲击拆卸蒸汽锤锤头。锤杆与锤头是由锤杆锥体胀开弹性套而产生过盈连接的。为了保护锤体和便于拆卸，在锥孔中衬有阴极铜片。拆卸前，先将锤头上的砧铁拆去，用两端平整、直径小于锥孔小端5mm左右的阴极铜棒作冲铁，放在下砧铁上，并使冲铁对准锥孔中心。在下砧铁上垫好木板，然后开动蒸汽锤下击，即可利用锤头的惯性将锤头从锤杆上拆卸下来。

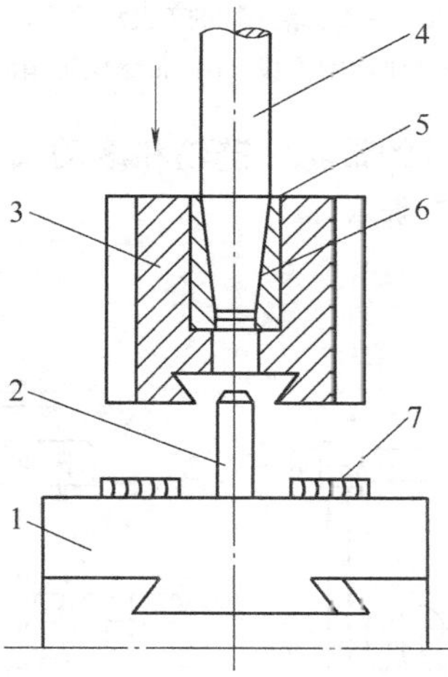

图4－2 利用自重拆卸锤头

1—下砧铁 2—冲铁 3—锤头 4—锤杆 5—阴极铜片 6—弹性套 7—木板

3）利用其他重物冲击拆卸。图4－3所示是利用吊棒冲击拆卸锻锤中的楔条。先将圆钢靠近两端处焊上两个吊环，然后用起吊装置将圆钢吊起来，如图4－3b所示。再将楔条小端倒角，以防冲击时端头变大而使拆卸困难，最后用圆钢冲击楔条小端，即可将配合牢固的楔条拆下。在拆卸大、中型轴类零件时，也可采用这种方法。

（2）拉拔法 拉拔法是利用拔销器、顶拔器或自制顶拔工具进行拆卸的方法。这种方法不易损坏零件，只适用于拆卸精度较高的零件。

1）圆柱销、圆锥销的拉拔。先将拔销头的一端旋入圆锥销（或圆柱销）的螺孔内，拔销头的另一端旋入拔销器的内螺纹中，利用拔销器的冲击力，即可将圆锥销从孔内拆出，如图4－4所示。

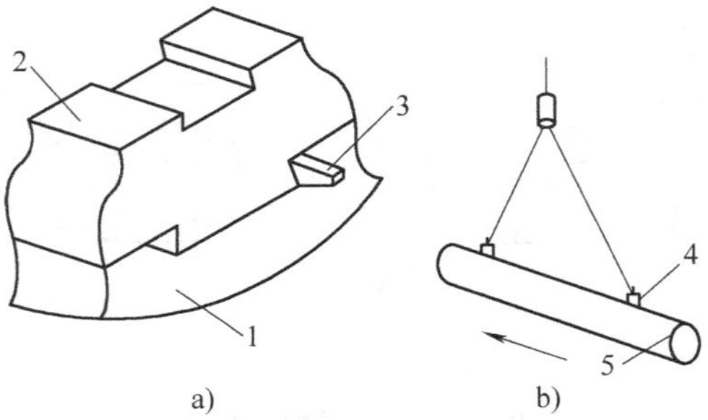

图 4-3 用吊棒冲击拆卸锻锤中的楔条

a）锻锤 b）吊棒

1—锤墩 2—中节 3—楔条 4—吊环 5—圆钢

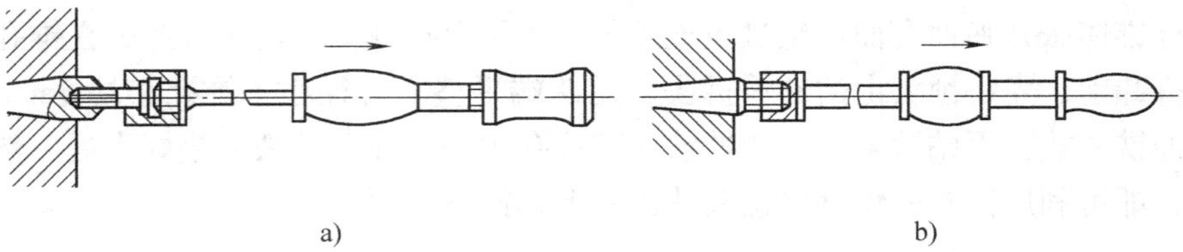

图 4-4 锥销的拉拔法拆卸

a）带螺孔锥销的拉拔 b）带螺尾锥销的拉拔

2）轴端零件的顶拔。位于轴端的带轮、链轮和滚动轴承等零件的拆卸，可用不同规格的顶拔器进行顶拔拆卸，如图 4-5 所示。

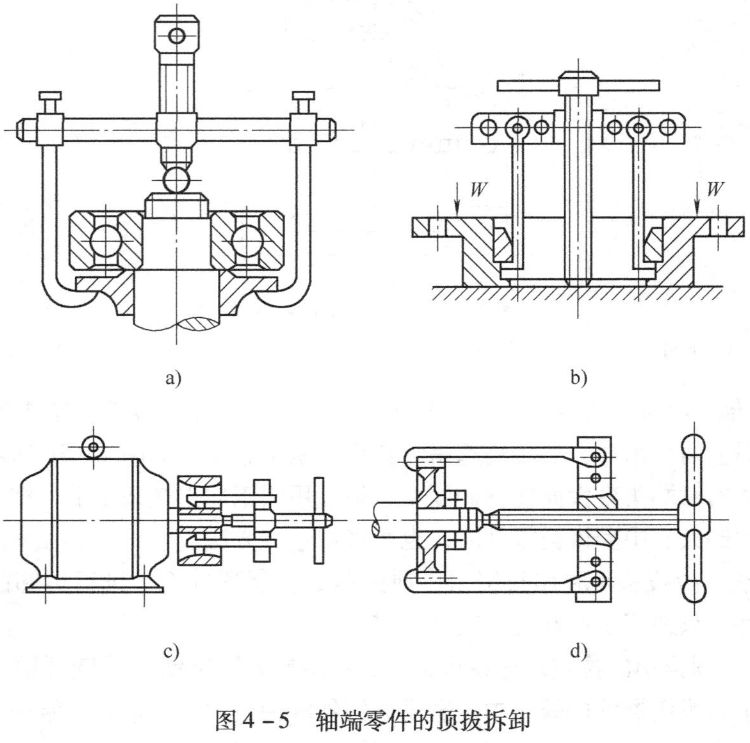

图 4-5 轴端零件的顶拔拆卸

a）顶拔滚动轴承 b）顶拔轴承外圈 c）顶拔带轮 d）顶拔齿轮

3）轴套的拉卸。轴套一般都是用硬度较低的铜、铸铁或其他轴承合金制成的，如果拆卸不当，很容易使轴套变形或拉伤配合表面。因此，无需拆卸时尽量不去拆卸，只作清洗或修整即可。对于必须拆卸的可用专用或自制拉具拆卸，如图4-6所示。

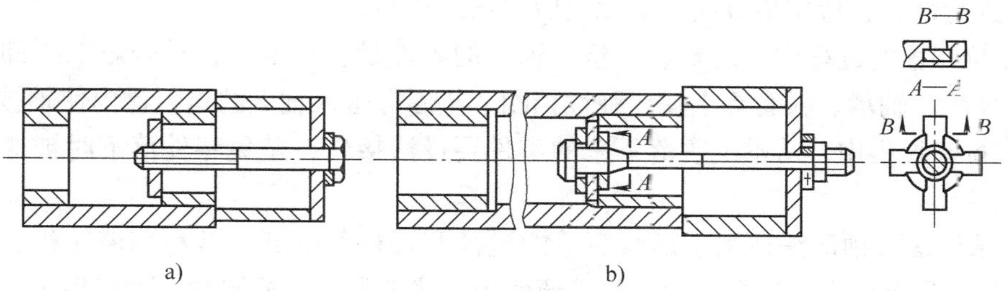

图4-6　轴套的拉卸

a）用矩形板拉出　b）用带四爪的专用工具拉出

4）钩头键的拉卸。如图4-7所示两种拉卸钩头键的方法。使用这两种工具既方便又不损坏钩头键和其他零件。

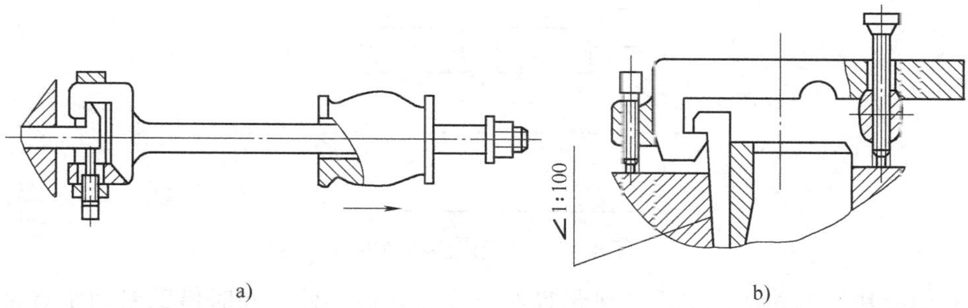

图4-7　钩头键的拉卸

a）用专用工具拉卸　b）用专用工具顶拔

5）轴的拉卸。对于端面有内螺纹且直径较小的传动轴，可用拉销器拆卸，如图4-8所示。

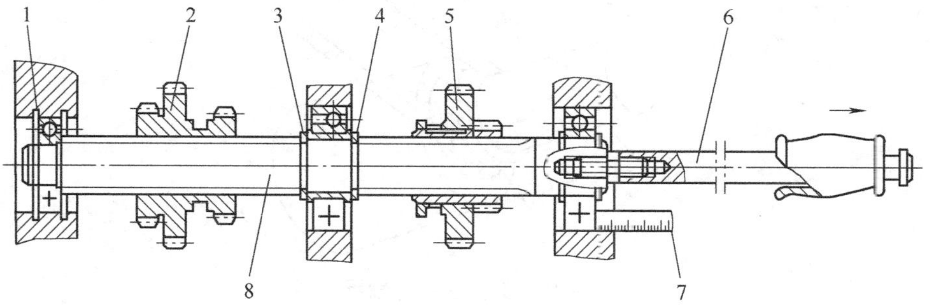

图4-8　用拉销器拉卸传动轴

1、3、4—弹性挡圈　2—三联齿轮　5—双联齿轮　6—拉销器　7—金属直尺　8—花键轴

拉卸轴类零件时，应注意以下事项。

①拆卸前应熟悉拆卸部位的装配图和有关技术资料，了解拆卸部位的结构和零部件的配合情况。

② 拆卸前应仔细检查轴和轴上的定位件、紧固件，如弹性挡圈及紧定螺钉等是否已完全拆除或松开。

③ 要根据装配图确定正确的拉出方向。拉出的方向应从箱体孔的大端将轴拉出来。拆卸时应先进行试拔，待拉出方向确定无误后再正式拉卸。

④ 在拉卸轴的过程中，还要经常检查轴上的零件是否被卡住，是否影响拆卸，如轴上的键易被齿轮、轴承、衬套等卡住，弹性挡圈、垫圈等落入轴上的退刀槽内使轴被夹住。

⑤ 在拉卸过程中，从轴上脱落下来的零件要设法接住，避免零件落下时被摔坏或砸坏其他零件。

（3）顶压法　顶压法适用于形状简单的过盈配合件的拆卸。常利用液压机、螺旋压力机、千斤顶、C 形夹头等进行拆卸。当不便使用上述工具进行拆卸时，可采用工艺螺孔，借助螺钉进行顶卸，如图 4 –9 所示。

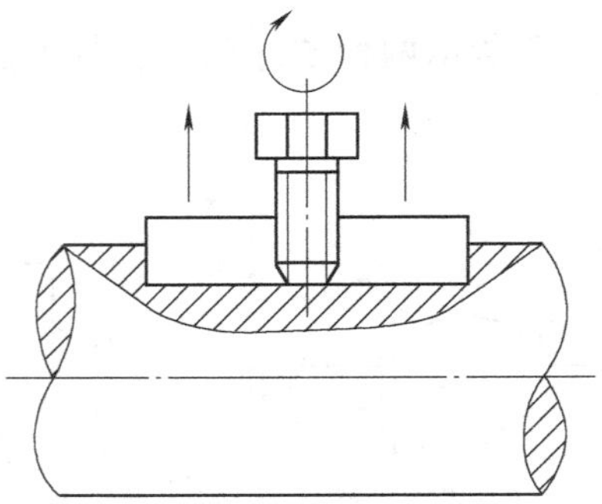

图 4 –9　用顶压法拆卸平键

（4）温差法　温差法是采用加热包容件或冷冻被包容件，同时借助专用工具来进行拆卸的一种方法。温差法适用于拆卸尺寸较大、配合过盈量较大的机件或精度要求较高的配合件。加热或冷冻必须快速，否则会使配合件一起胀缩使包容件与被包容件不易分开。拆卸轴承内圈时可用图 4 –10 所示的简易方法进行。

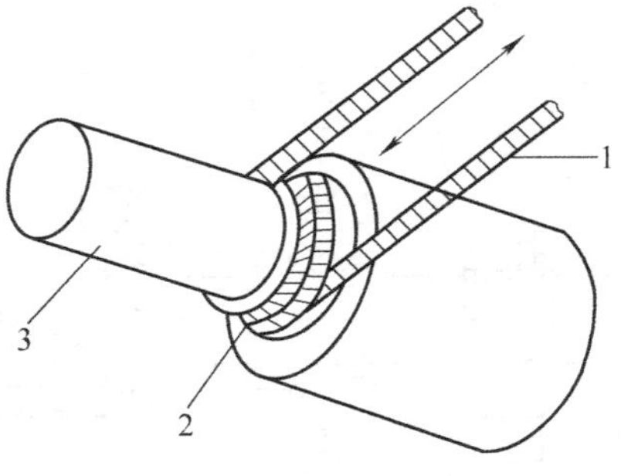

图 4 –10　温差法拆卸轴承内圈

1—绳子　2—轴承内圈　3—轴

其具体方法是将绳子 1 绕在轴承内圈 2 上，反复快速拉动绳子，摩擦生热使轴承内圈增大，较容易地从轴 3 上拆下来。

（5）破坏法　对于必须拆卸的焊接、铆接、胶结及难以拆卸的过盈连接等固定连接件，或因发生事故使花键扭曲变形、轴与轴套咬死及严重锈蚀而无法拆卸的连接件，可采用车、锯、錾、钻、气割等方法进行破坏性拆卸。

3. 设备拆卸时的注意事项

1）拆卸前一定要做好准备工作，包括技术准备、思想准备和工装准备。

2）零部件的拆卸要按与装配相反的顺序进行。注意零部件的连接形式、位置及固定形式。

3）拆卸时注意零件的松动方向（左旋或右旋）、大小端、松紧环等，必须确认无误后才能进行拆卸。

4）对于无装配图的零部件拆卸，一般要记录简单的装配顺序，或者按顺序用铁丝串接起来，或者画出装配顺序简图。

5）精密零件（主轴、丝杠、蜗杆副等）拆卸后必须注意放置方法，以免零件变形、碰伤，以致降低精度。一般采用悬挂、支承、垫板或专用放置胎具的方法放置。

6）对于密封件或铆接连接的零件、严禁拆卸的零件、拆卸后必然降低连接质量的零件，以及可以不拆卸的零件，尽量不进行拆卸，以保证设备质量。

7）拆卸下来的零件应尽快清洗和检查。对于不需要更换的零件要涂上防锈油；对于精密的零件，最好用油纸包好，以防锈蚀或碰伤；对于零部件较多的设备，最好以部件为单位放置，并作好标记。

8）对于拆卸下来的那些较小的或容易丢失的零件，如紧定螺钉、螺母、垫圈、销子等，清洗后能装上的尽量装上，防止丢失。

9）拆卸下来的导管、油杯等油、水、气的通路及各种液压元件，在清洗后均需将进出口进行密封，以免灰尘、杂质等物侵入。

10）在拆卸旋转部件时，应注意尽量不破坏原来的平衡状态。

11）对于容易产生位移而又无定位装置或有方向性的连接件，在拆卸后应做好标记，以便装配时容易辨认。

【考点分析】

例题 1：设备（　　）是排除临时故障、恢复设备技术性能的活动。其目的是要保证设备的正常生产。

A. 修理　　B. 小修　　C. 维修　　D. 大修

解题指导：本题主要考查设备修理的分类中的维修。设备维修是设备维护和修理两项作业的总称。维护是保持设备规定技术性能的日常活动，修理是排除临时故障、恢复设备技术性能的活动。其目的是要保证设备的正常生产。

参考答案：A

例题 2：（　　）适用于拆卸尺寸较大、配合过盈量较大的机件或精度要求较高的配合件

A. 温差法　　B. 击卸法　　C. 拉拔法　　D. 破坏法

解题指导：本题主要考查设备拆卸的常用方法。温差法是采用加热包容件或冷冻包容件，同时借助专用工具来进行拆卸的方法。温差法适用于拆卸尺寸较大、配合过盈量较大的机件或精度要求较高的配合件。加热或冷冻必须快速，否则会使配合件一起胀缩使包容件与被包容件不易分开。

参考答案：A

【习题练习】

1. 设备一级保养与二级保养之间的时间间隔一般控制在（　　）左右，不宜时间过长或过短。

A. 6 个月　　B. 3 个月　　C. 8 个月　　D. 一年

2. 以下哪项不属于设备的中修内容（　　）。

A. 检查并清洗应拆卸的部件　　B. 更换失效的滚动轴承

C. 刮研滑动接触面及轴瓦　　D. 电动机、液压泵的修理

3. （　　）就是对设备的工作精度进行全面的检查，以确定设备的实际精度。

A. 日常检查　　B. 机能检查　　C. 定期检查　　D. 精度检查

4. 用锤子击卸必须对受击部位采取相应的保护措施，切忌用（　　）直接敲击零件。

A. 橡胶锤　　B. 铜棒　　C. 锤子　　D. 木锤

参考答案：

1. B　2. A　3. D　4. C

第二节　传动机构的修理

【学习要求】

1. 掌握带传动、链传动、齿轮传动机构的常见损坏形式。
2. 能够对带传动、链传动、齿轮传动机构常见损坏形式进行修理。

【学习内容】

传动机构的类型较多，常见的有带传动、链传动、齿轮传动、螺旋传动、蜗轮蜗杆传动和联轴器传动等。本节重点介绍带传动、链传动和齿轮传动的修理。

一、带传动机构的修理

带传动机构经过很长时间的运行后，会有一定的损坏，常见的损坏形式有带轮轴颈弯曲，带轮内孔与轮轴配合松动，带轮磨损，带拉长、断裂及带轮损坏等。

1. 带轮轴颈弯曲的修理

带轮轴颈弯曲的程度可用百分表通过测量带轮或轴颈外圆柱面的径向圆跳动来确定，如图 4－11b所示。根据弯曲变形的多少，用矫直或更换新轴的方法进行修理，如图 4－11c 所示。

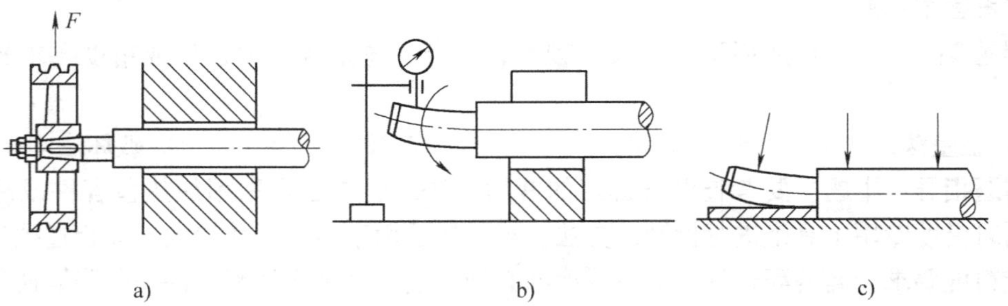

图 4－11　带轮轴颈弯曲的修理

a）带轮轴颈弯曲　b）轴颈弯曲的检查　c）矫直的方法

2. 带轮内孔与轮轴配合松动的修理

1）带轮孔径和轮轴的磨损量较小时，可将带轮的孔在车床上修光，再用锉刀修整键槽或另铣新键槽。对与其配合的轮轴可通过镀铬、堆焊和喷镀等方法加大轴径后，在磨削至配合尺寸。

2）带轮孔径、轴径磨损较严重时，可将带轮孔径镗大一些，并压装衬套，再用骑缝螺钉进行固定，并加工出新的键槽，如图4－12所示，更换新轴以满足技术要求。

3. 带轮磨损的修理

随着带与带轮之间长时间摩擦的不断进行，带轮的轮槽会越来越宽，甚至造成带的底面与轮槽底面相接触的情况，这时必须对带轮进行修理。其修理方法是将轮槽切深，同时修整轮缘，如图4－13所示。

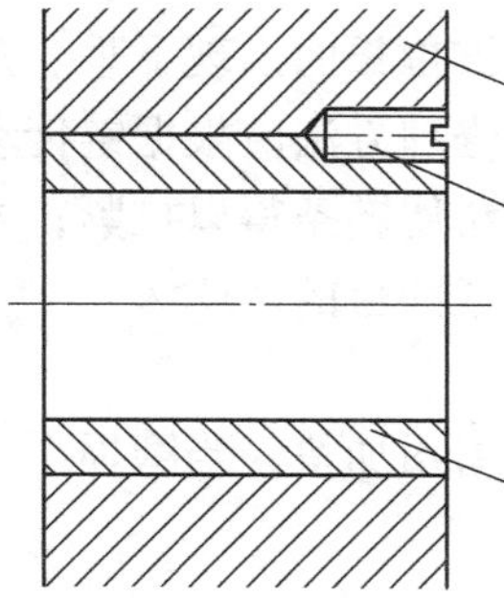

图4－12　用镶衬套法修理带轮孔
1—带轮　2—骑缝螺钉　3—衬套

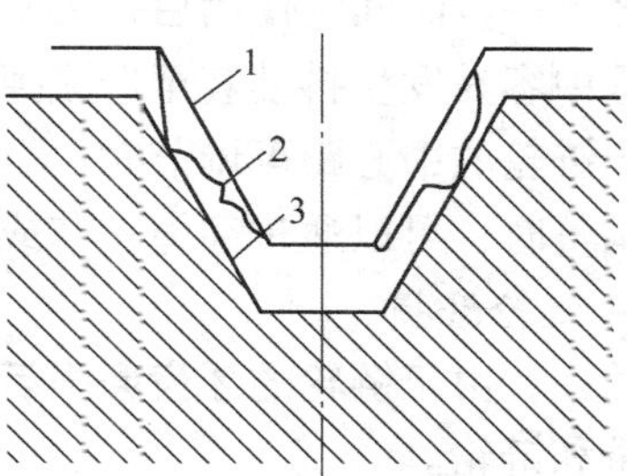

图4－13　带轮的磨损与修理
1—新轮槽面　2—磨损后的轮槽面　3—修复后轮槽面

4. V带拉长的修理

V带在正常情况下被拉长，可通过调整装置调整两带轮的中心距来补偿。当V带的拉长量超过允许值时，则应更换新的V带。应当注意，更换V带时要一组V带全部更换，以免松紧不一。

5. 带轮损坏的修理

当带轮崩裂时，只能通过更换新带轮的方法解决。如果要制造一个新带轮而又无图样资料时，可通过测量和计算求出带轮的直径。其具体方法是：先用游标卡尺测量带轮较完整部分的弦长 L，量出弓形高度 H，再计算出带轮的直径 D，如图4－14所示，其计算公式为

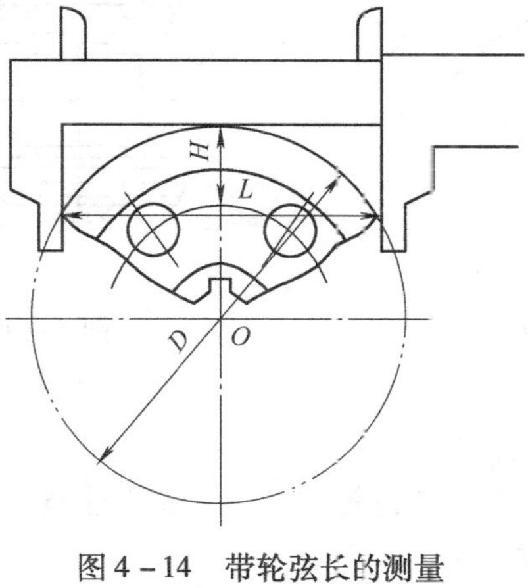

图4－14　带轮弦长的测量

$$D = H + \frac{L^2}{4H}$$

式中 D——带轮直径，单位为 mm；

H——弓形的高度，单位为 mm；

L——弓形的弦长，单位为 mm。

6. 带轮轴颈上平键键槽磨损的修理

1）加大键槽宽度，但最大键槽宽度不得超过平键标准规定的下一级键槽宽度尺寸。

2）如果结构允许，可在圆柱上与原键槽转过 60°处另开一个键槽，并将原键槽镶嵌。

二、链传动机构的修理

链传动机构常见的损坏有链条被拉长、链及链轮磨损和链条断裂。

1. 链条拉长

链条经过一段时间的使用后，最常见的现象就是因链条被拉长而出现下垂。链条拉长后在运动过程中容易发生抖动甚至造成掉链的现象。所采用的修理方法应根据链传动的具体结构而定。当链轮的中心距可调节时，可通过加大中心距的方法使链条得以拉紧；当链轮的中心距无法调整时，可以通过卸掉一节或几节链的方法达到拉紧的目的。

2. 链和链轮磨损

链传动中，由于链轮的牙齿磨损后节距增大，将使链条磨损加快，当磨损严重时必须更换新的链条和链轮。

3. 链轮轮齿折断

链传动中，个别轮齿会出现折断现象，可采用对断齿进行堆焊后，再修整成符合要求的齿形的方法修理，如图 4 – 15 所示，或者更换新链条。

4. 链条折断

当链条折断时，可将断裂的链节放在带孔的铁砧上，用冲头将链节销轴冲出，如图 4 – 16所示，换接新链节，在销轴两端铆合或用弹簧片卡住。

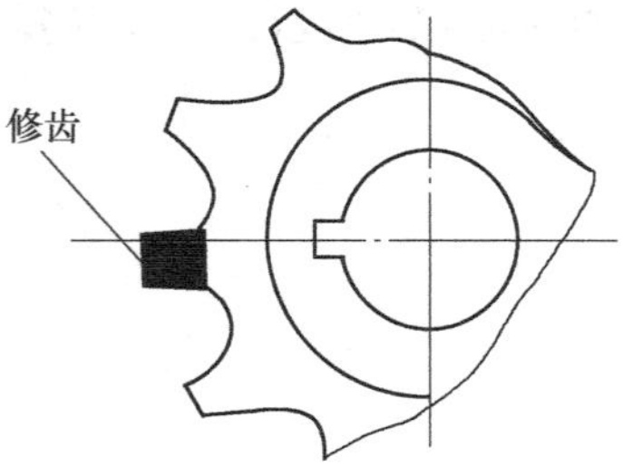

图 4 – 15 链轮断齿的修理

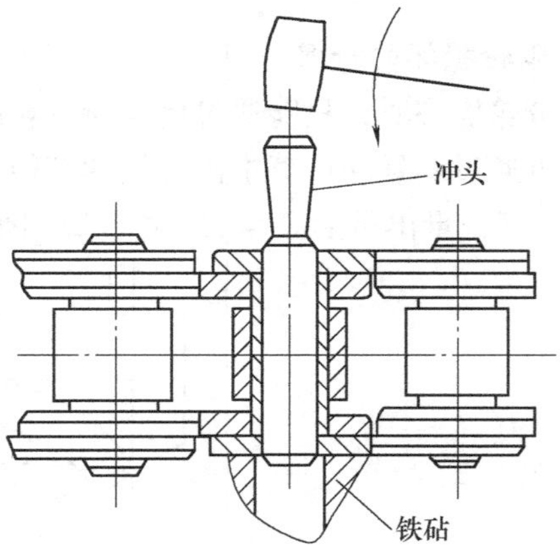

图 4 – 16 链条折断的修理

三、齿轮传动机构的修理

1. 齿轮严重磨损或崩裂的修理

这种情况下，一般都采用更换新齿轮的方法。应当注意，更换的新齿轮必须和原齿轮的齿数、模数、齿形角保持一致。

2. 大模数齿轮局部崩裂的修理

大模数齿轮的制造加工比较困难，成本也较高。当其出现局部损坏或崩裂时，常采用堆焊或镶齿的方法进行修复。在崩裂的齿处堆焊金属后，先经回火处理，再加工出符合要求的新齿。也可镶上一块材料后，再加工出齿形，其中被镶嵌的部分，应用螺钉或采用焊接加以固定。

3. 精度要求不高、工件转速又较低的大型齿轮的修理

对于这种情况的大型齿轮，当局部轮齿损坏时，大都采用镶齿的方法修复。其修复的步骤如下。

1）将损坏或崩裂的轮齿切掉，并将其底部及两侧轮缘金属按一定尺寸要求进行切削加工。

2）根据原轮齿的相关技术参数，镶配新的轮齿。

3）采用焊接或骑缝螺钉的方法，将新镶嵌的轮齿进行固定，如图 4－17 所示。

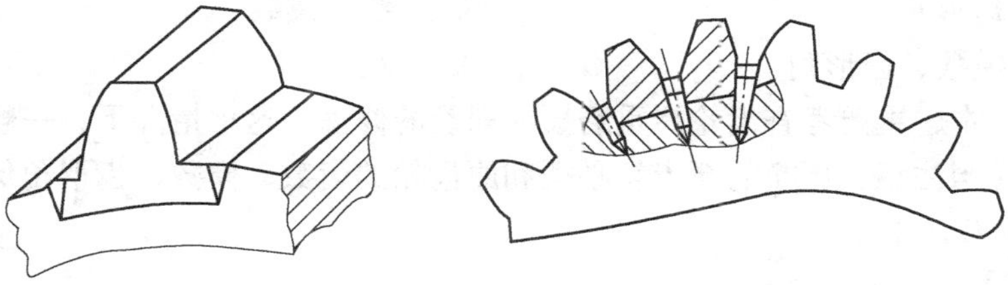

a) b)

图 4－17 用镶齿法修复大型齿轮

a）镶齿 b）固定方法

除可进行镶齿修复外，还可采用更换轮缘的方法来修理，其修理步骤如下。

1）将齿轮的轮齿全部车掉。

2）按原齿轮外圆和车去轮齿后的直径，配制一个新的轮缘毛坯。

3）将新轮缘压入车去轮齿的轮坯上，并用焊接或铆接的方法将新轮缘固定，如图 4－18所示。

4）按照原齿轮相关的技术参数，加工出新齿。

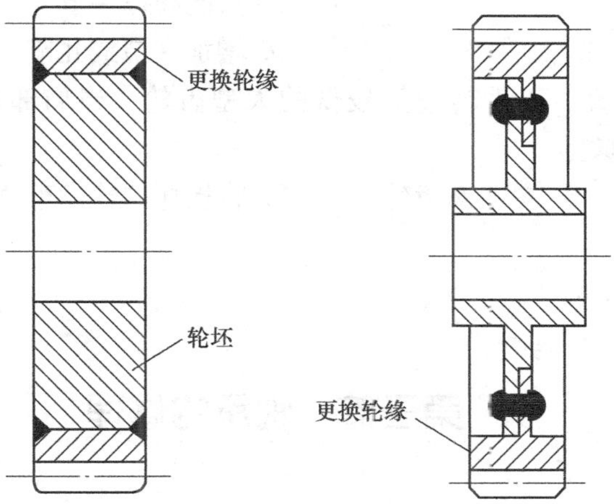

a) b)

图 4－18 大型齿轮的修复

a）焊接固定 b）铆接固定

【考点分析】

例题 1：带轮轴颈上平键键槽磨损时，如结构允许，可在圆柱上与原键槽转过（　　）处另开一个键槽，并将原键槽镶嵌。

A. 60°　　B. 30°　　C. 90°　　D. 10°

解题指导：本题主要考查带轮轴颈上平键键槽磨损的修理。①加大键槽宽度，但最大键槽宽度不得超过平键标准规定的下一级键宽尺寸。②如结构允许，可在圆柱上与原键槽转过60°处另开一个键槽，并将原键槽镶嵌。

参考答案：A

例题 2：齿轮严重磨损或崩裂时，一般都采用更换新齿轮的方法，更换的新齿轮必须和原齿轮的（　　）保持一致。

A. 模数、齿形角　　B. 齿数、模数

C. 齿数、模数、齿形角　　D. 节距

解题指导：本题主要考查齿轮严重磨损或崩裂的修理。这种情况下，一般都采用更换新齿轮的方法。应当注意，更换的新齿轮必须和原齿轮的齿数、模数、齿形角保持一致。

参考答案：C

【习题练习】

1. 带轮内孔与轮轴配合出现松动，若带轮孔径、轴径磨损较严重时，可将带轮孔径（　　）大一些，并压装衬套，再用骑缝螺钉进行固定，并加工出新的键槽，更换新轴以满足技术要求。

   A. 铰　　B. 车　　C. 钻　　D. 镗

2. 多根成组使用的 V 带，如有一根失效，这时应（　　）。

   A. 只换一根失效的 V 带　　B. 全部更换

   C. 不需更换　　D. 部分更换来补偿

3. 链传动机构中，当链条拉长且链轮的中心距无法调整时，可以通过（　　）链的方法达到拉紧的目的。

   A. 增加一节　　B. 只能卸掉一节

   C. 卸掉一节或几节　　D. 增加一节或几节

4. 对于精度要求不高、工件转速又较低的大型齿轮，当局部轮齿损坏时，大都采用（　　）的方法修复。

   A. 镶齿　　B. 更换新齿轮　　C. 将损坏的轮齿车掉

参考答案：

1. D　2. B　3. C　4. A

第三节　轴承的修理

【学习要求】

1. 了解滑动轴承的损坏形式。
2. 能够对动压滑动轴承常损坏形式进行修理。

3. 掌握滚动轴承常见的故障、产生原因以及修理方法。

【学习内容】

一、滑动轴承的修理

滑动轴承的损坏形式有工作表面的磨损、烧熔、剥落及裂纹等，造成这些缺陷的主要原因是油膜被破坏，从而导致轴颈与轴承表面产生直接摩擦。

对于不同轴承形式的缺陷，采取的修理方法也不同，这里重点讲解动压滑动轴承的修理。

1. 整体式滑动轴承的修理

对整体式滑动轴承的修理一般采用更新的方法。但对于大型的或采用贵重金属材料制成的轴承，可使用金属喷涂的方法恢复其尺寸，也可采用将轴套切一个平行于轴线的切口，如图 4－19a 所示；合拢以缩小内孔径尺寸，如图 4－19b 所示；然后在缺口部位用铜焊补满，如图 4－19c 所示。其外径可通过喷涂或镶套方法恢复其尺寸。

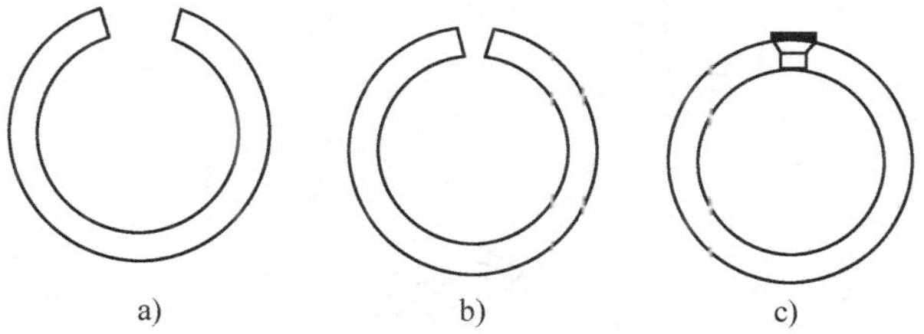

图 4－19　整体式滑动轴承的修理

a）切口　b）合拢　c）堆焊

2. 剖分式滑动轴承的修理

当两半轴瓦磨损较少时，可通过调整垫片厚度重新配刮的方法修复。

对于用巴氏合金制成的轴瓦，当磨损较严重时，可重新浇铸巴氏合金，经车削后配刮，以达到恢复其精度的目的。修复时应当注意的是，轴承盖与轴承座之间的间隙不得小于 0.75mm，如图 4－20 所示，否则，将影响其对轴瓦的压紧作用。

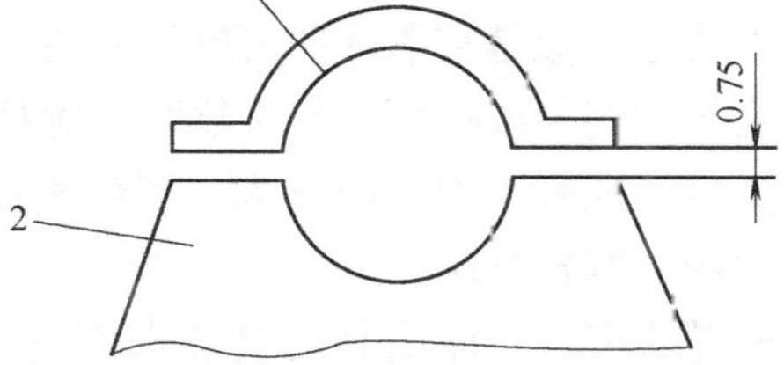

图 4－20　轴承盖与轴承座之间的间隙

1—轴承盖　2—轴承座

3. 内柱外锥式滑动轴承的修理

1）当轴承内孔仅出现少量磨损时，可通过调整螺母来调整间隙的方法恢复其精度。

2）当轴瓦内孔发生严重磨损、擦伤时，应拆掉主轴，对轴承进行配刮，以恢复其精度。

3）当轴承经过多次修刮而不再有调整余量时，可采用喷涂的修复方法加大轴承外径，增加其调整余量。也可车去轴承小端部分圆锥面，增加螺纹长度，以加大轴承的调整范围。

4）当轴承变形、磨损严重无法再进行调整时，必须更换新的轴承。

4. 瓦块式自动调位轴承的修理

1）拆卸轴承。拆卸后，应将每个瓦块同与其相配合的球面螺钉按原有编号捆扎在一起，以免装配时出现错乱的现象。

2）将球面螺钉夹在车床卡盘上，用与其相配合的瓦块的球面进行配研，使接触斑点不少于70%。

3）配刮或研磨瓦块和轴的接触表面。应当注意，研磨时必须使研磨棒的旋转方向和瓦块上标注的箭头方向一致，如图4－21所示。

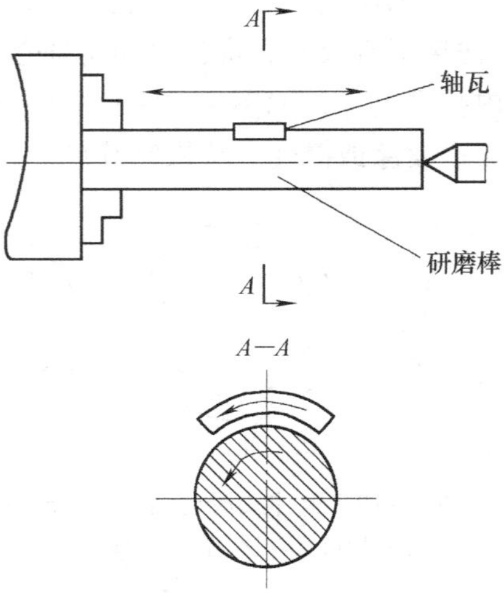

图4－21　瓦块式滑动轴承的研磨

通过研磨使瓦块工作表面的研点数在25mm×25mm面积上不少于20个点，表面粗糙度值达到$Ra0.1\mu m$。

二、滚动轴承的修理

滚动轴承是一种已标准化的十分精密的运动支撑组件，其特点是摩擦力小、效率高、轴向尺寸小、维护简单、互换性强等。但是它承受冲击振动的能力较差。

滚动轴承在长期使用中会出现磨损或损坏，发生故障后应及时调整或修理，否则轴承将会很快地损坏。滚动轴承损坏的形式有工作游隙增大，工件表面产生麻点、凹坑和裂纹等。滚动轴承常见的故障、产生原因及修理方法如下。

1）轴承工作时发出不规则的声音。原因是可能有杂物进入轴承，应及时清洗并进行润滑。

2）轴承工作时发出冲击声。原因是滚动体或轴承圈有破裂现象，应及时更换新轴承。

3）轴承工作时发出尖锐哨声。原因是轴承间隙过小或润滑不良，应及时调整间隙，并对轴承进行清洗和润滑。

4）轴承工作时发出轰鸣声。原因是轴承内、外圈严重磨损而剥落，应更换新轴承。

拆卸轴承时，若发现轴颈被磨损，可采用镀铬的方法进行修复；若发现轴承座孔磨损可通过喷涂、镶套等方法来修复，并经机械加工保证其尺寸要求。

【考点分析】

例题 1： 用巴氏合金制成的轴瓦磨损较严重时，修复时应当注意轴承盖与轴承座之间的间隙不得小于（　　）。

A. 0. 75mm　　B. 0. 5mm　　C. 0. 1mm　　D. 0. 6mm

解题指导： 本题主要考查剖分式滑动轴承的修理。当两半轴瓦磨损较少时，可通过调整垫片厚度重新配刮的方法修复。对于用巴氏合金制成的轴瓦，当磨损较严重时，可重新浇铸巴氏合金，经车削后配刮，以达到恢复其精度的目的。修复时应当注意的是，轴承盖与轴承座之间的间隙不得小于 0. 75mm，如图 4－20 所示，否则，将影响其对轴瓦的压紧作用。

参考答案： A

例题 2： 轴承工作时发出轰鸣声，应及时（　　）。

A. 清洗或进行润滑　　B. 更换新轴承

C. 调整间隙　　D. 不需处理

解题指导： 本题主要考查滚动轴承常见的故障、产生原因以及修理方法。轴承工作时发出轰鸣声。原因是轴承内、外圈严重磨损而剥落，应更换新轴承。

参考答案： B

【习题练习】

1. 剖分式滑动轴承的性能特点是（　　）。

   A. 能自动调心　　B. 装拆方便，轴瓦与轴的间隙可以调整

   C. 结构简单，制造方便　　D. 装拆不方便，装拆时必须作轴向移动

2. 滚动轴承与滑动轴承相比，其优点是（　　）。

   A. 承受冲击载荷能力好　　B. 高速运转时噪声小

   C. 起动及运转时摩擦力矩小　　D. 径向尺寸小

3. 瓦块式自动调位轴承的修理，通过研磨使瓦块工作表面的研点数在 25mm × 25mm 面积上不少于（　　）个点，表面粗糙度值达到 $Ra0.1\mu m$。

   A. 5　　B. 10　　C. 15　　D. 20

4. 配刮或研磨瓦块和轴的接触表面。应当注意，研磨时必须使研磨棒的旋转方向和（　　）上标注的箭头方向一致。

   A. 心轴　　B. 顶尖　　C. 卡盘　　D. 瓦块

参考答案：

1. B　2. C　3. D　4. D

第四节　机床常见故障及排除

【学习要求】

1. 能够对设备的外观进行检查及故障分析。
2. 掌握机床常见故障。
3. 能够对机床常见故障进行排除。

【学习内容】

在设备拆卸和维护中，常常会遇到一些故障的处理与维修。而一个故障的原因常常不是很明显的，我们经常会漏掉一些疑点，这就需要进行系统的故障分析，进而找出故障并尽快排除。

一、运行中设备的外观检查及故障分析

1. 发热

机械设备在运行过程中往往伴随着温升现象。如车床主轴轴承达到稳定温度时（即热平衡状态），轴承的温度和温升均不得超过如下规定，即滑动轴承温度60℃，温升30℃；滚动轴承温度70℃，温升40℃。

1）主轴箱前、后轴承不正常地发生高热时，应检查润滑油是否低于最低油标油位，滤网、分油器、油路有无堵塞，轴承游隙是否过小，并经常从油窗看润滑油是否畅通和足量。

2）摩擦离合器发热时，应检查摩擦片间隙调整是否适宜。间隙过大时，摩擦片易打滑发热，起动不灵。过小则失去保险作用，并且操纵费力。

3）电动机轴承发热时，应检查传动带的张紧力是否合适，润滑油是否足够。

2. 振动及噪声

机械旋转过程中，不可避免地要产生振动。机械产生的振动幅度大会造成一定的危害，它使工作性能下降或使机械根本无法工作，使某些零部件因受附加的动载荷影响而加速磨损、疲劳，甚至破裂而缩短其使用寿命或造成事故，振动还将产生噪声，危害人体健康。

（1）振动　机械旋转时产生不正常的振动，其原因分析如下。

1）设备中的旋转件（如带轮、飞轮、叶轮及各种转子等）由于材质不均匀、本身形状对旋转中心不对称、加工或装配不当而产生误差。

2）转子上的结构件或机械上的零部件松动。

3）转子与静止部分发生摩擦或碰撞。

4）机械的基础松动或刚性太差。

5）轴承游隙过大或滚动轴承损坏等。

（2）噪声　噪声由各种不同频率的声音混合而成，噪声达到一定程度时，会给人体健康带来危害。根据测试和研究，为保护人体健康制定的噪声卫生标准是85～90dB。产生噪声的原因分析如下。

1）机械传动件受冲击、振动和气流影响可引起噪声。

2）机械传动件的润滑状况不良。

3）滑动轴承系统产生油膜振荡等。

3. 机械磨损、锈蚀

（1）磨粒磨损　磨粒磨损是硬物体或硬质磨粒的切削或刮擦作用所引起的表面材料脱落现象。引起磨粒磨损的原因分析如下。

1）粗糙而坚硬的表面凸峰在较软的表面上滑动。

2）磨粒在摩擦副界面间滑动。

3）零件直接在存有磨粒的环境中工作。

（2）机械摩擦磨损　由于零件表面会产生磨损，所以它会造成尺寸、形状和体积的变化。

（3）粘附磨损　在重载荷作用下，由于压力过大、润滑不良、滑动速度高、摩擦表面间产生大量的热来不及散掉而导入内部时，使表面间产生极高的温度（有时达1500℃），致使零件摩擦表面间局部材料熔化，互相粘附撕裂而造成磨损。

（4）腐蚀磨损　在摩擦过程中，金属材料与周围介质发生化学或电化学反应，再加上摩擦力的机械作用，致使表层材料脱落。

（5）气蚀磨损　当零件与液体接触并作相对运动时，在液体与零件接触处的局部压力比蒸气压力低的情况下，将形成气泡。同时溶解在液体中的气体会析出形成气泡。如果这些气泡到高压区，当承受的压力超过气泡压力时，气泡便会破裂，在此瞬间产生极大的冲击力与温度。在这种气泡的形成和破裂的反复作用下，零件表面将会疲劳而受损坏，形成麻点状凹坑，如此下去将扩展成泡沫海绵状的空穴，如水轮机的叶片、船舶的螺旋桨等经常发生气蚀磨损。

4. 连接松动

机械设备在运行过程中，由于冲击、振动或工作温度的变化，都会造成连接件的松动。

1）机械上由于防松装置可靠性差，将会引起零部件松动，并产生位移现象和松动。

2）地脚螺母松动将引起床身的变形，应随时注意紧固件的连接情况。

3）发现各传动系统有异常声音，主轴轴承和电动机温升超过规定时，要立即停车查明原因并及时处理。

二、机床常见故障及排除

1. 卧式车床常见故障分析与排除

（1）圆柱体工件车削加工后外径产生锥度的原因及排除方法

1）主轴箱主轴轴线对床鞍移动导轨的平行度误差。应重新找正主轴箱的安装位置，使加工工件时产生的误差限制在允许的范围内。

2）床身导轨安装的水平精度超差过多或装配后发生变形。可通过调整垫铁来重新找正床身导轨的水平精度。

3）床身导轨面出现严重磨损，主要是三项精度均已超差。应刮削、修复导轨甚至进行大修。

4）两顶尖支承工件时产生锥度。应调整尾座两侧的横向螺钉，使两顶尖轴线保持同轴。

5）刀具磨损。应修正刀具，并正确选择主轴转速和进给量。

6）由于主轴温升过高，引起机床热变形而造成锥度误差。应降低油温，并定期更换润滑油，还要检查液压泵进油管是否堵塞。

7）地脚螺栓松动（或调整垫铁松动）。应与调整导轨精度的方法一样调整并紧固地脚螺栓（或调紧垫铁）。

（2）圆柱体工件车削加工后外径呈椭圆及棱圆状的原因及排除方法

1）主轴轴承间隙过大。应及时调整轴承间隙。

2）主轴轴承圆度超差。滑动轴承可通过调整余量，将主轴轴颈进行修磨，以达到圆度公差要求，而滚动轴承则必须更换。

3）主轴轴承的外径呈椭圆状，或主轴箱体轴孔呈椭圆状，或两者间的配合间隙过大。应修整主轴箱体的轴孔，并保证其与滚动轴承外圈的配合精度。若采用的是滑动轴承，则必须更换新的轴承套。

(3) 精车外圆时圆周表面上出现有规律性波纹的原因及排除方法

1) 因电动机不平衡旋转而引起机床振动。应找正电动机转子，使之平衡转动，有条件的可进行动平衡试验。

2) 因带轮等旋转件的振幅太大而引起的机床振动。应对其进行找正，并对带轮外径、轮槽进行光整车削。

3) 刀具与工件的振动。应从以下几个方面出发，设法减少振动。

① 及时刃磨刀具，保持刀具具有良好的切削性能。

② 找正刀尖的安装位置。

③ 建议刀杆伸出的长度 $L \leqslant 1.5b$（b 为刀宽）。

(4) 工件端面呈中间凸起状的原因及排除方法

1) 床鞍移动导轨对主轴轴线的平行度误差。应找正主轴箱主轴轴线的位置，在保证工件质量合格的前提下，要求主轴轴线向前偏移。

2) 床鞍上、下导轨的垂直度超差。经过大修理以后的机床出现该项误差时，必须重新刮削床鞍下导轨面加以修复。

(5) 精车大端面的工件时端面上出现螺旋形波纹的原因及排除方法

1) 主轴后端的推力球轴承中某一滚动体尺寸较大。可通过更换新的推力球轴承加以修复。

2) 轴承中至少有三个滚动体的绝对尺寸相近。可采用解体选配法来解决。

(6) 车削螺纹时出现螺距不匀及乱扣的原因及排除方法

1) 机床丝杠发生磨损或弯曲。应将其矫直、修理及调整丝杠与开合螺母之间的间隙。

2) 开合螺母磨损，与丝杠不同轴而造成啮合不良或间隙过大，或因其燕尾导轨磨损而造成开合螺母闭合时不稳定。修复开合螺母或将其更新，调整其与丝杠的间隙使其满足同轴度要求；同时，还要修复燕尾导轨，保证开合螺母闭合时具有一定的稳定性。

3) 由主轴经过交换齿轮而带来的传动间隙过大。应检查各传动体的啮合间隙，凡可调整的均可进行相应的调整。

4) 丝杠的轴向间隙过大。应调整丝杠与连接轴的轴向间隙及其窜动量。

5) 因米制、寸制手柄挂错、拨叉位置不对或交换齿轮架上的交换齿轮挂错。应检查手柄、拨叉及交换齿轮的齿数是否正确。

(7) 精车后的螺纹表面出现波纹的原因及排除方法

1) 机床导轨磨损而使床鞍倾斜下沉，造成丝杠弯曲，与开合螺母的啮合不良，如图 4－22所示。

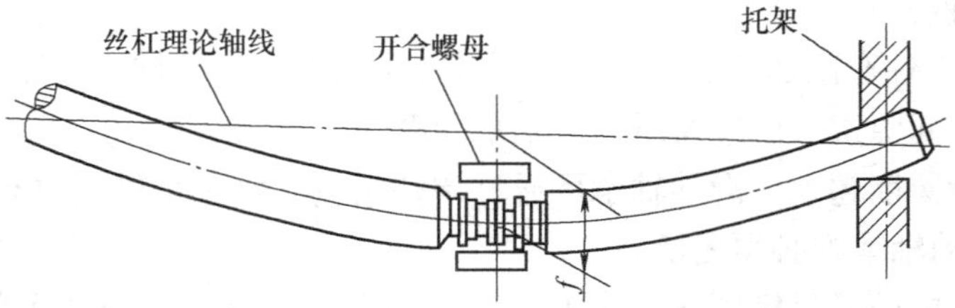

图 4－22　丝杠弯曲示意图

2）托架支承孔磨损，使丝杠回转中心线不稳定。可采取对托架支承孔重新镗孔镶套的方法加以排除。

3）丝杠的轴向游隙过大，应调整丝杠的轴向间隙。

4）进给箱交换齿轮轴发生弯曲或扭曲。应矫正或更换进给箱交换齿轮轴。

5）所有的滑动导轨面间都存在较大间隙。应调整导轨间隙及镶条、滑板压板等，各滑动面间用0.03mm塞尺进行检查，使其插入深度不大于20mm；对于固定接合面，允许插入。

6）方刀架与上刀架底板间的接触不良。应修刮刀架座底面，将其四个角上的接触点刮削的淡一些，使0.03mm塞尺不能插入即可。

7）车削长螺纹工件时，因工件本身弯曲而引起表面产生波纹。工件必须加以合适的随刀架，使工件不因车刀的切入而引起跳动。

8）因电动机、机床本身固有频率而引起共振。应摸索、掌握该振动的规律性加以减弱或使其消除。

（8）车床停车后主轴存在自转现象的原因及排除方法

1）多片离合器调整过紧，致使停车后仍未完全脱开。可调整多片离合器，使之松紧适宜。

2）制动器过松或没有调整好。应调整制动器的制动闸带，使其停车后约需2~3转的时间即能停止转动。

（9）溜板箱自动进给手柄容易脱开的原因及排除方法

1）溜板箱内脱落螺杆副的压力弹簧调节过松。可适量旋紧螺母以压紧弹簧。但绝不能把弹簧压得太紧，否则在机床过载时，会因螺杆不能及时脱开而造成机床损坏。

2）螺杆托架上的控制板与杠杆上的倾角发生磨损。可对控制板进行焊补修复，并把挂钩处修锐。

3）自动进给手柄的定位弹簧出现松动。用调整弹簧；若定位孔发生磨损，则可在铆补后重新钻孔进行修复。

（10）方刀架固定不紧

1）方刀架与小刀架顶面结合面不平。可对该面重新修刮。

2）刀杆夹持过紧，造成方刀架变形。可适度调整夹刀螺钉的夹紧力。

（11）重载切削时自动停车

1）摩擦离合器调整过松或摩擦片磨损。可重新调整摩擦离合器，修磨或更换摩擦片。

2）V带调整过松。可重新张紧V带。张紧后，各螺钉必须重新紧固。

3）操纵杆松动，使齿轮脱开或定不住位。可更换销、滑块，调整弹簧压力。

（12）主轴箱油窗不注油

1）滤油器、油管堵塞。可清洗滤油器，疏通油路。

2）柱塞泵活塞磨损、压力过小或油量过少。可修复或更换活塞，调整活塞头与打油轴承间的距离。

3）进油管吸入空气。可检查进油管口是否埋入油中，管接头是否拧紧。

2. 牛头刨床使用中的常见故障分析及排除

（1）刨削后的工件表面粗糙度不合格或有明显纹痕的原因及排除方法

1）滑枕移动方向与摇杆摆动方向不平行时，工件表面易产生斜纹。此时，应检查摇杆

孔 G 与上支点轴承孔 K 的同轴度，修刮上支点轴承表面 1、2 至合格，如图 4－23 所示。

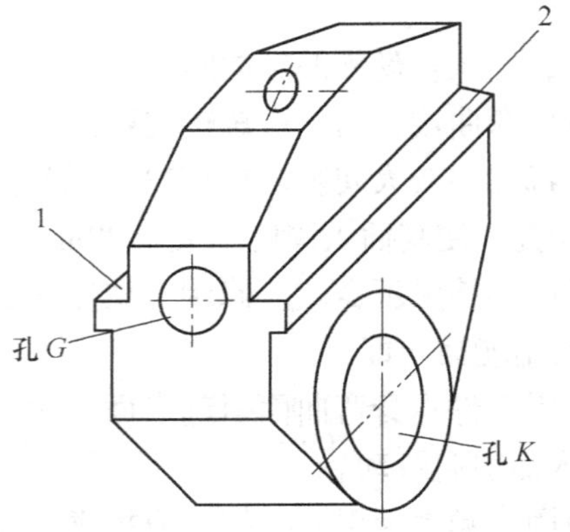

图 4－23　上支点轴承示意图

2）滑枕压板间隙过大。应检查、修刮使摇杆表面 1、2 与摇杆孔 G 保持平行，如图 4－24所示；同时，调整压板间隙至合适。

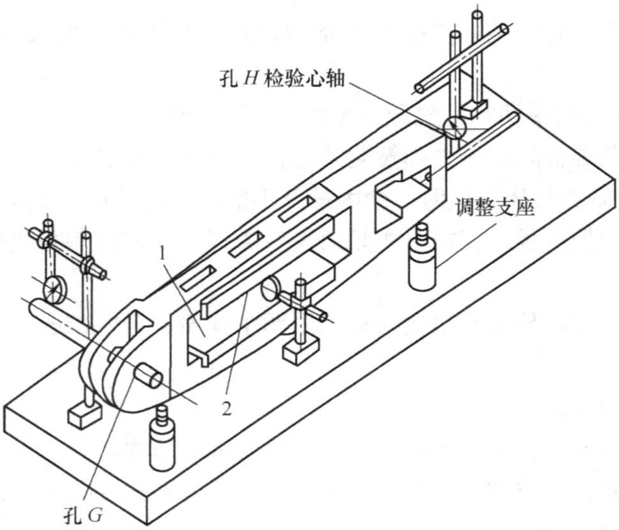

图 4－24　检查摇杆表面

3）大齿轮精度差、啮合不良。可在机床上研磨大齿轮 8～24h 至符合精度要求。

4）刀架部分有松动或接触精度差。应修刮刀架各部件，并调整接触面间隙，以提高接触刚性。

5）检查横梁、工作台溜板、工作台三者之间的接触刚性，若刚性太差，应调整修复。

6）活折板锥孔与锥销之间的间隙过大。应重新铰配活折板锥孔与锥销间隙，或更换锥销。

（2）牛头刨床滑枕温度异常升高的原因及排除方法

1）压板与滑枕导轨表面之间的接触不良或压板压得过紧。应刮削或调整压板。

2）滑枕移动“卡死”。应刮修上支点轴承表面 1、2，如图 4－23 所示，以保证上支点轴承孔 K 与摇杆孔 G 同轴；同时，修刮摇杆表面 1、2，如图 4－25 所示，以保证两表面与

摇杆孔 G 保持平行。

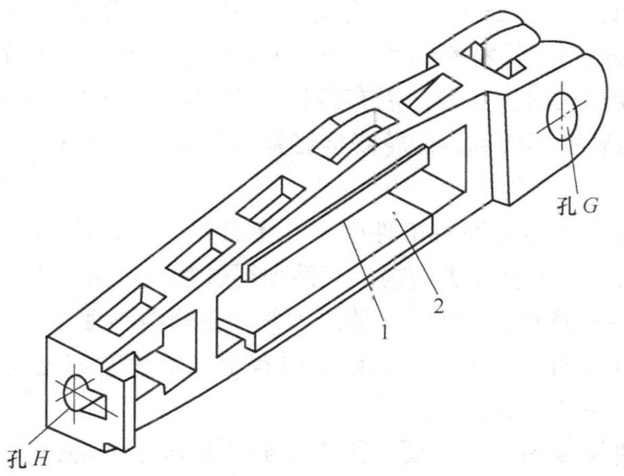

图 4－25　摇杆示意图

（3）牛头刨床加工工件时出现掉刀现象的原因及排除方法

1）刀架滑板固定螺钉滑扣。应及时调换刀架滑板紧固螺钉。

2）刀架丝杠与螺母间隙过大。应按丝杠尺寸要求重新配换螺母。

（4）牛头刨床滑枕换向时有冲击的原因及排除方法

1）摇杆孔 G 与上支点轴承孔 K 不同轴。应修刮上支点轴承表面 1、2，如图 4－23 所示，以确保摇杆孔 G 和上支点轴承孔 K 保持同轴。

2）摇杆孔 G 与孔 H 不垂直。应在卧式镗床上找正孔 G 和表面 1、2，并修整孔 H 至符合技术要求，如图 4－25 所示。

3）摇杆孔 G 与摇杆表面 1、2 不平行。应刮修摇杆表面 1、2，如图 4－25 所示，以保证两表面与孔 G 保持平行。

4）摇杆部件中轴与孔之间及各活动配合面间的配合间隙过大。应检查修整孔或换轴，并调整各活动配合面间的配合间隙至符合要求。

（5）牛头刨床工作台横向移动时进给不均匀的原因及排除方法

1）进给机构中连杆孔与相配轴之间的配合间隙过大。应检测及修整孔径，镶套换轴。

2）棘轮或棘爪磨损。则应检查修换棘爪或棘轮。

（6）牛头刨床活折板“卡死”的原因及排除方法

1）活折板锥孔与锥销之间的配合过紧。应修刮锥孔或调换锥销。

2）活折板与活折板支架之间的配合面的锥孔不垂直。应检测及重铰锥孔，配锥销。

3. M131W 万能磨床常见故障

M131W 万能磨床常见故障中，最多的是液压系统所引起的故障。如工作台的爬行，工作台的反向冲击，工作台速度达不到最高或降不到最低，液压泵有噪声、不出油、机械效率低，控制阀调整不起作用、噪声大、泄漏，工作程序混乱，油温过高等。

（1）工件表面有螺旋线　主要原因有砂轮修整不良，工作台纵向速度及工件转速过高，横向进给量过大，工作台导轨润滑的油压过高，浮起量太大等。

（2）工件表面有直波纹　主要原因有砂轮主轴间隙过大，砂轮法兰锥孔与主轴锥度配合不好，砂轮平衡不好，砂轮电动机振动，砂轮硬度太高或砂轮不锋利，工件中心孔与顶尖接触不好，工件顶得过紧，转速过高等。

(3) 工件表面有忽然拉毛痕迹或细拉毛痕迹　主要原因有砂轮太软，切削液中有微小磨粒存在，砂轮磨粒韧性与工件材料韧性不配，细粒度砂轮磨粒脱落等。

(4) 工件表面有鱼鳞波纹　主要原因有砂轮切削刃不锋利，在磨削时发生“啃住”现象。具体原因是砂轮修整得不锋利，砂轮修整器紧固不牢或金刚石焊接不牢，金刚石笔伸出过长、刚性差等。

(5) 工件圆度超差　主要原因有工件中心孔不合格，工件两端中心孔不同轴，顶尖锥度与主轴接触不好，头架、尾座顶尖磨损，工件顶得过紧或过松，工件变形等。

(6) 内圆磨削工件表面有螺旋线　主要原因是砂轮修整不良。

(7) 内圆磨削工件表面呈多棱形　主要原因有主轴轴承间隙过大，或自定心卡盘与法兰在主轴上有松动，工件夹得不牢等。

(8) 内圆磨削工件圆度超差　主要原因有头架主轴轴承间隙过大，头架主轴装轴承处的轴颈圆度超差，箱体轴承孔磨损严重等。

【考点分析】

例题1：机械设备在运行过程中，轴承的温度和温升均不得超过如下规定，即滑动轴承温度60℃，温升30℃；滚动轴承（　　）。

A. 温度60℃，温升50℃配合　　B. 温度70℃，温升40℃装配

C. 温度80℃，温升40℃配合　　D. 温度80℃，温升50℃配合

解题指导：本题主要考查运行中设备的外观检查及故障分析。机械设备在运行过程中，往往伴随着温升现象。如车床主轴轴承达到稳定温度时（即热平衡状态），轴承的温度和温升均不得超过如下规定，即滑动轴承温度60℃，温升30℃；滚动轴承温度70℃，温升40℃。

参考答案：B

例题2：M131W万能磨床工作台纵向速度及工件转速过高，横进给量过大，磨出的工件表面会造成（　　）形缺陷。

A. 直波纹　　B. 螺旋线

C. 鱼鳞波纹　　D. 较直波纹

解题指导：本题主要考查M131W万能磨床常见故障。工件表面有螺旋线主要原因有砂轮修整不良，工作台纵向速度及工件转速过高，横向进给量过大，工作台导轨润滑的油压过高，浮起量太大等。

参考答案：B

【习题练习】

1. 引起机床振动的振源有（　　）振源和外部振源两种。

A. 上部　　B. 下部　　C. 内部　　D. 左部

2. 各种不同频率的声音合成（　　）。

A. 振动　　B. 噪声　　C. 响声　　D. 杂声

3. 圆柱体工件在卧式车床上车削加工后外径呈椭圆及棱圆状的原因是（　　）。

A. 刀具磨损　　B. 刀具与工件的振动

C. 床鞍上、下导轨的垂直度超差　　D. 主轴轴承间隙过大

4. 内圆磨削工件表面呈多棱形主要原因有头架主轴轴承间隙过大，或自定心卡盘与法兰在主轴上有松动，(　　) 等。

A. 砂轮修整不良　　B. 主轴轴承间隙过大

C. 工件夹得不牢　　D. 箱体轴承孔磨损严重

参考答案：

1. C　2. B　3. D　4. C

参 考 文 献

[1] 朱金仙，何立．钳工工艺与技能训练［M］．成都：四川大学出版社，2011.

[2] 蒋增福．机修钳工工艺与技能训练［M］．北京：高等教育出版社，2009.

[3] 劳动和社会保障部教材办公室．钳工技能训练［M］.4 版．北京：中国劳动社会保障出版社，2005.

[4] 徐兵．钳工装配技术［M］．北京：中国轻工业出版社，2010.

[5] 蒋增福．机修钳工实习与考级［M］．北京：高等教育出版社，2005.

[6] 徐冬元．钳工工艺与技能训练［M］．北京：高等教育出版社，1998.

[7] 王琪．钳工实习与考级［M］．北京：高等教育出版社，2004.

[8] 机械工业职业技能鉴定指导中心．工具钳工［M］．北京：机械工业出版社，2004.

[9] 张贺林．钳工（中级）［M］．济南：石油大学出版社，2004.

[10] 吴燕霞．钳工（高级）［M］.2 版．济南：石油大学出版社，2004.

[11] 赵孔祥，王宏．钳工工艺与技能训练［M］．南京：江苏教育出版社，2010.

[12] 吴全生．机修钳工（中级）［M］．北京：机械工业出版社，2008.

普通高等教育"十一五"国家级规划教材
高等职业教育土建类专业课程改革规划教材

智能建筑概论

刘光辉　编
郑发泰　审

机 械 工 业 出 版 社

智能建筑是现代信息技术与建筑技术相结合的产物，是高科技的综合结晶，完美地体现了信息技术与建筑艺术的融合。本书根据相关的国家规范和要求，概括地介绍了智能建筑的概念及其各个子系统，以作为楼宇智能化专业的相关专业课程的学习基础。

本书共九章，包括绪论、计算机网络技术、综合布线系统、建筑设备监控系统、安全防范系统、消防系统、通信网络系统、办公自动化系统及现场总线技术等内容。

本书取材新颖，内容丰富，具有较强的实用性，既可作为楼宇智能化工程技术等专业的教材，也可供从事智能建筑设计、施工、管理及维护的工程师使用，还可作为大中专院校、科研单位及专业技术培训的参考书。

图书在版编目(CIP)数据

智能建筑概论/刘光辉编．—北京：机械工业出版社，2006.4（2025.8重印）
普通高等教育“十一五”国家级规划教材
高等职业教育土建类专业课程改革规划教材
ISBN 978-7-111-18787-5

Ⅰ.智... Ⅱ.刘... Ⅲ.智能建筑-高等学校:技术学校-教材 Ⅳ.TU243

中国版本图书馆CIP数据核字(2006)第026440号

机械工业出版社(北京市百万庄大街22号　邮政编码100037)
策划编辑：李俊玲　覃密道　责任编辑：陈　俞
版式设计：张世琴　责任校对：王　欣
责任印制：单爱军
中煤（北京）印务有限公司印刷
2025年8月第1版第14次印刷
184mm×260mm · 10印张 · 243千字
标准书号：ISBN 978-7-111-18787-5
定价：29.80元

电话服务
客服电话：010-88361066
010-88379833
010-68326294

网络服务
机　工　官　网：www.cmpbook.com
机　工　官　博：weibo.com/cmp1952
金　　书　　网：www.golden-book.com
机工教育服务网：www.cmpedu.com

前　言

以信息技术为代表的高新技术产业的迅猛发展，推动着人类社会的进步，同时也改变着人们的工作、学习和生活方式，从而促使人们要求社会的信息化、工作生活的自动化，在建筑领域则诞生了智能建筑的概念。由于智能大厦、智能小区、家居智能化、数字校园、企业信息化等新生事物的大量涌现，建筑智能化技术人才与日常管理维护人才的社会需求日益增加，我们为了满足这些应用型人才培训和学习的需要，特编写了本书。

本书是对建筑智能化专业知识的概括论述，主要介绍了建筑智能化专业所包含的内容，对建筑智能化方面先进、成熟、主流的技术知识也进行了概括和引入，对配合读者进行相关系列教材的学习，起到了抛砖引玉的作用。

本书在编写中融合了作者多年在网络工程、安防工程、消防工程及楼控方面的一些经验、体会和教训，并且包含了作者近几年在建筑智能化方面的研究成果，同时，也得到了许多专业公司技术人员的大力协助。

作为高等职业教育教材，本书在内容的编排上摒弃了高深的理论，突出了通俗化和图解化的特点，更利于学生学习。全书计划学时约为30学时，具体教学时数可根据实际需要对部分章节进行调整。

本书由广东建设职业技术学院刘光辉编写，郑发泰主审。

为方便教学，本书配有电子课件。凡选用本书作为教材的教师均可登录机械工业出版社教材服务网 www. cmpedu. com 免费下载。如有问题请致信 cmpgaozhi@ sina. com 或致电 010-88379375 联系营销人员。

由于编写者水平有限和时间仓促，书中难免有错漏之处，敬请广大读者批评指正。

编　者

目　录

单元1 绪　　论

【单元概述】

本单元主要介绍智能建筑产生的背景和发展趋势，并对智能建筑的概念作出了定义，同时也介绍了智能建筑的组成。

【学习目标】

通过对智能建筑系统基本概念及组成的学习，能够对智能建筑系统有一个概括的了解，为后面各单元的学习打下基础。

1984年，美国康涅狄格(Connecticut)州哈特福(Hartford)市建成一座都市大厦(City Palace)，这是世界上公认的第一座智能化办公大厦。在这之后，日本、德国、法国、英国、泰国、新加坡等国家和我国台湾、香港等地区都积极发展建设智能化大厦。

从首座举世公认的智能建筑落成至今只有短短二十几年的时间，但智能建筑以其前所未有的、高效的信息传递速度和卓越的建筑自动化管理模式为人们提供的更加人性化、舒适、节能、符合生态要求的生活与工作环境。

智能建筑是现代高科技的综合结晶，因此其使用功能和技术性较传统建筑也有了深刻的变化。长期以来，建筑更多地被当作是艺术类学科，人们对它在技术领域的概念有所忽略。人们往往只关心建筑的外在表现，而忽视其内在的许多因素，但智能建筑的出现改变了这一观念。如果说钢铁、混凝土和玻璃等建筑材料使建筑的外观发生了变化，那么智能建筑就是从本质上改变了建筑在人们心目中的概念。建筑不再单单是一个用来遮风避雨的壳体，而将成为能够参与人类生产和生活活动的、具有“生命”特性的实体。如果用人体作为一个形象的比喻，那么传统建筑只是具备了外在的“骨骼”和“肌肉”，而智能建筑则是在此基础上加上聪明的“头脑”和灵敏的“神经系统”的完整的“人”（表1-1）。

表1-1　智能建筑与人的类比

人	头　脑	骨　骼	肌　肉	血　管	神经系统	感觉器官
智能建筑	计算机控制管理中心	建筑的梁、板、柱等主体承重结构	建筑的填充墙及装修、维护结构	各种材料的配线、配管（如上、下水管和电线管、燃气管等）	由通信电线、电缆、光纤等组成的信息传送网及计算机网络系统	与计算中心相连的各类传感器、探测头、工作站、交换站和各职能部分

如今，智能建筑在世界范围内方兴未艾，且正处于飞速发展阶段。美国、日本等发达国家和欧洲、东南亚等地区的发达国家都在按照各自对智能建筑的理解进行大力的研究与开发。

智能建筑所包含的建筑类型是多种多样的，除了最常提及的智能办公楼以外，还包括智能医院、智能学校、智能住宅、智能图书馆等。它们在本质上基本相同，只是在智能的侧重点上有所不同。另外，智能建筑的范围还在不断地扩展，智能小区、智能城市甚至智能国家也都在研究和逐步实践当中。

有一个智能城市设计的重要案例，就是日本横滨的“未来港湾21世纪”城市设计。这一总面积达186km^2的地区被确定为未来横滨新的城市中心，在地区建设中引入了智能化城市的概念，并且充分考虑了完善的防灾系统、港口转运系统、垃圾处理系统、给排水系统及兼顾防灾集散之用的开放空间系统等。另外，印度现在正在加尔各答的盐湖兴建一座名为“无穷大”的智能城市，而新加坡政府则希望在不久的将来可以在整个国家实现智能化。由这些实例可以看出，伴随着社会信息化热潮的到来及现代科技的不断发展，建筑的智能化将势不可挡。

智能建筑是不断发展的，对它的理解和认识也应以发展的眼光来看待。对于不同的阶段、不同的国家和不同的人，智能建筑有着不同的含义，相应地，对智能建筑的区分就会有着不同的标准和等级。针对我国现阶段状况，如何认识智能建筑在我国建筑设计中的地位和重要性，将会对我国智能建筑未来的发展起到十分关键的作用。

智能建筑这一概念在国内提出已有十年之久，但仅在最近几年，随着改革开放步伐的加快以及大量高档办公楼的兴建，“智能办公楼”与“智能建筑”这两个词才逐渐被大家所重视，但同时也相应出现了一些问题，很多业主、设计者、开发者、营造者都迫不及待地在其建造的各类建筑物名称前加上“智能”等字眼，而许多智能办公楼名称前往往要被冠以“3A”、“5A”以至“7A”等字样。但究竟什么是智能建筑？几个“A”才算是智能办公楼？智能办公楼与传统的办公楼有什么不同？这些问题到目前为止，依然没有一个清晰的结论。

课题1　智能建筑的产生和发展

1.1.1　智能建筑的产生背景

智能建筑在这个时代的产生不是偶然的，而是有其深刻的经济、社会和技术背景，归纳起来，主要有以下四个方面：

1. 经济背景

经济是人类一切活动和社会发展进步的基础，对于智能建筑的产生，经济同样起到决定性的作用。二次世界大战以后，全世界经济处于稳定快速的恢复和发展阶段。到了20世纪80～90年代，由于亚洲经济的崛起，世界经济又进入一个突飞猛进的发展时期，这一时期的经济呈现以下几个特点：

（1）第三产业的崛起　世界经济发展到20世纪中期，一些老牌发达资本主义国家的第一、第二产业的发展已相对平缓，经营利润不高。于是，能产生高利润附加值的第三产业——信息服务业便得以蓬勃发展（图1-1）。在这些发达国家，特别是在一些经济中心城市，第三产业往往在国民经济生产总值中占有很高的比例。从事第三产业的人口数量急剧增加（图1-2），从事金融、贸易、保险、房地产、咨询服务、综合技术服务（国外也称其为第四产业或信息产业）的人员比重逐年提高。因此，为这些人员提供有利于提高劳动效率的舒适、高效办公场所，便成为社会的迫切需要，而第三产业的高利润也让这些人员在租用高级办公楼时，在经济上有了保证和可能。

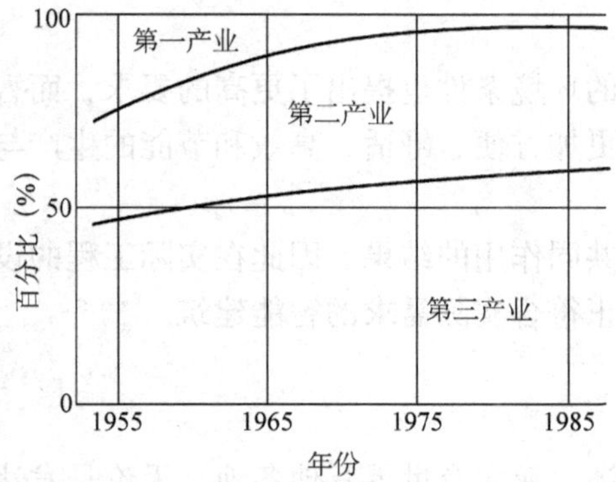

图 1-1 日本三种产业在国民经济发展中的比例关系

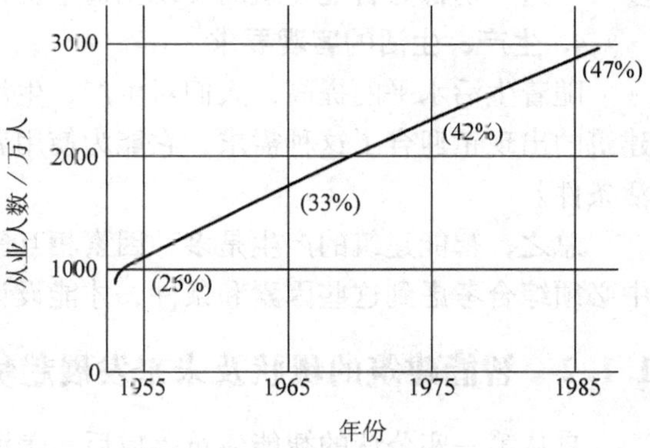

图 1-2 日本从事第三产业人数发展情况

（2）世界经济全球化 20 世纪 80 年代中期以来，区域经济被逐渐打破，各国经济日益被纳入世界经济体系。世界金融市场已跨越国界，跨国公司的扩张使生产和科技国际化，加速了资金、技术、商品、人才的国际流动。大量国际化的办公人员产生，他们在世界各地办公，但彼此之间需要密切的信息交流与联系。于是，对办公室内办公手段与通信手段的要求也相应提高，这就为智能建筑提供了广阔的买方市场。

（3）世界经济由总量增长型向质量效益型转变 至 20 世纪 90 年代，由于世界生产技术由高消耗型向节约型转变，生产目的由单纯追求规模效益转化为重视产品性能和质量，使产品本身包含更多的技术含量，生产中脑力劳动成分大大高于体力劳动成分，这就需要有与之相适应的大量办公场所。

以上三个经济特征是诱导和支撑智能建筑产生的经济基础。但只有经济基础是不够的，智能建筑的产生同时还受到其他因素的影响和作用。

2. 社会背景

20 世纪 70 年代以来，许多国家为了解决长期以来困扰国民经济发展的基础设施落后的问题，纷纷将原来由国家垄断经营的交通、邮电、通信等行业向民间或国外开放，使得信息技术市场的竞争日趋激烈，各种机构应运而生，这就为智能建筑的技术和设备选择提供了坚实而广泛的基础。

3. 技术背景

仅仅具备了经济条件和社会条件是不够的，智能建筑的产生还需要技术给予支持，通过具体的技术实现，并在技术的推动下发展。

20 世纪 80 年代以来，在“第三次浪潮”的推动下，科学技术得以飞速发展。计算机技术（图 1-3）、微电子技术、信息网络技术的发展使智能建筑的实现具备了硬件条件。电脑普及程度大大提高，网络逐步实现国际化，办公设备种类及自动化水平也有了很大进

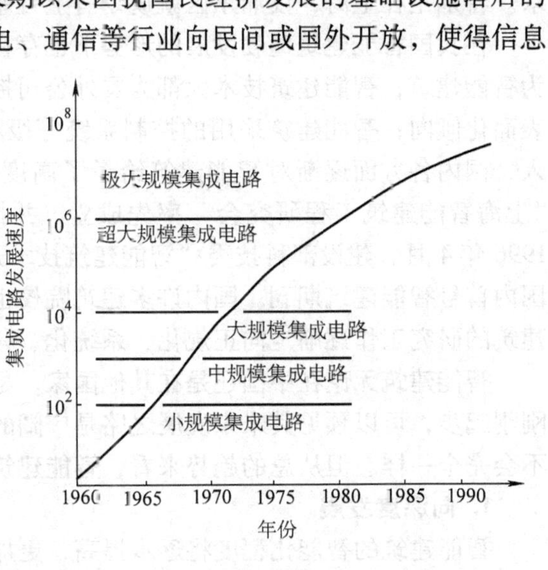

图 1-3 计算机集成技术的发展状况

步……这一切都为智能建筑的实现创造了良好的物质技术条件。

4. 生产、生活的客观要求

随着生活水平的提高，人们对生产、生活场所的环境条件也提出了更高的要求，而智能建筑的出现正迎合了这种需求，它能为使用者提供更加方便、舒适、高效和节能的生产与生活条件。

总之，智能建筑的产生是多种因素相互影响、共同作用的结果。因此在实际工程的设计中必须综合考虑到这些因素和条件，才能设计出真正符合实际需求的智能建筑。

1.1.2 智能建筑的现状及未来发展趋势

自从第一座公认的智能建筑落成后，美洲、欧洲、亚太及世界其他各地，无论是发达国家还是发展中国家，都高度重视智能建筑的发展，把它作为21世纪可持续发展战略实施的关键，竞相结合本国实际情况发展智能建筑，并制定出相应的规划、方针、政策与策略。

美国是最早建成智能建筑的国家，且早在1985年初就成立了“美国智能建筑协会”，到1995年，已累计建造了上万座各类智能建筑，而且今后智能建筑的比例还要大幅度增加。日本是紧随美国之后第二个建成智能建筑的国家，于1985年底成立了“建设省国家智能建筑专业委员会”，不仅对智能建筑给予政策上的支持，民间还成立了“日本智能建筑研究会”，到2000年，日本有65%的建筑实现智能化。新加坡的政府公共事业部门为了推广智能建筑，专门制定了《智能大厦手册》。英国、法国、加拿大、瑞典、德国等也相继在20世纪80年代末90年代初建成了各具特色的智能建筑。但到目前为止，尚无统一的国际性的智能建筑组织。

随着世界范围内智能建筑的兴起以及大量国外智能系统设备产品供应商、系统集成商、房地产开发商和建筑事务所的涌入，中国的智能建筑热也悄然兴起。1990年建成的北京发展大厦可谓是我国智能建筑的雏形，随后，在北京、上海、广东等地相继建成了具有一定智能水平的大型公共建筑。许多新建的办公楼、写字楼对建筑的智能化程度也有了更高的要求。特别是在上海，仅浦东区就规划有上百座智能建筑待建。

在我国智能建筑蓬勃发展的形势下也存在着一些问题，如一些建设单位并不真正了解何为智能建筑；智能建筑技术大都为国外公司控制，使得我国智能化技术带有一定的盲目性和表面化倾向；智能建筑采用的控制系统等级不一、技术水平参差不齐等。但随着研究的深入，国内各方面逐渐对智能建筑给予了高度重视，在建设部有关领导部门的大力支持下，“上海智能建筑工程研究会”率先成立，并推出《智能建筑设计标准》(在上海地区执行)。1996年4月，建设部科技委“智能建筑技术开发推广中心”成立，并于1997年5月发行了国内首号智能建筑期刊。国内许多建筑院校也陆续成立了与智能建筑相关的专业。国内智能建筑的研究工作逐渐走向正规化、系统化、科学化。

智能建筑无论在中国还是在其他国家，尽管开始得有早有晚，但从发展的眼光看都只是刚刚起步，可以预见其未来发展之路是广阔的而漫长的。不同的国家，智能建筑的发展之路不会完全一样。但从总的趋势来看，智能建筑将向以下四个方向发展。

1. 向深度发展

智能建筑的智能化程度将逐步提高，更加先进的自动化设备及网络技术将使智能建筑更具人性化。功能更强大、服务内容更广泛将是智能建筑发展的主流。也许在不久的将来，能够看到这样的智能建筑："它可以按照自己所在的地理纬度来决定如何跟着太阳转，并决定如何躲避太阳光的直射"；"它可以漂浮在水面上，或冒出地面或钻入地下，甚至还可以旋转"。这些听起来似乎都与现实的距离还很远，但有理由相信，随着人类科学技术的发展，这一理想终将实现。

2. 向广度发展

针对不同的使用要求，出现了各种类型的智能建筑，如智能学校、智能工厂、智能图书馆、智能车站、智能机场等，它们在设计上有其不同的侧重点，并且，它们之间可通过网络实现大范围的信息传递和交流，从而实现智能建筑的多样化以及各类更高标准的人居环境。例如，英国建筑师尼古拉斯·格雷姆肖(Nicholas Grimshaw)设计的滑铁卢火车站，用现代的智能化技术手段解决了每年运送1 500万人经滑铁卢国际站乘坐"欧洲之星"（高速火车）往返欧洲大陆的问题，并提供了高标准、舒适的服务。又如，日本米子国际会议中心内设计了一座象征"信息交流之船"的椭圆形多功能大厅，这是世界上最早的全部地板可变的多功能大厅。它采用双层地板系统，在平面地板下收藏有观众席的台阶状地板，两者之间转换大约需要60 min。同时，在平面地板下设置了展览会用的配线槽，在舞台侧墙上还设置了电动控制的弓架式可变音响反射板。这些智能化设施，使得米子国际会议中心成为高标准的多功能会议中心。

3. 向规模化发展

智能建筑是一个综合性的系统，它以建筑物为整体，把各个相对独立的子系统用网络等信息工具连接起来，构成集成系统。只有这种综合性的集成系统，才能通过监控中心协调各个子系统工作，充分发挥各自的作用。因此，智能建筑由单体向规模化发展，即向着智能群体、智能区域、智能城市甚至是智能国家的方向发展，对于集中管理、减少投资以及更好地投入运行都十分有利。

4. 向可持续性方向发展

这一点包含两个方面的内容，一是将原有的非智能建筑改造为可持续性发展的智能建筑，二是考虑已建成的智能建筑如何适应未来使用与发展的需要。

智能建筑可持续发展的内涵，主要包括以下几点：

（1）高功能　智能建筑应是具有知识力、竞争力和经济力的场所。

（2）绿色　智能建筑应是节能、无污水、无污物、无废气、无电磁污染的场所。

（3）健康　智能建筑应安全，无事故隐患、无信息病毒。

（4）生态　智能建筑应创造回归自然的生态环境，形成资源可持续利用的良性循环。

21世纪将是智能建筑飞速发展的时代，而即将在21世纪腾飞的中国，只有正确理解、开发、利用智能建筑，并准确把握其发展方向，才能适应未来社会发展进步的需要。

课题2　智能建筑的定义

智能建筑不再是传统意义上的建筑物，而是现代通信技术(Communication)、计算机技术(Computer)、自动化控制技术(Control)、图形显示技术(CRT)、大规模集成技术等先进技术在现代综合管理系统作用下与建筑技术的完美结合。

目前，人们对智能建筑的定义说法很多，将能见到的各个国家及有关组织按照各自对智能建筑的理解所给出的定义归纳起来，具有代表性的大致有以下几种：

1. 美国智能建筑协会(AIBI)的定义

智能建筑是指通过将建筑物的结构、系统、服务和管理四项基本要求以及它们之间的内在关系进行最优化，从而提供一个投资合理，具有高效、舒适、便利的环境的建筑物。

2. 日本智能建筑协会的定义

智能建筑是指具备信息通信、办公自动化信息服务以及楼宇自动化各项功能且便于进行智力活动的建筑物。

3. 新加坡智能建筑协会的定义

智能建筑是指在建筑物内建立一个综合的计算机网络系统，该系统应能将建筑物内的设备自控系统、通信系统、商业管理系统、办公自动化系统以及智能卡系统和多媒体音像系统集成为一体化的综合计算机管理系统。该管理系统应能对建筑物内部实现全面的管理和监控，包括设备、商业、通信及办公自动化方面的管理。

4. 欧洲智能建筑协会的定义

智能建筑是使其用户发挥最高效率，同时又以最低的保养成本进行最有效的管理其本身资源的建筑。

5. 国际智能建筑协会(IIBI)的定义

智能建筑必须是在将来新的要求产生时可以导入相适应的新技术的建筑。

6. 我国智能建筑的定义

智能建筑以建筑为平台，兼备通信、办公、建筑设备自动化，集系统结构、服务、管理及其最优化组合于一体，向人们提供一个高效、舒适、便利的建筑环境(图 1-4)。

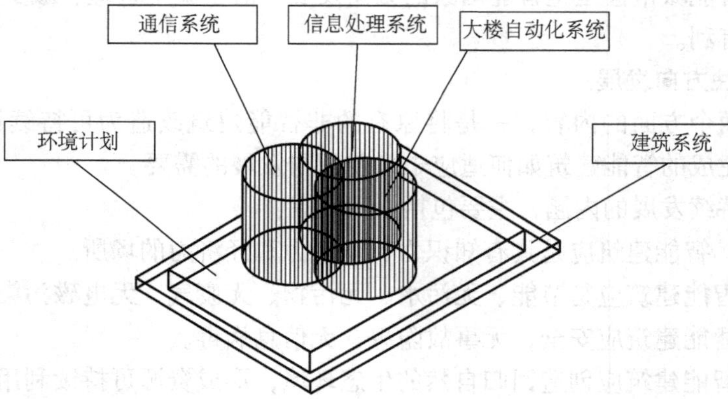

图 1-4 智能建筑定义图解

课题 3 智能建筑的组成及功能

智能建筑的智能化功能由 SIC、PDS 和 3A(BAS、OAS、CAS)系统等共五部分组成，其总体组成和功能如图 1-5 所示。

1. 智能建筑的系统集成中心(System Integrated Center, SIC)

SIC 具有将各个智能化系统信息总汇集和进行各类信息的综合管理的功能，具体要达到以下三方面的要求：

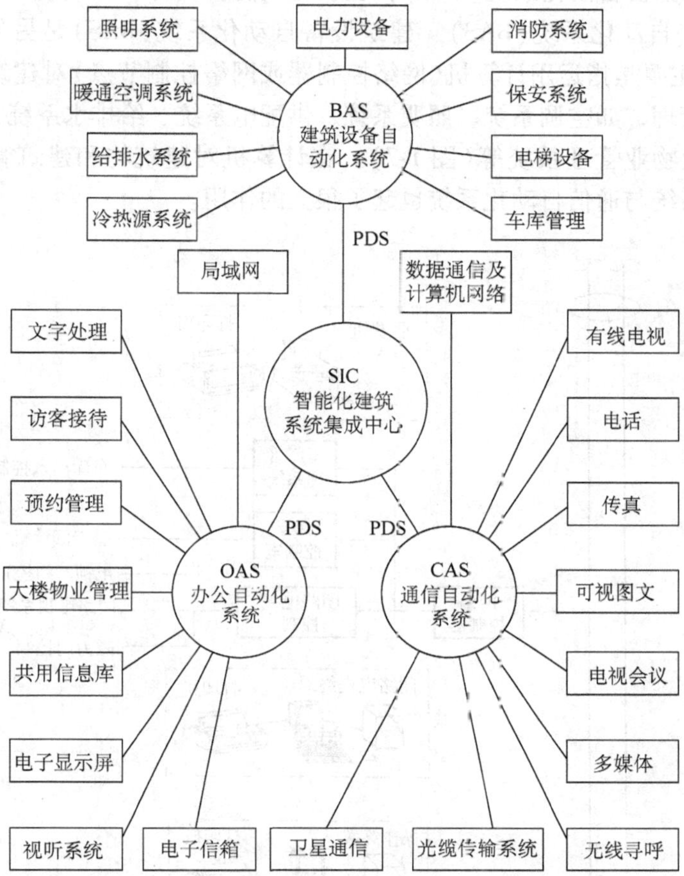

图1-5 智能建筑总体功能示意图

1）能汇集建筑物内外各种信息。要求接口界面标准化、规范化，以实现各智能化系统之间的信息交换及通信协议（接口、命令等）。

2）能对建筑物各个智能化系统进行综合管理。

3）能对建筑物内各种网络进行管理。要求具有很强的信息处理及数据通信能力。

2. 综合布线系统（PDS）

综合布线系统利用双绞线或光纤来传输智能建筑群内的语音、数据、图像及其他控制信号等，是一种集成化的通用传输系统，又把它称为信息高速公路。综合布线系统是智能建筑中连接3A系统各种控制信号必备的基础设施。PDS通常由工作区（终端）子系统、水平布线子系统、垂直干线子系统、管理子系统、设备子系统及建筑群子系统六个部分组成。

3. 3A系统

智能建筑通常是具有以下三个要素的建筑物（图1-6），即建筑设备自动化系统（BAS）、通信自

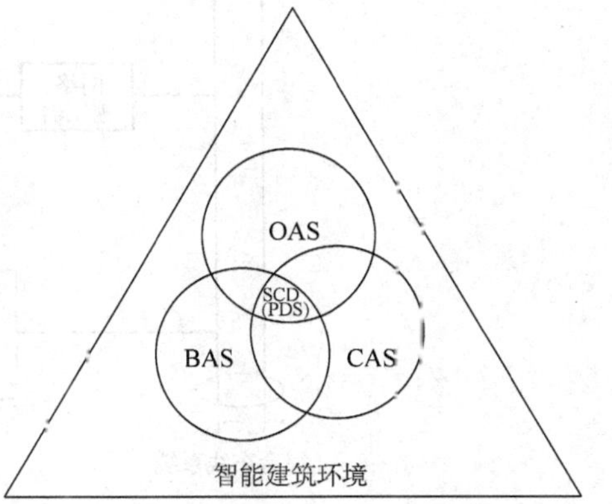

图1-6 智能建筑的构成

动化系统(CAS)和办公自动化系统(OAS)，也就是人们所说的3A系统。

(1) 建筑设备自动化系统(BAS) 建筑设备自动化系统(BAS)是另外两个系统(OAS、CAS)的基础，它主要是指运用计算机(网络控制器或网络控制节点)对建筑的各个方面实行自动化的监控及管理，如空调系统、照明系统、供配电系统、给排水系统、电梯系统、消防系统、安防系统及物业管理系统等(图1-7)。在计算机对建筑物和建筑管理系统发挥作用时，办公自动化系统与通信自动化系统也起了很大的作用。

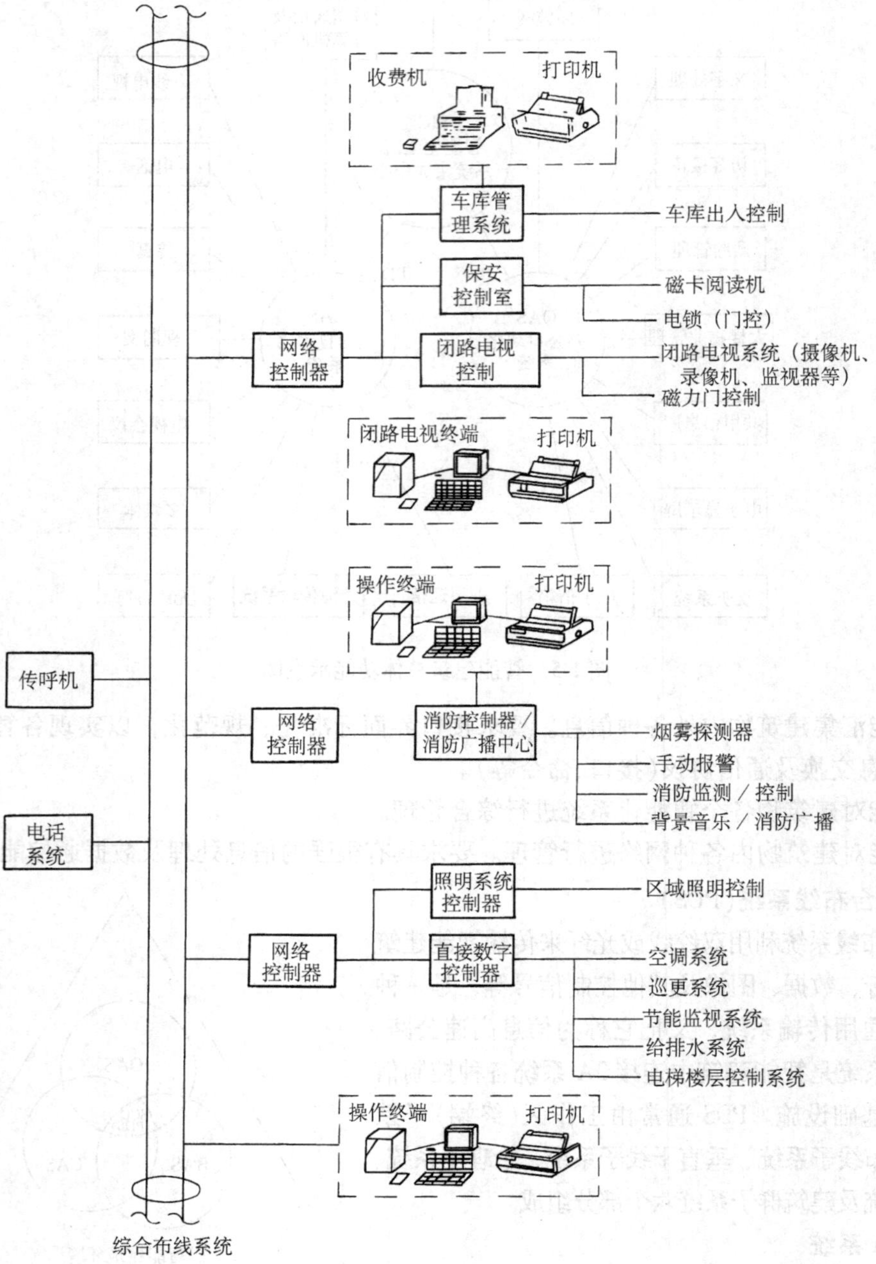

图1-7 建筑设备自动化系统的构成

（2）办公自动化系统（OAS） 办公自动化系统可围绕计算机中心进行信息建立、储存和处理，包括文字处理、电子记事、数据库、桌面印刷系统、日程安排、股市信息、就职信息、造价控制、统计管理、决策管理等。办公自动化又可根据使用要求的不同分为事务型办公自动化系统、管理型办公自动化系统、决策型办公自动化系统及一体化办公自动化系统（图1-8）。

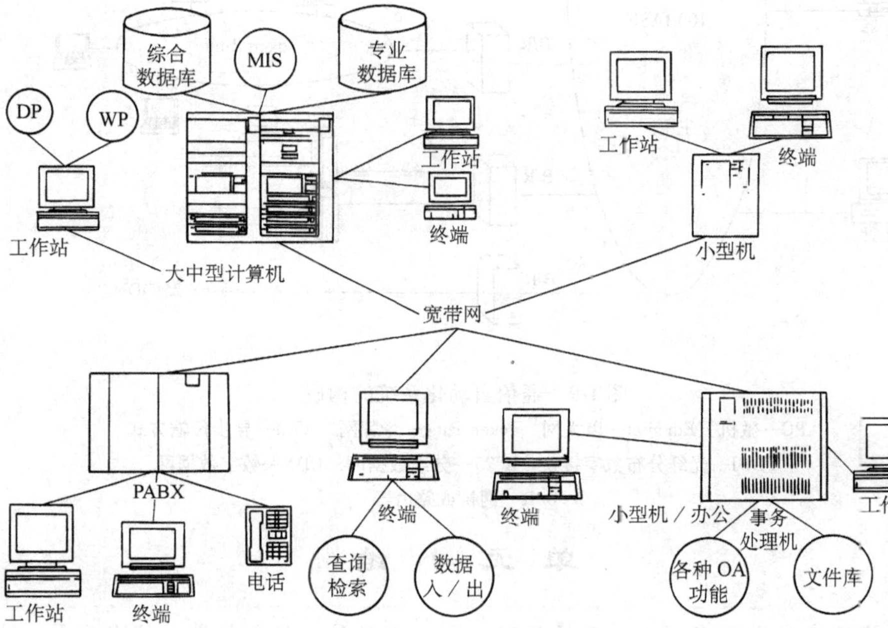

图1-8 办公自动化系统的构成

DP—数据处理 WP—字处理 MIS—管理信息系统 PABX—程控数字用户电话交换机
OA功能—办公自动化功能

（3）通信自动化系统（CAS） 通信自动化系统是指通过铜线、光缆、微波或无线电波快速传递语音或图像信息的有效系统（图1-9）。

以上三个系统在智能建筑的发展过程中，越来越成为不可分割的整体，而现代计算机网络技术的出现，则使这三者的融合真正成为可能。

也有学者将BAS系统中的消防系统、安防系统独立出来，称消防系统为FA，称安防系统为SA。如果按这样的方法划分，原来的“3A”就变成了“5A”。其实无论是“3A”还是“5A”，只是划分方法不同，其本质是一样的。

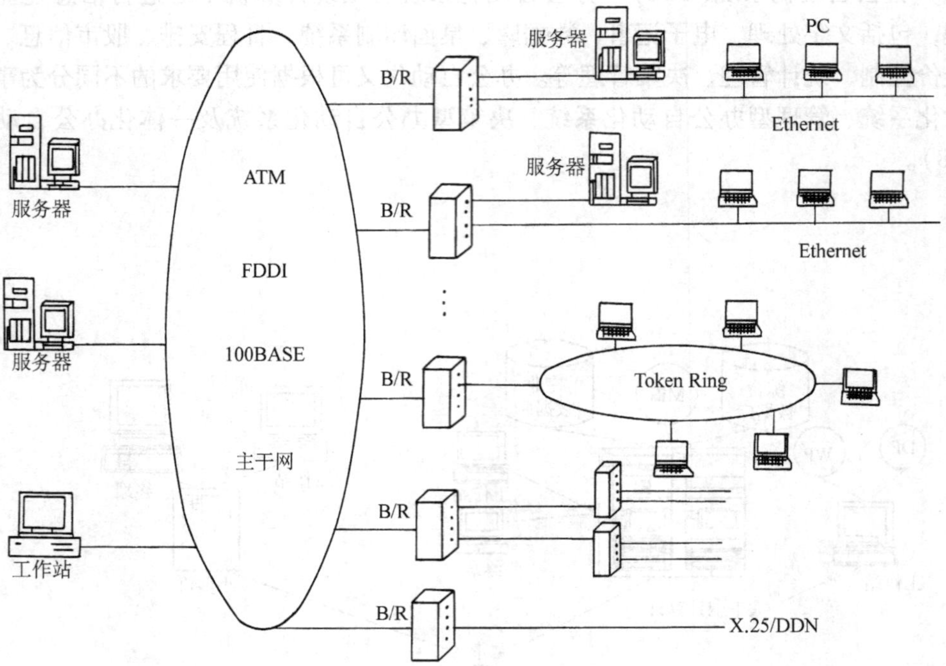

图 1-9 通信自动化系统的构成

PC—微机 Ethernet—以太网 Token Ring—令牌网 ATM—异步传输方式
FDDI—光纤分布数字接口 X. 25—分组数据网 DDN—数字数据网
B/R—网桥或路由器

单元小结

智能建筑的产生主要有四个方面的原因，即经济背景、社会背景、技术背景、生产生活的客观要求。从总的趋势来看，智能建筑将向四个方向发展，即向深度发展、向广度发展、向规模化发展、向可持续性方向发展。

国内外对智能建筑定义的说法很多，我国智能建筑的定义符合我国的实际情况。

智能建筑主要由三个基本要素组成，即 BAS、CAS、OAS。

复习思考题

1-1 世界上第一座智能建筑是在何时何地建成的？

1-2 简述智能建筑产生的背景。

1-3 我国对智能建筑是如何定义的？

1-4 智能建筑通常由哪三个要素组成？

1-5 “3A” 和 “5A” 有什么区别？

1-6 综合布线系统和 “3A” 之间有什么样的关系？

单元2　计算机网络技术

【单元概述】

本单元主要介绍计算机网络系统的基本概念及组成，也对计算机网络常用的硬件设备进行了介绍，并通过实例说明了计算机网络的构成。

【学习目标】

通过对基本概念的学习，能够掌握计算机网络系统的基本概念。通过对常月硬件设备的学习，能够了解各个硬件设备在网络中的作用及其使用方法。在学习完局域网实例之后，能够组建一个简单的局域网。

课题1　计算机网络的基本概念

2.1.1　计算机网络的分类

计算机网络主要是根据其在某一方面的特征来进行分类，通常有以下几种分类方法：

按覆盖的地理范围分：广域网(远程网)、局域网(本地网)和城域网(市域网)。

按通信速率分：低速网、中速网和高速网。

按网络的拓扑结构分：星形网、总线型网、环形网、树形网、网状网和混合型网。

按传输介质分：双绞线网、同轴电缆网、光纤网、无线介质网和混合介质网。

按信息交换方式分：电路交换网、分组交换网和综合交换网。

按使用范围分：公用网和专用网。

对计算机网络来说，覆盖范围和通信速率是人们最关心的两个问题，而这两者往往又是矛盾的，即网络覆盖范围越大，通信速率越低；网络覆盖范围越小，通信速率越高。下面简要介绍常见的按覆盖范围来分的三种网络。

1. 广域网(Wide Area Network)

广域网(WAN)又叫远程网，其特点是覆盖范围很广，从覆盖几个城市到一个国家甚至全球。广域网一般是利用电信或公用事业部门现有的公用或专用通信线路作为传输媒介，网络由多个部门或多个国家联合组建。1969年美国国防部高级研究计划部署组织研究开发的APPA网是较早出现的广域网之一，它从诞生一直发展到今天，不仅覆盖了美洲大陆，而且跨越两大洋延伸到包括欧洲、亚洲在内的世界各地，已成为全球最大的广域网，即Internet网。

广域网的传输距离很远，但传输速率较低，通常小于1Mbit/s，但目前崛起的高速网络技术，如异步传输模式技术ATM(Asynchronous Transfer Mode)等，可使数据通信速率提高几个数量级，这无疑为众多的广域网使用者带来了福音。

2. 局域网(Local Area Network)

局域网(LAN)，顾名思义是在局部范围使用的计算机网络。其特点是：覆盖的地理范围有限，规模较小，网内计算机及有关设备通常局限于一个单位、一幢大楼甚至一个办公室内，分布范围一般不超过几平方千米。局域网组建方便，建网时间短，成本低廉，使用灵活，经济、社会效益显著，所以局域网技术发展非常迅速，各类网络产品琳琅满目、层出不穷，显现出极强的生命力，在企业、机关、学校、银行、宾馆、商场等被广泛应用。

局域网一般不利用公共通信线路，而是专门单独敷设属于自己的通信线路，采用的传输介质一般为双绞线、光缆。

局域网的传输距离较近，但数据传输速率很高，一般为每秒十至几十 Mbit，并且误码率很低。而今，采用高速局域网技术，如高速以太网技术(Fast Ethernet)、光纤分布数据接口技术(FDDI)等，可使数据传输速率达到每秒 100Mbit 甚至上千 Mbit，目前千兆以太网已成为主流 LAN 之一。

现在，在众多的网络操作系统中，使用最多是美国 Microsoft 公司推出的 Windows NT，因其具有优良的图形界面及丰富的应用程序，而且网络版本不断更新，并与其他网络间有良好的互操作性，所以深受广大用户的青睐，使其在全世界最为流行。

Unix、Novell、Network、Linux 也是常用的网络操作系统。

3. 城域网(Metropolitan Area Network)

城域网(MAN)的范围通常覆盖一个城市或地区，介于广域网与局域网之间，它是在局域网基础上发展起来的一类新型网络。随着计算机网络用户的日益增加和应用领域的不断拓宽，一般局域网已显得力不从心，新的应用要求把多个局域网互相连接起来，以构成一个覆盖范围更大并支持高速传输和综合业务服务的、适合大城市使用的计算机网络，这样就出现了城域网。

2.1.2 计算机网络的硬件组成

1. 广域网的基本组成

广域网一般由主计算机、终端、通信控制处理器和通信设备等网络单元经通信线路连接组成。下面将常用的各个网络单元作一简要介绍。

(1) 主计算机　主计算机是网络中承担数据处理的计算机系统，它具有完成批处理(实时或交互分时)能力的硬件和操作系统，并具有相应的接口。

(2) 终端　终端是网络中用量大、分布广的设备，它直接面对用户，实现人机对话，用户通过它与网络进行联系。终端的种类很多，如键盘与显示器、会话型终端、智能终端、复合终端等。

(3) 通信控制处理器　通信控制处理器也称为结点计算机(Node Computer，NC)，它是主计算机与通信线路单元间设置的计算机，负责通信控制和通信处理工作。通信控制处理机可以连接多台主计算机，也可以连接多个终端，它是为减轻主计算机负担和提高主计算机效率而设置的。

(4) 通信设备　通信设备是传输数据的设备，包括集中器、调制器和多路复用器等。集中器设置在终端密集地区，它把若干个终端用低速线路先集中起来，再与高速线路连接，以提高通信效率、降低通信成本。针对不同传输媒介，数据应采用不同类型的电信号进行传输。例如，广域网往往借助电话线路作为传输媒介，而电话线路中不少设备只能传输模拟信号，但主计算机和终端输出的是数字信号，因此这时在通信线路与主计算机、通信控制处理器和终端之间就需要接入实现模拟信号与数字信号相互转换的设备，即调制解调器。

（5）通信线路　通信线路用来连接各个组成部分。按数据的传输速率不同，通信线路分高速、中速和低速三种线路。一般终端与主计算机、通信控制处理器和集中器之间采用低速通信线路；各计算机之间包括主计算机与通信控制处理器之间以及各通信控制处理之间采用高速通信线路。通信线路可采用双绞线、同轴电缆、光缆等有线通信线路，亦可采用微波、卫星电波等无线通信线路。

上述网络单元按其功能划分，就形成了一个由两级结构组成的计算机网络。除上述物理组成外，计算机网络还具有功能完善的软件系统，可强力支持资源共享等各种功能，并具有全网一致遵守的通信协议，使网络协调地工作。

2. 局域网的基本组成与一般结构形式

局域网的基本组成与广域网相似，但由于局域网的涉辖范围与规模较小，故有些方面与广域网不同。例如，局域网没有通信控制处理器，其通信控制处理功能由安装在网卡上的微处理芯片来实现。局域网在逻辑上同样可以认为是两级子网结构，但在物理形态上却不明显，局域网的主要硬件设备如下所述。

（1）服务器(Server)　服务器是为网络提供共享资源的设备，它是局域网的核心。根据其在网络中起的作用不同，服务器可分为文件服务器、数据库服务器、应用服务器、计算服务器、打印服务器等。

1）文件服务器主要提供以文件存取为基本的服务，它能将大量的贮存空间提供给网上客户机使用，并接收客户机提出的数据处理和文件存取请求。由于文件共享服务是网络中最基本也是最常用的服务，因此，通常所说的服务器是指文件服务器。文件服务器是使用最多的服务器，通常由专用服务器或高档微机担任。文件服务器能直接运行网络操作系统，并具有协调网络中各计算机之间的通信的功能，它装设有大容量硬盘用来存放共享资源。

2）数据库服务器主要提供数据库服务，即提供以数据库的检索和更新为基本的服务。

3）应用服务器主要提供一种特定应用的服务，如E-mail服务器。

4）计算服务器可以提供诸如科学计算、气象预报及自动订票等需要进行大量计算或特定计算的服务。

（2）客户机(Clients)　客户机又称为网络工作站，是用户与网络交流的出入口，它一般是一台普通微机。用户通过客户机享用网络上提供的各种共享资源，如使用服务器硬盘中的各种应用程序、查询共享数据库、收发电子邮件、使用共享打印机等。

工作站一般不管理网络资源，当工作站用户不需要网络服务时，可将其作为一台独立的微机使用，即运行本地的Windows、DOS或OS/2等操作系统。

（3）网络连接设备　这里的网络连接设备主要指下列一些硬件设备：集线器、网络适配卡、收发器、网桥、路由器等。在网络适配卡、网桥和路由器中还含有固化的软件。

（4）通信介质　局域网中通信介质主要有双绞线、同轴电缆、光缆等，但目前主要使用双绞线和光缆。

局域网还有相应的网络操作系统支持，由网络操作系统对整个网络的资源和运行进行管理。除此之外，计算机局域网还具有网络协议，以保证各结点间或网络之间能够互相理解并进行通信。

局域网有星形、环形、总线型三种基本拓扑结构。目前用得最多的是星形结构，这种结构的网络容易扩展，且重新配置较灵活。若要增加或减掉外围结点非常简单，只需将其接在中央结点上或从中央结点上取下即可，并且还可以把一些具有扩展能力的外围结点作为中央结点，再连接许多外围结点，组成所谓的多级星形网络。少数局域网用环形或环形与星形的混合结构形式，常见局域网的拓扑结构如图 2-1 所示。

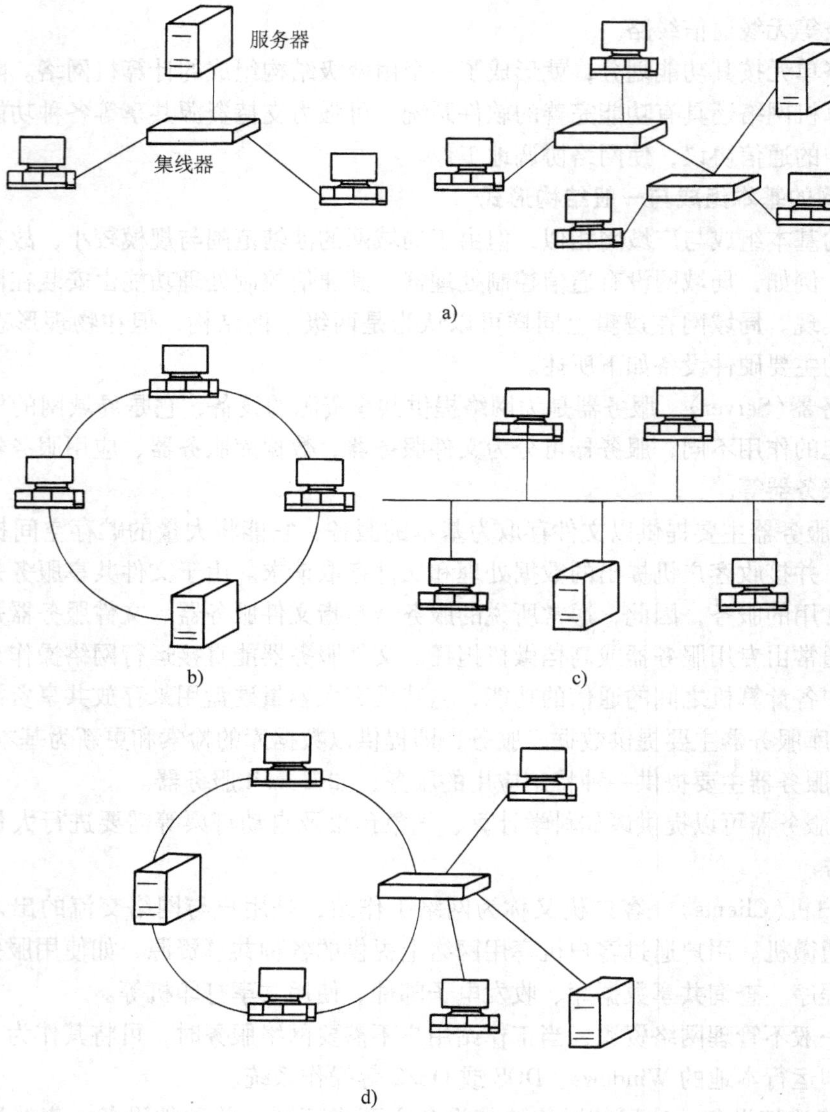

图 2-1 常见局域网的拓扑结构

a）星形网 b）环形网 c）总线型网 d）环形与星形混合网

课题2 常见的网络硬件设备

2.2.1 调制解调器

为利用公用电话网实现计算机之间的通信，必须首先将发送端的数字信号变换成能够在公用电话网上传输的模拟音频信号，经传输后，再在接收端将音频信号重新变换成对应的数字信号。在这里，数字信号变换成音频信号的过程为调制（Modulate），音频信号变换成对应数字信号的过程为解调（Demodutule）。一般每个工作站既要发送数据，又要接收数据，所以总把实现调制和解调两个功能的电路板设置在一个设备中，称为调制解调器（Modulate demodutale，Modem）。

目前，很多远程数据通信系统都需要调制解调器，如图2-2所示是使用调制解调器进行远程通信的示意图。与调制解调器相连接的工作站可以是计算机、远程终端、外部设备甚至局域网。下面简要介绍调制解调器的工作原理。

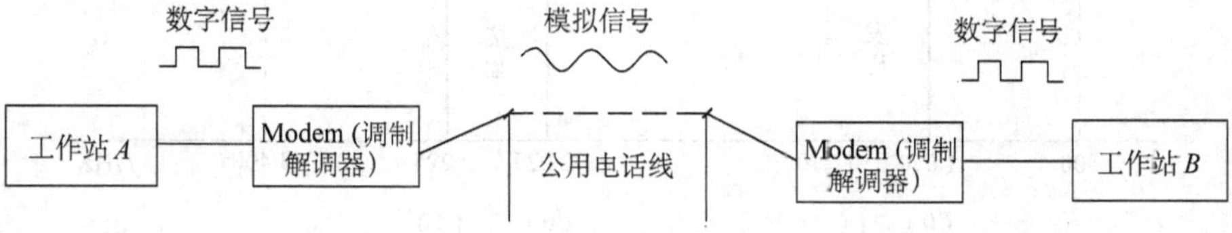

图2-2 使用调制解调器的远程通信系统

1. 调制技术

在调制解调器中的调制过程，采用数字信号去控制模拟正弦载波信号的三个参量，即幅度、频率、相位，让它们随数字信号的变化而变化，即达到让其携带数字信号的目的。用数字信号控制载波幅度的调制方式称为振幅键控（ASK），控制频率称为移频键控（FSK），控制相位称为移相键控（PSK），这是三种最基本的调制方式，如图2-3所示。

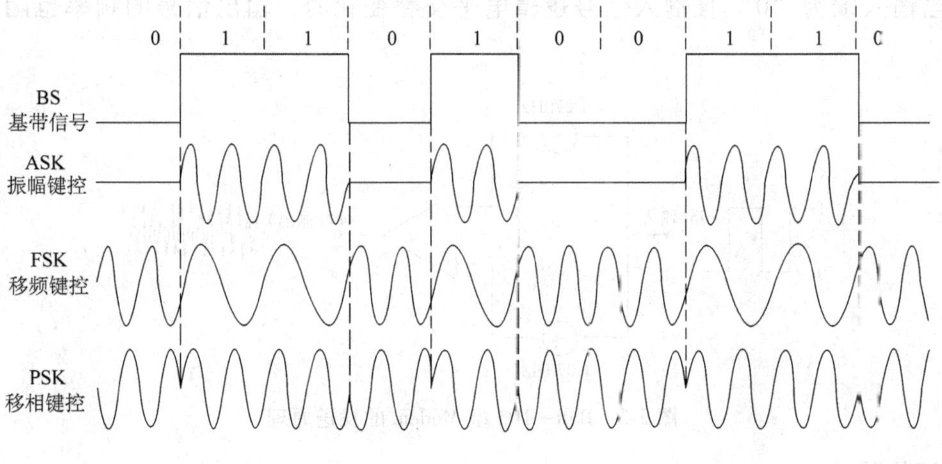

图2-3 三种基本的调制方式

现以基本的 Bell—103 型调制解调器为例，Bell—103 型及其兼容的调制解调器采用移频键控的调制方式，用两种不同频率的正弦波分别表示二进制数字 0 和 1，为了在单一的通信介质上实现全双工通信，需要用四种频率分别表示两个方向上的两种逻辑值。这四个频率值和它们所代表的二进制数字如表 2-1 所示，它们的频谱线在电话音频频谱图上的位置如图 2-4所示。这种频率分配是对工作于主动方的 Modem 而言，对工作于被动方的 Modem，它的发送频率和接收频率却与之相反，即以 2 025Hz 和 2 225Hz 发送而以 1 070Hz 和 1 270Hz 接收。

表 2-1　频率值和所对应二进制数字表

—	信号逻辑	频率 f/Hz	—	信号逻辑	频率 f/Hz
发送	0	1 070	接收	0	2 025
	1	1 270		1	2 225

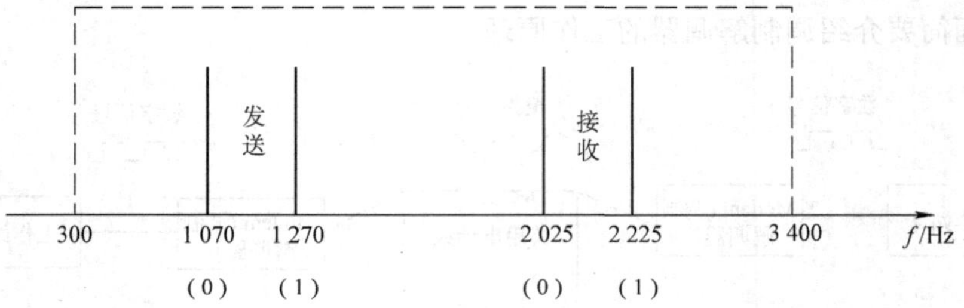

图 2-4　Bell—103 型 Modem 的频谱线位置

2. 发送器

图 2-5 所示为 Bell—103 型 Modem 中发送器的工作原理。它的主要部分是两个正弦波振荡器，一个工作频率为 1 070Hz 而另一个工作频率为 1 270Hz（工作于主动时）。它们的输出信号分别送入一个运算放大器的两个输入端，电路的连接与之相对应：当输入端为“1”电平时，运放的上面一路导通，下面一路截止，从运放的输出端得到 1 270Hz 的正弦波信号；反之，当输入端为“0”且输入信号逻辑电平交替变化时，输出信号的频率也随之交替变化。

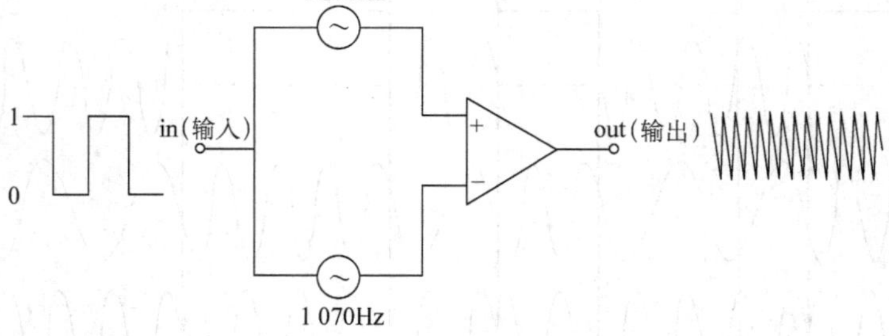

图 2-5　Bell—103 型 Modem 的发送原理

3. 接收器

工作于被动方的 Modem 的接收器示意图如图 2-6 所示。它的输入信号是工作于主动方

Modem 的发送器的输出信号，其中，1 270Hz 代表“1”电平，1 070Hz 代表“0”电平。所以，在接收器的输入端，首先用分别谐振于 1 270Hz 和 1 070Hz 的选频电路组成的带通滤波器把这两个频率的载波分离开来。在理想状况下，经分离后的波形如图中带通滤波器后面所示的波形，是一个间歇正弦波。这两个信号各自经过一个检波器检出它们所代表的数字信号，检波器在有载波输入时相应输出正极性脉冲，而在无载波输入时相应输出“0”电平。由于发送器发送的是二进制信号，则这两个检波器检出的就是互补信号，把这两路信号分别接到运算放大器的两个输入端(注意极性)，在输出端就可以得到还原了的数字信号。上面的讨论是以工作于主动方的 Modem 发送数据而工作于被动方的 Modem 接收数据为例进行说明的。如果反过来，工作于被动方的 Modem 发送数据，工作于主动方的 Modem 接收数据，那么只要把载波频率换成 2 225Hz 和 2 025Hz 即可，其他完全相同。目前，很多厂商生产的 Modem 除具备调制解调功能外，还具备一些附加功能，如自动连接、自动重拨号、自动波特率转换等功能。

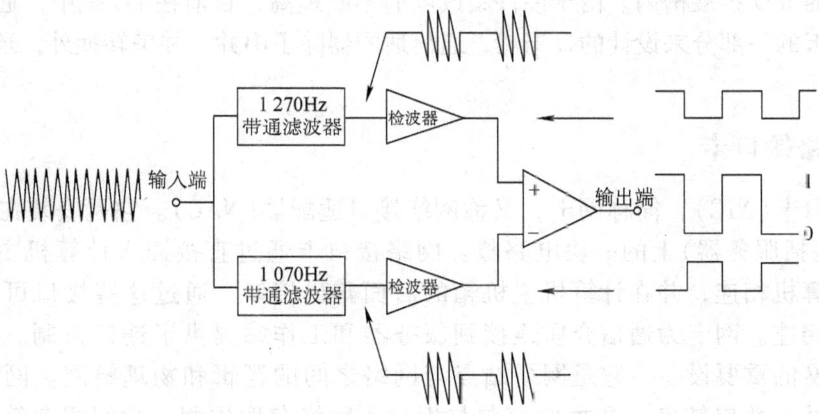

图 2-6 调制解调器接收原理

Modem 有外置式和内置式两种，外置式 Modem 如图 2-7 所示。目前，大多为内置式，内置式 Modem 就像网卡一样，是插在计算机内扩展槽上的。

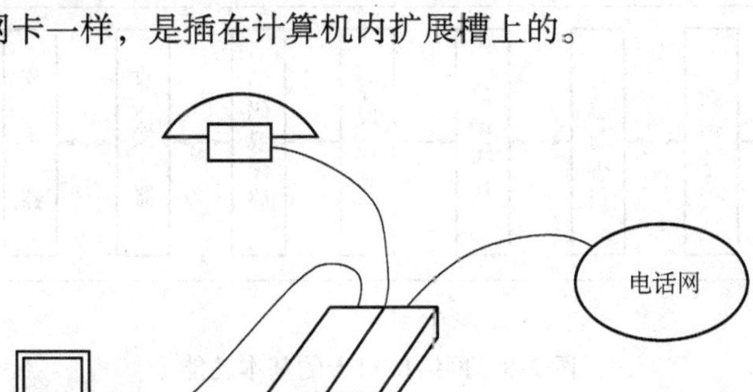

图 2-7 Modem 的接线示意图

2.2.2 异步通信适配器

因为 Modem 是用于数字信号和模拟信号之间变换的串行通信设备，所以必须在数据发送时将计算机内的并行位流转换成与这些设备兼容的串行位流，或在接收时将 Modem 送来的串行位流转换成计算机内的并行位流，完成这个串并、并串转换功能的设备叫通信适配器。通信适配器一般和 Modem 配合使用，以实现计算机的远程通信功能。PC 机适用于通信的适配器种类很多，但按通信规程来划分可分为两种，即异步通信适配器和同步通信适配器，但用得最多的是异步通信适配器。一般与 Modem 通信的异步通信适配器均使用 RS232C 标准(美国电子工业协会于 1973 年推荐的串行通信接口标准)(相应的国际标准为 CCITT 的 V. 24)，主要用于使用模拟信道传输数字信号的场合并作为接口。异步通信适配器有独立的时钟和存储器，是可对其进行编程的硬件，它的参数必须与 Modem 相匹配，一般由软件来设置。在 PC 机上，以前常把异步通信适配器设计成为一块单独的插件板，直接插在 PC 机系统主板上的 I/O 扩展槽内。由于硬件集成度的不断提高，目前在 PC 机中，通信适配器是作为多功能板的一部分来设计的，当然，通信适配器除了串并、并串转换外，还有其他一些功能。

2.2.3 网络接口卡

网络接口卡(NIC)，简称网卡，又称网络接口适配器(NAC)。它是安装在局域网每个网络站点(包括服务器)上的一块电路板。网络接口卡通过直接插入计算机主板上的 I/O 扩展槽与计算机相连，并在计算机主机箱的后面露出接口，通过这些接口可以很方便地与通信介质相连。网卡为通信介质连接到服务器和工作站提供了连接机制。网络接口卡是计算机联网的重要设备，它是网络站点与网络之间的逻辑和物理链路。网卡的基本功能是数据串并和并串转换、数据的打包与拆包、网络存取控制、数据缓存等，其功能方块图如图 2-8 所示。

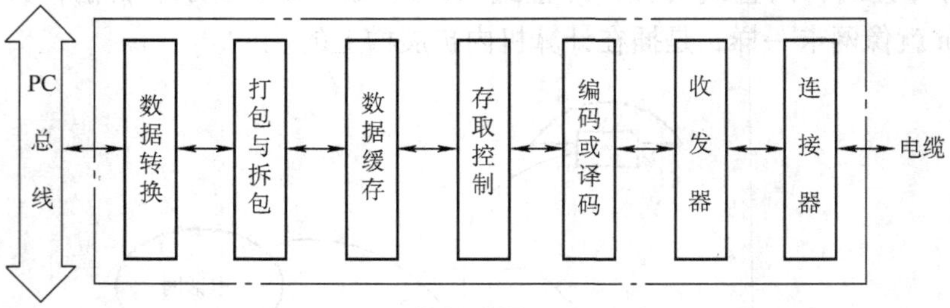

图 2-8 网络接口卡的基本功能

网卡一方面要和网络站点内部的 RAM 交换数据，另一方面又要用网络数据的物理路径所需要的速率和格式发送和接收数据。因为网络站点内的数据是并行数据，而网络是以串行的比特流传输数据的，故网卡必须具备数据并串、串并转换功能。通常网络与工作站通信控制处理器之间的速率并不匹配，为防止数据在传输过程中溢出和丢失，网卡中必须设置数据缓存器作为不同速率的两种设备之间的缓冲。另外，收发器的功能是提供信号驱动、端接匹配、冲突检测与电气隔离，其性能直接影响到网络数据的传输速率、传输距离、可靠性和稳定性。

实现通信协议的软件一般固化在网卡上的 ROM 中，这些软件主要是完成物理层和数据链路层功能的。图 2-9 是一个简单局域网的组网配置示意图，由图也可看出网卡的作用。

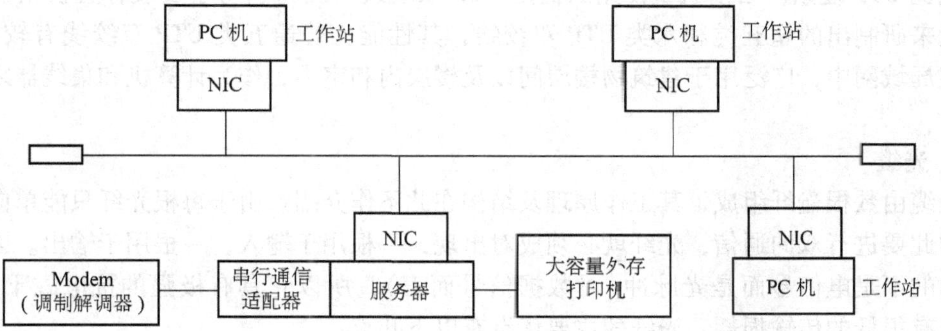

图 2-9　简单局域网的组网配置示意图

2.2.4　传输介质

传输介质也称为通信媒体，它是网络传输信息的物理通路，主要有以下几种传输介质。

1. 双绞线

双绞线是传输模拟信号和数字信号最常用的介质。双绞线由 2 根绝缘导线互相绞合而成，由于 2 根导线扭合在一起会具有抵抗外界电磁场干扰的能力，并且每对导线中由导线辐射出来的电磁波会相互抵消，这样就使双绞线电缆中各对导线之间的互相干扰大大减小。目前计算机网络中使用最多的是 8 芯（4 对）双绞线电缆（因其外径较小，一般都习惯称为双绞线）。双绞线又可分成非屏蔽双绞线（UTP）和屏蔽双绞线（STP），如图 2-10 所示。

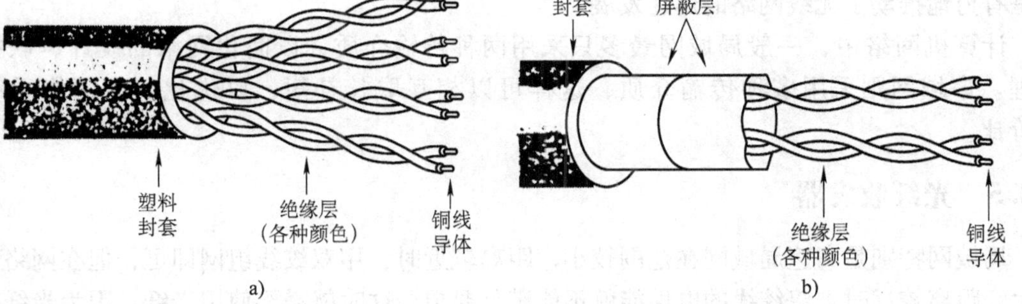

图 2-10　双绞线（TP）
a）非屏蔽双绞线（UTP）　b）屏蔽双绞线（STP）

常用的 UTP 双绞线有三类、五类、超五类及六类之分，三类符合 10Base—T 标准，其中 10 表示数据传输速率为 10Mbit/s，Base 表示基带传输，T（Twisted-pair）表示双绞线标准；

五类线符合100Base—T标准。计算机网络用的UTP双绞线在安装上通常与电话系统相同，每条UTP双绞线的两端通过RJ—45(4对线)或RJ—11(2对线)插头与网络设备连接，每个网络段长度一般不能超过100m。STP的抗干扰性能优于UTP，其数据传输速率也高于UTP，在100m内可达200Mbit/s，它的最大使用距离可达几百米，但STP的成本高于UTP，安装接线也比UTP复杂。目前大量使用的仍是UTP双绞线，因为它易于安装，且价格便宜，特别是近来研制出的超五类和六类UTP双绞线，其性能比普通五类UTP双绞线有较大提高，目前在局域网中，广泛用于建筑物楼层间以及楼层内和室内，作为计算机和集线器之间的连接线。

2. 光缆

光缆由数根光纤组成，其工作原理及结构在此不作介绍。由于每根光纤只能单向传输信号，因此要进行双向通信，光纤就必须成对出现，一根用于输入，一根用于输出。因为光纤中传输的不是电信号而是光脉冲(对数据信号而言)，所以它具有极强的抗电磁干扰能力，并且只有很低的传输损耗。光纤的主要优点有以下几点：

1）通带宽度非常宽，数据传输速率极高，在10km的距离内可达20Gbit/s，远远大于其他介质的传输速率。

2）误码率极低，一般小于10^{-9}。

3）抗干扰能力极强，几乎不受外界电磁场的干扰。

4）传输损耗很低，其中的光信号可以传输十几千米而不需要使用中继器。

5）超级数据保密性，线路上信号无泄露，很难被窃听。

光纤的主要缺点是：连接比较困难，需用专门设备连接，光纤的分支也很不容易。

随着光缆及光纤设备价格的大幅度下降，目前计算机网络中的传输干线一般均使用光缆。

3. 无线传输介质

无线传输介质有微波、红外线、激光、卫星电波等。利用无线媒介组成的计算机网络也称为无线网络。无线网络的优点是安装、移动及变更都很容易，且不受环境限制，特别适合于海上及空中使用，在军事、野外等特殊场合也非常适用。目前，便携式计算机的大量涌现更是有力地推动了无线网络的迅速发展。

计算机网络中，一般局域网最多只采用两种传输介质，以简化网络的设计、联接和管理。广域网则采用多种传输介质，这样可以相互取长补短，以优化整个网络系统的性价比。

2.2.5 光纤收发器

局域网特别是高速局域网在范围较小、距离较近时，用双绞线组网即可，但在网络范围较大、距离较远时，双绞线的电性能就不能满足要求，这时就需要使用光纤。因为光纤的带宽很宽、损耗很小，所以它能保证数据的传输速率和传输质量。而目前的网卡和集线器等设备一般均不支持光纤，且其上没有相应的光纤接口，因此就必须连接光纤收发器。光纤收发器是用来将光信号变成电信号以及将电信号变成光信号的设备，它有两个接口与光纤跳接线相连，通过光纤跳接线连接光缆中的光纤；它还有一个接口与双绞线相连，双绞线的另一头装有RJ—45插头与网卡或集线器上的RJ—45接口连接。光纤收发器一般都装在与光纤分线盒并列的一个铁盒内，如图 2-11 所示。

2.2.6　集线器

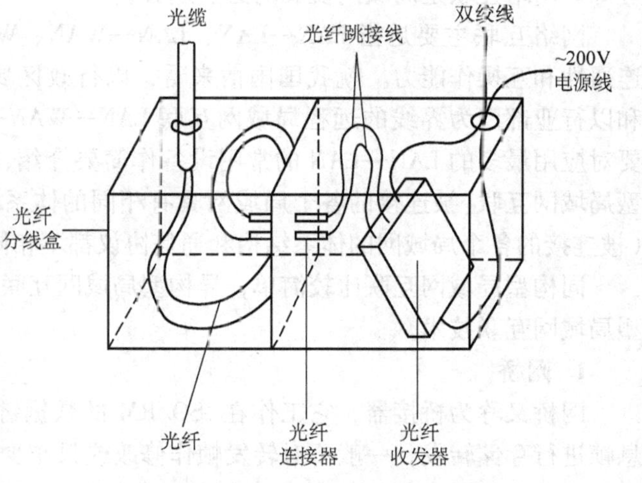

图 2-11　光纤与光纤收发器连接示意图

集线器又称为 HUB。终端集中器主要用于具有远程终端的计算机系统中，它设置在终端密集地区，用低速线路将多个终端连接起来，再与高速线路连接，负责从终端到主机的数据收集和从主机到终端的数据分发，以提高通信效率；而 HUB 主要用于由双绞线组成的局域网中，其他网络结点通过双绞线以星型方式与 HUB 相连，故 HUB 是网络的中央结点，是网络的核心。当其某一端口接收到信号时，HUB 会将其整形、放大后发往其他所有端口，与信号地址相同的工作站则予以接收。HUB 本身可自动检测信号碰撞，每当发生信号碰撞时，会立即发出阻塞信号(Jam)通知其他端口，当某一端口的传输线或工作站发生故障时，HUB 会自动隔离该端口，而不影响其他端口的正常工作，HUB 工作在物理层。目前很多新型的集线器不仅具有中继器的功能，还能起路由器或网桥的作用。

现在，广泛使用一种交换式集线器(Switch HUB)，通常简称为交换机，它与 HUB 一样，也是作为双绞线星型网络的中央结点设备。但交换机的工作原理与普通 HUB 不同，它将某一端口收到的数据根据地址传送到指定端口，而不像 HUB 将数据广播式地传送到所有端口，它比 HUB 的功能更强，工作速率要快得多，它工作在数据链路层。集线器示意图及交换式集线器外形图如图 2-12 所示。

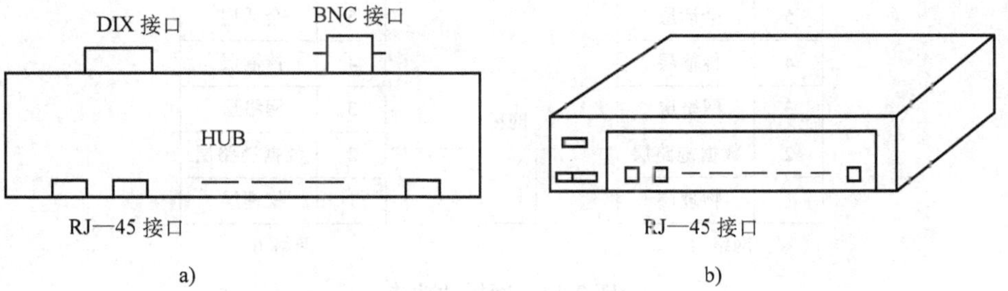

图 2-12　集线器示意图及交换式集线器外形图

a）集线器示意图　b）交换式集线器外形图

BNC 接口—同轴电缆接口　DIX 接口—详见相关专业文献

2.2.7　常用网络互联设备

可以这样理解，人们不满足于单台计算机拥有的资源和它的协作能力，所以把多台计算机联网。同样，人们不满足于单个孤立的网络拥有的资源和协作能力，所以把多个网络进行互联，使原来互不连通的网上计算机，就像连在了一个网上一样，可以相互交换信息、共享资源。网络互联是局域网发展的必然趋势。

网络互联主要是指 LAN—LAN、LAN—WAN、WAN—WAN、LAN—WAN—LAN 之间的连通性和互操作能力。就我国国情来看，以行政区域为界线的本地局域网互联 LAN—LAN 和以行业部门为界线的远程局域网互联 LAN—WAN—LAN，应用会越来越广泛。在这里主要对应用最多的 LAN—LAN 的常用设备作简要介绍，局域网互联的形式主要有两种：同构型局域网互联（被连接的各个局域网具有相同的体系结构和通信协议）、异构型局域网互联（被连接的各个局域网的体系结构和通信协议都不相同）。

同构型局域网互联比较简单，异构型局域网互联则很复杂，网络互联技术主要是指异构型局域网互联技术。

1. 网桥

网桥又称为桥接器，它工作在 ISO/RM 的数据链路层之间，如图 2-13 所示。网桥将信息帧进行存储转发，一般不对转发帧作修改或只作少量修改。例如，在转发前给帧头加一些段落或删除一些场段落，但不涉及上层。网桥有内桥和外桥之分，内桥由文件服务器兼任，它通过在服务器中的多个网卡连接多个网络；外桥由专用微机作为两个网络的互联设备。网桥的作用有两个，一是扩展网络，二是调节网络通信流量。网桥可以在不同介质之间传输数据包和帧，监视网上的每一个数据包，阅读网络数据及其目标地址，并判断目标地址与原发站是否在同一网络上，如果目标地址在另一网络，网桥就把数据传送到另一个网络上去。

还有一种网桥称作远程桥，它利用 Modem 与通信介质（如电话线）实现两个远距离局域网的连接。

网桥主要用于连接下两层异构的 LAN。

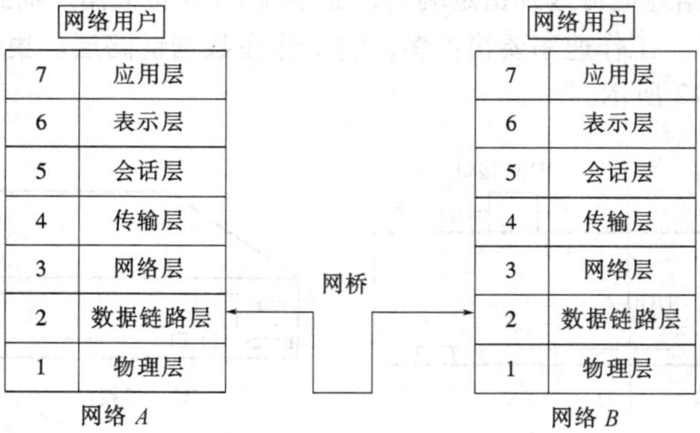

图 2-13　网桥的功能

2. 路由器

路由器是工作在 ISO/RM 的网络层，如图 2-14 所示。路由器在不同的网络之间存储和转发分组数据，从概念上讲，它类似于桥，但是它在网络层进行转换。路由器工作时，根据路径表把用户的数据经过一个或多个路由送往另一个网络上相应的目的地。路由器在多个网络和媒介间提供网间服务，如通过 TCP/IP 协议将若干个以太网连接到 X. 25 公共数据网上，因此，当两个局域网要保持各自不同的管理控制范围时，就需要使用路由器，而不使用网桥。另外，路由器有较强的隔离功能。有时网络中一个设备出现故障则会反复发送同一帧数据，形成所谓的“广播风暴”。但网桥不能识别这类错误，只有盲目转发这些重复帧，网络通频带最终会被这些无用的重复帧所充斥。在一个只有网桥互联的网络中要消除“广播风暴”则只能关闭每一个网桥，但这在网络的日常使用中是不现实的。而采用路由器作为比网桥高一层的网络互联设备会将产生“广播风暴”的网络与其他网络隔开，起到“防火墙”的作用，避免其对整个网络的侵害。

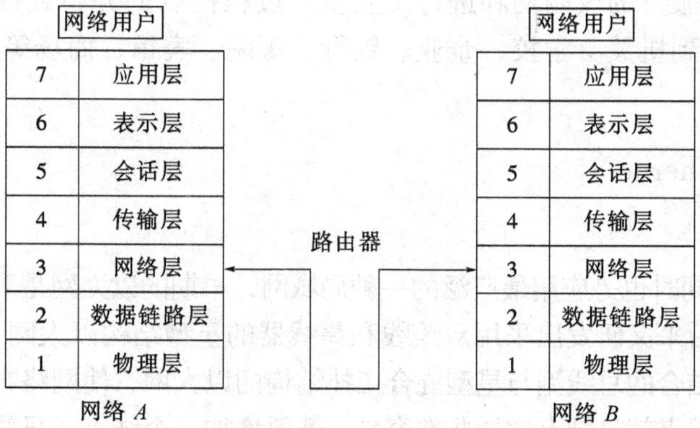

图2-14 路由器的功能

路由器主要用于两个以上异构型局域网的互联，或用于 LAN—WAN 和 WAN—WAN 之中。

3. 网关

网关在数据通信技术中又称协议转换器(Protocal Converter)，它工作在 ISO/RM 中的传输层至应用层，如图2-15所示。网关通过转换不同结构网络之间的协议来互联不同构型的网络，它与路由器不同，它要改变存储和转发的信息帧，并使其与接收端的应用程序相一致，所以网关不仅要连接分离的网络，还必须确保一个网络传输的数据与另一个网络的数据格式兼容。充当网关设备的一般是专用微型计算机或文件服务器，网关计算机运行两类系统间协议转换的程序，并实现数据传输和协议对话。

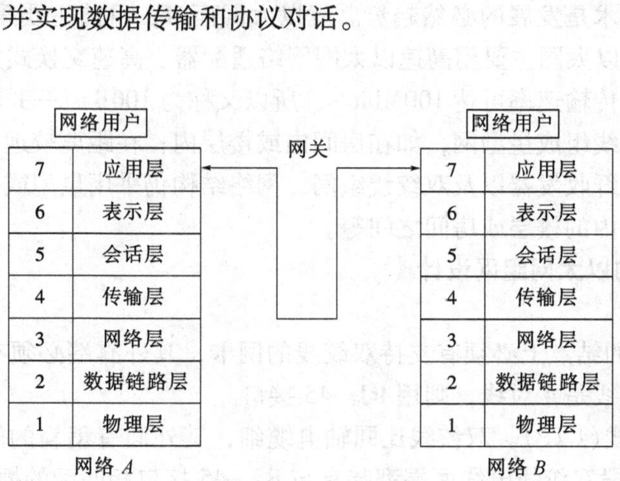

图2-15 网关的功能

课题3 局域网简介

局域网的发展始于20世纪70年代，至今仍是网络领域中一个最活跃的分支。

局域网主要用于办公自动化系统、工厂自动化系统、企业管理信息系统、生产过程实时控制、军事指挥和控制系统、辅助教学系统、医药管理系统、银行金融系统、商业系统等。例如，为教学和科研服务的校园网和进行工业生产过程控制的分布式控制网等都是局域网。现在，局域网已渗透到机关、学校、企业、银行、医院、宾馆、商场等各个部门，其应用前景非常广阔。

2.3.1 以太网(Ethernet)

1. 以太网概述

以太网是最灵活同时也是应用最广泛的一种局域网，早期的以太网是采用同轴电缆作为传输介质的总线型结构，后来又研发出采用双绞线和集线器的星型结构以太网，以及采用同轴电缆、双绞线和集线器三者结合的总线型与星型混合拓扑结构的以太网，使网络布局和使用更加灵活方便。星型网络的最大优点就是结点增加非常容易，若要增加一个结点，只需将该结点用双绞线直接与某台集线器相连即可，对原网络的运行没有丝毫影响；假如某个结点出现故障，也不会影响到整个网络的正常运行，进行维护时，只要将该结点从集线器上取下来即可。

一般各种网络操作系统均可支持几种网络拓扑结构、几种传输介质和相应的介质访问控制方法，这主要体现在网络的数据链路层上，更确切地说，是体现在网络操作系统所支持的不同种类的网卡及其驱动程序上，即根据不同情况采用不同的网卡及其驱动程序，且对网络上层是屏蔽的。以太网采用的传输介质通常是同轴电缆和双绞线。同轴电缆中又分为粗缆和细缆，双绞线组成的星型网和细缆组成的总线型网一般适宜在建筑物的同一楼层内或同一房间内组网，粗缆适合于连接相邻建筑物之间的两个网络。但从目前的发展情况看，由于信息流量增加很快，对网络的传输速度和带宽提出了更高的要求，故普通网络已显得力不从心，因而采用高速网络技术是发展的必然趋势。就以太网而言，目前主要采用高速以太网(Fast Ethernet)技术。高速以太网主要用高速以太网网络适配器、高速交换式集线器和五类非屏蔽双绞线组网，其数据传输速率可达100Mbit/s，所以又称为100Base—T网。高速以太网在距离较近时，可用双绞线组成星型网，如在房间内或楼层内；在距离较远时，为保证速率和带宽，就采用光缆和光纤收发器以及双绞线组网，网络结构仍采用星型或多级星型，如在建筑物之间或大型建筑物内的楼层或房间之间等。

2. 双绞线构成的以太网组网设计

(1) 硬件设备

1）网卡。网络的结点上必须有支持双绞线的网卡，其外露端必须有一个能与双绞线相接的接口，一般双绞线是4对线，则用RJ—45接口。

2）非屏蔽双绞线(UTP)。双绞线比同轴电缆细，其外面有稍扁的塑料外套，常用的是4对双绞线电缆，每段双绞线电缆两端都装有与RJ—45接口相匹配的插头。

3）集线器(HUB)。HUB作为网络的中心，网络各个结点通过双绞线电缆连接到HUB上的RJ—45接口。

另外，硬件设备还有网卡和 RJ—45 插头，如图 2-16 所示。

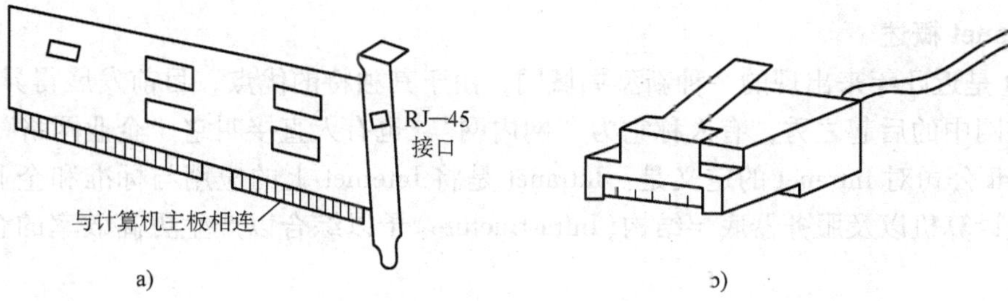

图 2-16　双绞线以太网硬件

a) 网卡　b) RJ—45 插头

(2) 组网设计　双绞线以太网一般均采用 8 芯(4 对)非屏蔽双绞线(UTP)，网络结点通过双绞线以集线器(HUB)为中心作星形连接。同时，集线器也可以作为一个结点与另一个集线器连接，这样结点扩充就非常容易。

常用的双绞线分三类和五类两种，三类双绞线符合 10Base—T 标准，其传输速率为 10Mbit/s，联网时三类线的长度一般不能超过 100m，五类双绞线符合 100Base—T 标准，其传输速率为 100Mbit/s，五类线联网时的长度一般不能超过 200m 。目前，广泛采用的超五类和六类双绞线的数据传输速率在 100Mbit/s 以上，其电性能指标比普通五类线有很大提高，联网时超五类和六类双绞线的最大长度可达 300 ~ 500m。用集线器组网时结点数最多为 250 个，用交换机组网时结点数最多为 400 个。

一个由三级 Switch HUB 和 HUB 组成的以太网如图 2-17 所示。

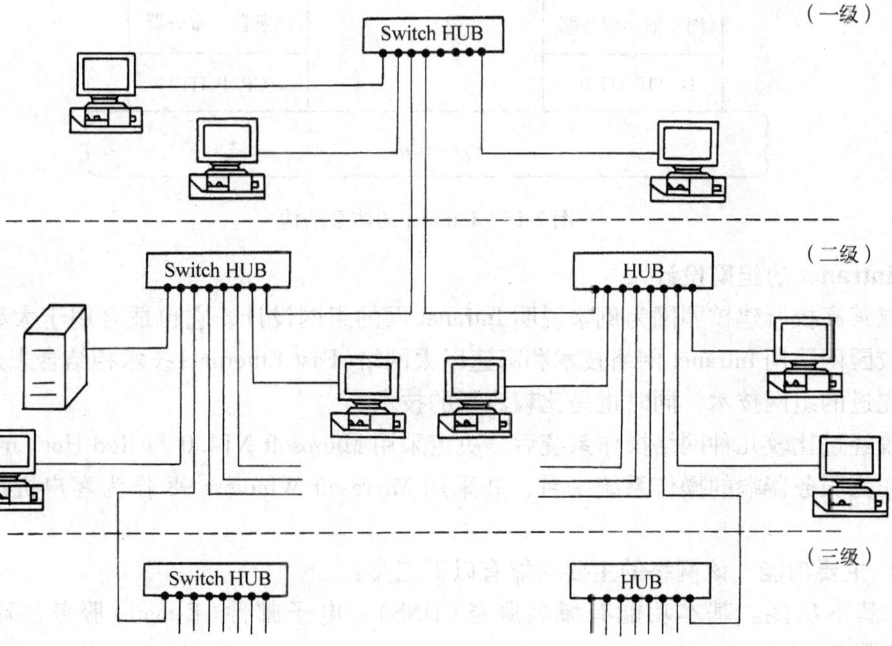

图 2-17　由三级 Switch HUB 和 HUB 组成的以太网

2.3.2 Intranet

1. Intranet 概述

Intranet 是近几年来出现的一种新型局域网，由于其独特的优点，目前发展得异常迅速，已成为局域网中的后起之秀，有人称它为“网内网”，也有人直接叫它“企业网络”。

Microsoft 公司对 Intranet 的定义是：Intranet 是将 Internet 上的应用与标准和企业既有的网络、桌上计算机以及服务器底层结构（Infrastructure）予以综合以产生更高效率的企业管理系统。

Intranet 是以 Internet 的 WWW 技术为基础建立的企业信息网。具体来讲，就是把“客户机—服务器”模式中的客户机运行的应用软件放在称为 Web 的服务器上运行，则客户机上只需运行浏览器软件就能访问 Web 服务器上的应用程序，而该应用程序再通过数据库接口去访问数据库服务器的信息，这样就形成了“二级客户机—服务器”模式。其中第一级是 Web 服务器上的 Web 应用软件作为客户端去访问数据库服务器，第二级是网络客户机通过浏览器和网络去访问 Web 服务器。

Intranet 的体系结构可分为以下五个层次，即应用、Web 文件编辑工具、内容及语言、浏览器与服务器、通信协议，如图 2-18 所示。

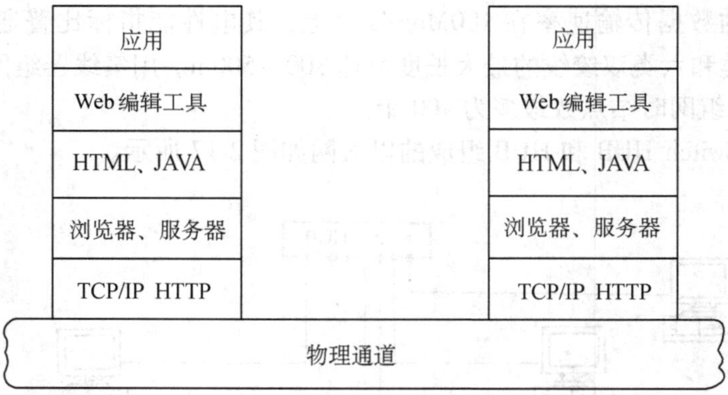

图 2-18 Intranet 的体系结构

2. Intranet 的组网设计

现以某高校所建校园网为例来说明 Intranet 网的组网设计，它也适合用于大型智能建筑中。该校园网采用 Intranet 网络技术和高速以太网络（Fast Ethernet）技术相结合来建立，这是目前较先进的组网技术，同时也是比较流行的技术。

该校经过比较几种网络操作系统后，决定采用 Microsoft NT4.0 与 Red Hot Linux6.0 组合的模式作为服务器端的操作系统平台，并采用 Microsoft Windows 98 作为客户机端的操作系统平台。

（1）主要功能 该网络的主要功能有以下三类：

1）基本功能。基本功能有域名服务（DNS）、电子邮件（E-mail）服务、环球信息网（WWW）服务。

2）其他服务功能。其他服务功能有新闻讨论组（New Group）服务、文件传输服务

(FIP)等。

3）应用功能。采用 WWW 技术，并与动态的数据库连接，实现数据库的应用功能。

该校根据具体情况，将整个网络设计成由校内主干网和各教学单位及部门的子网组成的二级星形以太网的结构形式，如图 2-19 所示。

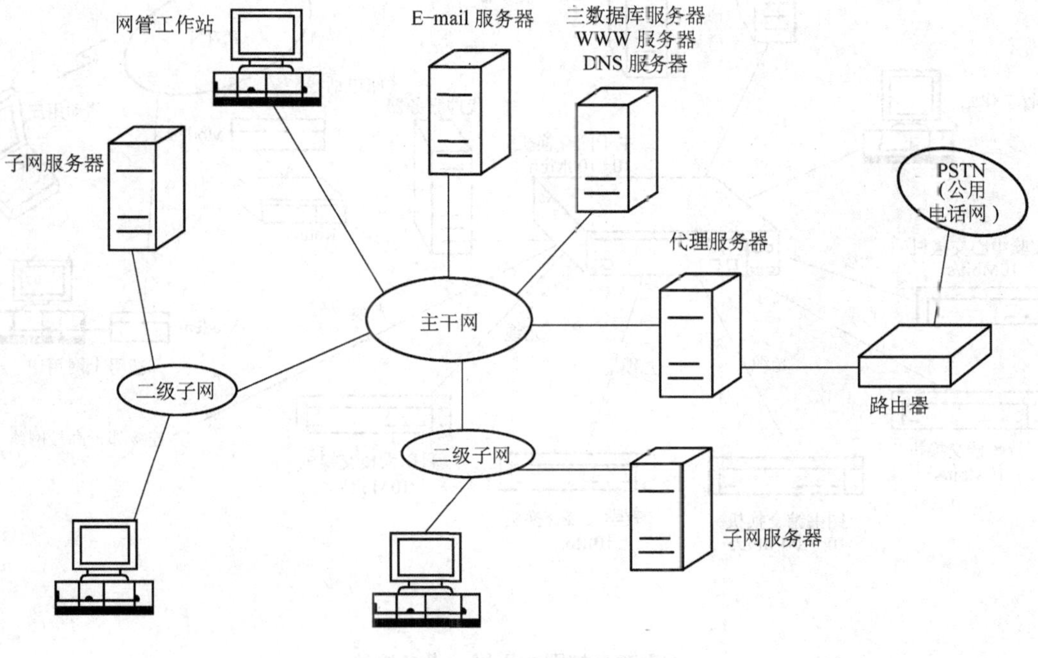

图 2-19 校园网二级结构图

(2) 主干网设计

1）主干网的设计方案。

(a) 采用先进的高速以太网技术，在全校信息中心(设在中心机房内)设置一台主干网高速交换机(即交换式集线器)，以星型方式分别连接图书馆、教学大楼等各单位和部门的子网以及邻近各高校的网络，实现信息中心与学校各单位和部门以及外校的快速连接。

(b) 信息中心设置两台主服务器，面向全校提供主数据库服务、WWW 服务和 E-mail 服务等，两台主服务器用超五类双绞线连接在主干网交换机上。

(c) 中心机房在校直属机关楼内，处于学校中央的位置，与各单位和部门的距离在 200～400m 左右。因为距离较远，所以选用光纤作为传输介质，这样可以充分保证数据传输速率不受影响，同时还能大大增强抗各种电磁干扰的能力，使网络信息快速、可靠地传输。

(d) 由于学校申请的 IP 地址较少，为了满足较多用户访问 Internet 的需要，设置了一台代理服务器，代理服务器又连接路由器，路由器再通过串行接口连接调制解调器，最后连到公共电话网(PSTN)上，从而进入 Internet。代理服务器也设置于信息中心，用超五类双绞线连在主干网交换机上。

(e) 将主干网交换机用光缆与邻近各高校(相隔 1km)的校园网连接，再通过邻近各高校的校园网连接中国教育科研网。校园主干网的设备连接如图 2-20 所示。

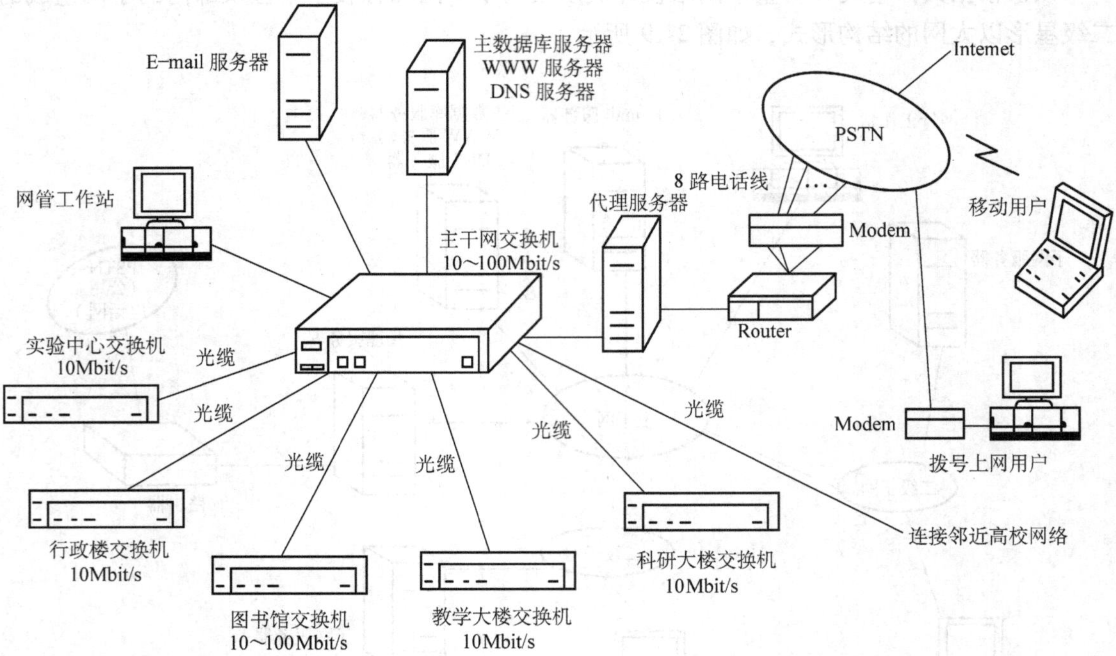

图 2-20 校园主干网的设备连接
PSTN—公用电话网 Router—路由器

2）主干网的设备选型与配置。经过考查比较后，主干网交换机选用了美国 Cisco 公司的产品，在校直属机关楼 7 层的信息中心装备了一台 Cisco Catalgst 2924XL(100Mbit/s)高速以太交换机作为主干网交换机，它有 24 个 10Mbit/s—100Mbit/s 交换自适端口(均为 RJ—45 接口)。主干网服务器选用了两台 HP CH3 型服务器。因为建网初期电子邮件较多，主数据库信息还相对较少，所以专门用一台作为 E-mail 服务器，另外一台作为提供主数据库服务、WWW 服务、DNS 服务等的服务器，今后根据具体情况还可作相应调整。这两台服务器通过 100Base—TX 接口用超五类双绞线与主干网交换机连接，从而保证了主服务器信息的高速传输。代理服务器选用了一台深圳宏基公司的 ACER 1100 型服务器，也用超五类双绞线与主干网交换机相连。光缆选用了天津产 LE 型铠装 6 芯多模光缆(多余光纤留作备用)，光缆两端接入光纤分线盒内，然后通过光纤连接器和光纤跳接线与相邻盒内的光纤收发器连接，如图 2-11 所示。光纤收发器选用了美国产 100MD—Link 型光纤收发器。

(3) 二级子网设计

1）二级子网的设计方案。

(a) 以主干网交换机为中心，用星型方式连接各个网络工作站，也可以再往下分级连接集线器(HUB)，使系统具有更大的灵活性和可扩展性。学校第二步拟在教职工宿舍楼及学生宿舍楼设置子网交换机，使师生的计算机能方便地与校园网连接。

（b）每个子网设置一台子网服务器，存储各单位、部门有关的专业信息。

（c）因为一个子网一般都在一幢建筑物内，连接子网服务器与每个工作站的电缆长度一般都在 150m 以内，所以选用了超五类双绞线作为子网服务器与每个工作站的连接线，完全能够保证数据传输速率。

2）二级子网的设备选型与配置。总共有五台子网交换机，在行政大楼、教学大楼、研究大楼、实验中心大楼和图书馆各设置一台 Cisco Catalgst 1924XL 交换机。每台交换机有 24 个 10Mbit/s 交换自适端口和 2 个 100Mbit/s 上联端口（均为 RJ—45 接口），其中所有的 10Mbit/s 交换端口均连接子网工作站（和 HUB），一个 100Mbit/s 上联端口通过光纤收发器和光缆连接主干网交换机，另一个连接子网服务器。因为图书馆子网的信息传输量大，所以设置了一台 Cisco 100Mbit/s 交换机（与主干网交换机型号相同）。各个子网均采用超五类双绞线布线，连接光纤收发器与交换机的双绞线也用这种线。一个二级子网的设备连接示意图如图 2-21 所示。因为与实验中心连网的工作站较多，所以在子网交换机下面又分二级连接 HUB。选用了五台深圳宏基公司的 ACER 1100 型服务器分别作为各单位、部门的子网服务器，各个服务器通过 100Base—TX 接口并用超五类双绞线与子网交换机相连。

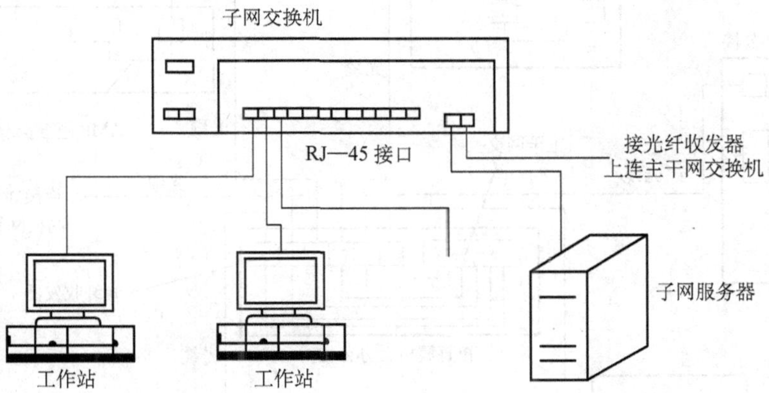

图 2-21　二级子网的设备连接

当校园网内工作站进入 Internet 时，其传送的信息将先依次经过子网交换机、光缆、主干网交换机、代理服务器、路由器、Modem，然后进入 PSTN（公用电话网），再进入 Internet。反之，外部来自 Internet 的用户或其他上网用户可通过拨号方式访问该校网络。这种远程联网除速度较低外，联网效果与本地网是一样的。

后来，该校从市电信局申请接了一条 N—ISDN（窄带综合业务数字网，简称 ISDN）用户线与校园网相连。连接方式是代理服务器通过一个外置式 ISDN 适配器与从电信局接来的 ISDN 线（双绞线）连接。ISDN 支持包括话音和非话音在内的多种电信业务，可以在一条用户线上组合不同类型的终端，例如把电话机、传真机、微机连在一起，这样就能够同时打电话、发传真和传数据，实现“一线通”。用户通过 ISDN 进入 Internet，其速度比通过 PSTN 要快得多。此外，学校与网通公司商议，将校园网与网通的光纤宽带网连接。这样，用户通过宽带网进入 Internet 的速度比通过 ISDN 更快。

图 2-22 为该校校园网光缆及主干网主要设备连接示意图。

校园网中心机房设在校直属机关办公楼 7 层(顶层)，主干网交换机、服务器等设备放置在中心机房内。为保证网络安全及运行的可靠，在中心机房设置了一台大容量在线式 UPS(APC Smont,2kVA,8h)。因为校直属机关办公楼的子网距离信息中心较近，所以没有单独设置子网交换机，而是由 HUB 连接成二级星型结构再用超五类双绞线与主干网交换机相连。校直属机关办公楼 7 层网络平面图如图 2-23 所示，图中同时绘出了中心机房内主要设备的接线示意图。1 ~ 7 层每层设置了两个 HUB，每个 HUB 与各室内的工作站之间以及 HUB 与 HUB 之间均用超五类双绞线连接，每层左边的 HUB 连接到中心机房内主干网交换机上。HUB 设置于楼道吊顶内，所有电线和电缆均沿吊顶暗敷，然后沿墙暗敷进入室内出线盒。

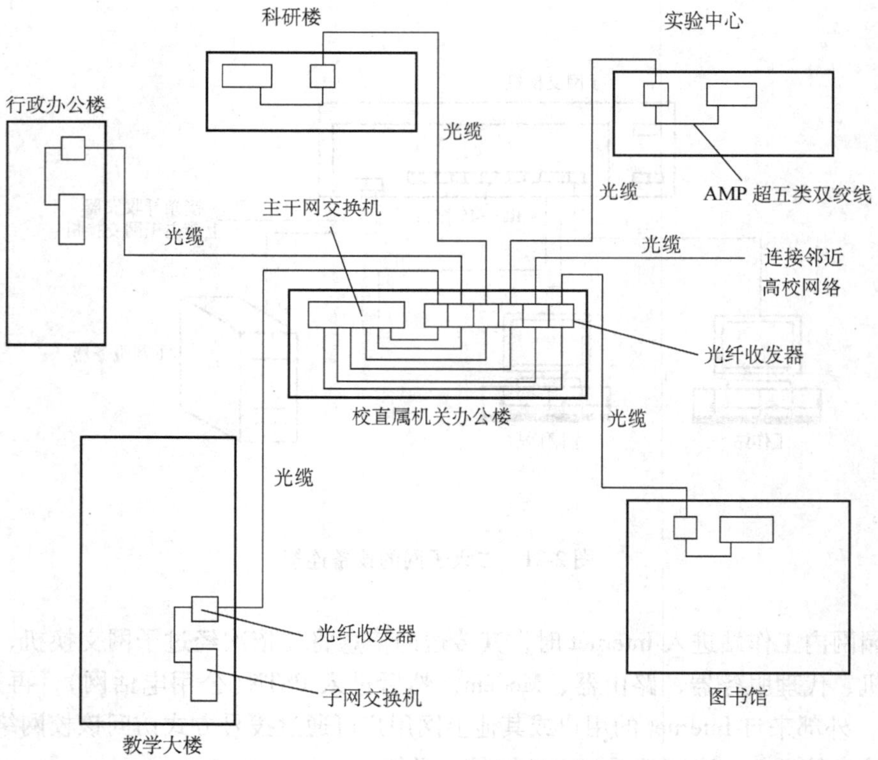

图 2-22 校园网光缆以及主要设备连接图

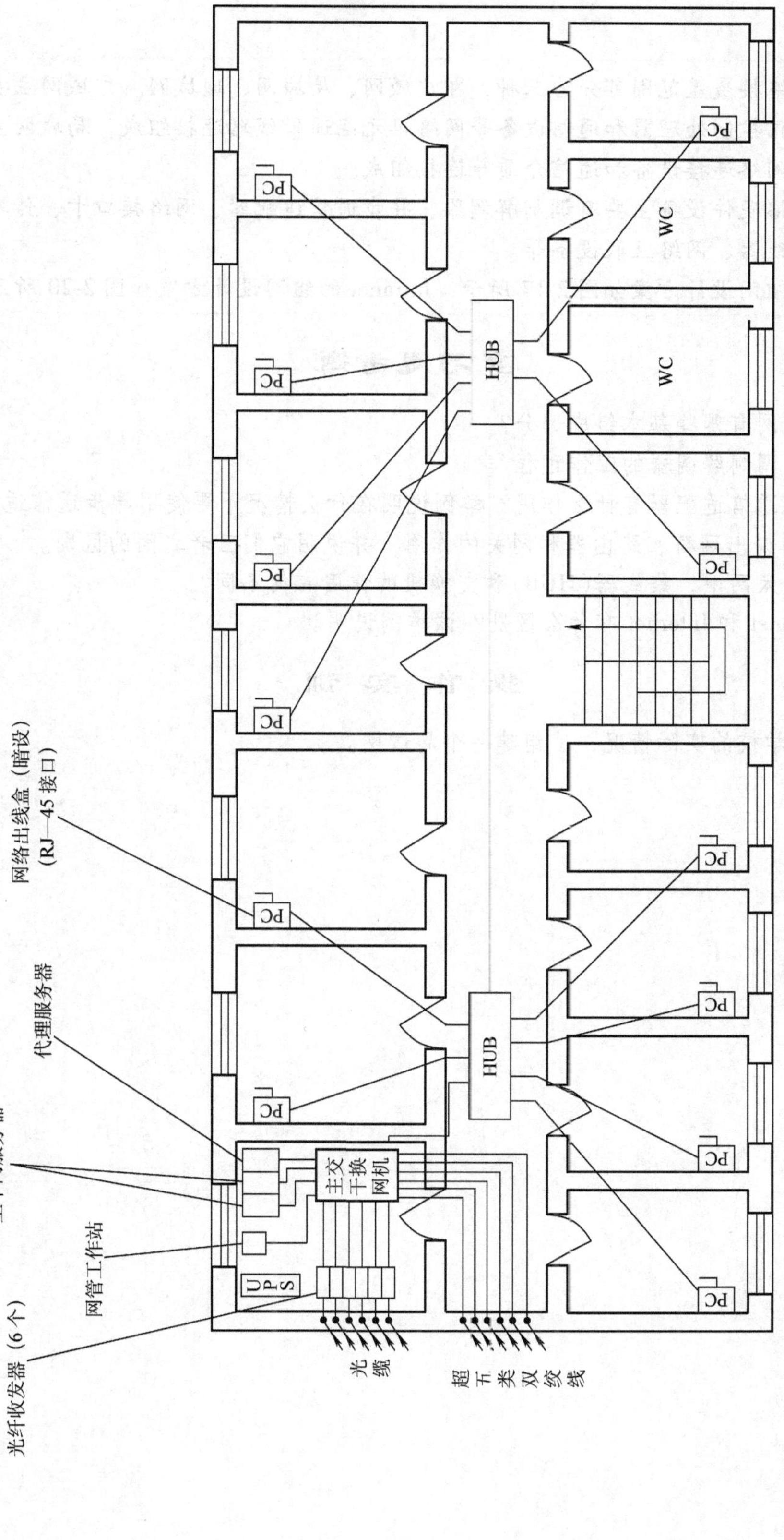

图 2-23 校直属机关办公楼 7 层（顶层）网络布线平面及中心机房设备接线示意图

单元小结

计算机网络按覆盖范围可分为三种，即广域网、局域网、城域网。广域网主要由主计算机、终端、通信控制处理器和通信设备等网络单元经通信线路连接组成。局域网主要由服务器、客户机、网络连接设备和通信介质等连接组成。

常见的网络硬件设备主要有调制解调器、异步通信适配器、网络接口卡、传输介质、光纤收发器、集线器、网络互联设备等。

以太网的组网设计方案如图2-17所示，Intranet的组网设计方案如图2-20所示。

复习思考题

2-1 局域网有哪些基本组成部分?

2-2 简述调制解调器的工作过程。

2-3 异步通信适配器有什么作用？举例说明在什么情况下要使用异步通信适配器。

2-4 分别说出网桥、路由器和网关的作用，并说明它们三者之间的区别。

2-5 在以太网中，集线器(HUB)和交换机的作用有何不同?

2-6 Intranet和Internet有什么区别？试举例说明。

操作实训

根据你们学校的实际情况，试组建一个局域网。

单元 3　综合布线系统

【单元概述】

本单元主要介绍综合布线的基本概念，说明了综合布线系统的基本组成及其常用的硬件设备。

【学习目标】

掌握综合布线系统的基本概念并对综合布线系统有一定的了解。通过对常月硬件设备的学习，能够对各设备在综合布线系统中的作用有一定的认识。

课题 1　综合布线系统的概念

综合布线系统（Premises Distribution System，PDS）是一种集成化通用传输系统，又称为信息高速公路，它利用双绞线（STP 或 UTP）或光纤来传输智能建筑群内的语音、数据、图像及其他控制信号等。它是智能建筑连接 3A（BAS、CAS、OAS）系统中各种控制信号及信息的基础性设施。

3.1.1　综合布线系统的产生

PDS 的产生是与通信自动化和办公自动化的发展密切相关的。

1984 年美国首座智能建筑出现后，传统布线系统的缺点就日益暴露出来。在传统布线系统中，电话交换机、电脑网络、保安监控系统、火灾报警系统、有线电视（CATV）系统及 BA 控制系统等都是各自独立的，各系统又分别由不同的设计厂商设计和安装，布线时也采取不同的线缆和不同的终端插座，例如，有线电视系统采用射频同轴电缆，电话交换机和公共广播采用一对双绞线，保安监控系统采用视频同轴电缆，电脑局域网（LAN）采用双绞线、同轴电缆或光纤（Fiber），这些不同设备都使用不同的布线材料来构成网路。同时，连接这些不同布线材料的插头、插座接头及配线架均无法互相兼容，故传统布线系统存在许多缺陷，主要有以下几点：

1）设计复杂，各系统互不关联且不能兼容，需各自独立设计。

2）系统布线时，工程施工协调工作量大，工程造价高；工程完毕后，对系统统一管理困难。

3）因缺乏统一标准而没有统一的传输介质，系统一经确定就不能随意更改，灵活性差，以致当办公环境改变需调整终端机和电话机的位置或者某一系统由于技术的发展需要更新升级时，就必须更改布线系统。而在传统布线结构下，办公室空间的重新规划以及系统的更新都是非常耗费时间和投资的工作。

随着经济和技术的发展，语音和数据系统中对信息共享的需求日趋迫切，这样就需要一个系统化的网络解决方案。从性能来说，一套能适合商务活动需要的布线系统必须具有更宽的频带和更高的传输速率。

在上述背景下，美国 AT&T 公司 Bell 实验室的专家们经过多年的研究，并在对公司的办公楼及工厂试验成功的基础上，于 20 世纪 80 年代末在世界上最先推出了综合布线系统，其代表产品是 SYSTIMAX™PDS(建筑与建筑群综合布线系统)。

3.1.2 综合布线系统的特点

综合布线系统使用美国 AT&T 公司 Bell 实验室精心研究设计的一系列高质量标准布线材料，其突出特点有以下几个方面：

1. 兼容性

综合布线系统的最大特点就是包容、开放。无论任何系统且不管何种设备，都可以使用同一种布线方式，来实现各自的要求并完成各自的功能。

2. 实用性

布线系统实施后，能满足现有的应用要求和未来的发展需要。综合布线系统应能实现语音、数据、图像的传输和多媒体及信息管理等功能。

3. 灵活性

布线系统能满足灵活应用的要求，在任何一个信息插座上都能连接不同类型的终端设备，如个人计算机、可视电话机、双音频电话机、可视图文终端、G3 或 G4 类传真机等。

4. 模块化

综合布线系统中的水平布线固定地分布于整个建筑物中，其余皆为积木式的标准元件，这样由插座到布线架上的集线器等都可以自由安装，以便日后的管理和扩展。

5. 扩展性

布线系统是可以扩展的，以便将来技术更新或业务发展时能根据需要扩展网络，即能很容易地将设备扩展进去。

6. 经济性

布线系统中所用的传输介质设备足够应付将来技术的快速发展，现阶段的投资也能被充分利用及保护。

7. 互补性

采用互补的设计方法，避免因单一元件损坏而影响日常操作。

综合布线系统不仅具有很高的可靠性、先进性，还有易维护的特点和优良的性能价格比，可保证布线系统 15 年不落后。这些都极大地满足了用户发展的需求。

3.1.3 综合布线系统的等级

建筑物综合布线系统一般有三种不同的等级，即基本型综合布线系统、增加型综合布线系统、综合型综合布线系统。

1. 基本型综合布线系统

基本型综合布线系统方案是一个经济有效的布线方案，它支持语音或综合型语音/数据产品，并能够全面过渡到数据的异步传输或综合型布线系统。它的基本配置为：每个工作区有一个信息插座；每个工作区有一条水平布线的 4 对线 UTP 系统；完全采用 110A 交叉连接硬件，并与未来的附加设备兼容；每个工作区的干线电缆至少有 2 对双绞线。

基本型综合布线系统具有如下特性：能支持所有语音和数据的传输应用；支持语音、综合型语音/高速数据传输；便于维护人员进行维护、管理；能支持众多厂家的产品设备和特殊信息的传输。

2. 增加型综合布线系统

增加型综合布线系统不仅具有增加功能的余地，而且还支持语音和数据的传输应用（如图像、影像、影视、视频会议等），并能利用接线板进行管理。它的基本配置为：每个工作区有两个以上的信息插座；每个信息插座均有水平布线的 4 对线 UTP 系统；完全采用 110A 交叉连接硬件；每个工作区的干线电缆至少有 3 对双绞线。

它的特点为：每个工作区有两个信息插座，灵活方便、功能齐全；任何一个信息插座都可以提供语音和高速数据传输；便于管理；能为多个厂商提供服务于环境的布线方案。

3. 综合型综合布线系统

综合型综合布线系统是将双绞线和光缆同时纳入建筑物的布线系统。它的基本配置为：建筑物的干线或水平布线子系统中配置有直径为 62.5μm 的光缆；每个工作区的电缆内配有 4 对双绞线。

它的特点为：每个工作区有两个以上的信息插座，不仅灵活方便，而且功能齐全；任何一个信息插座都可供语音和高速数据传输；有一个很好的环境为用户提供服务。

课题 2　综合布线系统的组成

综合布线系统由六个子系统组成，包括工作区子系统、水平布线子系统、管理子系统、垂直干线子系统、设备间子系统及建筑群室外连接子系统，如图 3-1 所示。由于采用星型结构，任何一个子系统及其他系统都可独立地接入布线系统中。因此，系统易于扩展，布线也易于重新组合，同时也便于查找及排除故障。

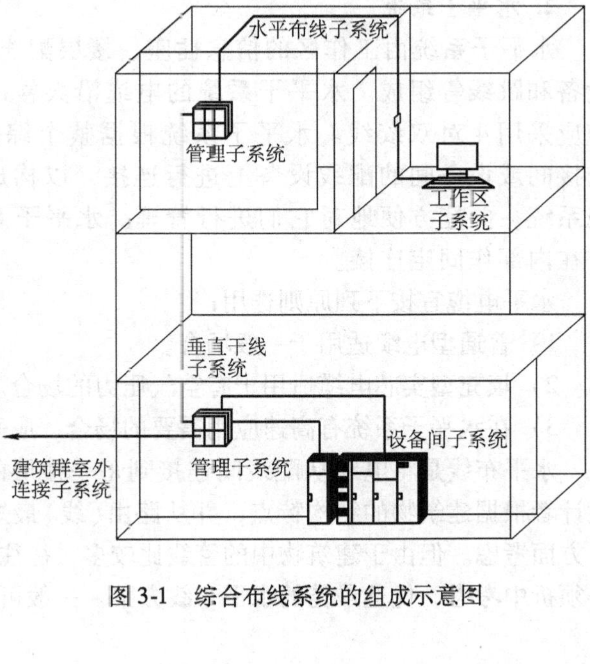

图 3-1　综合布线系统的组成示意图

1. 工作区子系统

工作区子系统由终端设备连接到信息插座的连线（或软线），该子系统包括水平布子系统的信息插座、连接信息插座与终端设备的跳线以及适配器，如图 3-2 所示。工作区的服务面积一般可按 5 ~ 10m^{2}估算，工作区内信息点的数量可根据相应的措施及设备等级要求设置。工作区的每个信息插座都应该支持电话机、数据终端、计算机及监视器等终端设备。同时，为了便于管理和识别，有些厂家的信息插座会做成多种颜色：黑、白、红、蓝、绿、黄，这些颜色的设置应符合 EIA/TIA 606《民用建筑通信管理标准》。

(1) 工作区适配器的选用　工作区适配器的选用应符合下列几点要求：

1) 在设备连接处采用不同信息插座的连接器时，可以用专用电缆或适配器。

2) 当在单一信息插座上进行两项服务时，应用 Y 型适配器。

3) 在配线(水平)子系统中选用的电缆(介质)类别不同于设备所需的电缆(介质)类别时，应采用适配器。

4) 在连接使用不同信号的数模转换或数据速率转换装置时，应采用适配器。

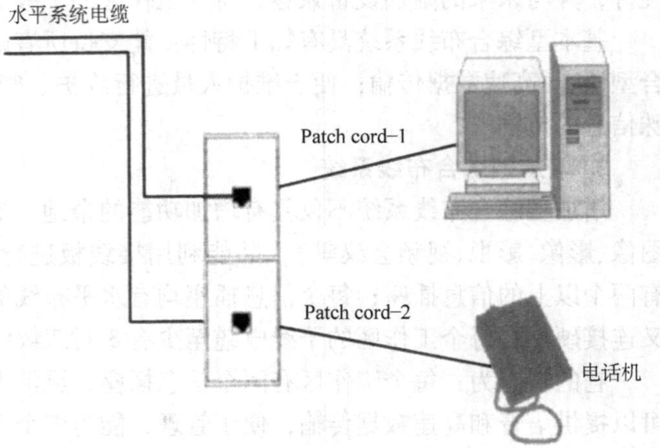

图 3-2　工作区子系统示意图
Patch cord—跳接线

5) 由于网络规程的兼容性，可采用适配器。

6) 根据工作区内不同的电信终端设备(如 ISDN 终端)可配备相应的终端适配器。

(2) 信息插座连接技术要求　每个工作区至少要配置一个信息插座盒。对于难以再增加插座盒的工作区，至少安装两个分离的插座盒。终端设备和信息插座之间用 4 对双绞线连接。模块化信息插座是为所有的综合布线系统推荐的标准插座，它的 8 针结构为单一 I/O 配置提供了支持数据、语音、图像(或三者结合)所需要的灵活性。

I/O 插座分为嵌入式和表面安装式两种。一般新建建筑物采用嵌入式的 I/O 插座，而现有建筑物采用表面安装式的 I/O 插座。

2. 水平子系统

水平子系统由工作区的信息插座、楼层配线设备至信息插座的水平电缆、楼层配线设备和跳线等组成。水平子系统的电缆沿大楼的地板或顶棚布线。一般情况下水平电缆应采用 4 对双绞线。水平子系统根据整个综合布线系统的要求，应在二级交接间、交接间或设备间的配线设备上进行连接，以构成电话系统、数据系统、电视系统和监视系统，并能方便地对它们进行管理。水平子系统的电缆长度应小于 90m，信息插座应在内部作固定连接。

水平电缆宜按下列原则选用；

1) 普通型电缆适用于一般场合。

2) 填充型实芯电缆适用于有空气压力的场合。

3) 在水平子系统有高速应用需要的场合，应采用光缆(即光纤)。

水平布线是将电缆从配线间连接到每一楼层的工作区的信息输入/输出(I/O)插座上。设计者根据建筑物的结构特点，并从路由(线)最短、造价最低、施工方便、布线规范等几个方面考虑。但由于建筑物中的管线比较多，往往会造成一些冲突，所以设计水平子系统时必须折中考虑，优选最佳的水平布线方案。一般可采用以下三种方式，即直接埋管式；先走吊顶内线槽再走支管到信息出口的方式；适合大开间及后打隔断的地面线槽方式 。其他方案都是这三种方式的改良型或综合型。

3. 垂直子系统（干线子系统）

垂直干线子系统由设备间的配线设备和跳线以及设备间至各楼层交接间的连接电缆组成。它是建筑物内的主干电缆，是楼层之间垂直（或水平）干线电缆的统称。在确定垂直子系统所需要的电缆总对数之前，必须先确定电缆中语音和数据信号的共享原则。对于基本型每个工作区可选定2对双绞线，对于增强型每个工作区可选定3对双绞线，对于综合型每个工作区可在基本型或增强型的基础上增设光缆系统。如果设备间与计算机机房处于不同的楼层，而且需要把语音电缆连接至设备间，把数据电缆连接至计算机机房时，则应在设计中选取不同的干线电缆或干线电缆的不同部分来满足不同路由语音和数据的需要。必要时，也可以采用光缆系统予以满足。干线的拓扑结构有星型拓扑、总线型拓扑、环型拓扑、树型拓扑等。

布线走向应选择干线电缆最短、最安全和最经济的路由。建筑物有两大类型的通道，即封闭型和开放型，一般宜选择带门的封闭型通道敷设干线电缆。

封闭型通道是指一连串上下对齐的交接间，每层楼都有一间，电缆竖井、电缆槽、管道、托架等将穿过这些交接间的地板层。每个交接间通常还有一些便于固定电缆的设施和一些消防装置。

开放型通道是指从建筑物的地下室直至楼顶的一个开放空间，中间没有任何楼板隔开，如通风通道或电梯通道。开放型通道不能敷设干线电缆。

4. 管理子系统

管理子系统设置在楼层中配线设备的房间内，是水平布线子系统电缆端接的场所，也是主干系统电缆端接的场所，由大楼主配线架、楼层分配线架、跳线、转换插座等组成。用户可以在管理子系统中更改、增加、交接、扩展线缆来改变线缆路由。

管理子系统提供了与其他子系统连接的手段，使整个布线系统与其连接的设备和器件构成一个有机的整体。管理子系统有单点管理（如图3-3所示）和双点管理（如图3-4所示）两种方式，一般多数采用单点管理双交接方式。交接场的结构取决于工作区、综合布线系统规模和选用的硬件。在管理规模大而复杂且有二级交接间时，才采用双点管理双交接方式。在管理点，应根据应用环境用标记插入条来标出各个端接场。交接区应有良好的标记系统，如建筑物名称、建筑物位置、区号、起始点和功能等标志。交接间和二级交接间的配线设备应采用色标来区别各类用途的配线区。

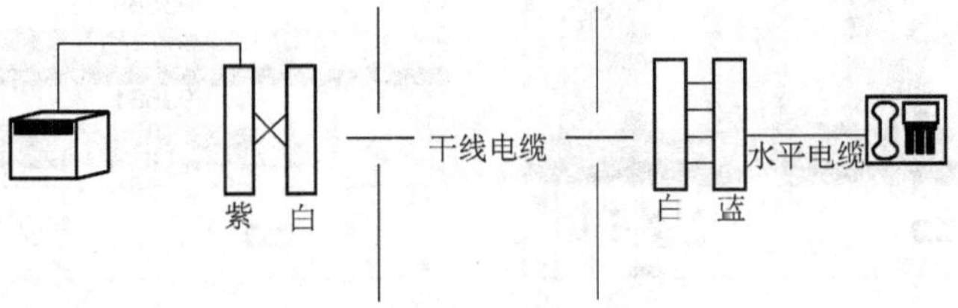

图3-3　单点管理方式

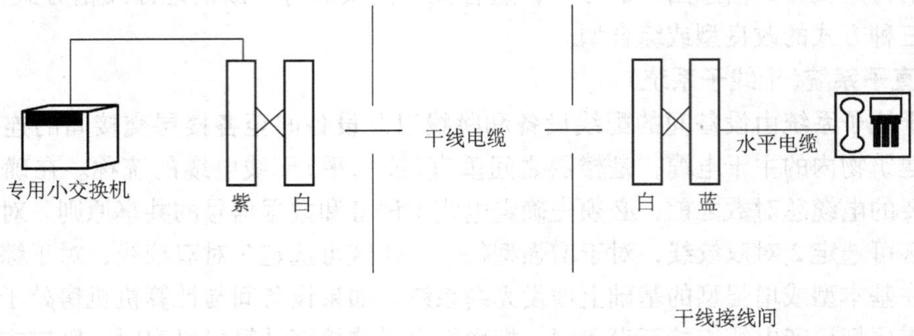

图 3-4　双点管理方式

5. 设备间子系统

设备间是在每一幢大楼的适当地点设置配线设备，来进行网络管理以及管理人员值班的场所。设备间子系统应由综合布线系统的建筑物配线设备、电话、数据、计算机等各种主机设备及其保安配线设备等组成，如图 3-5 所示。设备间内的所有配线终端设备应采用色标来

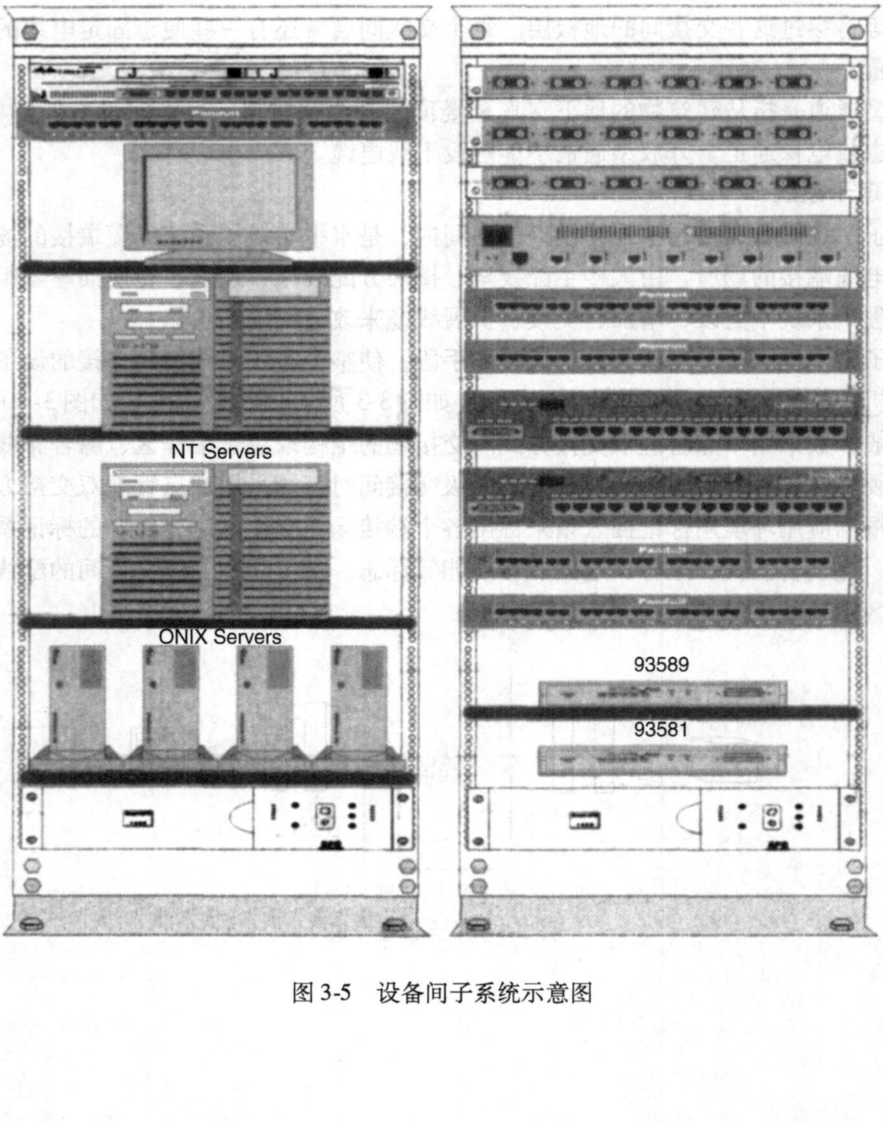

图 3-5　设备间子系统示意图

区别各类用途的配线区。设备间的位置及大小应根据设备的数量、规模、最佳网络中心等综合考虑而确定。

6. 建筑群子系统

当由两个以上建筑物的电话、数据、监视系统组成一个建筑群综合布线系统时，其中连接各建筑物之间的缆线和配线设备，组成建筑群子系统。建筑群子系统应采用地下管道敷设方式，管道内敷设的铜缆或光缆应遵循电话管道和管孔的各项设计规定。此外安装时应至少预留12个备用管孔，以供扩展之用。建筑群子系统采用直埋沟内敷设方式时，如果在同一沟内埋入了其他的图像、监控电缆，应设立明显的共用标志。

课题3 综合布线系统的组成硬件

在综合布线系统中，组成硬件主要包括传输介质、信息插座、交换机、配线架、理线架、机柜、电气保护设备等。

3.3.1 传输介质

传输介质是网络连接设备的中间介质，也是信号传输的媒体，常用的介质有以下几种：

1. 双绞线

双绞线(Twisted-pair)是现在最普通的传输介质，它由两条相互绝缘的铜线组成，一般直径为1mm。两根线绞在一起是为了防止其产生的电磁感应在邻近线对中产生干扰信号(在单元2中的课题2也有关于双绞线的内容)。

现行双绞线电缆中一般包含4组双绞线线对，具体为橙1/橙白2、蓝4/蓝白5、绿6/绿白3、棕8/棕白7。计算机网络常使用1—2、3—6两组线对分别来发送和接受数据。

2. 同轴电缆

广泛使用的同轴电缆(Coaxial)有两种，一种为50Ω(指沿电缆导体各点的电磁电压与电流之比)同轴电缆，用于数字信号的传播，即基带同轴电缆；另一种为75Ω同轴电缆，用于宽带模拟信号的传输，经常用于CATV系统(详见单元7中的课题2)。

现行的以太网同轴电缆的接法有两种：直径为0.4cm的RG—11粗缆采用凿孔接头接法；直径为0.2cm的RG—58细缆采用T形头接法。粗缆要符合10BASE5介质标准，使用时需要一个外接收发器和收发器电缆，单根最大标准长度是500m，可靠性强，最多可接100台计算机，两台计算机的最小间距为2.5m。细缆按10BASE2介质标准直接连到网卡的T形头连接器(即BNC连接器)上，单根最大长度为185m，最多可接30个工作站，最小间距为0.5m。

3. 光纤

光纤(Fiber-optic)是软而细的且其内部能利用全反射原理来传导光束的传输介质，有单模和多模之分。单模光纤多用于通信业；多模光纤多用于网络布线系统(关于光纤的详细介绍见单元7课题2)。

每一路光纤包含两根，一根接收，一根发送。用光纤作为网络传输介质的LAN技术主要是光纤分布式数据接口(Fiber-optic Data Distributed Interface, FDDI)。与同轴电缆相比，光纤可提供极宽的频带，且功率损耗小、传输距离长(2km以上)、传输速率高(可达数千

Mbit/s)、抗干扰性强(不会受到电子监听)，是构建安全网络的理想选择。

3.3.2 信息插座

综合布线系统中的信息插座类型比较多，但其功用都是在水平子系统和工作区之间提供可管理的边界或接口。在工作区(终端)一端，将带有8针的RJ—45插头插入网卡；在水平子系统一端，将跳线的RJ—45插头连接到插座上。信息插座是综合布线系统中的终端点，也就是终端设备连接或断开的端点。信息插座如图3-6所示。

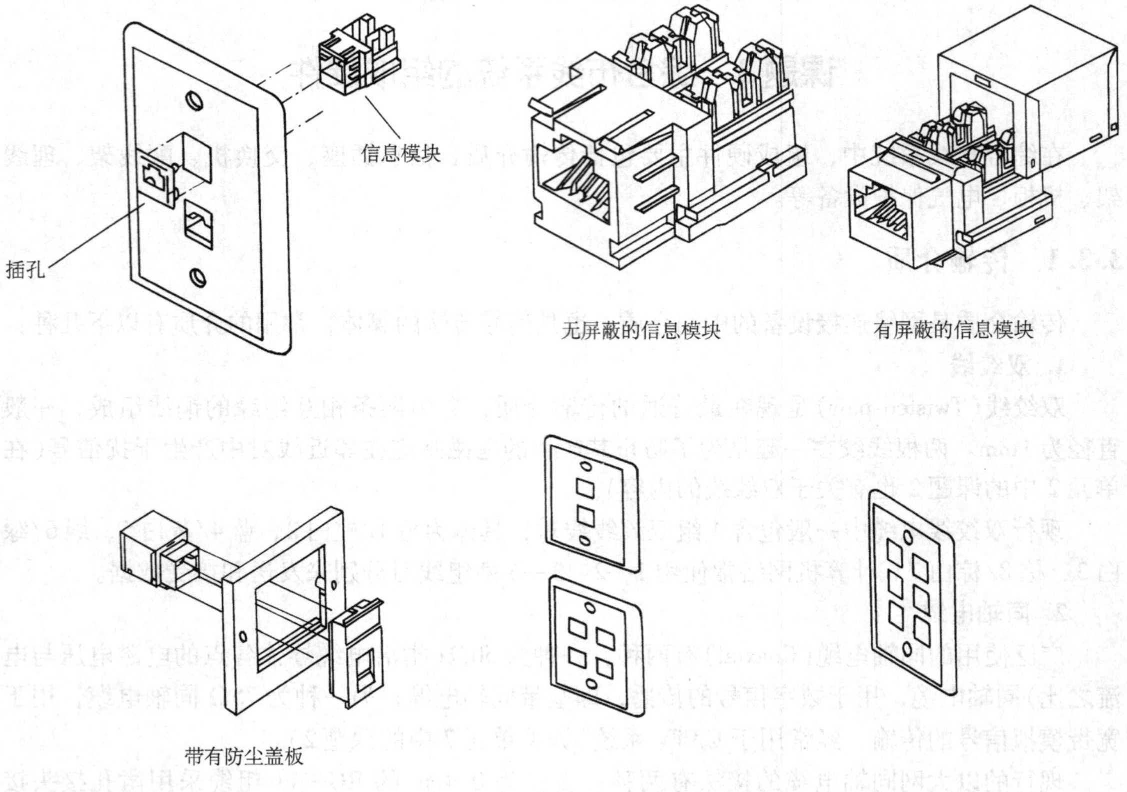

图3-6 信息插座

8针模块化信息输入/输出(I/O)插座是为所有的综合布线系统推荐的标准插座。它的8针结构为单一I/O配置提供了支持数据、语音、图像(或者三者组合)所需的灵活性。

RJ—45插头与模块化信息插座压线时有两种方式：

1）按照T568A标准布线的8针模块化I/O引线与线对的分配如图3-7所示。

2）按照T568B标准布线的8针模块化I/O引线与线对的分配如图3-8所示。

为了允许在交叉连接处进行线路管理，不同服务所用的信号出现在规定的导线对上。为此，8针引线I/O插座已在内部接好线。8针插座将工作站一侧的特定引线(工作区布线)接到建筑物布线电缆(水平布线)上的特定双绞线线对上。I/O引针(脚)与线对的分配如表3-1所示。

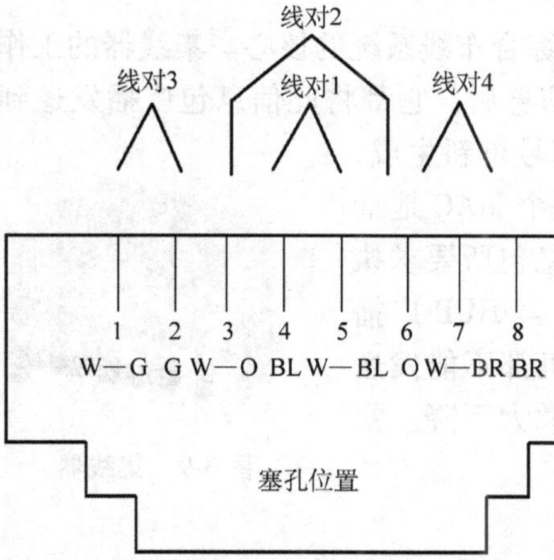

图 3-7 按照 T568A 标准布线的 8 针模块化 I/O 引线与线对安排正视图

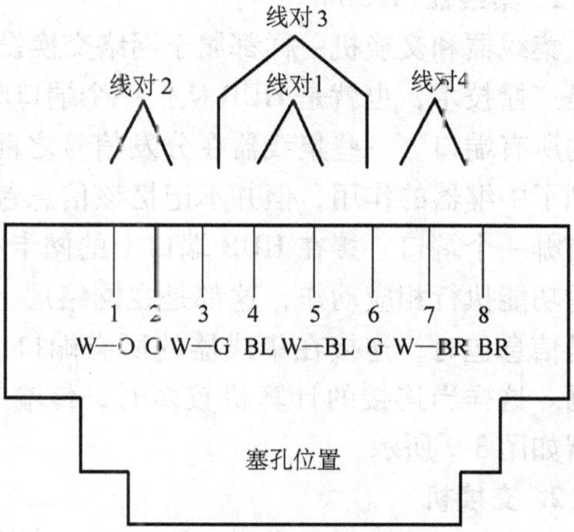

图 3-8 按照 T568B 标准布线的 8 针模块化 I/C 引线与线对安排正视图

表 3-1 I/O 引线(脚)与线对的分配

水平子系统布线	信息插座	工作区布线
4 对线电缆 到蓝色场区	I/O	带 8 针模块化插头的 4 对线工作站软线 到终端设备 (或在需要时到适配器)
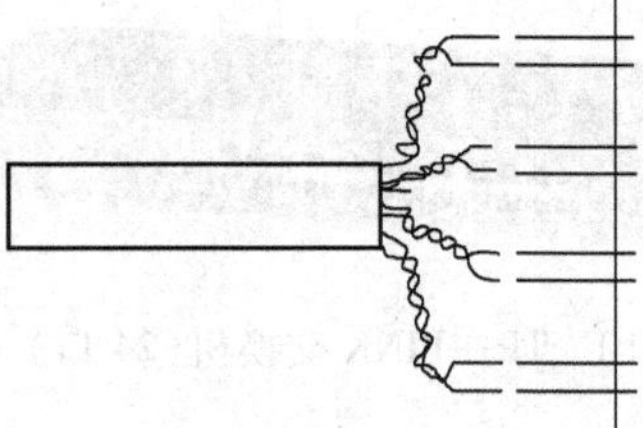	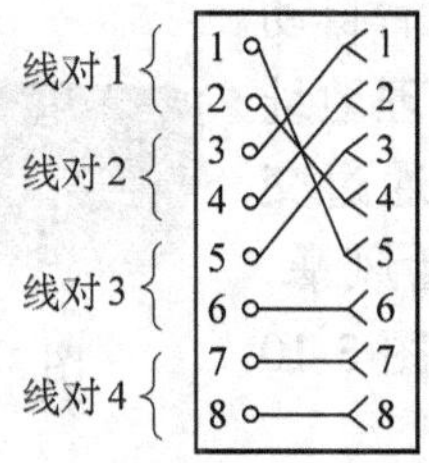	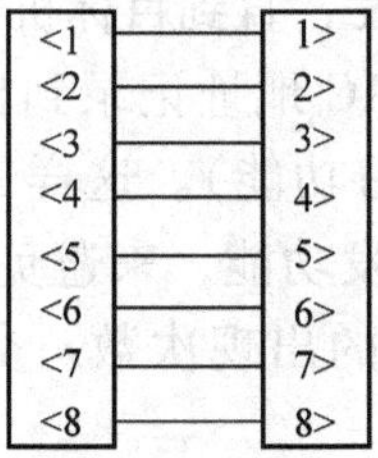

按照标准端接时各信息插座线对的颜色标准见表 3-2。

表 3-2 按照标准端接时各信息插座线对的颜色标准

导线种类	颜色	缩写	导线种类	颜色	缩写
线对 1	白色—蓝色/蓝色	W—BL/BL	线对 3	白色—绿色/绿色	W—G/G
线对 2	白色—橙色/橙色	W—O/O	线对 4	白色—棕色/棕色	W—BR/BR

3.3.3 集线器和交换机

关于集线器和交换机已经在单元 2 中的课题 2 里面进行了简单介绍，在此再作一些必要的补充。

1. 集线器(HUB)

集线器和交换机一样都属于网络交换设备，且是综合布线系统的核心。集线器的工作原理是广播技术，也就是HUB从任一个端口收到一个信息后，它都将此信息包广播发送到其他的所有端口。一些集线器在分发信号之前会将弱信号重新生成，起到了中继器的作用，但并不记忆该信息包是由哪一个MAC地址挂在哪一个端口。接在HUB端口上的网卡根据该信息包所要求执行的功能执行相应动作，这都是在网络层上控制的。当HUB广播发送信息包时，连接在集线器的所有端口上的计算机都不能发送数据。这样当连接的计算机较多时，传输效率就会大大下降。集线器如图3-9所示。

图3-9 集线器

2. 交换机

交换机对应于OSI模型的第二层，即数据链路层。交换机可以在传统的LAN中消除竞争和冲突。在交换机中数据帧通过一个无碰撞的转换矩阵到达目的端口。

与集线器不同的是，交换机并不把数据包发往所有的端口，而只是往目的端口发送。交换机会检查每一个收到的数据包，并且对该数据包进行相应的动作处理。在交换机内存中保存着每一个网段上所有结点的物理地址表(MAC地址)，所以它只允许必要的网络流量通过交换机。例如，当交换机接收到一个数据包之后，它需要根据自身保存的网络地址表来检验数据包内所包含的发送方地址和接收方地址。如果接收方地址位于发送方地址网段，那么该数据包就会被交换机丢弃，而不会通过交换机传送到其他的网段，从而减少冲突域；如果接收方地址与发送方地址属于两个不同的网段，那么交换机就会根据其内存中的地址表找到对应的端口，将该数据包从该端口转发到目标网段；如果不知目的地址，则采用广播方式向所有的连接端口转发，直到目标机回答，然后自动地把目标机的MAC地址记录到自己的物理地址表中(称为自学习功能)。这样，就可以通过交换机的过滤和转发功能，来避免网络广播风暴，减少误包和错包的出现次数。交换机如图3-10所示。

图3-10 TP—LINK交换机(24口)

3.3.4 配线架及理线工具

配线架的主要作用是完成综合布线系统中的跳线连接，它是综合布线系统的灵活性的主要体现。根据配线架所安装的位置和所连接的线缆的不同，可将其分为建筑群配线架(CD)、建筑物配线架(BD)、楼层配线架(FD)和转接点(TP)。

在综合布线系统常见的配线架有两种类型，即110型配线架和RJ—45模块化配线架。

1. 110型配线架

110型配线架是AT&T公司为卫星接线间、干线接线间和设备的连线端接而选定的PDS标准配线架，如图3-11和图3-12所示。110型配线架又可分为两大类，即110A型和110P型，110A型属于跨接线管理类，而110P型属于插入线管理类。这两种配线架的电气功能完全相同，但其规模和所占用的墙空间或面板大小有所不同，但各有各的优点。110A型占用的空间只有110P型或老式的66接线块结构的1/3，并且价格也较低。

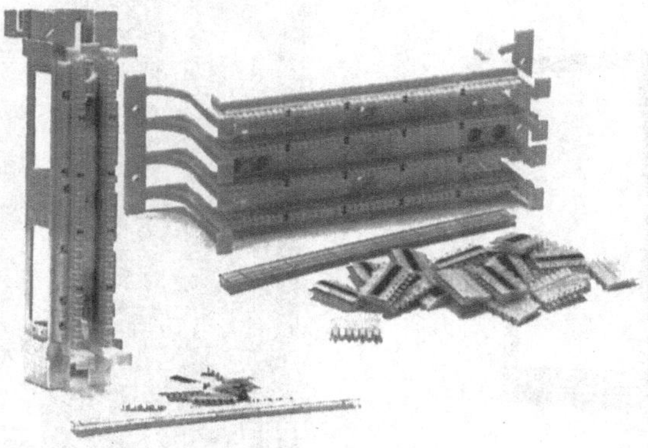

图 3-11　110 型冲压配线架

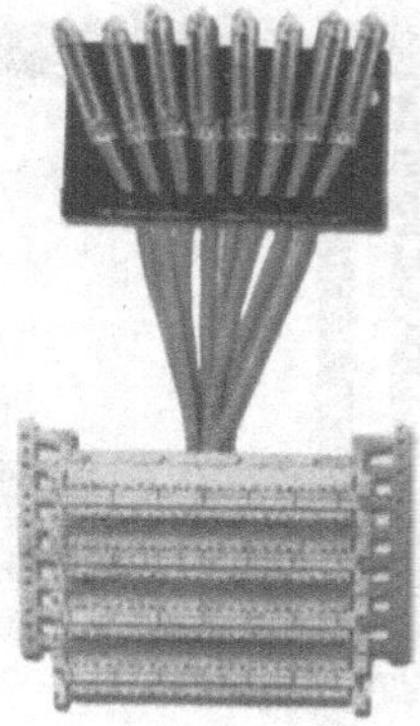

图 3-12　Siemon 公司的带有预先压制 25 对连接器的 110 型配线架

2. RJ—45 模块化配线架

除了使用 110 型配线架外，还可以使用如图 3-13 所示的 RJ—45 模块化配线架。RJ—45 模块化配线架结构紧凑，外观整齐，使用的插入线是两端预先装有 RJ—45 插头的 8 芯跨接线。目前这种配线架已经越来越流行，仅仅使用跳线就可以轻松改变交接对象。

3. 理线工具

合理地使用理线工具就可以使布线更为整齐和漂亮，如图 3-14 所示。

图 3-13　RJ—45 模块化配线架

图 3-14　MilesTek 公司的理线工具

3.3.5　机架和机柜

在设备间、管理间以及楼层布线交界处都可能使用到机柜或机架。机柜或机架不仅可作为综合布线的交接场，还可用来安装一些通信工具和设备。根据其存放内容的不同，机柜也会有很多不同的灵活配置。复杂的机柜甚至带有循环制冷系统。几种典型的机架和机柜如图 3-15、图 3-16、图 3-17 所示。

图 3-15 MilesTek 公司的旋转门式墙面机架

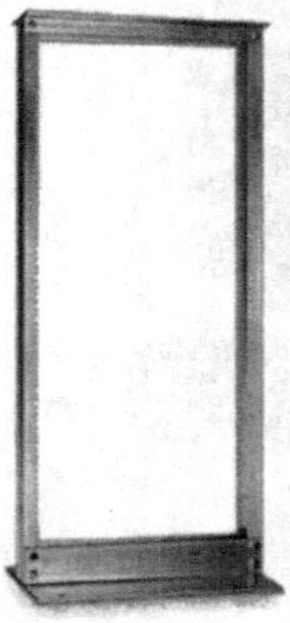

图 3-16 19in(≈482.6mm)骨架式机架

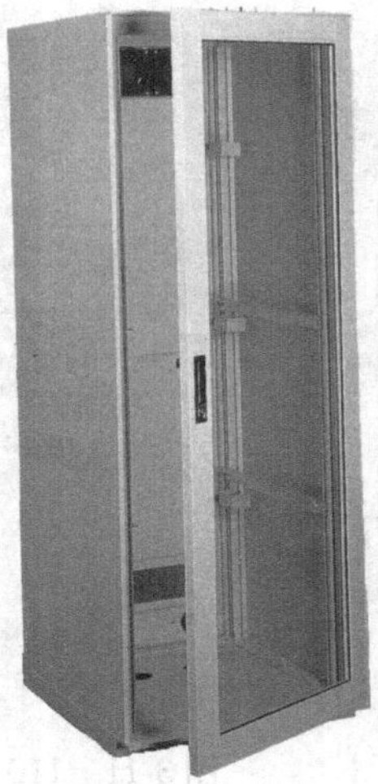

图 3-17 19in(≈482.6mm)机柜

单元小结

综合布线的产生弥补了传统布线的缺陷，综合布线系统具有兼容性、实用性、灵活性、模块化、扩展性、经济性及互补性等特点。建筑物综合布线系统一般有三种不同等级：基本型综合布线系统、增加型综合布线系统、综合型综合布线系统。

综合布线系统由六个子系统组成，分别是工作区子系统、水平布线子系统、管理子系统、垂直干线子系统、设备间子系统及建筑群室外连接子系统。

综合布线的组成硬件主要包括传输介质、信息插座、交换机、配线架、理线架、机柜或机架、电气保护设备等。

复习思考题

3-1 综合布线系统由哪几个子系统组成？

3-2 一般经常采用 4 对非屏蔽的双绞线，试问经常用哪两对来发送和接受数据？

3-3 50Ω 同轴电缆和 75Ω 同轴电缆在使用上有何不同？

3-4 试画图说明 T568A 和 T568B 的接线标准。

3-5 交换机和集线器的工作原理有什么不同？

3-6 配线架有什么作用？如果在综合布线系统中不用配线架，系统能正常工作吗？为什么？

单元4 建筑设备监控系统

【单元概述】

本单元主要介绍了建筑设备监控系统的基本概念和所包含的内容，同时还具体介绍了各个子系统的监控原理和工作过程。

【学习目标】

通过对基本概念的学习，掌握BAS的概念；通过对各个子系统的学习，了解各子系统的工作原理和监控原理。

课题1 概 述

4.1.1 建筑设备监控系统的组成

建筑设备监控系统(BAS)主要用来对建筑物内的各种机电设施进行自动控制，具体包括供配电监控系统、照明监控系统、暖通空调监控系统、给排水监控系统、电梯停车场系统、消防系统及安防系统等子系统。建筑设备监控系统是智能建筑的一个重要组成部分，也是构成智能建筑所必需的典型系统。本单元介绍供配电监控系统、照明监控系统、暖通空调监控系统及给排水监控系统，其余监控系统将在后续单元介绍。

4.1.2 建筑设备监控系统的集成

建筑设备监控系统的集成是指利用某种技术(包括硬件技术和软件技术)将各个子系统通过网络联系起来，构成一个相互关联、彼此协调、“一体化”的统一整体，以达到分散控制、集中管理的功能模式。常用的两种集成技术是集散控制系统(Distributed Control System, DCS)和现场总线控制系统(Field bus Control System, FCS)。

1. 集散控制系统

在建筑设备监控系统中应用最为广泛的是集散控制系统。集散控制系统分为三级管理：第一级是设在控制中心的中央管理主机，为管理级；第二级是分散在各子系统处的直接面向各子系统的直接数字控制器(Direct Digital Control, DDC)，为监控级；第三级是现场设备通过各种不同的传感器及执行元件与控制器相连的部分，为现场控制级(见图4-1)。

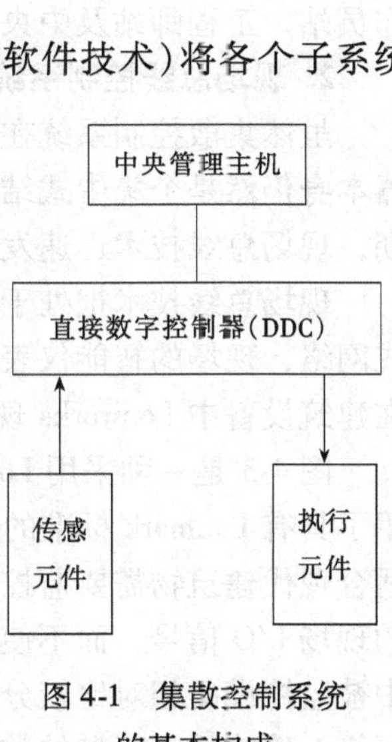

图4-1 集散控制系统的基本构成

(1) 中央管理主机 中央管理主机部分具有对建筑设备监控

系统中的所有设备集中显示与操作、优化控制、统一管理的功能。即对建筑设备的运行操作人员提供人机界面，使操作员可以通过主机显示器及时了解各子系统的现场运行状况、各种运行参数的当前值、以及是否有异常情况发生等，并可进行系统设备的控制和运行参数的调节，以保证各种机电设备运行安全、可靠、高效、高质。同时中央管理主机还具有对历史数据进行处理及对设备进行管理的功能。

（2）直接数字控制器(DDC) 直接数字控制器(DDC)是系统的核心设备。它分布在现场被控设备处，对现场的设备进行监测、保护与控制，同时具有通信功能，即现场各子系统DDC间的信息互通以及向上级中央管理主机通报现场设备的状态与参数，并且也接受上级的优化控制命令，即所谓集中管理、分散控制。集散控制系统在中央管理主机出现故障时，其下层DDC仍能独立实施控制，保证系统的可靠性。

根据信号形式的不同，DDC的输入和输出有如下四种。

1）模拟量输入(Analog Input,AI)，有温度、湿度、压力、流量等。

2）开关量输入(Digital Input,DI)，有水流开关、风速开关、压差开关等。

3）模拟量输出(Analog Output,AO)，有输出控制风阀、水阀的开度等。

4）开关量输出(Digital Outnput,DO)，有风机、水泵、压缩机的启/停控制等。

（3）传感器与执行元件 传感器与执行元件在现场直接与建筑设备相连接。传感器是把现场的物理量如温度、湿度、压力、流量等信号转换成电信号输出给DDC控制器的器件，它可以用来充当控制器的眼睛。而执行元件是执行DDC控制器的命令、实现对建筑设备进行调整、控制和启/停操作的器件，它可以用来充当控制器的手和脚。

集散控制系统把监控任务分散到各现场控制装置，方便施工并节约了材料，同时还分散了危险，使系统可靠性大大提高。另一方面，由于采用中央管理主机对整个系统进行了智能化处理，实现了系统的整体优势，从而突出了系统的管理功能。典型的集散控制系统如图4-2所示。

在图4-2中，将整个监控系统按设备类型分为若干子系统，每个子系统由现场控制器(DDC)、被控设备、子系统管理计算机及现场通信网络等部分组成。在监控中心还设有操作员站、工程师站及中央管理主机等。

2. 现场总线控制系统

虽然集散控制系统在一定程度上实现了分散了控制的要求，分散了危险性，但现场控制器本身仍然是个集中式结构，一旦现场控制器出现故障，影响仍然较大。20世纪80年代后期，现场总线技术迅速发展并开始应用于建筑设备监控系统中。

现场总线技术把处于设备现场的智能仪表(智能传感器、智能执行器)通过相应的总线连成网络，现场的智能仪表本身具有控制、报警、趋势分析等功能(类似微型DDC控制器)。在建筑设备中Lonworks现场总线技术应用较为广泛。

图4-3是一种采用Lonworks现场总线技术的设备监控系统结构。在这种系统中，由于采用了具有Lonmark标准的智能化现场设备，使系统能够兼容不同制造商生产的装置，这非常适合现代建筑物需要监控的设备数量和品种多的特点。现场总线技术能及时、就地处理大量的现场I/O信号，而不使这些信息过多地在网络上下层往返传递，这一性质也非常适合BAS中被监控设备相对比较分散的特点。此外，由于现场总线上所连接的都是智能化现场设备，网络上传输的是双向的数字信号，这就大大减少了模拟量在长距离传输过程中的干扰和衰减

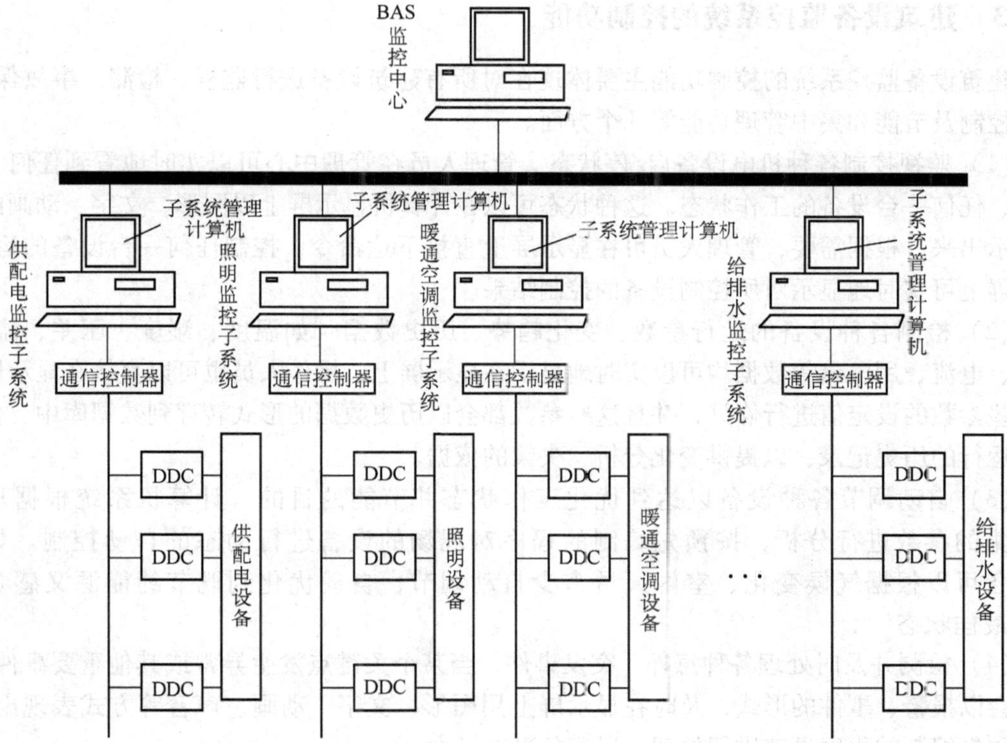

图 4-2　典型的集散控制系统

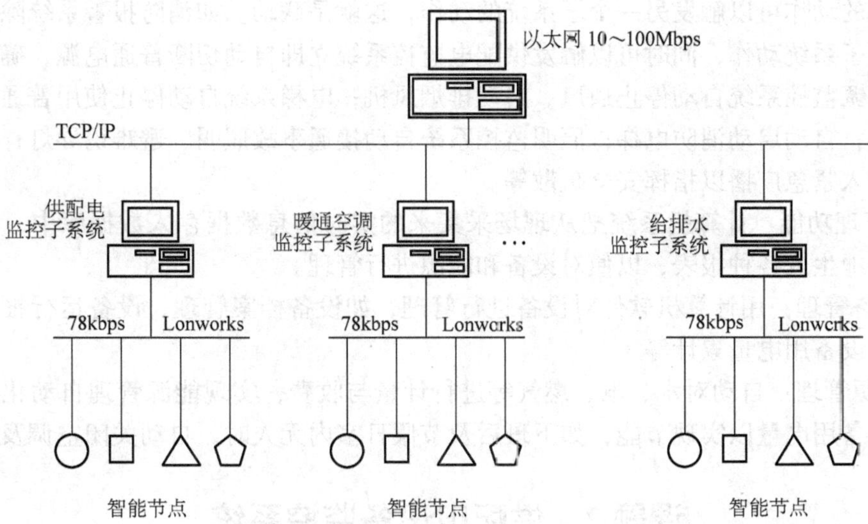

图 4-3　采用 Lonworks 现场总线技术的设备监控系统结构

现象，提高了可靠性，同时节省了大量的连接导线和安装成本。总之，随着智能化现场设备的不断发展，现场总线技术在 BAS 中将得到更加广泛的应用。

4.1.3 建筑设备监控系统的控制功能

建筑设备监控系统的控制功能主要体现在对所有建筑设备进行监视、检测、事故保护、自动控制及节能和集中管理功能等几个方面。

（1）监视控制各种机电设备启/停状态　管理人员在管理中心可以实时地看到任何一个系统、任何一台设备的工作状态。这种状态可以在计算机显示屏上以图形、文字、动画的形式显示出来。根据需要，管理人员可在显示屏上直接下达命令，控制任何一台设备的运行，显示屏上可实时地显示对所控制设备的控制结果。

（2）检测各种设备的运行参数、变化趋势、历史数据　如温度、湿度、压差、流量、电压、电流、用电量等数据均可以实时地显示在显示屏上，操作人员也可以直接在显示屏上对有些参数的设定值进行修订，并且这些参数都会以历史数据的形式转存到数据库中，作为设备运行的历史记录，以提供变化分析、决策的依据。

（3）自动调节各种设备以达到优化工作状态并节能的目的　计算机系统根据从现场采集的参数进行分析，按预先编制的程序对现场的设备进行动态的自动控制。如空调设备可以根据气候变化、室内人员多少自动调节，自动优化到既节约能源又感觉舒适的最佳状态。

（4）检测并及时处理各种意外、突发事件　当某个关键点发生异常或其他重要事件时，系统会以报警、事件的形式，及时在显示屏上用图形、文字、动画、声音等方式表现出来，并按预先编制的程序迅速进行处理，以避免事态扩大。

（5）各子系统的机电设备的统一管理、协调控制　建筑设备各子系统原本是各自独立工作的系统，但建筑设备综合管理系统（Building Management System，BMS）将他们协同起来，一个子系统的动作可以触发另一个子系统的动作，这就是联动。如消防报警系统除了可以触发消防灭火子系统动作，同时可以触发供配电监控系统立即自动切断普通电源，确保消防电源；暖通空调监控系统自动停止通风、启动排烟风机；电梯系统自动停止使用普通电梯并将其降至底层，自动启动消防电梯；照明监控系统自动接通事故照明、避难诱导灯；有线广播系统自动转入紧急广播以指挥安全疏散等。

（6）管理功能　计算机系统把从现场采集来的实时信息数据存入数据库中，根据需要随机或定期地生成各种报表，以便对设备和能源进行管理。

1）设备管理：用计算机软件对设备进行管理，如设备档案管理、设备运行报表、设备维修管理、设备用电量累计等。

2）能源管理：自动对水、电、燃气等进行计量与收费，实现能源管理自动化。自动监测、控制设备用电量以实现节能，如下班后及节假日室内无人时，自动关闭空调及照明等。

课题2　供配电设备监控系统

供配电系统对建筑物的正常营运起着重要作用。为了保证供配电系统安全、可靠地工作，智能建筑的建筑设备监控系统中设有供配电监控子系统，用来完成对各种重要的供配电设备的监测与管理工作。

4.2.1 民用建筑供配电系统

1. 供配电系统的接线方式

民用建筑的供配电系统通常有三种接线方式，分别如图4-4、图4-5和图4-6所示。

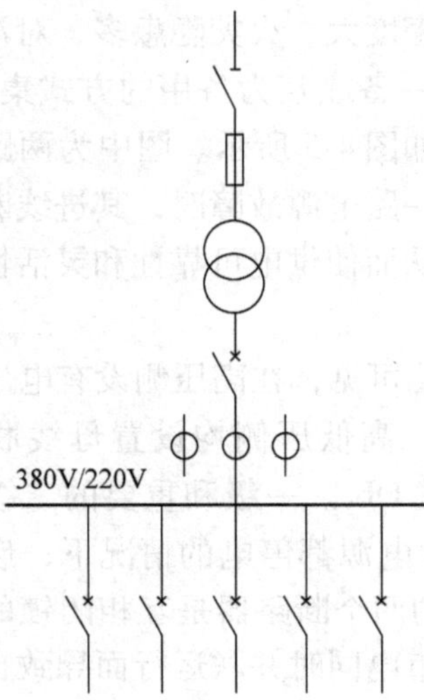

图4-4 小型供配电系统

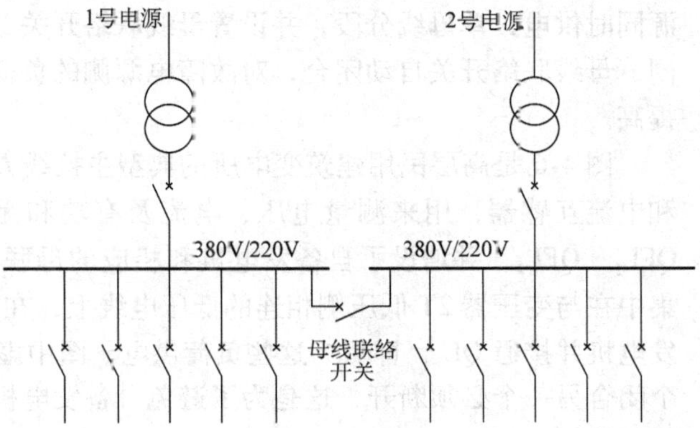

图4-5 双电源供配电系统

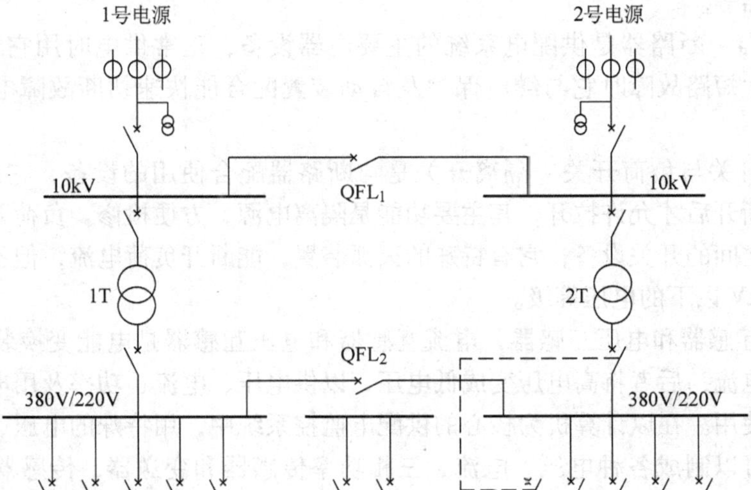

图4-6 高层民用建筑变电所的典型主接线方式

图 4-4 所示为一般小型供配电系统。图中设置一台变压器，由电网引入单路电源。由于用电负荷较小，变压器容量不大，因此高压侧无须设置高压开关柜(图 4-3 中采用负荷开关及高压熔断器,也可采用隔离开关和熔断器)，只在低压侧设置低压配电屏对各建筑物或用电设备供电。显然这种接线方式的供电可靠性较低，只能用于三级负荷的民用建筑。

智能化建筑一般标准高、功能多元化、内部配套电器设备多、用电负荷大，因此对供电可靠性及供电质量要求都很高，同时由于智能化建筑人员密度大、火灾隐患多、对消防保安要求高，因此变电所内通常设两台电力变压器，采用一用一备或互为备用的方式集中供电，即采用双电源供配电系统进行供电，其典型的主接线方式如图 4-5 所示。图中为两路高压电源同时供电，单母线分段，并设置母线联络开关，当任何一路电源故障时，其进线断路器跳闸，母线联络开关自动闭合，对故障电源侧的负荷供电，从而使供电可靠性和灵活性都大大提高。

图 4-6 是高层民用建筑变电所的典型主接线方式。由图可见，在高压侧设有电压互感器和电流互感器，用来测量电压、电流及有功和无功功率。高低压侧均设置母线联络开关 QFL_1、QFL_2，并增设了自备发电机和相应的母联转换开关 QL_3。一级和重要的二级负荷都集中在与变压器 2T 低压侧相连的低压电线上，在两路正常电源都停电的情况下，启动自备发电机并接通 QL_3，即可为这些负荷供电。图中虚线连接的两个断路器是互相闭锁的，即一个闭合另一个必须断开，这是为了避免自备发电机与正常市电同时并联运行而导致自备发电机被损坏。

2. 供配电系统的设备

供配电系统的电器设备分为高压与低压电器设备两种，主要包括高(低)压断路器、高(低)压负荷开关、高(低)压隔离开关、高(低)压熔断器、电压互感器、电流互感器、避雷器和电力电容器等。

(1) 断路器　断路器是供配电系统的主要电器设备，正常供电时用它通断负荷电流，当供电系统发生短路故障时它与继电保护及自动装置配合能快速切断故障电流以防止事故扩大。

(2) 隔离开关与负荷开关　隔离开关是与断路器配合使用的设备，它没有灭弧机构，必须在断路器断开后才允许拉开，其主要功能是隔离电源，方便检修。负荷开关是介于隔离开关和断路器之间的开关设备，它有特殊的灭弧装置，能断开负荷电流，但不能切断短路电流，多用于 10kV 以下的电压等级。

(3) 电流互感器和电压互感器　电流互感器和电压互感器是电能变换装置，前者可将大电流变成小电流，后者将高电压变成低电压，以供电压、电流、功率及用电量的检测、计量和继电保护使用。在以计算机为核心的供配电监控系统中，用特殊的电压、电流互感器加上电子元器件可以制成各种电压、电流、三相功率传感器和变送器，传感器能精确测量电压、电流和功率信号，而变送器能将这些信号变成计算机能够接受的标准信号并且远距离传送，以便现场监控计算机(DDC)进行监测和处理。

4.2.2 供配电系统的监控

供配电监控系统由现场设备，即电流变送器、电压变送器、功率因数变送器、有功功率变送器等各类传感器和 DDC 控制器组成。

DDC 控制器通过温度传感器、电压变送器、电流变送器、功率因数变送器自动检测变压器线圈温度、电压、电流和功率因数等参数，并将各参数转换成电量值，经由数字量输入通道送入计算机，显示相应的电压、电流数值和故障位置，并可检测电压、电流、累计用电量等。如图 4-7 所示为双电源供配电监控系统图。

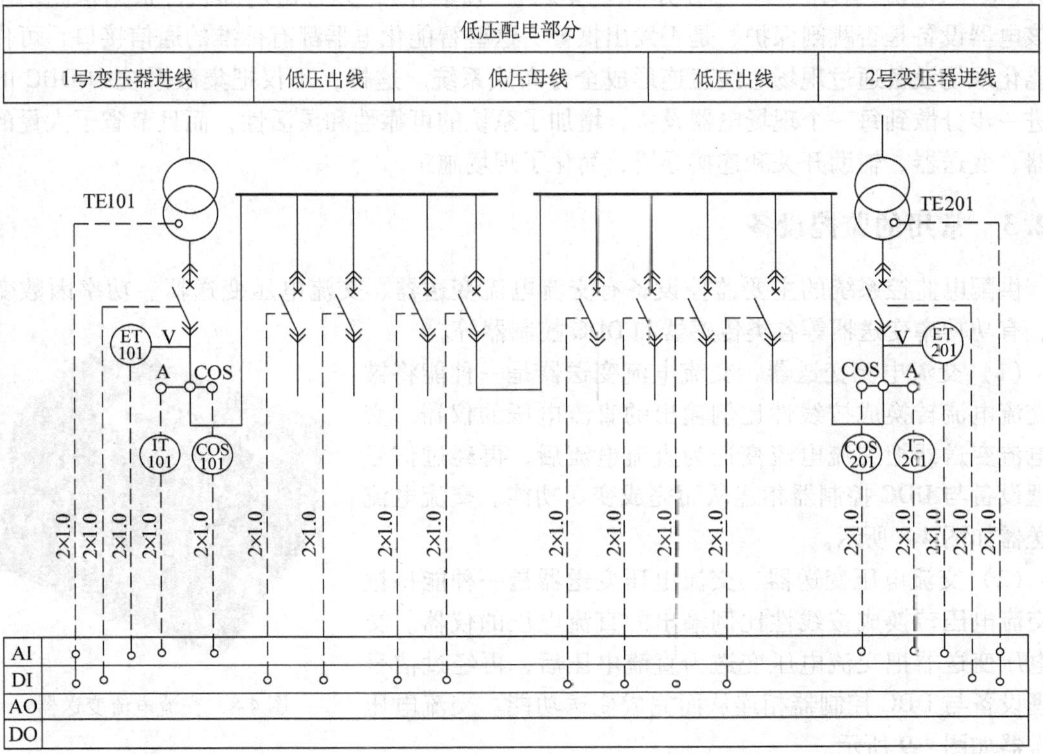

图 4-7　双电源供配电监控系统图

TE101、TE201—温度传感器　ET101、ET201—电压传感器(电压变送器)

IT101、IT201—电流传感器(电流变送器)　COS101、COS201、COS—功率因数传感器

供配电监控系统应能完成以下工作：

1）检测运行参数。

2）监控电气设备运行状态。

3）显示电源电压值。

4）火灾时，切断相关区域的非消防电源。

5）变压器超温报警。

6）电能计量。

7）应急电源供电电流、电压及频率监控。

8）对各种电气设备的检修、保养维护进行管理。

供配电监控系统可以是集散控制系统，也可以是基于现场总线技术的全分布式系统。输入信号由各种电力参数传感器或变送器提供，送入现场控制器。在监控中心，从中央管理主机的图形界面上可以直观地表示出供配电系统的接线图及各设备的工作状态、电力参数等，也可显示各种历史数据的统计表和各供电回路的负荷曲线等信息。

随着现场总线技术的发展，出现了智能化的高低压电器，如智能化断路器、智能化接触器、智能化磁力启动器等。“智能化”指的是这类电器本身带有以微处理器为核心的控制装置，该装置作为高低压电器的一个组成部分，能够从连接电器的主回路上检测到电源的各种参数(电压、电流、有功功率、无功功率、功率因数、频率等)，并且由内部软件根据检测结果决定该电器设备是否跳闸保护、是否发出报警。这些智能化电器都有标准的通信接口，可作为智能化现场设备通过现场总线互连形成全分布式系统。这样，不仅把集散系统中 DDC 的功能进一步分散到每一个现场电器设备，增加了系统的可靠性和灵活性，而且节省了大量的传感器、变送器、辅助开关和连接导线，简化了现场施工。

4.2.3 常用的监控设备

供配电监控系统的主要监控设备有交流电流变送器、交流电压变送器、功率因数变送器、有功功率变送器等各类传感器和 DDC 控制器等。

(1) 交流电流变送器　交流电流变送器是一种能将被测交流电流转换成按线性比例输出的直流电压的仪器。交流电流变送器把交流电流变送为直流电流后，再经过信号处理设备与 DDC 控制器相连从而完成变送功能。交流电流变送器如图 4-8 所示。

图 4-8　交流电流变送器

(2) 交流电压变送器　交流电压变送器是一种能将被测交流电压转换成按线性比例输出的直流电压的仪器。交流电压变送器把交流电压变送为直流电压后，再经过信号处理设备与 DDC 控制器相连从而完成变送功能。交流电压变送器如图 4-9 所示。

(3) 功率因数变送器　功率因数变送器是采用一定的算法，能实现对交流电路功率因数精确测量的仪器。功率因数变送器如图 4-10 所示。

图 4-9　交流电压变送器

图 4-10　功率因数变送器

(4) 功率变送器　功率变送器分为有功功率变送器和无功功率变送器两类。有功功率变送器、无功功率变送器是一种能将被测有功和无功功率转换成按线性比例输出的直流电流或直流电压的仪器。功率变送器如图 4-11 所示。

(5) DDC 控制器　DDC 控制器如图 4-12 所示。

图 4-11　功率变送器

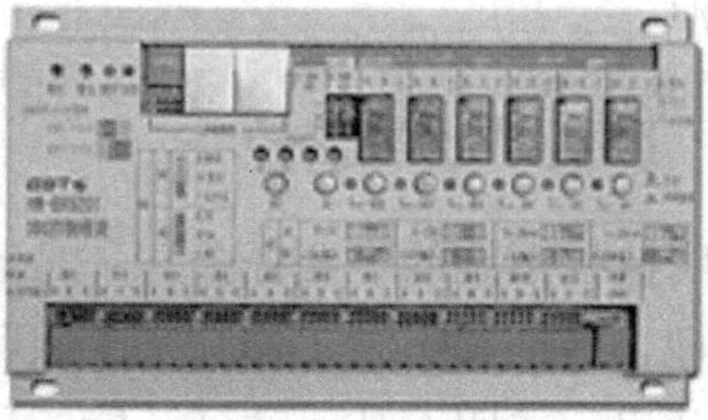

图 4-12　DDC 控制器

课题3　照明监控系统

电气照明是智能建筑的重要组成部分，智能建筑的照明用电量较大，是供电系统的主要负荷之一，因此对照明进行合理的控制具有重要的节能意义。不同用途的场所对照明有不同的要求，往往需要根据各区域使用性质及特点，对各照明灯具进行相应的控制。

4.3.1　照明的控制

从节约能源、保证视觉环境要求的角度出发，通常有以下几种照明控制方式：

（1）时间表控制方式　这是智能建筑照明控制中最常用的方式，工作人员预先编制好运行时间表，控制器根据时间表对相应设备进行启/停控制。时间表中可随时插入临时任务，如某单位加班任务等，临时任务的优先级高于正常时间配置，且一次有效，执行后自动恢复至正常时间配置的安排。

（2）情景切换控制方式　在这种方式中，工作人员预先编写好几种常用场合下的照明方式，控制器读取现场情景并切换按钮状态，根据读入信号切换至对应的照明方式。

（3）动态控制方式　这种控制方式往往与一些传感设备配合使用。如根据照度自动调节的照明系统中需要有照度传感器，控制器可根据照度反馈自动控制相应区域照明系统的启/停或照明亮度。又如有些走道可以根据相应的声感、红外感应等传感器判别是否有人进来，借以控制照明系统的启/停。

（4）远程强制控制方式　除了以上的控制方式之外，工作人员也可以通过控制网络在远程的控制站对固定区域的照明系统进行强制控制，远程设置其照明状态。

（5）联动控制方式　联动控制方式是指由某一联动信号触发相应区域照明系统的控制变化。如区域泛光控制中无线控制器干接点信号的输入、火警信号的输入、正常照明系统的故障信号输入等均属于联动信号。当它们的状态发生变化时，将触发相应照明区域的一系列联动动作，如泛光照明的开启、逃生诱导灯的启动、应急照明系统的切换等。

以上各种控制方式之间并不相互排斥，在同一区域的照明控制中往往可以配合使用。在配合使用时要处理好各控制方式之间的切换或优先级关系。以走道照明系统为例，就可以采用时间表控制、远程强制控制及安保联动控制三种方式相结合的控制方式。其中远程强制控制的优先级应高于时间表控制，安保联动控制的优先级应高于远程强制控制。正常情况下，走道照明按预设时间表进行控制；如有特殊需要可远程强制控制某一区域的走道照明启/停；当某区域安保系统发生报警时，可自动打开相应区域走道的全部照明，以便利用 CCTV 系统察看情况。

4.3.2 照明系统的监控

照明监控系统的主要任务，一是监视照明配电系统的工作状态，以便对照明系统进行有效的管理，保证其正常工作，实现照明设计的要求；二是根据一定的控制方式控制各类照明灯具的开启、关闭，从而达到节能的目的。

进行照明配电系统监控时，应把各区域照明配电箱、事故照明配电箱的进线电源开关量信号及一些特殊照明（如航空障碍照明、立面照明、景观照明、装饰照明等）回路的开关信号作为输入信号，送入控制器的 DI 端子，控制器根据照明系统所采用的照明控制方式、照明回路的开关状态及照明现场的实际要求实现对现场照明设备的启/停控制，从而达到有效管理和节能的目的。

如图 4-13 所示为一照明监控系统，该照明监控系统采用动态控制方式。照明监控系统由现场设备，即照明控制开关、照度传感器和 DDC 控制器组成。照度传感器用来检测房间

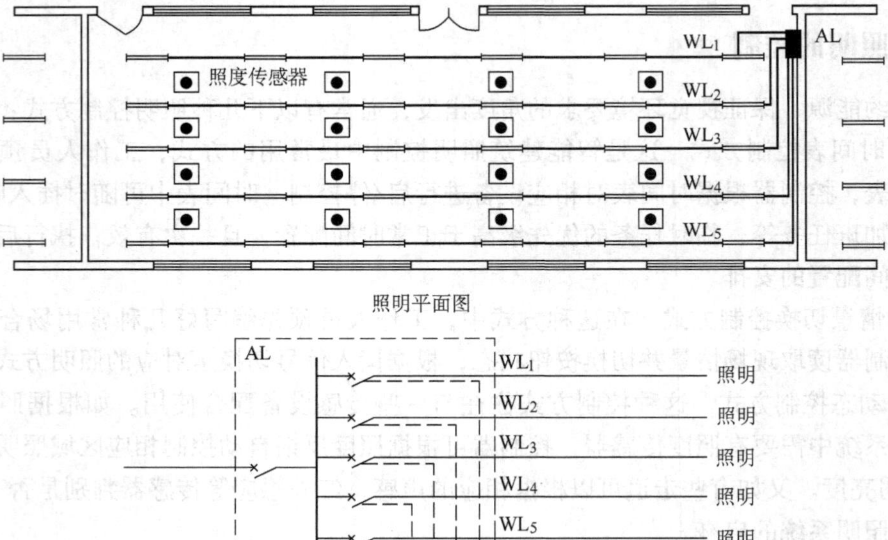

图 4-13 照明监控系统图

WL—照明回路编号

的照度，并将照度值转换成电量值，经由模拟量输入通道送入 DDC 控制器，控制器根据反馈回来的照度值及照明开关的状态控制相应的照明设备启/停，以达到设计照度值。

4.3.3 常用的监控设备

照明监控系统的主要监控设备有照度传感器、DDC 控制器等。

(1) 照度传感器　照度传感器包括一个可以探测光照强度的光敏探测器，并可将光照强度转换为电流信号，再经过运算放大器转换为标准信号与 DDC 控制器相连。照度传感器如图 4-14 所示。

图 4-14　照度传感器

(2) DDC 控制器　DDC 控制器如图 4-12 所示。

课题 4　暖通空调监控系统

暖通空调系统是智能建筑设备中一个非常重要的组成部分，其作用是保证建筑物内具有舒适的工作、生活环境和良好的空气品质。

4.4.1 暖通空调系统

1. 暖通空调系统的基本组成

图 4-15 是一典型的中央空调系统，整个系统由以下几部分组成：

(1) 进风部分　根据人们对空气新鲜度的生理要求，空调系统必须有一部分空气取自室外，常称为新风。新风和回风组成了空调系统的进风部分。

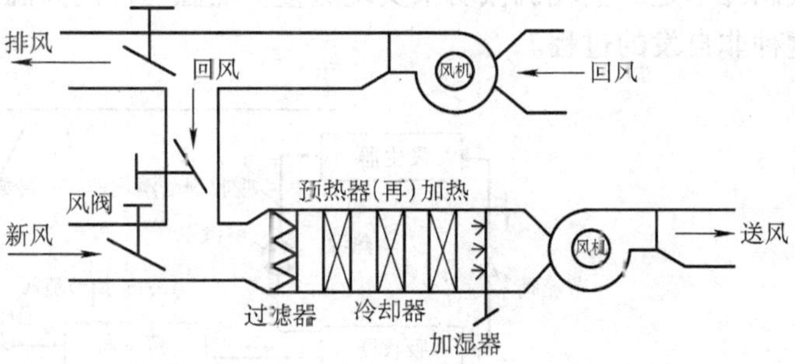

图 4-15　典型的中央空调系统

(2) 新风过滤部分　由进风部分引入的新风，必须先经过一次预过滤，以除去颗粒较大的尘埃。一般空调系统都装有预过滤器和主过滤器两级过滤装置。

(3) 空气热湿处理部分　将空气加热、冷却、加湿、减湿等不同的处理过程组合在一起的部分统称为空调系统的热湿处理部分。热湿处理设备主要有直接接触式和表面式两大类型。

(4) 空气的输送和分配部分　空气的输送和分配部分用来将调节好的空气均匀地输入和分配到空调房间内，以保证其合适的温度和湿度。这部分主要由风机和不同类型的管道组成。

(5) 冷热源部分　为了保证空调系统具有加温和冷却能力，必须具备冷源和热源两部分。冷源有自然冷源和人工冷源两种，热源也有自然热源和人工热源两种，一般情况下都采用人工冷源或者人工热源。

2. 空调冷热源

能为空调系统的空气进行热湿处理提供冷热量的物质和装置，都可以作为空调的冷热源，这样的物质一般是指水，这样的装置主要指制冷设备和锅炉。

（1）冷源装置　冷源装置是指制冷系统设备。制冷系统主要包括冷水机组、冷冻水系统和冷却水系统，其主要作用是为空调机组提供所需要的冷水。

1）冷水机组。目前冷水机组一般采用电力驱动的蒸气压缩式冷水机组。压缩式制冷的基本原理如图 4-16 所示。低压制冷剂蒸气在压缩机内被压缩为高压蒸气后进入冷凝器，制冷剂和冷却水在冷凝器中进行热交换，制冷剂放热后变为高压液体，通过热力膨胀阀后，液态制冷剂压力急剧下降，变为低压液态制冷剂后进入蒸发器。在蒸发器中，低压液态制冷剂通过与冷冻水的热交换而发生气化，吸收冷冻水的热量而成为低压蒸气，再经过回气管重新吸入压缩机，即可开始新一轮的制冷循环。

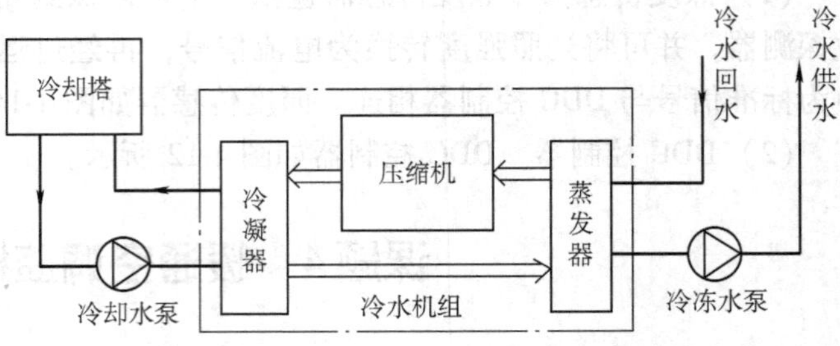

图 4-16　压缩式制冷原理示意图

吸收式制冷和压缩式制冷的机理相同，都是利用液态制冷剂在一定压力和低温状态下吸热气化而制冷，不同之处是用发生器、吸收器和溶液泵代替了制冷压缩机，见图 4-17。吸收式制冷不是靠消耗机械功来实现热量从低温物体向高温物体的转移，而是靠消耗热量来完成这种非自发的过程。

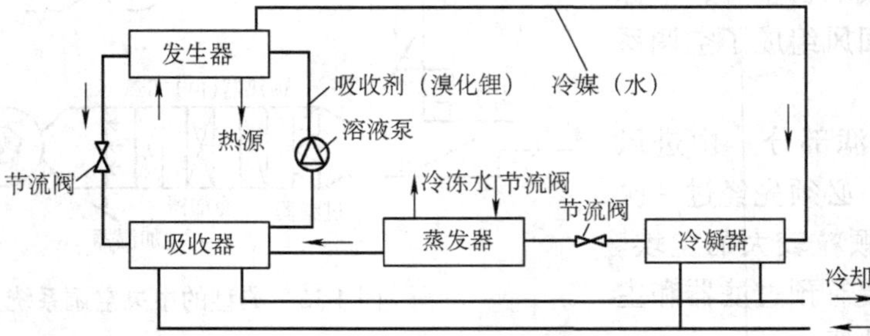

图 4-17　吸收式制冷原理示意图

在进行吸收式制冷时，吸收器相当于压缩机的吸入侧，发生器相当于压缩机的压出侧。低温低压液态制冷剂在蒸发器中吸热蒸发成为低温低压制冷剂蒸气后，被吸收器中的液态吸收剂吸收，形成制冷剂——吸收剂溶液，经溶液泵升压后进入发生器。在发生器中，该溶液被加热、沸腾，其中沸点低的制冷剂变成高压制冷蒸气，与吸收剂分离，进入冷凝器液化、经膨胀阀调节的过程大体与压缩式制冷一致。

2）冷冻水系统。冷冻水系统主要由冷冻水泵、冷冻水供、回水管道及相应的阀门组成，其作用是用冷水机组产生的冷冻水输送到各室空调终端，并使冷冻水回水返回蒸发器后循环使用。

3）冷却水系统。冷却水系统由冷却水塔、冷却水循环泵及冷却水供、回水管道组成。

冷却水进入制冷机组的冷凝器，与冷凝器内高压、高温的制冷剂进行热交换，在冷却水循环泵的作用下，通过冷却水回水管道进入冷却塔进行冷却。

(2) 热源装置 热源装置是指暖通系统的设备。暖通系统主要包括热水锅炉房、换热站以及供热网等。

3. 空气处理系统

空气处理系统一般由空调对象、空气处理设备(过滤、热湿处理等)、空气输送和分配设备所组成，其设置目的是用人工手段对建筑物内的温度、湿度、气流速度和其他卫生指标进行控制，并为室内提供足够的室外新鲜空气，创造和维持人们生活、工作所需的环境。

空调系统分类 不同类型的空调系统其空气的处理方式、所用的设备及其设置均有所不同。根据空气处理设备集中程度的不同，空调系统可分为集中式空调系统、半集中式空调系统与分散式空调系统。

(1) 集中式空调系统 集中式空调系统又称为中央空调系统(如图4-16所示)。这种系统的所有空气处理设备如风机、加热器/冷却器、过滤器、加湿器等都集中在一个空调机房内，其冷、热源一般也集中设置。

集中式空调系统按送风量是否变化可分为定风量系统与变风量系统两种。定风量系统的总送风量不随室内热湿负荷的变化而变化，其送风量按空调房间的最大热湿负荷设计，而实际上空调区域的热湿负荷不可能总是处于最大工况。当室内负荷变化时，定风量系统仅依靠调节该房间送风末端装置的再热量来控制室内温度，这样既浪费了为提高温度所加的热量，也浪费了再热量抵消掉的冷量，对节能不利。变风量系统也称作VAV(Variable Air Volume)，其送风量随室内热湿负荷的变化而变化，热湿负荷大时送风量就大，热湿负荷小时送风量就小。这种送风装置通常设在房间的送风口处，它可以根据室温自动调节房间的送风量，并相应调节送风机的总风量。变风量系统的优点是在大多数非高峰负荷期间不仅节约了再热热量与被再热热量抵消了的冷量，还由于处理风量的减少，降低了风机电耗，运行经济，具有明显的节能效果。

(2) 半集中式空调系统 采用半集中式空调系统时，在空调机房中经过集中处理的部分或全部空气，将送到各空调房间或空调区域后再由末端装置进行补充处理。半集中式空调系统主要包括诱导式空调系统和风机盘管空调系统。

(a) 诱导式空调系统。诱导式空调系统是指诱导器加新风的混合系统，如图4-18所示。该系统由一次空气处理设备(新风机组)、诱导器(送风末端装置)、风道、风机组成，诱导式空调系统依靠经过处理的一次空气通过喷嘴高速喷出气流的引射作用，在诱导器内形成负压，从而使室内二次空气流过装在诱导器内的热交换器被冷却或加热，然后与一次空气混合构成房间送风。如果热交换器盘管内的热媒或冷媒是水，就称为空气—水诱导器系统；若

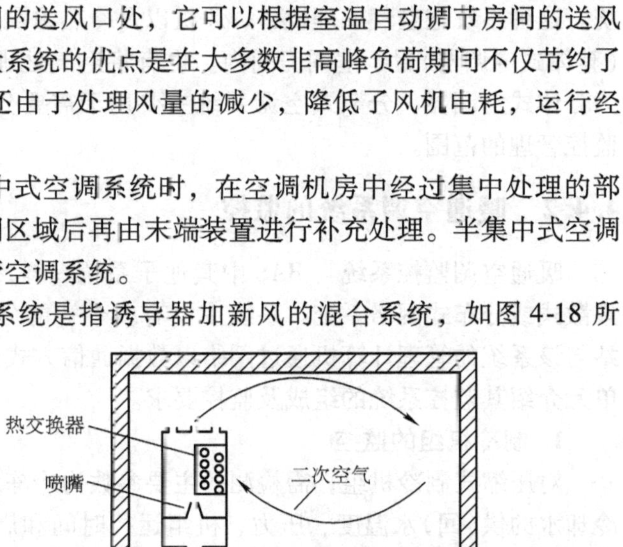

图4-18 诱导式空调系统

诱导器内不装设换热器盘管，而直接诱导室内的二次空气与一次空气混合后送入室内，就称为全空气诱导器系统。

诱导式空调系统由于其通风管一般采用高速送风，故管道口径小、占空间少。诱导器中二次盘管担负了一部分室内负荷，使一次风系统只需对新风进行处理，所用的设备较少。此外，由于在一次风处理系统中一般不用回风，故可避免各空调互相干扰和污染的可能。诱导式空调系统的主要缺点是：各空调房间的冷热量不宜单独调节；二次空气难以净化，诱导器中容易积灰，清理不便；另外，高速送风时室内会有一定噪声。

（b）风机盘管空调系统。在风机盘管空调系统中，风机盘管机组是空调系统中的末端装置，它将风机与表面式换热器盘管机组装在一起，装设于每个空调房间内，负担空调房间的冷热负荷。换热器盘管通常与冷水机组（夏）或热水系统（冬）组成一个供冷或供热系统，其风机电动机多为单向调速电动机，通过调节电压使风量分为高、中、低三档，因而可以调节风机盘管的供冷（热）量。除风量调节外，风机盘管的供冷（热）量也可通过水量调节阀进行自动调节，为此可在水管上安装电动阀门，由室温控制器就地控制，或由空调监控子系统控制。在结构形式上，风机盘管有立式、卧式和柱式等，市场上也有具有净化与消毒功能的风机盘管产品。

在风机盘管空调系统中，每台风机盘管都是独立控制的。而冷、热媒系统是集中的，加之新风机组也多为集中的（大型新风机组安装于专门的机房内，小型新风机组一般为吊顶式或安装在房间的顶棚内），因而称为半集中式空调系统，是目前应用最广泛的一种空调系统。

（3）分散式空调系统　分散式空调系统，是指将空气处理设备分散在被调房间内的系统。这种系统把空气处理设备、风机以及冷热源设备都集中在一个箱体内，形成一个整体组（整体式空调器）置于空调房间内。也有将空气处理设备与制冷设备分开组装的空调器，称为分体式空调器。分散式空调系统主要用于需要分户使用和控制的场合，一般不属于BAS监控管理的范围。

4.4.2　暖通空调系统的监控

暖通空调监控系统与BAS中其他子系统一样，都是以计算机和其他智能装置为核心的集散式或分布式网络系统。系统中设有多个智能分站（DDC）实现对单台设备的控制，各分站与该系统的管理计算机通过网络以数据通信方式建立有机联系。下面针对暖通空调系统各单元介绍其监控系统的组成及监控要求。

1. 制冷机组的监控

对压缩式制冷机组，需检测的主要参数为冷冻水的供（回）水温度、压力、流向及冷量，冷却水的供（回）水温度、压力、机组运行时间和启停次数等。需控制的主要内容包括启停控制，以节能为目标的机组运行台数控制，冷冻水旁通阀压差控制等。此外，暖通空调监控系统还应具有机组运行状态显示、过载报警、冷冻水温度再设定等辅助功能。对于吸收式制冷机组，其控制功能和其他辅助功能与压缩式制冷机组的要求相似，而需要检测的参数有蒸发器和冷凝器进出口水温，制冷剂、溶液蒸发器和冷凝器的温度及压力，溶液温度、压力、浓度及结晶温度等。

2. 冷却水系统的监控

冷却水系统监控的主要内容包括水流状态检测、冷却水泵过载报警、风机运行状态监测、过载报警、风机启停控制、冷却水泵启停控制及状态检测、冷却水温度再设定等。冷却水系统监控原理如图4-19所示。

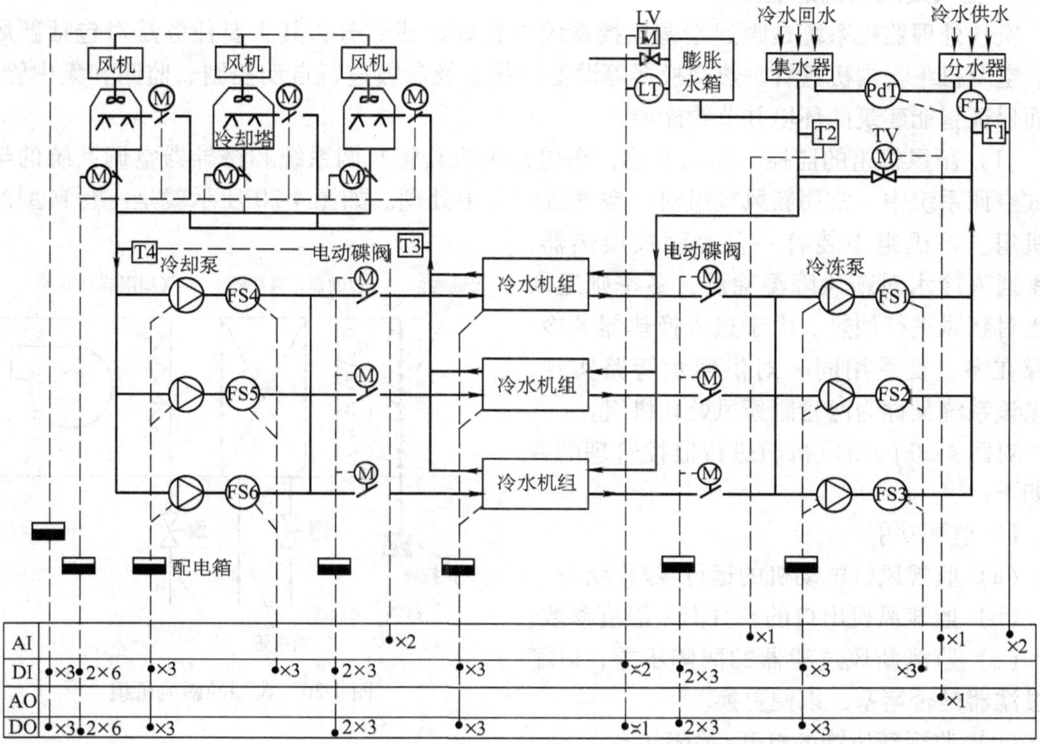

图4-19 冷却水系统监控原理图

3. 冷冻水系统的监控

冷冻水系统监控的主要目的是：保证冷冻机蒸发器通过足够的水量以使蒸发器正常工作，防止其被冻坏；向空调用户提供足够的冷冻水量以满足使用要求；在满足使用的前提下尽可能减少冷冻水循环泵的能耗。冷冻水系统监控原理如图4-19所示。

4. 锅炉燃烧系统的监控

锅炉燃烧系统的监控任务主要是根据对产热量的要求，控制送煤链条速度及进煤挡板高度，根据炉内燃烧情况、排烟含氧量及炉内负压控制鼓风机、引风机的风量。为此，应检查的参数主要有排烟温度，炉膛出口、省煤器及空气预热器出口温度，供水温度，炉膛、对流受热面进出口、省煤器、空气预热器、除尘器出口烟气压力，一次空气、二次空气压力，空气预热器前后压差，排烟含氧量信号以及挡煤板高度位置信号。锅炉燃烧系统需要控制的参数有炉排速度，鼓风机、引风机风量及挡煤板高度等。

5. 锅炉水系统的监控

锅炉水系统监控的主要任务有以下三个方面：

（1）保证系统安全运行　主要保证主循环泵的正常工作及补水泵的及时补水，使锅炉中循环水不中断，也不会由于欠压缺水而放空。

（2）计量和统计　测定供（回）水温度、循环水量和补水流量，从而获得实际供热量和累计补水量等统计信息。

（3）运行工况调整　根据要求改变循环水泵运行台数或改变循环水泵转速，调整循环流量，以适应供暖负荷的变化，节省电能。

6. 空气处理系统的监控

空气处理监控系统是暖通空调监控系统的重要组成部分，其主要任务是对包括新风机组、空调机组、内机盘管、热交换器等设备的状态及参数进行自动控制、监测和集中管理，从而保证智能建筑的环境并节约能源。

（1）新风机组的监控　如前所述，在包括风机盘管空调系统和诱导器空调系统的半集中式空调系统中，常用新风机组对外空气进行集中处理。如图4-20所示就是一台典型的新风机组。该机组中装有一台表面式换热器，夏季通入冷水对新风降温除湿，冬季则通入热水对新风进行加热。由于送入换热器的冷、热媒在冬、夏季用同一对供回水管路实现，所以该系统又称为两管制新风处理机组。

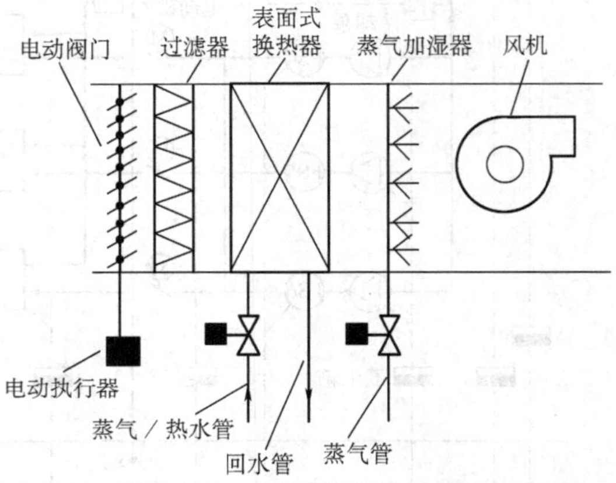

图4-20　典型的新风机组

对图4-20的新风机组进行监控管理的要求如下：

1）监测功能

（a）监视风机电动机的运行/停止状态。

（b）监测风机出口的空气温、湿度参数。

（c）监测新风过滤器的两侧压差，以了解过滤器是否堵塞，以便更换。

（d）监视新风阀的打开/关闭状态。

2）控制功能。

（a）手动远程控制/按时间程序自动控制风机的启动/停止。

（b）控制换热器水侧调节阀，使风机出口温度达到设定值。

（c）控制干式蒸气加湿器调节阀，使冬季风机出口空气湿度达到设定值。

3）联动保护。在冬季当某种原因造成热水温度降低或热水停供时，应停止风机并关闭新风阀门，以防机组内温度过低冻裂换热器，当热水恢复正常供应时，能自动起动风机电动机，打开新风阀，恢复机组正常工作。

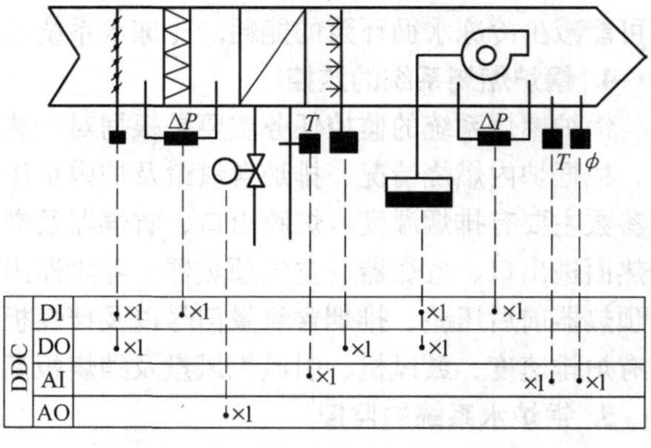

图4-21　新风机组监控原理图

ΔP—压差开关　T—温度传感器　ϕ—湿度传感器

图4-21是实现上述功能的新风机组监控原理图。可在过滤器和风机两侧安装压差开关，以监测过滤器和风机的工作状态；可在换热器盘管出口安装温度传感器，测量出口水温，一方面供现场控制机用来确定是热水还是冷水，以自动进行工

况转换，同时在冬季还可用来监测热水供应情况，以实现对新风机组的防冻保护功能；可在风机出口安装温、湿度传感器，以便监控新风处理后的状态及机组工作状况。

（2）空调机组的监控　如图4-22所示是一空调机组的监控原理图。该空调机组对空气进行集中处理后送入空调房间。由于房间内全部热、湿负荷都由该集中式空调机组处理过的空气来承担，故称为“全空气空调系统”。又因为该机组中加热器、冷却器是分开设置的，各需一对供回水管路，故属于四管制系统。

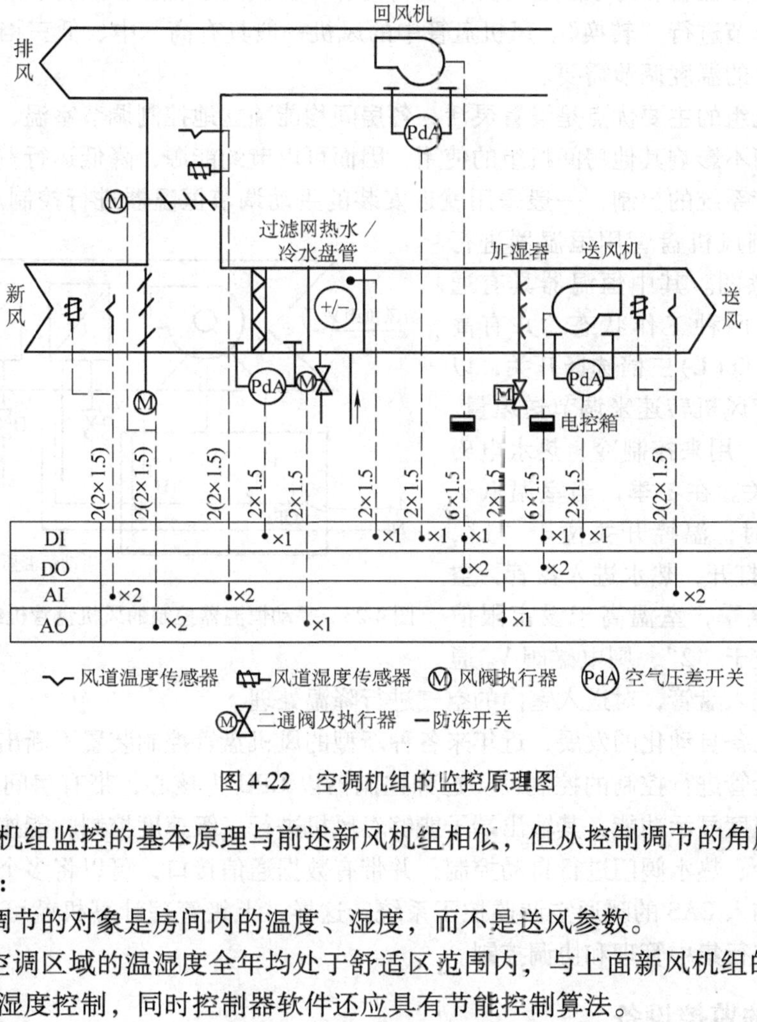

图4-22　空调机组的监控原理图

对该空调机组监控的基本原理与前述新风机组相似，但从控制调节的角度看，与新风机组有以下不同：

1）控制调节的对象是房间内的温度、湿度，而不是送风参数。

2）要求空调区域的温湿度全年均处于舒适区范围内，与上面新风机组的控制相比，在夏季也要进行湿度控制，同时控制器软件还应具有节能控制算法。

3）该空调机组不但要处理新风，还要处理回风，因此不再是全新风系统，这使得空气状态监测点的设置与新风机组有所不同。

在图4-22所示的监控系统中，需要增设被调区域内的温湿度传感器。如果该区域较大，或是由几个房间构成一个区域作为空调对象，则可安装几组温湿度测点，以各测点数据的平均值或其中重要位置的温湿度值直接送入空调机组的现场控制器（DDC）上，作为控制调节的一个重要反馈信号。若空调区域距空调机房较远，需测量的温、湿度参数又较多时，采用现场总线技术比较方便，此时只要将各温、湿度传感器“挂”在同一条现场总线上即可。当然，这些传感器本身是智能化的，它们的CPU可以对所测信号进行一定的处理，并通过数据通信与空调机组的现场控制器交换信息。

（3）风机盘管的监控 风机盘管是半集中式空调系统的末端装置，与新风系统配合使用，能实现对房间空气的调节。风机盘管由风机和换热器盘管组成，以冷冻水或热水作介质，并使空气以射流方式送入室内。热换器盘管有两管制和四管制两种形式。两管制风机盘管用一对供回水管路，只在夏季给盘管送入冷冻水，冬季停止使用的称为两管制单冷水式风机盘管；或夏季送入冷冻水，冬季对盘管供热水的称为两管制冷热水两用式风机盘管。四管制风机盘管把加热盘管和冷水盘管分开，各自均有一套供回水管路，故冷、热水系统可分别调节，不需按季节进行“转换”。风机盘管中的风机一般具有高、中、低三档速度，以适应不同房间和场合的温度调节需要。

风机盘管机组的主要优点是设置灵活，各房间均能独立地控制调节室温，房间无人时可自行关闭机组而不影响其他房间机组的使用，因而可以节约能源，降低运行费用。

对风机盘管系统的控制，一般采用就近安装的手动调节恒温器进行控制。如图4-23所示是一个四管制风机盘管用恒温器进行控制的原理示意图。其中恒温器具有通(ON)断(OFF)两种工作状态，并有高(H)、中(M)、低(L)三档选择开关，以便用户通过调节风机转速来调节送风量。TH为温控开关，用来控制冷、热水电磁双通阀门的开关。在冬季，当室温低于设定下限温度时，温控开关位于“1”，电磁 V_1 通电被打开，热水进入盘管，空气被加热；在夏季，室温高于设定限值时，温控开关位于“2”，则电磁阀 V_2 通电打开，冷水进入盘管，对送入室内的空气进行降温处理。

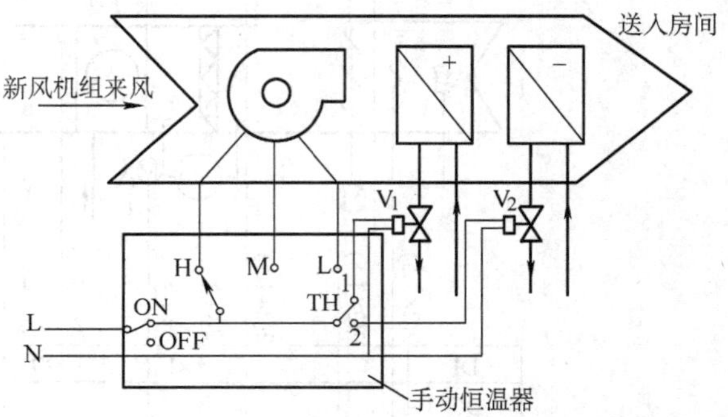

图4-23 手动恒温器控制的风机盘管机组原理示意图

随着建筑设备自动化的发展，近年来各种新型的风机盘管控制装置不断出现，目前已有专用于对风机盘管进行控制的控制器。这种控制器以CPU为核心，带有房间温度测量及房间温度、风机速度显示功能，其输出端子能够对风机进行三级速度控制，能按时间比例或双位控制规律对冷、热水阀门进行自动控制，并带有数据通信接口，可以将多个风机盘管控制器连成网络，纳入BAS的暖通空调监控子系统。这样，上级管理计算机就可以对各房间的风机盘管机组进行集中管理和协调控制。

4.4.3 常用的监控设备

暖通空调监控系统的主要监控设备有温度传感器、湿度传感器、水管温度传感器、电动风阀执行器、电动调节阀、空气压差开关、水流开关、防冻开关及DDC控制器等。

（1）风道温度传感器 用来在中央空调系统中测量风道内温度，并将信号传送给DDC，如图4-24所示。

（2）风道湿度传感器 用来在中央空调系统中测量风道内温度或湿度，并将信号传送给DDC，如图4-25所示。

图 4-24 风道温度传感器

图 4-25 风道湿度传感器

（3）水管温度传感器 用来在中央空调系统中测量水管内介质的温度，并将信号传送给 DDC，如图 4-26 所示。

（4）电动风阀执行器 适用于中央空调空气处理系统送/回风量的调节，通风系统送/排风的控制，如图 4-27 所示。

（5）电动调节阀 适用于中央空调系统冷/热水、蒸气的调节，如图 4-28 所示。

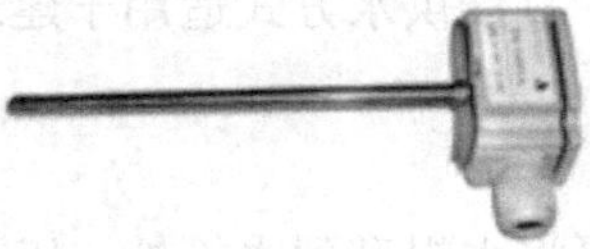

图 4-26 水管温度传感器

图 4-27 电动风阀执行器

图 4-28 电动调节阀

（6）空气压差开关 用来在中央空调系统中检测正压、负压或空气的压差，提供高/低限压差报警。空气压差开关可装在空气处理机组的各级过滤网两端，检测过滤网堵塞情况，也可加装在风机两端，检测风机启/停状态，如图 4-29 所示。

（7）水流开关 用在中央空调水系统中，检测管路中是否有水流过，水的流量是否达到了设定值，通常可用来监测水泵的启/停状态，如图 4-30 所示。

（8）防冻开关 适用于在北方地区对空气处理机组中冷/热盘管的防冻保护，可实现与新风阀的连锁，如图 4-31 所示。

（9）DDC 控制器 DDC 控制器如图 4-12 所示。

图 4-29 空气压差开关

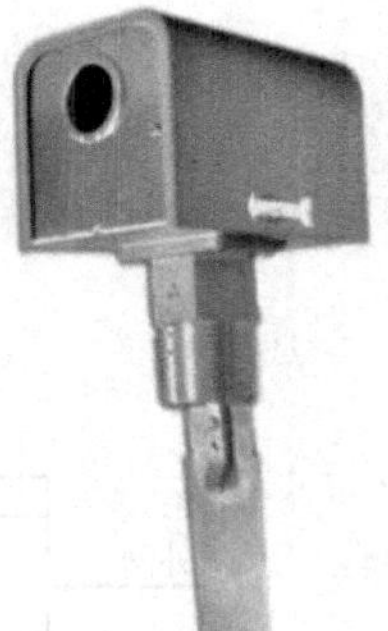

图 4-30 水流开关

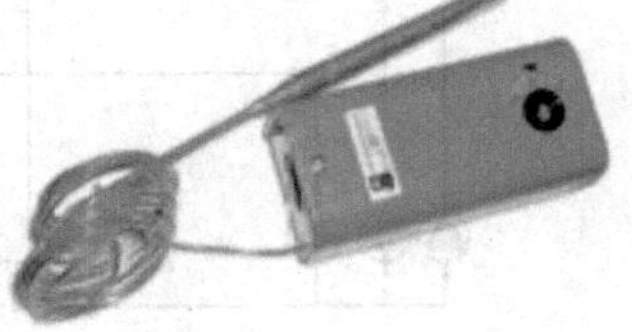

图 4-31 防冻开关

课题5 给排水监控系统

给排水监控系统是智能建筑的一个重要系统，它的主要功能是对给排水系统进行科学有效的管理，保证人们用水的质量和节约水资源，并能够确保管网中各水泵根据用户用水量的变化能及时地改变其运行方式，使水泵房中的水泵处于最佳的运行状态，从而实现管网的合理调度。

4.5.1 建筑给水系统

建筑给水系统是将城市给水管网或自备水源的水引入建筑内，送至各种用水设备，并满足各用水点对水量、水压和水质要求的冷水供应系统。建筑给水系统一般由引入管、水表节点、给水管道、给水附件、配水装置和用水设备及升压和贮水设备等组成。

给水方式是建筑给水系统为达到供水安全、及时的目的所采用的供水方案。现在普遍采用以下几种给水方式。

1. 直接给水方式

直接给水方式是利用室外给水管网水压直接向建筑内部给水系统供水而无加压及贮水设备的方式。该方式是最简单、经济的给水方式，但供水可靠性差。直接供水方式适用于建筑物高度在12m以内，对供水可靠性要求较低的场所。

2. 水箱给水方式

水箱给水方式是在楼层或供水区域的最高处设置水箱，用水泵将水提升到水箱处，以重力向给水管网供水的方式。这种方式供水压力较稳定，且有水箱贮水，供水比较安全。但因水箱重量较大，增加建筑负荷，占用建筑面积。水箱给水方式示意图如图4-32所示。

3. 水泵给水方式

水泵直接给水方式一般在室外给水管网水量充足但压力较低时采用。当用户用水量大而均匀时，可用恒速泵供水，当用户用水量不均匀时，宜采用一台或多台水泵变速运行方式运行，以提高水泵工作效率，降低电耗。因水泵直接从外网抽水，会使外网水压降低，影响附近用户供水，严重时还可能使外网产生负压，在管道接口不严密的情况下。使土壤中的细菌进入管内而污染水质。因此，水泵在接外网抽水时，需征得供水管理部门同意。为避免以上问题，可在系统中增设贮水池，采用水泵与外网间接相连的方式供水。水泵给水方式示意图如图4-33所示。

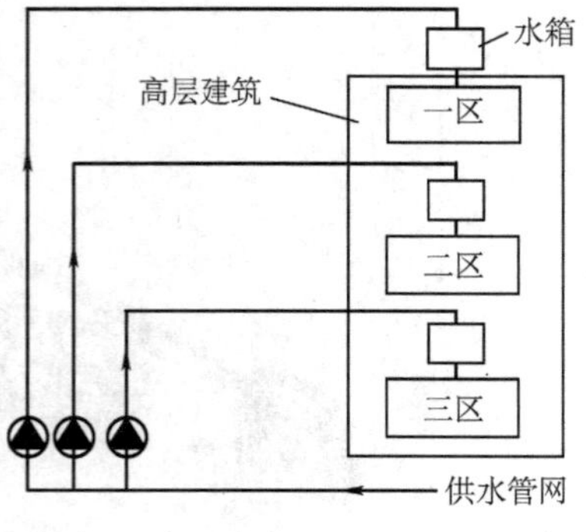

图4-32 水箱给水方式示意图

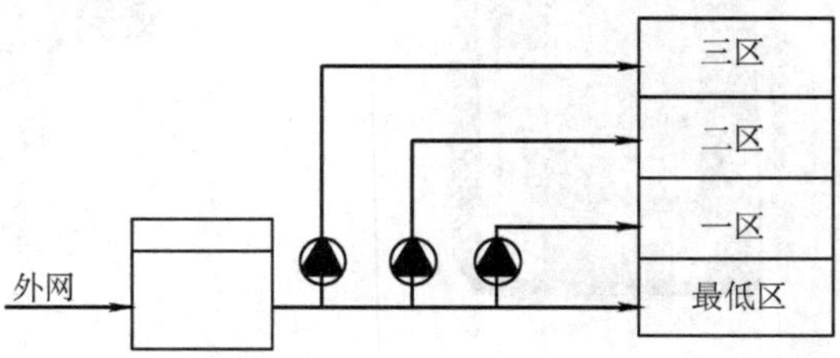

图4-33 水泵给水方式示意图

此外，采用变频泵供水的给水方式已经越来越被广泛采用。变频泵供水有很多优点，如可以避免水箱供水方式需设置高位水箱而增加建筑物负荷、占用面积大、基建投资多的缺陷；也可以避免由于水箱生锈、灰尘落入等原因造成水质污染，使供水达不到卫生指标的缺陷；在条件允许时，也可采用水泵直接供水的压力供水方式(见下文)；同时，变频泵消耗的功率相对普通泵会大大减少，从而达到节能目的。

4. 水泵、水池、水箱联合给水方式

当室外给水管网水压经常不足，且不允许水泵直接从室外管网吸水，建筑内部用户用水量又不均匀时，常采用地下贮水池、水泵与高位水箱联合工作的给水方式。当水泵供水量大于系统用水量时，多余的水充入水箱贮存；当水泵供水量小于系统用水量时，则由水箱向系统补充供水。

5. 压力供水方式

压力供水方式不在楼顶或供水区域顶端设置水箱，仅在地下室或某些空余之处设置给水设备，用提高供水压力的方法来满足建筑物的用水需要。压力给水设备可采用并联的气压水箱给水系统，也可采用无水箱的几台水泵并联给水系统。

并联气压水箱给水系统是以气压水箱代替高位水箱，利用压缩空气的压力，使气压水箱中的贮水得到位能而增压，向高处用户供水，如图4-34所示。气压水箱可以集中于地下室泵房内，这样可以避免高位水箱的缺点，气压水箱系统的缺点是投资大、运行效率低。

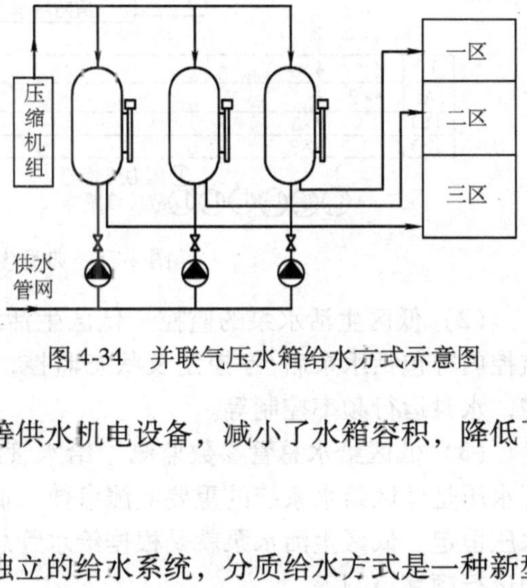

图4-34　并联气压水箱给水方式示意图

6. 分区给水方式

目前应用最广泛的是分区给水方式，即建筑物下部较低楼层采用直接给水方式，上部较高楼层采用地下贮水池、水泵与高位水箱联合工作的给水方式。这种给水方式既满足了高层用户对水压的要求，又能充分利用室外管网水压；既保证了供水的安全可靠性，还减少了水泵等供水机电设备，减小了水箱容积，降低了工程造价。

7. 分质给水方式

根据不同用途所需的不同水质，可分别设置独立的给水系统，分质给水方式是一种新型而又发展迅速、应用前景广阔的给水方式。

4.5.2　建筑给水系统的监控

建筑给水监控系统的主要任务是对各种水位的监测以及各种泵类运行状态的监控。图4-35所示为典型生活给水系统的监控原理图。

目前高层建筑的生活给水系统都分为高区、低区两部分对用户进行供水，有的甚至分为高、中、低三个区进行供水。整个给水系统有两个蓄水设备——地下蓄水池和屋顶水箱。

1. 低区生活给水系统的监控

低区用户的生活用水由地下蓄水池直接供给，其设备监控内容包括如下几方面：

(1) 地下蓄水池的液位监控　图4-35所示的地下蓄水池包括高、中、低三个液位传感器，当液位低于低液位传感器时，启动给水泵为地下蓄水池补水；当液位达到中液位传感器位置时给水泵停止供水；高液位传感器为溢流报警传感器。

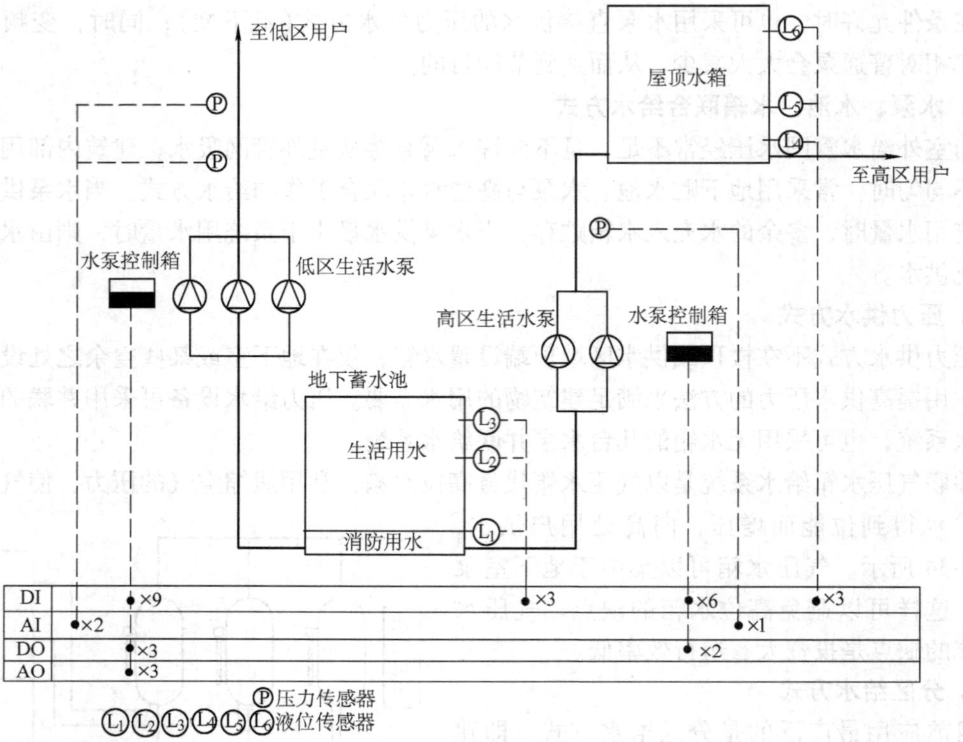

图 4-35　典型生活给水系统监控原理图

（2）低区生活水泵的监控　低区生活水泵一般为变频泵，根据末端压力进行控制。其监控内容包括水泵启/停控制及状态监控，水泵故障报警监控，水泵手动/自动控制状态监控，水泵运行频率控制等。

（3）低区给水总管参数监测　给水管的监测参数一般包括流量、压力等。其中给水总管水压是低区给水系统的重要监测参数，低区给水系统控制的主要内容就是保证给水总管的水压恒定。低区生活水泵就是根据给水管总压力传感器的反馈值及压力设定值进行启动台数和运行频率控制等。

2. 高区生活给水系统的监控

高区用户的生活用水就是先将地下蓄水池的水通过高区生活水泵抽升至屋顶水箱，然后再由屋顶水箱进行供给的。其设备监控内容包括如下几方面：

（1）高区生活水泵的监控　高区生活水泵一般为非变频泵。其监控内容包括水泵启/停控制及状态监控，水泵故障报警监控，水泵手动/自动控制状态监控等。

（2）屋顶水箱的液位监控　图 4-35 所示的屋顶水箱包括高、中、低三个液位传感器，当液位低于低液位传感器时，启动高区生活水泵为屋顶水箱补水；当液位达到中液位传感器时，高区生活水泵停止供水；高液位传感器为溢流报警传感器。

（3）屋顶水箱补水管参数监测　屋顶水箱补水管参数监测主要为流量监测。

4.5.3 建筑排水系统的监控

建筑排水系统的任务是接纳、汇集各种卫生器具和用水设备排放的污、废水，以及屋面的雨、雪水，并在满足排放要求的条件下，排入室外排水管网。

建筑的排水系统主要针对生活用水，由于对卫生条件要求较高，排水系统必须畅通。常采用生活污水和生活废水分流排放，避免水流干扰。位于地面以上的楼层，生活废水靠重力直接排入室外排水管网中；这样可以简化废水处理回用的工艺，降低设备投资和运行费用；而对于生活污水的排放，当室外有污水处理厂，并有条件接纳生活污水时，可直接排入室外污水管道，污水由处理厂处理；当室外无污水处理厂，生活污水应先排入污水处理池进行处理。此外，许多智能建筑为大型高层楼宇，一般都建有地下室。有的深入地下 2 ~3 层或更深，在这种情况下，需设置污、废水集水井，用排污泵通过室内排污管道将井中污、废水提升排至室外排水管网或水处理池中。

当集水井或污水池的液位达到一定高度时，建筑排水系统才对污水等进行排放，图 4-36 为典型的排水系统监控原理图。

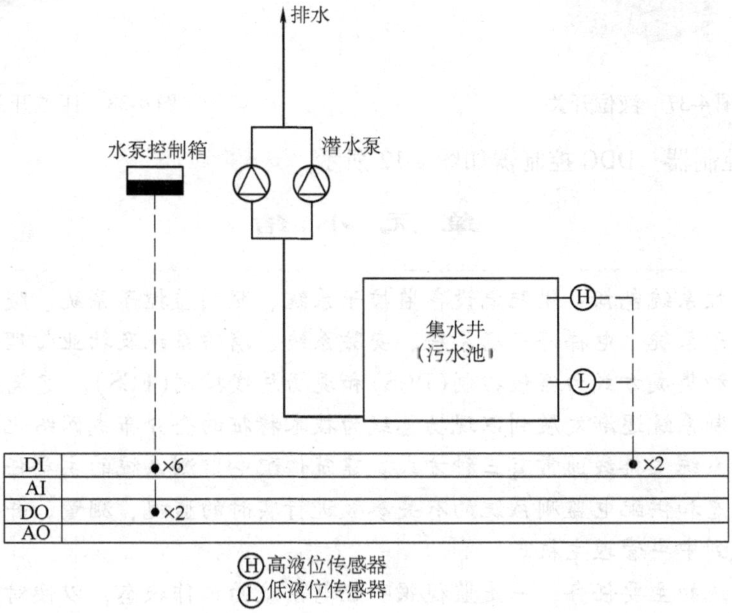

图 4-36 典型的排水系统监控原理图

建筑排水系统的监控内容包括如下几方面：

（1）集水井或污水池的液位监控 图 4-36 所示的集水井或污水池包括高、低两个液位传感器，当液位高于高液位传感器时，启动潜水泵进行排水；当液位达到低液位传感器位置时潜水泵停止排水。

（2）潜水泵的监控 潜水泵一般为非变频泵，其监控内容包括水泵启/停控制及状态监控，水泵故障报警监控，水泵的手动/自动控制状态监控等。

4.5.4 常用的监控设备

给排水监控系统的主要监控设备有液位开关、水流开关及DDC控制器等。

(1) 液位开关　用于生活水箱、污水池等液位的高低报警，同时可联动给水泵或潜水泵动作。液位开关如图4-37所示。

(2) 水流开关　通过监测水管水流状态来监控水泵运行状态，水流开关如图4-30所示。

(3) 压差开关　压差开关如图4-38所示。

图4-37　液位开关

图4-38　压差开关

(4) DDC控制器　DDC控制器如图4-12所示。

单 元 小 结

建筑设备监控系统包括：供配电设备监控子系统、照明监控子系统、暖通空调监控子系统、给排水监控子系统、电梯停车场系统、安防系统、消防系统及物业管理子系统。建筑设备监控系统的两种集成方式为集散控制(DCS)和现场总线控制(FCS)。建筑设备监控系统已由典型的集散控制系统逐渐发展到以现场总线为技术特征的全分布式网络化结构。

建筑供配电系统主接线通常有三种方式。建筑供配电监测系统的主要任务是对供配电系统中各设备的状态和供配电监测系统的有关参数进行实时的监视、测量，并将各种信号通过计算机网络传送到中央管理主机。

照明监控系统的主要任务，一是监视照明配电系统的工作状态，以便对照明系统进行有效的管理；二是根据一定的策略控制各类照明灯具的开启、关闭，从而达到节能的目的。照明监控系统通常采用的控制方式包括时间表控制方式、情景切换控制方式、动态控制方式、远程强制控制方式、联动控制方式。

制冷系统主要包括制冷机组、冷冻水系统和冷却水系统。对压缩式制冷机组，需检测的主要参数为冷冻水的供回水温度、压力、流向及冷量，冷却水的供回水温度、压力，机组运行时间和启停次数等。对于吸收式制冷机组，其控制功能和其他辅助功能与压缩式制冷机组的要求相似，而需要检测的参数有蒸发器、冷凝器进出口水温，制冷剂、溶液蒸发和冷凝器的温度及压力，溶液温度、压力、浓度及结晶温度等。空气处理系统一般由空调对象、空气处理设备、空气输送设备和空气分配设备组成，空气处理监控系统主要任务是对包括新风机组、空调机组、内机盘管、热交换器等设备的状态及参数进行自动控制、监测和集中管理。

建筑给水系统的给水方式有直接给水方式，水箱给水方式，水泵给水方式，水泵、水池、水箱联合给水方式，压力供水方式，分区给水方式，分质给水方式。建筑给排水监控系统的主要任务是对各种水位的监测以及各种泵类运行状态的监控。

复习思考题

4-1 BAS系统包含哪些子系统？

4-2 现场总线技术在BAS中得到广泛应用，试分析其原因。

4-3 民用建筑的建筑供配电系统一般有哪几种接线方式？

4-4 简述双电源供配电系统的监控原理。

4-5 照明控制方式中，智能照明控制方式相对于定时控制方式有哪些优点？

4-6 简述集中式空调系统的工作过程。

4-7 风机盘管空调系统有何优点？

4-8 简述空调机组的监控原理。并举例说明需要哪些常用的监控设备？

4-9 简述水箱给水系统的监控原理。

4-10 举例说明排水系统的监控原理。

单元5　安全防范系统

【单元概述】

本单元主要介绍了安全防范系统的基本概念及其各个子系统的主要功能，同时也介绍了各子系统的组成及相关的硬件设备。

【学习目标】

通过本单元的学习，能够掌握安全防范系统的基本概念，并对安全防范系统有一定的了解。通过对各子系统的组成及硬件设备的学习，能够掌握各子系统的基本工作原理和硬件使用方法。

课题1　出入口控制系统

所谓出入口控制系统就是对出入口进行管理的系统，通常包括门禁系统、楼宇对讲系统、停车场系统及考勤系统等几大类。

5.1.1　门禁系统

门禁系统控制各类人员的出入以及他们在建筑内的活动范围，其控制的原理是按照人的活动范围预先制作出各种层次的卡或预定密码。在相关的大门出入口、金库门、档案室门和电梯门等处安装磁卡识别器或密码键盘，用户持有效卡或输入密码方能通过或进入。由读卡机读出卡片密码，经解码后送入控制器判断，如身份符合则门锁被开启，否则自动报警。通过门禁系统，可有效控制人员的流动，并能对工作人员的出入情况及时地查询。目前门禁系统已成为现代建筑智能化的标准配置之一。

1. 门禁系统的组成

门禁系统一般由控制主机、感应式读卡器和电锁组成(联网时外加电脑和通信转换器)。典型的门禁系统组成结构如图5-1所示。

持卡人所持的卡只要被读卡器识别，读卡器就能将卡中的信息(卡号)发送到主机，主机将检查卡的合法性，然后决定是否进行开门动作，并通过通信转换器(RS485)与管理电脑进行实时监控(可由电脑发指令开/关所有门,并可实时查看所有门的状态)、数据处理、查询、报表输出等。

2. 门禁系统的主要设备

(1) 识别卡　按照工作原理和使用方式等方面的不同，可将识别卡分为不同的种类，如接触式和非接触式、IC和ID、有源和无源等。各类识别卡最终的目的都是作为电子钥匙被使用，只是在使用的方便性、系统识别的保密性等方面有所不同。

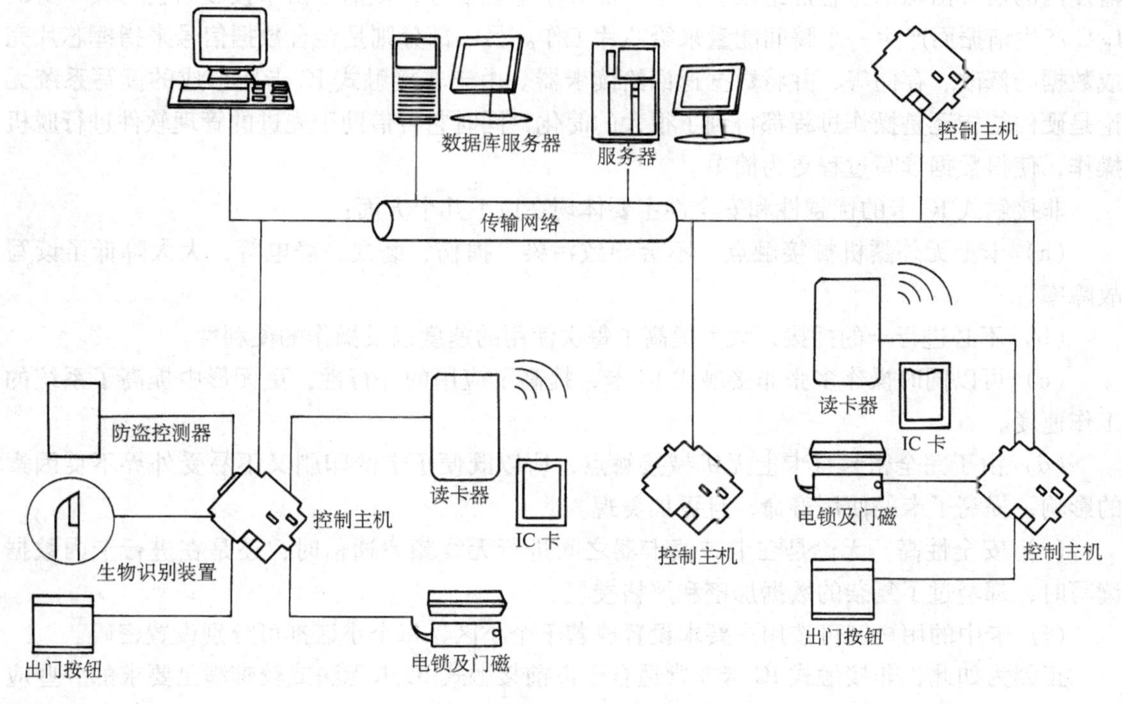

图 5-1 典型的门禁系统示意图

接触式识别卡必须将卡插入读卡器内或在槽中划一下才能读到卡号，如 IC 卡、磁卡等。非接触式识别卡则是卡无需与读卡器接触，相隔一定的距离就可以读出卡内的数据。

磁卡是一种磁记录介质卡片，它由高强度、耐高温的塑料或纸质涂覆塑料制成，能防潮、耐磨且有一定的柔韧性，携带方便、使用较为稳定可靠。通常磁卡的一面印刷有说明指示信息，如插卡方向；另一面则有磁层或磁条，并具有两三个磁道以记录有关信息数据。

智能卡名称来源于英文名词“Smart Card”，又称集成电路卡，即 IC(Integrated Circuit)卡。它将一个集成电路芯片镶嵌于塑料基片中封装成卡的形式其外形与覆盖磁条的磁卡相似。IC 卡的优点为体积小、具有先进的集成电路芯片技术、保密性好、无法仿造等。为了兼容，在 IC 卡上会贴有磁条，因此，IC 卡也可同时用作为磁卡使用。

IC 卡可分为接触式和非接触式(感应式)两种。

1）接触式 IC 卡。接触式 IC 卡是由读写设备的接触点与卡上的触点相接触而接通电路来进行信息读写的。接触式 IC 卡的正面中偏左侧的小方块有 8 个触点，下面为凸形字符，卡的表面还可以印刷各种图案甚至人像，卡的尺寸、触点位置、用途及数据格式等均有相应的国际标准予以明确规定。与磁卡相比，接触式 IC 卡除了存储量大以外，还可以一卡多用，同时可靠性比磁卡高，寿命也比磁卡长，读写机构比磁卡读写机构简单可靠，造价较低，维护方便，容易推广。由于以上优点，使得接触式 IC 卡市场遍布世界各地，风靡一时。

2）非接触式 IC 卡。非接触式 IC 卡由 IC 芯片、感应天线组成，并将其完全密封在一个标准 PVC 卡片中，无外露部分。这种 IC 卡可分为两种，一种为近距离耦合式，卡必须插入机器缝隙内；另一种为远程耦合式。非接触式 IC 卡的读写通常由非接触式 IC 卡与读卡器之间的无线电波来完成。非接触式 IC 卡本身是无源体，当读卡器对卡进行读写操作时，读卡器发出的信号由两部分叠加组成。其中一部分是电源信号，该信号由卡接收后会与其本身的L/C产生谐振而产生一个瞬间能量来给芯片工作。另一部分则是结合数据信号来指挥芯片完成数据的修改、存储等，并将数据返回给读卡器。由于非接触式IC卡所形成的读写系统无论是硬件结构还是操作过程都得到了很大的简化，同时它可借助于先进的管理软件进行脱机操作，使得数据读写过程更为简单。

非接触式IC卡的优越性和安全性主要体现在以下几个方面：

(a) 卡上无外露机械接触点，不会导致污染、损伤、磨损、静电等，大大降低了读写故障率。

(b) 不必进行卡的插拔，大大提高了每次使用的速度以及操作的便利性。

(c) 可以同时操作多张非接触式IC卡，提高了应用的并行性，更无形中提高了系统的工作速度。

(d) 由于完全密封且卡上无机械接触点，所以既便于卡的印刷又不易受外界不良因素的影响，提高了卡的使用寿命，且更加美观。

(e) 安全性高，无论是在卡与读卡器之间进行无线频率通信时，还是在进行卡内数据读写时，都经过了复杂的数据加密和严格授权。

(f) 卡中的用户区可按用户要求设置成若干个小区，每个小区都可分别设置密码。

正因为如此，非接触式IC卡非常适合于以前接触式IC卡无法或较难满足要求的一些应用场合，如公共电/汽车自动售票系统等。这将IC卡的应用在广度和深度上大大推进了一步。

(2) 读卡器　读卡器分为接触式读卡器(磁条、IC)和感应式(非接触式)读卡器等几大类，感应式读卡器又有带密码键盘和不带密码键盘的区别如图5-2、图5-3所示。

图5-2　带密码键盘的读卡器

图5-3　普通读卡器

读卡器设置在出入口处，通过它可将门禁卡的参数读入，并将所读取的参数经由控制器判断分析，准入则电锁打开，人员可自行通过；禁入则电锁不动作，并且立即报警且作出相应的记录。

(3) 生物识别设备　生物识别技术(Biometric Identification Technology)是利用人体生物特征进行身份认证的一种技术。生物特征是唯一的(与他人不同)可以测量或可以自动识别和验证的生理特性或行为方式，分为生理特征和行为特征。用于生物识别的生物特征有手形、指纹、脸形、虹膜、视网膜、脉搏、耳廓等，行为特征有签字、声音、按键力度等。基于这些生物特征，目前已经发展了手形识别、指纹识别、面部识别、发音识别、虹膜识别、签名识别等多种生物识别技术。目前人体特征识别装置在市场上占有率最高的是指纹机和手形机，这两种识别装置也是目前技术发展中最成熟的。

(4) 写入器 写入器可对各类识别卡写入各种标志、代码和数据(如金额、防伪码)等。

(5) 控制器 控制器是门禁系统的核心，它由一台微处理器和相应的外围电路组成。如将读卡器比作系统的眼睛，将电锁比作系统的手，那么控制器就是系统的大脑。由控制器来确定某一张卡是否为本系统已注册的有效卡，该卡是否符合所限定的授权，从而控制电锁是否打开。由控制器和第三层设备可组成简单的单门式门禁系统，它与联网式门禁系统相比，少了统计、查询和考勤等功能，比较适合无需记录历史数据的场合。门禁控制器如图5-4所示。

(6) 门锁 门禁系统所用电锁一般有三种类型：电阴锁、电磁锁和电插锁，视门的具体情况选择。电阴锁和电磁锁一般用于木门和铁门，电插锁则用于玻璃门。电阴锁一般为通电开门，电磁锁和电插锁则为通电锁门。电插锁如图5-5所示。

图5-4 门禁控制器

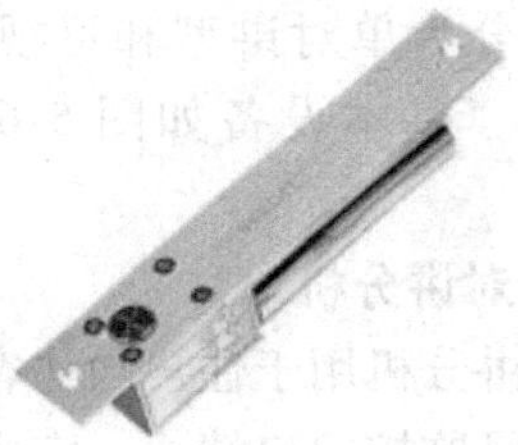

图5-5 电插锁

(7) 管理计算机 门禁系统的微机通过专用的管理软件对系统所有的设备和数据进行管理，具体功能如下几点：

1) 设备注册：在增加控制器或是卡片时，需要重新登记，以使其有效；在减少控制器或是卡片遗失、人员变动时，使其失效。

2) 级别设定：对已注册的卡片设定哪些可以通过那些门，哪些不可以通过；某个控制器可以让哪些卡片通过，不允许哪些通过；对于计算机的操作要设定密码，以控制哪些人员可以操作。

3) 时间管理：设定某些控制器在什么时间可以或不可以允许持卡人通过；哪些卡在什么时间可以或不可以通过哪些门等。

4) 数据库的管理：对系统所记录的数据进行转存、备份、存档、和读取等处理；系统正常运行时，对各种出入事件、异常事件及其处理方式进行记录，并保存在数据库中，以备日后查询。

5) 报表生成：能够根据要求定时或随机地生成各种报表。比如，可以查找某个人在某段时间内的出入情况及某个门在某段时间内都有谁进出等，从而生成报表并打印出来，进而组合成“考勤管理”、“巡更管理”和“会议室管理”等报表。

6) 网间通信：系统不是作为一个单一的系统存在，它要向其他系统传送信息，比如遭遇非法闯入时，要向电视监视系统发出信息，使摄像机能监视该处情况，并进行录像，所以要有系统之间通信的支持。

7）管理系统除了完成所要求的功能外，还应有漂亮、直观的人机界面，使人员便于操作。

5.1.2 楼宇可视对讲系统

通过楼宇可视对讲系统，入口处的来访者可以直接或通过门卫与住户建立音频、视频通信联络，住户可以与来访者通话，并通过声音或分机屏幕上的影像来认出来访者。当来访者被确认后，住户可以利用分机上的门锁控制键打开电控门锁，允许来访者进入。该系统是一种被广泛应用于公寓、住宅小区和办公楼的安全防范系统。楼宇可视对讲系统按功能可分为单对讲型和可视对讲型两种，基本设备如图 5-6 所示。

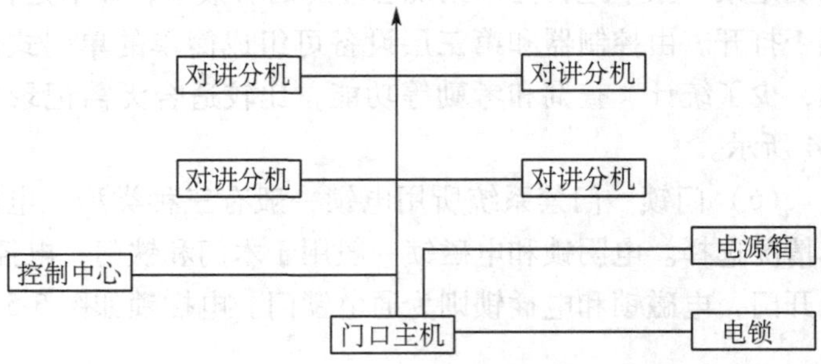

图 5-6 楼宇可视对讲系统示意图

1. 室内对讲分机

室内对讲分机用于住户与访客或管理中心人员的通话、观看来访者的影像并具有开门功能，同时也可监控门口情况。室内对讲分机由装有黑白或彩色显示屏、电子铃、电路板的机座及监视按钮、呼叫按钮和开门按钮等功能键和话机组成，由本系统的电源设备供电。分机具有双向对讲通话功能，影像管显像清晰，呼叫为电子铃声，通常安装在住户的起居室的墙壁上或住户房门后的侧墙上，与门口主机配合使用。室内对讲分机如图 5-7 所示。

2. 门口主机

门口主机用于实现来访者通过机上功能键与住户的对讲通话，并通过机上的摄像机提供来访者的影像。机内装有摄像机、扬声器、传声器和电路板，机面设有多个功能键，由系统电源供电并安装在单元楼门外的左侧墙上或特制的防护门上。门口主机分为直接按键式(每键对应一住户,容量少)和数字编码式(由数字 0 ~9、* 、# 共 12 个键码组成)两种。门口主机如图 5-8 所示。

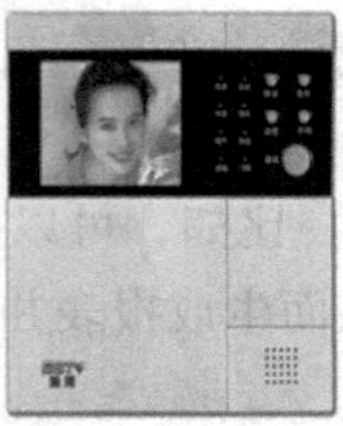

图 5-7 室内对讲分机

图 5-8 门口主机

3. 电源

楼宇对讲系统采用220V交流电源供电，直流12V输出。为了保证在停电时系统能够正常使用，应加入充电电池作为备用电源。

4. 电锁

电锁安装在入口门上，受控于住户和保安人员，平时锁闭。当确认来访者可进入后，通过住户室内对讲分机上的开门键来打开电锁，来访者便可进入，进入后门上的电锁自动锁闭。另外也可以通过钥匙、密码或门内的开门按钮打开电锁。

5. 管理中心主机

在大多数楼宇可视对讲系统中都设有管理中心主机，它设在保安人员值班室，主机装有电路板、电子铃、功能键和话机（有的管理中心主机内附显示屏和扬声器），并可外接摄像机和监视器。物业管理中心的保安人员，可以与住户或来访者进行通话，并能看到来访者的影像；管理中心主机可接收用户分机的报警信号，识别报警区域及记忆用户号码，监视来访者情况，并具有呼叫和开锁功能。

5.1.3 停车场自动管理系统

停车场自动管理系统利用自动化的机电设备对停车场进行安全、快捷、有效的管理。由于减少了人为的参与，从而最大限度地减少了人员费用和人为造成的损失，极大地提高了停车场的使用效率。

1. 停车场自动管理系统的组成

停车场自动管理系统通常包括停车场管理模块、进口读卡器、出口读卡器、挡车器、车辆探测器、监控摄像机、车位提示牌、通信器等设备。停车场管理系统的组成如图5-9所示。

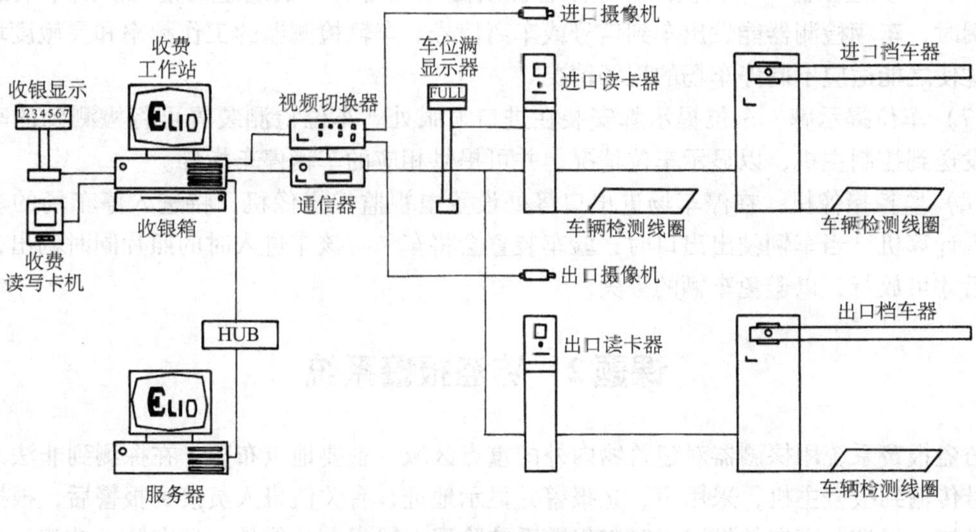

图5-9 停车场管理系统组成示意图

2. 停车场自动管理系统的常用设备

（1）停车场管理模块 停车场自动管理系统的控制中枢是停车场管理模块和相配套的

停车场管理软件。停车场管理软件是实现停车场系统管理的软件。停车场管理模块实现了对系统的协调与管理，它包括软硬件参数控制、对卡的登陆管理、收费、实时事件记录和照片对照核查等功能。

（2）进口读卡器　进口读卡器安装在停车场的进口处。进口读卡器装备有下列几个功能部件：

1）车辆检测器。车辆检测器用于自动检测车辆的到达情况，当有临时要求进场的车辆停靠在进口读卡器前时，读卡器能自动检测到车辆的到达。

2）自动出票(卡)机。当车主按下出票按钮后，出票机能自动出票；当自动出票机中没有票据时，能向系统发出报警信号。

3）控制器。控制器是进口读卡器的心脏部件，进口读卡器中的其他部件均由控制器进行管理。对上级设备，控制器负责通信，即接收指令或发出信息。控制器还负责对卡的有效性进行判断，当卡有效时，命令挡车器抬起挡杆；当卡无效时，向系统发出报警信号。

（3）出口读卡器　出口读卡器的安装与进口读卡器相反，它安装在停车场的出口处。出口读卡器中装备有下列几个功能部件：

1）电动手动读卡器。电动手动读卡器负责识别客户所携带的智能卡。

2）控制器。控制器的功能与进口读卡器中的控制器相同。

（4）挡车器(道闸)　在每个停车场的出入口都安装有电动挡车器，它受系统的控制升起或落下挡杆，并只对合法车辆放行，防止非法车辆进出停车场。挡车器由金属机箱、马达、变速器、动态平衡器、控制器、挡杆等组成。挡杆的常见类型有直杆、折杆、栅栏杆等。

（5）通信器　停车场系统的通信器负责控制器与计算机之间的通信，并有一些辅助输出接点，供特殊用途使用。

（6）车辆检测器　车辆检测器用来检测线圈上是否有车辆通过的情况。当车辆通过检测线圈时，车辆检测器能发出车到信号或车离信号。车辆检测器的工作频率和灵敏度均可调节，这使之能适应不同停车场的现场情况。

（7）车位提示牌　车位提示牌安装在进口显眼处。车位检测装置可将检测到的车辆的数量发送到控制主机，以显示车位情况，并可提供相应的车辆停车指导。

（8）监控摄像机　在停车场进出口等处设置电视监控摄像机，将进入停车场的车辆照片输入计算机。当车辆驶出出口时，验车装置会将车卡与该车进入时的照片同时调出，检查无误后才可放行，以避免车辆的丢失。

课题2　防盗报警系统

防盗报警系统用探测器对建筑物内外的重点区域、重要地点布防，在探测到非法入侵时将信号传输到报警主机，采用声、光报警并显示地址，有关值班人员接到报警后，根据情况采取措施，以控制事态的发展。防盗报警系统除了上述报警功能外，还有联动功能，如开启报警现场灯光(含红外灯)、联动视频矩阵控制器、开启报警现场摄像机进行监视(使监视器显示图像、录像机录像等)等，这些都可对报警现场的声音、图像进行复核，从而确定报警的性质(非法入侵、火灾、故障等)，以采取有效措施。

防盗报警系统能对布防区域的非法入侵进行实时、可靠和正确无误的报警和复核。漏报警是绝对不允许的，误报警则应降低到可以接受的限度。为预防抢劫（或人员受到威胁），系统应设置紧急报警装置和并留有与 110 报警中心联网的接口。另外，系统还具有安全、方便的布防（包括全布防和半布防）和撤防等功能。

5.2.1　防盗报警系统的基本结构

防盗报警系统的基本结构如图 5-10 所示。

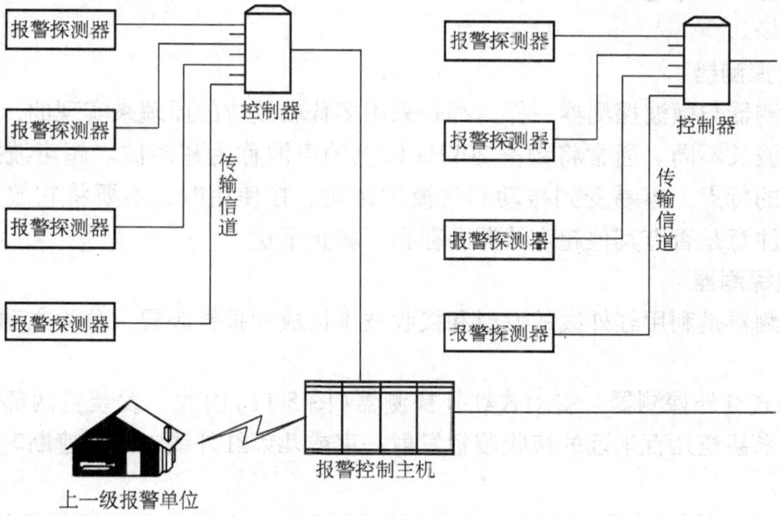

图 5-10　防盗报警系统的基本结构示意图

1. 报警控制中心

报警控制中心由报警控制主机和报警设备组成。报警控制主机可处理传输系统传来的各类现场信息。若有情况，报警控制主机就向报警装置发出声、光报警信号，引起值班人员的警觉，以便其采取相应的措施或直接向公安人员报警。保卫人员也可以通过报警控制中心对保安区域内各位置的探测器的工作情况进行集中监视。报警控制中心设备常与计算机相连，可随时监视各子系统的工作状态。

2. 传输系统

传输系统负责在探测器和报警控制中心之间传递信息（探测电信号）。传输信道常分为有线信道（如双绞线、电力线、电话线、电缆或光缆等）和无线信道（一般是调制后的微波）两类。

3. 探测器

探测器位于现场，它由传感器和前置信号处理电路两部分组成。根据不同的防范场所选用不同的信号传感器（如气压、温度、振动和幅度传感器等），来探测和预报各种危险情况。例如，红外线探测器中的红外传感器能探测出被测物体表面的热变化率，从而判断被测物体的运动情况而发出报警信号；振动电磁传感器能探测出被测物体的振动，若把它固定在地面或保险柜上，就能探测出入侵者走动或撬挖保险柜的动作。

前置信号处理电路将传感器输出的电信号处理后变成信道中传输的电信号，此信号常称为探测电信号。

5.2.2 几种常用的探测报警器

1. 微波探测器

微波探测器是利用超高频的无线电波来进行探测的。微波探测器发出无线电波，同时接受反射波，当有物体在探测区域移动时，反射波的频率与发射波的频率有差异，两者频率之差称为多普勒频率。微波探测器就是根据多普勒频率来判定探测区域中是否有物体移动的，由于微波的辐射可以穿透水泥墙和玻璃，在使用时需考虑安放的位置与方向，通常适合于开放的空间或广场。

2. 超声波探测器

超声波探测器与微波探测器一样，都是采用多普勒效应的原理来实现的，不同之处在于它们所采用的波长不同。通常将频率 20kHz 以上的声波称为超声波。超声波探测器由于其所采用的频率的特点，容易受到振动和气流的影响。在使用时，不要将它放在松动的物体上，同时也要注意是否有其他超声波源的存在，防止干扰。

3. 红外线探测器

红外线探测器是利用红外线的发射和接收技术构成的报警装置，分为主动式和被动式两种类型。

(1) 主动式红外探测器　主动式红外探测器(图 5-11)由收、发装置两部分组成。发射装置向装在几米甚至几百米远的接收装置发射一束或几束红外线，当被遮断时，接收装置即发出报警信号。

(2) 被动式红外探测器　被动式红外探测器(图 5-12)不向空间辐射任何形式的能量，而是依靠接收人体发出的红外辐射来进行报警。任何物体因表面热度的不同，都会辐射出强弱不等的红外线，故物体不同，其所辐射的红外线的波长也有差异。红外探测主要用来探测人体或其他一些入侵的移动物体。当人体进入探测区域时，稳定不变的热辐射被破坏，产生一个变化的热辐射，被红外传感器接收后经放大处理，从而发出报警信号。

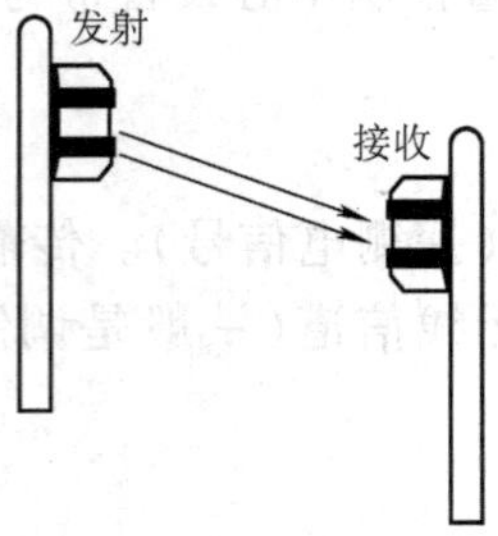

图 5-11　主动式红外探测器

图 5-12　被动式红外探测器

4. 双鉴探测器

各种探测器都有各自的优点，但前面提到的微波、红外线、超声波三种单技术报警器因环境干扰及其他因素容易引起误报警。为了减少误报，把两种采用不同探测原理的探测器结合起来组成双技术的组合探测器，即双鉴探测器(图 5-13)。双技术的组合探测器必须符合以下三个条件。

1）组合中的两个探测器有不同的报警机理，但两个探测器对目标的探测灵敏度又必须相同。

2）上述原则不能满足时，应选择对警戒环境误报率最低的两种探测器。如果两种探测器对外界环境的误报率都很高，当两者结合成双鉴探测器时，不会显著降低误报率。

3）选择的探测器应对外界经常或连续发生的干扰不敏感。

图5-13　微波、红外线双鉴探测器

例如，微波与被动式红外复合的探测器将微波和红外两种探测技术集中运用于一体，在控制范围内，只有当两种采用不同探测技术的探测器都产生报警信号时才输出报警信号，所以它既能保持微波探测器可靠性强、与热源无关的优点，又有被动式红外探测器无需照明和无亮度要求的优点，可昼夜运行，大大降低了探测器的误报率。这种复合型报警探测器的误报率是微波探测器误报率的几百分之一。又如，利用声音与振动技术的复合型双鉴式玻璃探测器，只有在同时感受到因玻璃振动和破碎产生的高频声音时，才产生报警信号，从而大大减少了只因窗户的振动而引起的误报，提高了报警的准确性。

5. 门磁开关

门磁开关是一种广泛使用、成本低、安装方便、不需要调整和维修的探测器。门磁开关分为可移动部件和输出部件两部分。可移动部件安装在活动的门窗上，输出部件则安装在相应的门窗上，两者安装距离不超过10mm。输出部件上有两条线，正常状态为常闭输出，若门窗开启超过10mm，则转换成为常开输出。当有人破坏单元的大门或窗户时，门磁开关会立即将这些动作信号传给报警控制器进行报警。

6. 玻璃破碎探测器

玻璃破碎探测器（图5-14）以压电式微声器为主要组成部分，一般装于面对玻璃的位置，由于只对高频的玻璃破碎声音进行有效的检测，因此，不会受到玻璃本身的振动影响而引起反应。该探测器主要用于周界防护，安装在单元的窗户和玻璃门附近的墙上或天花板上。当窗户或门的玻璃被打破时，玻璃破碎探测器探测到玻璃破碎的声音后即将探测到的信号传给报警控制器进行报警。

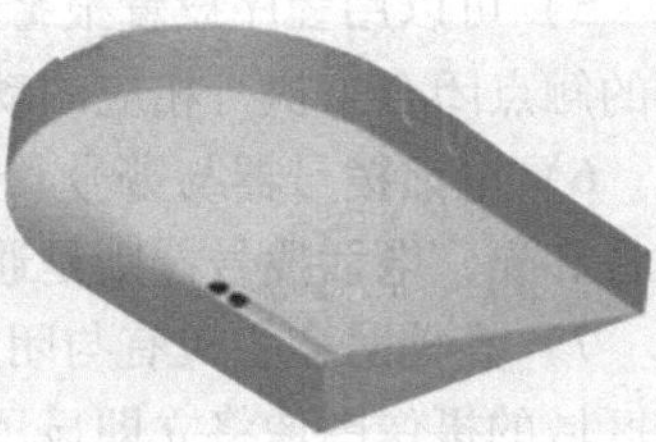

图5-14　玻璃破碎探测器

7. 紧急呼救按钮

紧急呼救按钮主要安装在人员流动比较多的位置，以便在遇到意外情况时，人可用手或脚按下紧急呼救按钮，向保安人员或其他人进行紧急呼救报警。

8. 报警扬声器（警号）和警铃

报警扬声器和警铃安装在易于被听到的位置。在探测器探测到意外情况并发出报警信号时，报警探测器通过报警扬声器和警铃发出高分贝的报警声。

9. 报警指示灯

报警指示灯主要安装在单元大门外的墙上。当报警发生时，便于前来救援的保安人员看到报警指示灯的闪烁从而迅速找到报警用户。

5.2.3 警报接收与处理主机

警报接收与处理主机也称为防盗主机，它是报警系统的中枢，负责接收报警信号、控制延迟时间、驱动报警输出等工作。它将某区域的所有防盗入侵探测器组合在一起，形成一个防盗管区，一旦发生报警，则可以在防盗主机上清楚地反映出报警所在地点。

报警主机有多线制和总线制之分。所谓多线制，即各报警点至报警中心回路都有单独的报警信号线，报警探测器一般可直接接在回路终端(为保证信号匹配，一般还需接入2.2kΩ的匹配电阻)；而总线制则是所有报警探测器都分别通过总线编码器“挂”在系统总线上再传至报警主机。由于报警回路的电压一般都很低，所以多线制的传输距离会受到一定限制，而且当报警探测器较多时，线缆敷设数量也较多，所以多线制一般只在小型近距离系统中使用。相比之下，总线制虽然需要在前端增加总线编码器等设备(目前探测器和编码器都集成在一起了)，但用线却相对节省且传输距离可以长得多，故在大中型系统中经常使用。另外，很多报警主机上既提供多线制接头也提供总线制接头，用户只需选配相应的模块即可得到相应的扩充。

优越的系统更可显示出警报来源是该区域内的哪一个报警传感器及其所在位置，以方便采取相应的接警对策。现代的防盗主机都采用微处理器控制，内有只读存储器和数码显示装置，普遍能够编程并有较高的智能，主要表现为以下几个方面：

1）声光方式显示报警，并可采用人工或延时方式解除报警。

2）所连接的防盗入侵传感器，可按照实际需要设置成布防状态或撤防状态，并用程序来编写控制方式及防护性能。

3）可接多组密码键盘，即可设置多个用户密码，以便保密防窃。

4）遇到有警报时，其报警信号可以经由通信线路以自动或人工干预方式向上级部门或保安公司转发，快速沟通信息或者组网。

5）可以用程序设置报警联动动作，即遇有报警时，防盗主机的编程输出端可通过继电器的触点闭合来执行相应的动作。

6）电话拨号器与警号、警灯一样，都是报警输出设备。不同的是警灯、警号输出的是声音和光，电话拨号器则是通过电话线把事先录制好的声音信息传送给某个人或某个单位。

7）高档防盗主机有与闭路电视监控摄像的联动装置，一旦在系统内发生警报，则该警报区域的摄像图像将立即显示在中央控制室内，并且能将报警时刻、报警图像、摄像机号码等信息实时地加以记录。若是与计算机联机的系统，还能将这些报警信息以数据库的形式储存，以便快速地检索与分析。

课题3 电子巡更系统

随着现代技术的高速发展，智能建筑的巡更管理已经从传统的人工方式向电子化、自动化方式转变。电子巡更系统作为人防和技防相结合的一个重要手段，目前正被广泛采用。电子巡更系统有以下两种数据采集方式。

1. 离线式数据采集方式

离线式是一种被普遍采用的电子巡更方式，这种电子巡更系统由带信息传输接口的手持式巡更器(数据采集器)、数据变送器、金属存储芯片(信息钮扣)及管理软件组成，并按照宾馆、厂矿企业和住宅小区等场所的不同巡更管理要求而开发。使用这种系统可提高巡更的管理效率及有效性，并能更加充分合理地分配保安力量。通过转换器，可将巡更信息输入电脑，管理人员在电脑上能快速查阅巡更记录。大大降低了保安人员的工作量。并真正实现了保安人员的自我约束、自我管理。将这种巡更系统与楼宇对讲、周边防盗、电视监控系统结合使用，可互为补充，全面提高安防系统的综合性能并使整个安防系统更合理、有效、经济。

数据采集器采用了压模金属制造，十分坚固、耐用，能保证内部电子设备免受冲击或意外损伤；采集器还具有内存储器，可以一次性存储大量巡更记录，而其内置时钟能准确记录每次作业的时间。数据变送器与电脑进行串口通信。信息钮扣内设随机产生的终身不可更改的惟一编码，并具有防水、防腐蚀功能，因此它能适用于室外恶劣环境。系统特别开发的管理软件具有巡更人员及巡更点登录、随时读取数据及记录数据(包括存盘打印查询)和修改设置等功能。一个或几个巡更人员可共用一个采集器，每个巡更点安装一个信息钮扣，巡更人员只需携带轻便的数据采集器到各个指定的巡更点采集巡更信息。操作完毕后，管理人员只需在主控室将数据采集器中记录的信息通过数据变送器传送到管理软件中，即可查阅、打印各巡更人员的工作情况。

由于信息钮扣体积小、重量轻、安装方便，并且采用不锈钢封装，因此，可以适用于较恶劣的室外环境。又因为此套系统为无线式，所以巡更点与管理电脑之间没有距离限制，应用场所相当灵活。

2. 在线式数据采集方式

在线式即在各巡更点安装控制器，通过有线或无线方式与中央控制主机联网，并有相应的读入设备，保安人员用接触式或非接触式卡把自己的信息输入控制器后送到控制主机。相对于离线式，在线式巡更系统要考虑布线或其他相关设备，因此投资较大，一般在需要较大范围的巡更场合较少使用。不过在线式有一个优点是离线式无法取代的，那就是实时性好。例如，当巡更人员没有在指定的时间到达某个巡更点时，中央管理人员或计算机能立刻警觉并作出相应的反应，故在线式适合对实时性要求较高的场合。另外，在线式也常嵌入到门禁、楼宇对讲等系统中，利用已有的布线体系节省投资。

课题4 闭路电视监控系统

闭路电视监控系统是电视技术在安全防范领域的应用，它使管理人员在控制室便能看到大厦或小区内外重要地点的情况，给保安系统提供了视觉效果，为消防、楼内各机电设备的运行及人员活动提供了实时监视和事后查询功能。

5.4.1 闭路电视监控系统基本组成

一般来说，基本的闭路电视监控系统依功能结构可分为前端、传输、控制、显示与记录四部分，如图5-15所示。

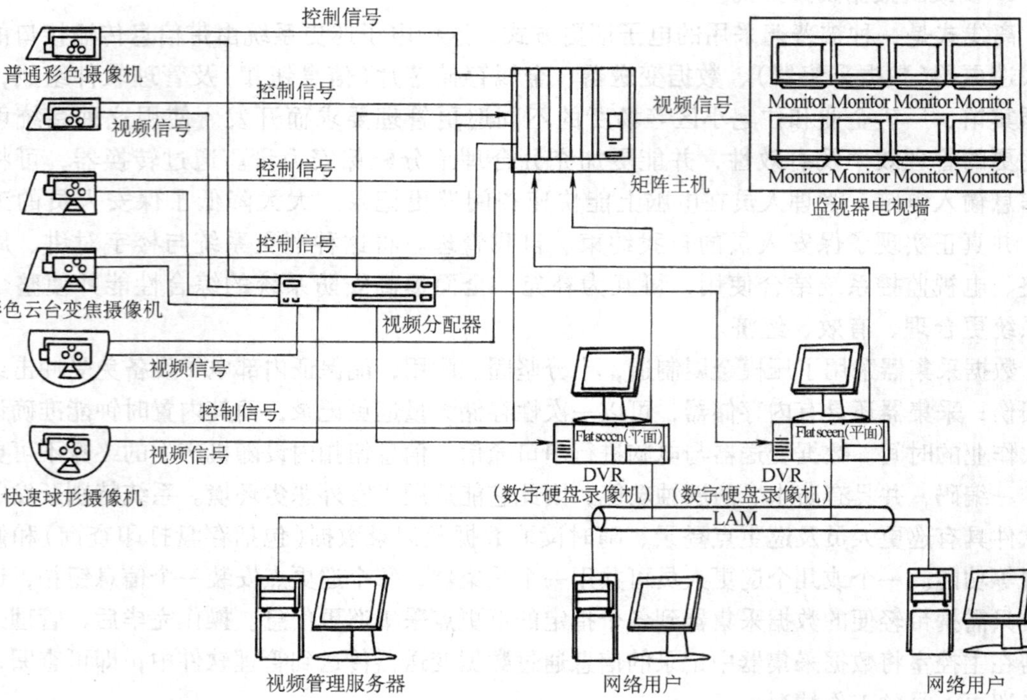

图 5-15 闭路电视监控系统示意图

1. 前端部分

前端部分一般安装在现场，它的作用是对监视区域进行摄像，并把系统所监视目标的光、声信号变成电信号，然后送入系统的传输部分。

前端部分的核心是摄像机，它是光电信号转换的主体设备。摄像机在使用时必须根据现场的实际情况来选择合适的镜头，才能将被摄目标成像在摄像机的图像传感器靶面上。另外，相关辅助设备有灯、支架和护罩等。摄像机防护罩可以在恶劣的环境下对摄像机及其镜头、控制电路及附件实行长期有效的保护，大大延长了维护间隔的时间。

2. 传输部分

目前国内闭路电视监控的视频传输一般采用视频电缆作为介质，但视频电缆的传输距离有限，随着技术的不断发展，新型传输系统也日趋成熟，如光纤传输、无线传输、射频传输等。此外传输部分还包括电源传输和控制信号传输。

（1）视频电缆传输　在闭路电视监控系统中，视频电缆是传输视频图像最常用的媒介。视频电缆对外界电磁波和静电场具有屏蔽作用，且导体截面积越大，传输损耗越小，可以将视频信号传送更长的距离。因此当视频传输距离比较远时，最好采用线径比较大的视频线，同时可以在线路内增加视频放大器以增强信号的强度，达到远距离传输的目的。视频放大器可以增强视频的亮度、色度和同步信号，但线路内干扰信号也会被放大，另外，回路中不能串接太多视频放大器，否则会出现饱和现象，导致图像失真。

（2）光纤传输　光纤是能使光以最小的衰减从一端传到另一端的透明玻璃或塑料纤维，光纤的最大特性是抗电子噪声干扰，故通信距离远。因此进行在超远距离的视频信号传输时，通常多采用光纤传输。光纤传输除了光纤之外，还需光调制器、光放大器和光解调器等设备。现在也有数字压缩及解压缩的光纤传输方式。

（3）射频传输 射频传输是将摄像机的视频及声音信号调制成射频信号，并通过同轴电缆或光纤传输到目的地，然后再通过解调器把射频信号解调成视频信号。这种传输方式与CATV（有线电视系统）的传输方式和传输部件基本相同，如包括调制器、射频放大器、解调器等部件。

（4）无线传输 在布线有限制的情况下，采用无线传输是最方便的。无线传输设备由发射机和接收机组成，每对发射机和接收机有相同的频率，可以传输彩色或黑白视频信号，并可有声音通道。无线传输的设备体积小巧、重量轻，一般采用直流供电。另外，由于无线传输具有一定的穿透性，且有不需要布设视频电缆等特点，因此也常用于电视监控系统（一般常用于公安、铁路、医院等场所）。

3. 控制、显示与记录部分

系统传输的图像信号可依靠相关设备进行切换、记录、重放、加工和复制等图像处理。摄像机拍摄的图像可由监视器显示出来。

5.4.2 闭路电视监控系统的主要设备

闭路电视监控系统的主要设备有以下几种：

1. 摄像机

在闭路电视监控系统中，摄像机又称摄像头或CCD（Charge Coupled Device，即电荷耦合器件）。严格来说，摄像机是摄像头和镜头的总称。而实际上，摄像头与镜头大部分是分开购买的，用户根据目标物体的大小和摄像头与物体之间的距离，通过计算得到镜头的焦距，因此，每个用户需要的镜头都是根据实际情况而确定的。常用的摄像机如图5-16、图5-17、图5-18所示。

图5-16 一体化摄像机

图5-17 普通彩色摄像机

图5-18 快球摄像机

摄像头的主要传感部件是CCD，CCD的工作原理是：被射物体的反射光线传播到镜头，经镜头聚焦到CCD芯片上，CCD芯片根据光的强弱积聚相应的电荷，并经周期性放电，产生表示一幅幅画面的电信号，再经过滤波、放大处理，最后通过摄像头的输出端子输出一个标准的复合视频信号。这个标准的复合视频信号与家用的录像机、VCD和家用摄像机的视频输出是一样的，因此也可以直接录像或接到电视机上观看。

此外，网络摄像机也逐渐成为未来应用的主流。网络摄像机是可直接接入网络的数字摄像机（Network Camera或LAN Camera），因其内置有IP服务器，故又称为网络摄像机，也被称为Web摄像机。网络摄像机的视频格式有M—JPEG、H.261、MPEG—1、MPEG—2、MPEG—4等。

2. 镜头

摄像机镜头是视频监控系统中最关键的设备，它的质量优劣会直接影响摄像机的整机指标。因此，摄像机镜头的选择是否恰当既关系到系统质量又关系到工程造价。

镜头相当于人眼的晶状体，如果没有晶状体，人眼就看不到任何物体；如果没有镜头，那么摄像头所输出的图像就是白茫茫的一片，没有清晰的图像输出，这与家用摄像机和照相机的原理是一致的。当人眼的肌肉无法将晶状体拉伸至正常位置时，也就是人们常说的近视眼，眼前的景物就变得模糊不清。摄像头与镜头的配合也有类似现象，当图像变得不清晰时，可以通过调整摄像头的后焦点，改变 CCD 芯片与镜头基准面的距离(相当于调整人眼晶状体的位置)，就可以将模糊的图像变得清晰。

3. 云台

摄像机云台是一种用来安装摄像机的工作台，分为手动和电动两种。电动云台可在微型电动机的带动下做水平或垂直转动，不同的产品其转动角度也各不相同，电动云台如图 5-19、图 5-20 所示。常见的技术指标包括回转范围、承载能力、使用电压、旋转速度、安装方式等。

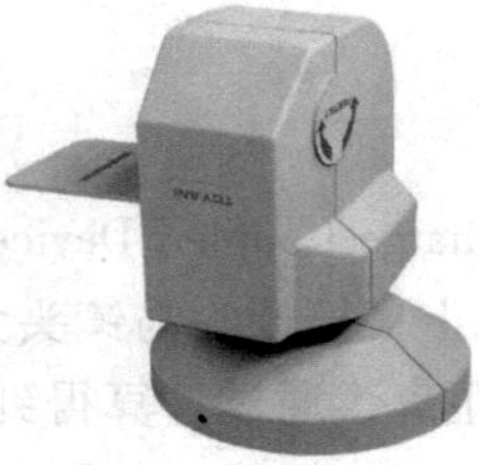

图 5-19　室内云台

图 5-20　室外云台

4. 解码器

在以矩阵主机为核心的系统中，每台摄像机的图像需经过单独的视频电缆传送到矩阵主机中；在以数字硬盘录像机(DVR)为核心的系统中，图像传输也是如此。对于云台、镜头等的控制有两种方式：一种是直接控制，常用于近距离传输或小型系统中；另一种是总线控制，由矩阵主机或 DVR 通过总线(通常是双绞线)先把控制信号传送到称之为解码器的装置(图 5-21)，由解码器对总线信号进行译码(即确定对哪台摄像单元执行何种控制动作)，再经过电子电路功率放大，驱动指定的云台和镜头做相应动作。解码器一般可以完成下述几种动作。

图 5-21　解码器

1）前端摄像机的电源开关控制。

2）云台左右、上下旋转。

3）云台快速定位。

4）镜头光圈的变焦变倍、焦距调准。

5）摄像机防护装置(雨刷、除霜、加热)控制。

现在不少生产厂家都开发了与控制主机相配套的解码器，这就造成了不同监控系统的解码器互不兼容。

5. 防护罩

在闭路电视监控系统中，摄像机的使用环境差别很大。为了在各种环境下都能正常工作，需要使用防护罩来保护。防护罩的种类很多，主要分为室内(图5-22)和室外(图5-23)两种。室内防护罩的功能主要是防尘、防破坏。室外防护罩除了有以上功能之外，还要有一定的密封性，以保证雨水不能进入防护罩的内部而侵蚀摄像机，有的室外防护罩还带有排风扇、加热板、雨刮器，可以更好地保护设备。当天气太热时，排风扇自动工作；太冷时，加热板自动工作；当防护罩玻璃上有雨水时，可以通过控制系统启动雨刮器。

图5-22 室内防护罩

图5-23 室外防护罩

6. 视频分配器

一路视频信号对应一台监视器或录像机，若想将一台摄像机的图像送给多个管理者看，最好选用视频分配器。因为并联视频信号衰减较大，送给多个输出设备后由于阻抗不匹配等原因，图像会严重失真，线路也不稳定。视频分配器除了能使阻抗匹配，还有视频增益作用，使视频信号可以同时送给多个输出设备而不受影响。

7. 视频切换器

多路视频信号若要送到同一处进行监控，可以一路视频信号对应一台监视器。但监视器占地大、价格贵，如果不要求时时刻刻监控，可以在监控室增设一台切换器，把摄像机的输出信号接到切换器的输入端，切换器的输出端则接监视器。切换器的输入端分为2、4、6、8、12、16路，输出端分为单路和双路，而且还可以同步切换音频(视型号而定)。切换器有手动切换、自动切换两种工作方式，手动方式是想看哪一路就把开关拨到那一路；自动方式是让预设的视频按顺序延时切换，切换时间通过一个旋钮调节，一般在1~3s之间。切换器连接简单、操作方便，但在一个时间段内只能看到输入系统中的一个图像。若要在一台监视器上同时观看多个摄像机图像，就需要使用画面分割器。

8. 画面分割器

画面分割器有4分割、9分割、16分割几种形式，可以在一台监视器上同时显示4、9、16个摄像机的图像，也可以送到录像机上记录。4分割是最常用的设备之一，其性能价格比较好，图像的质量和连续性可以满足大部分用户的要求；9分割和16分割价格较贵，而且分割后每个图像的分辨率和连续性都会下降，录像效果也不好；另外还有6分割、8分割、双4分割等设备，但图像比例、清晰度、连续性都不理想，市场使用率更小。大部分分割器除了可以同时显示图像外，也可以显示单幅画面，还可以叠加时间和字符、设置自动切换、连接报警器材等。16画面分割器如图5-24所示。

9. 录像机

监控系统中最常用的记录设备是家用录像机和延时录像机，其操作方法简单易学，录像带也容易保存和购买。与家用录像机不同，延时录像机可以长时间工作，可以录制24h(用

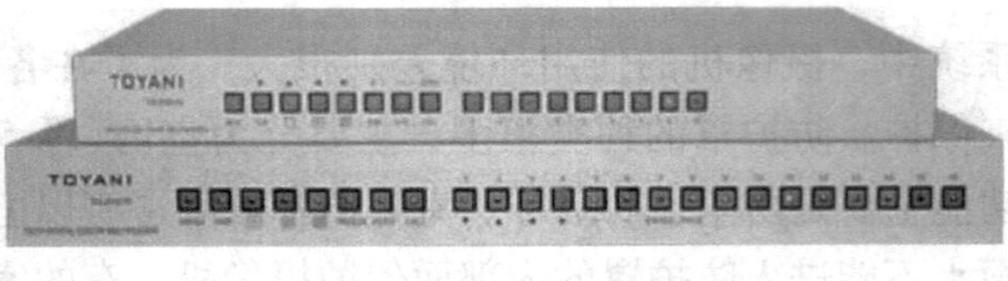

图 5-24　16 画面分割器

普通 VHS 录像带）甚至上百小时的图像，可以连接报警器材、收到报警信号后自动启动录像，可以叠加时间及日期，可以编制录像机的自动录像程序、选择录像速度，可在录像带到头后决定是自动停止还是倒带重录等。延时录像机的性能虽然出众，但价格不菲，而且目前其分辨率都不是很高，在延时录像时图像也会丢失一部分，回放的图像是跳跃的，不是实时的。

10. 监视器

监视器是将现场信号重新显示的设备，作为监控系统的输出设备，是整个系统的重要组成部分，所以正确选择监视器是影响系统整体效果及可靠性的关键环节。监视器的基本参数有画面尺寸、黑白/彩色、分辨率等。

11. 矩阵主机

矩阵主机（图 5-25）是系统的核心部件，主要有以下几个功能：

1）图像切换：将输入的现场信号切换至输出的监视器，实现用较少的监视器对多处现场信号的监视。

图 5-25　矩阵主机

2）控制现场：可控制现场摄像机、云台、镜头、辅助触点输出等。

3）RS—232 通信：可通过 RS—232 标准端口与计算机等通信。

4）可选的屏幕显示：在信号上叠加日期、时间、视频输入编号、用户定义的视频输入或目标的标题、报警标题等，以便监视器显示。

5）通用巡视及成组切换：系统可设置多个通用巡视并可成组切换。

6）事件定时器：系统有多个用户定义时间，用以调用通用巡视到输出端。

7）口令和优先等级：系统可设置多个用户编号，每个用户编号都有自己的密码，根据用户的优先等级来限制用户使用一定的系统功能。

12. 图像处理器

图像处理器将多路视频信号合成，以便录像和监视设备。图像处理器的基本参数有输入视频信号路数（根据不同型号可有 4、9、16 路等多种规格）、单/双工、黑白/彩色、图像效果（像素）、是否带有视频移动报警功能等。

13. 硬盘录像机（DVR）

硬盘录像机是采用数字方式记录图像信息，将图像信息记录在硬盘、光盘、磁带或其他存储介质上，并具有图像分割、图像处理、云台控制、矩阵控制等功能的控制系统。硬盘录像机如图 5-26 所示。

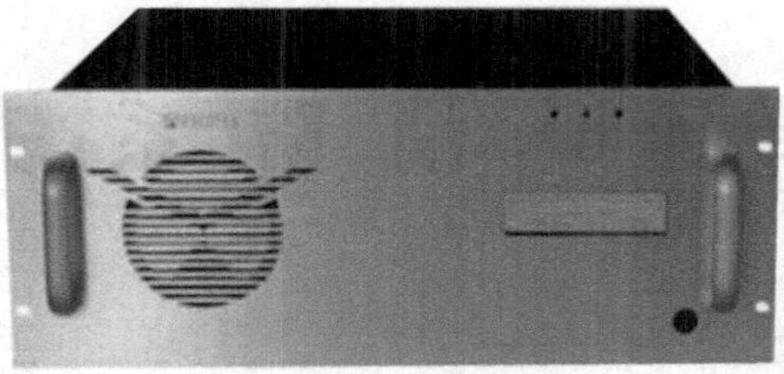

图5-26 硬盘录像机

单元小结

门禁控制系统一般由控制主机、感应式读卡器和电锁组成；楼宇可视对讲系统一般由室内对讲分机、门口主机、电锁及管理中心主机等组成；停车场自动管理系统通常包括停车场管理模块、进口读卡器、出口读卡器、挡车器、车辆探测器、监控摄像机、车位提示牌、通信器等设备。

防盗报警系统由报警控制中心、传输系统和探测器组成，探测器主要有微波探测器、超声波探测器、红外线探测器、双鉴探测器、门磁开关及玻璃破碎探测器等。

电子巡更系统有两种数据采集方式：离线式和在线式。离线式电子巡更系统无需布线，使用比较方便；而在线式电子巡更系统需要布线，使用比较麻烦，但是实时性好。

闭路电视监控系统依功能结构可分为前端、传输、控制、显示与记录四部分，闭路电视监控系统的主要设备有摄像机、镜头、云台、解码器、防护罩、视频分配器、视频切换器、画面分割器、录像机、监视器、矩阵主机、图像处理器及硬盘录像机等。

复习思考题

5-1 门禁系统由哪几部分组成？

5-2 停车场管理系统通常包括哪些部分？

5-3 主动式红外探测器和被动式红外探测器的工作原理有何不同？

5-4 防盗报警系统主机有多线制和总线制之分，两者有何不同？

5-5 离线式电子巡更系统和在线式电子巡更系统有什么不同？

5-6 CATV 系统由哪几部分组成？

5-7 视频传输和射频传输有什么不同？

5-8 云台有什么作用？

5-9 根据本章内容，试问硬盘录像机能否代替矩阵主机，为什么？

单元6　消 防 系 统

【单元概述】

本单元主要介绍了消防系统中火灾报警系统的基本概念和组成等相关内容及消防联动控制系统的相关内容。

【学习目标】

通过本单元的学习，能够掌握火灾报警系统的组成及各部分所包含的内容，能够掌握火灾报警系统的线制和配套设备，能够了解自动喷水灭火系统、消防广播、防排烟等联动控制系统方面的内容。

课题1　概　　述

随着高层建筑及其群体的出现，尤其是智能楼宇的大量涌现，消防系统作为现代化多功能楼宇中的重要成员，显得尤为重要。重要的办公大楼、财贸金融中心、电信大楼、广播电视大楼以及高级宾馆等建筑物一旦发生火灾，后果将不堪设想。由于这类高层建筑的起火因素复杂、火势蔓延途径多，故消防人员扑救难度大，人员疏散困难。如果没有一个先进的能自动监测、自动灭火的消防系统，单靠人工来实现火灾的预防和扑救，其后果是无法想象的。

6.1.1　消防系统的概念

消防系统包括火灾报警系统和消防联动控制系统两部分。火灾报警系统一般由火灾探测器、火灾报警控制器(区域报警控制器、集中报警控制器和通用火灾报警控制器)及相关配套设备组成。火灾报警系统可以根据工程要求与各种灭火设施和通信装置联动，以形成火灾自动报警联动控制系统，即由自动报警、自动灭火、安全疏散诱导、系统过程显示、消防档案管理等组成一个完整的消防联动控制系统。

先进的消防系统采用模块化结构的控制主机，并运用双 CPU 技术，大大提高了系统的可靠性。同时，控制主机的大液晶显示屏提供的信息量大，操作方便。系统可以纳入最新的 MSR 智能探测器、烟温复合探测器等，并具有大容量软地址设定的功能。采用智能型数据总线技术可以提高报警的准确性和精确性，并具有可通过控制主机通信从而与 BMS 集成系统联网的能力。

随着计算机技术和网络技术的发展，已经可以实现独立消防系统与楼宇监控管理系统的联网，从而达到对消防系统的二次监控和信息共享；并通过提供综合保安管理系统、楼宇设备自控系统、广播系统以及有线/无线通信系统等相应的联动功能，来提高防范火灾和降低火灾损失的能力。

消防系统应具有自己独立的网络和布线系统，以便在任何情况下都可以独立运行、操作和管理。

现代化的消防系统还应具有联网和提供通信接口界面的能力。一般联网的方式由网关提供与BMS网络的连接和协议的转换，以实现火灾监控管理工作站与BMS系统工作站处于同一并行处理分布式计算机网络中，通过BMS系统的工作站中的CRT图形控制器实时显示火灾报警的位置和状态，并提供BMS系统以至IBMS的集成联动功能，因此可以把BMS系统监控管理中心称为消防系统的二次管理中心。

6.1.2 消防系统的功能

（1）自动报警功能　安装在保护区的探测器不断向所监测的现场发出巡测信号，监测现场的烟雾浓度、温度等火灾参数，并不断将数据反馈给报警控制器。当反馈信号送到火灾报警系统，反馈值与系统给定值即现场正常状态（无火灾）时的烟雾浓度、温度（或温度上升速率）及火光照度等参数的规定值一并送入火灾报警控制器进行运算。根据运算的结果，当确认发生火灾时，火灾报警系统而发出声光报警，并显示火灾区域或楼层房号的地址编码，打印报警的时间、地址等；同时向火灾现场发出警铃报警与语音报警，在火灾发生的楼层的上、下邻层或火灾区域的相邻区域也同时发出报警，并显示火灾区域；开启应急疏散指示灯，以指明疏散方向。

（2）联动控制功能　当火灾报警控制器确认现场发生火灾时，即驱动现场消防设备来进行灭火和引导人员疏散。这些现场消防设备具体包括：室内消火栓系统，自动喷水灭火系统，卤代烷、二氧化碳等气体灭火系统，电动防火门、防火卷帘等防火分割装置，通风、空调、防烟及排烟系统，电梯控制系统，发电机控制系统，火灾事故广播系统，消防通信系统，事故照明装置。

（3）与楼宇自控系统的联动功能　消防系统是楼宇自控系统的一个子系统，服务于楼宇自控系统以共同完成对大楼的监控。在我国，由于宏观政策与行业管理等各方面的原因，消防系统总是被作为一个需要独立于其他系统的系统对待，不强调参与到楼宇自控系统中来。由于对消防系统以外的各个方面关心不够，或多或少地存在一定的封闭性，不利于消防设备产业更广泛地拓宽和发展，不利于与楼宇自控系统及其他子系统的紧密结合。

消防系统包含了很多的监测点、控制点，但是价格低廉，究其原因一方面是受政策的影响，消防系统结构比较统一，较易形成产品化；另一方面是消防系统由于传输数据小、数据协议较为简捷，可以在一条网络上连接较多的监测控制设备。一个系统的大部分投资都在现场设备上，而控制网络及智能区域控制器在整个工程投资中所占的份额较小，这样，在系统开通时的调试工作量也有所降低。不过，尽管确实具备了结构紧凑、价格低廉的优点，消防系统还是具有外延性不强的缺点。

从消防系统的整体分析，与外部的连接一般需要由其智能区域控制器完成。目前，各厂家提供的区域控制器一般可以提供RS—232接口（较高级的可以提供RS—485接口），这时，其他系统的控制器可直接利用这个RS—232接口与区域控制器相连接，从而取得一部分消防系统的监控数据，实现联动功能。有时其他系统的中央处理器在完成本系统的监控任务的同时，直接利用 RS—232 接口与消防系统的智能区域控制器连接，可获取消防系统的监控主机的信号，故其他系统的监控主机就可以采取各种方式(以太网、RS—232 等)与消防系统的这台监控主机相连接，从而完成设计要求。

消防系统有必要与其他系统建立紧密的联系。事实上，目前国外许多已经实施的楼宇自控系统已经不再把消防系统看作一个特殊的子系统，而是采用分布式控制方案构成一个有机的整体。许多消防报警设备的生产厂商已经开始认识到楼宇自控系统的地位，在控制器之间使用了统一的工业总线技术，为适时介入楼宇自控系统进行了技术储备。而国内外一些正在发展的楼宇自控系统也已经在物理上、协议上做好了与消防系统相连接的技术准备。

课题 2　火灾报警系统

6.2.1　火灾报警系统的分类

1. 按采用技术分类

火灾报警系统按采用的技术可以分为三代系统：第一代是多线制开关量式火灾探测报警系统，目前已处于被淘汰状态；第二代是总线制可寻址开关量式火灾探测报警系统，目前已被大量采用，主要是二总线制；第三代是模拟量传输式智能火灾探测报警系统，它大大降低了系统的误报率。

2. 按控制方式分类

火灾报警系统按控制方式可以分为以下三类：

(1) 区域报警系统　区域报警系统是由通用报警控制器或区域报警控制器和火灾探测器、手动报警按钮、火灾警报装置等组成的火灾报警系统，其原理框图如图 6-1 所示。

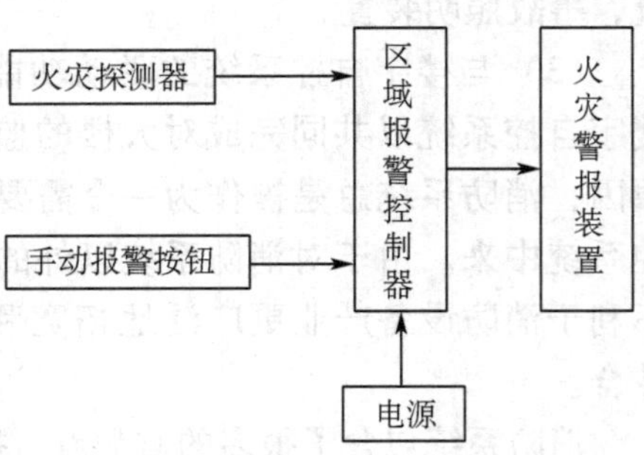

图 6-1　区域报警系统原理框图

区域报警系统比较简单，但使用广泛，可单独用于工矿企业的重要部门(如计算机房)和民用建筑的塔式公寓、办公楼等处。同时，在集中报警系统和控制中心报警系统中，区域报警控制器也是不可缺少的设备。

(2) 集中报警系统　集中报警系统是由集中报警控制器、区域报警控制器和火灾探测器等组成的火灾报警系统。集中报警系统应由一台集中报警控制器和两台以上的区域报警控制器组成，其原理框图如图 6-2 所示。

高层宾馆、饭店使用的一般都是集中报警系统，集中报警控制器设在消防室，区域报警控制器设在各楼层服务台。大型火灾报警系统如图 6-3 所示。

(3) 控制中心报警系统　控制中心报警系统是由设置在消防控制室的消防控制设备、集中报警控制器、区域报警控制器和火灾探测器等组成的火灾报警系统。这里所说的消防控制设备，主要是火灾警报装置和火警电话、火灾事故照明、火灾事故广播、防排烟、通风空调、消防电梯等联动控制装置以及固定灭火控制装置。

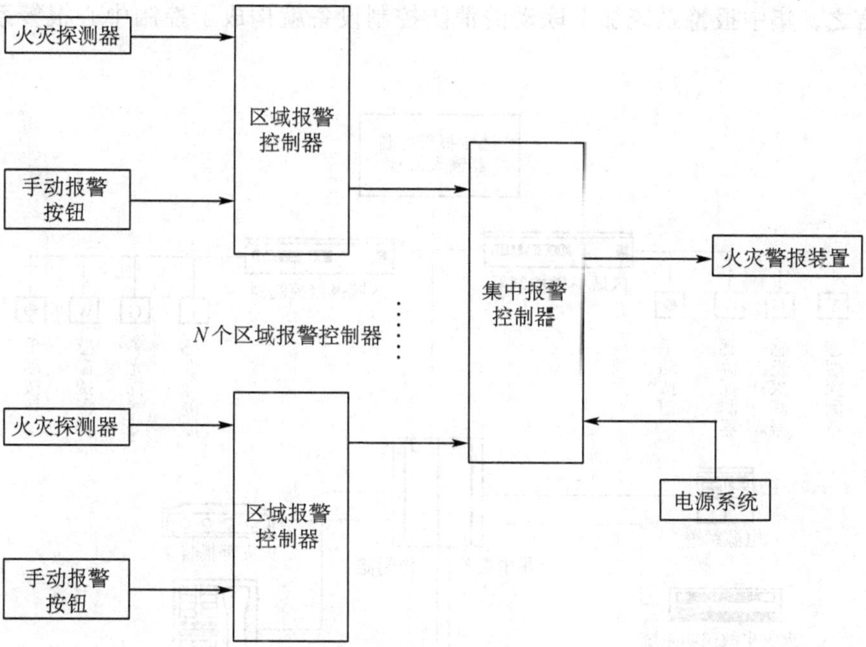

图 6-2 集中报警系统原理框图

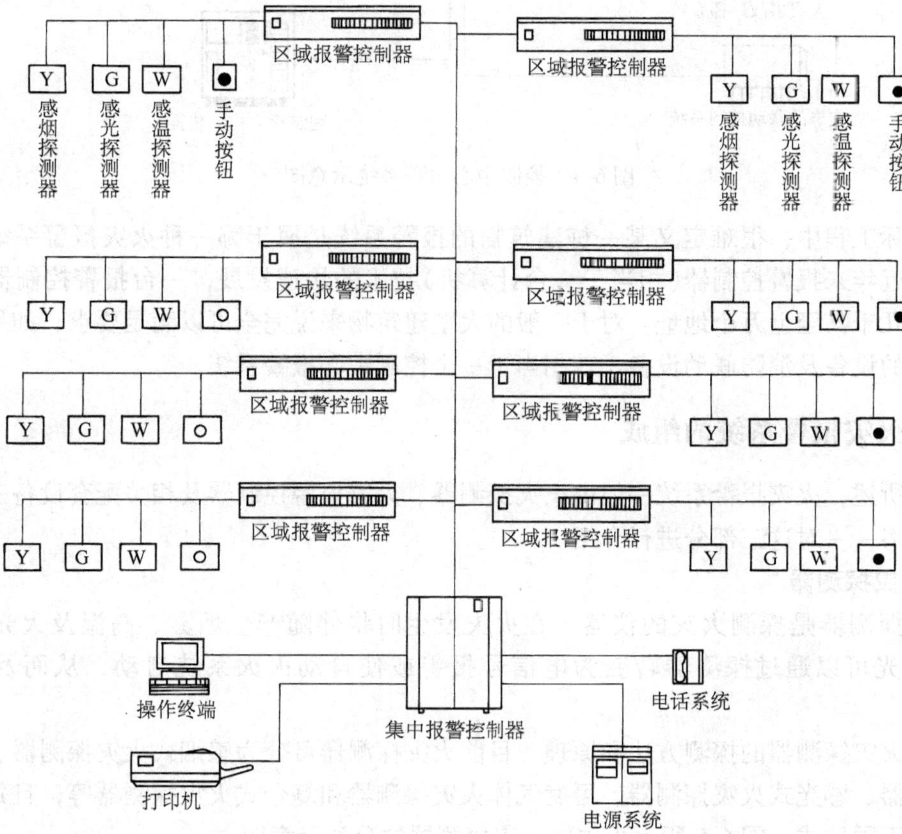

图 6-3 大型火灾报警系统示意图

简而言之，集中报警系统加上联动的消防控制设备就构成了控制中心报警系统，如图6-4所示。

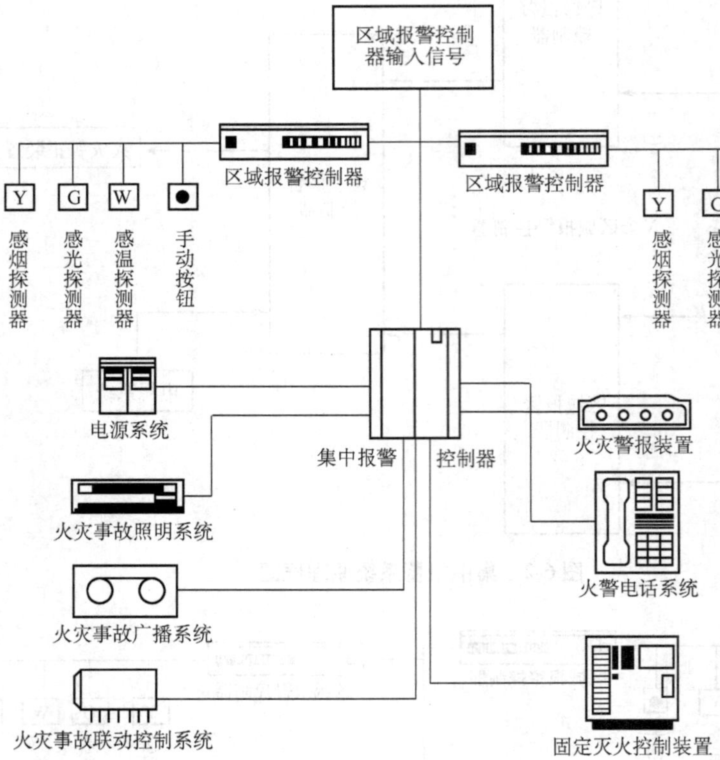

图6-4 控制中心报警系统示意图

在实际工程中，很难定义某一栋建筑物的报警系统是属于哪一种火灾报警系统。实际上，由于近年来报警控制器(相当于一台计算机)技术的快速发展，一台报警控制器的容量可以达到几千甚至上万个地址，对于一般的大型建筑物来说完全可以满足要求，如果再加上其他相关的设备及消防联动设备，就相当于一个控制中心报警系统。

6.2.2 火灾报警系统的组成

如前所述，火灾报警系统一般由火灾探测器、火灾报警控制器及相关配套设备三部分组成。下面将一一对这三部分进行介绍。

1. 火灾探测器

火灾探测器是探测火灾的仪器。在火灾发生时将伴随产生烟雾、高温及火光，这些烟、热和光可以通过探测器转变为电信号报警或使自动灭火系统启动，从而及时扑灭火灾。

根据火灾探测器的探测方法和原理，目前火灾探测器可分为感烟式火灾探测器、感温式火灾探测器、感光式火灾探测器、可燃气体火灾探测器和复合式火灾探测器等，且每种类型又可分为不同形式。图6-5所示为主要火灾探测器的分类示意图。

(1) 感烟式火灾探测器　感烟式火灾探测器可对燃烧或热解产生的固体或液体微粒予

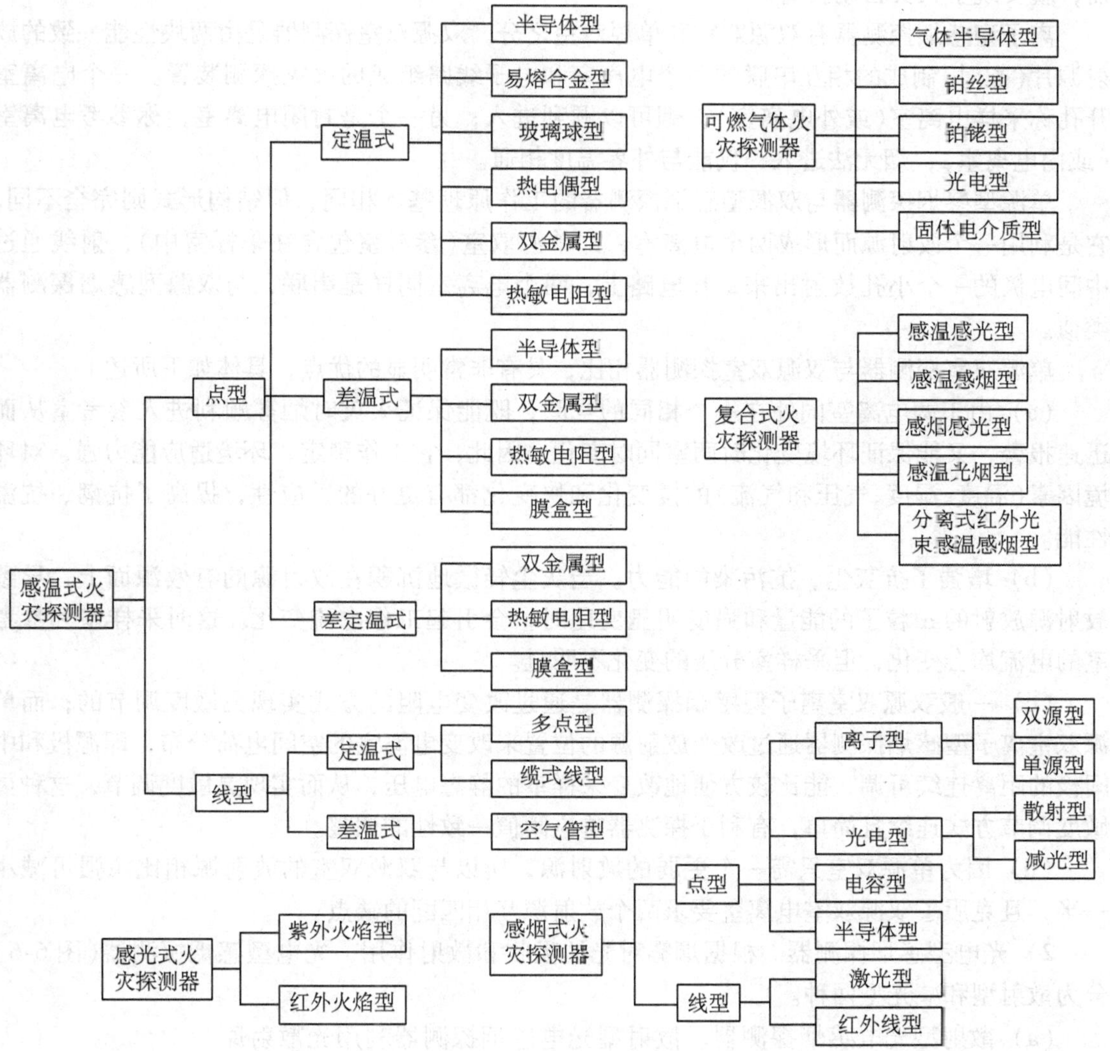

图 6-5 主要火灾探测器的分类示意图

以响应，可以探测物质初期燃烧所产生的气溶胶（直径为 0.01 ~ 0.1pm 的微粒）或烟离子浓度。因为感烟式火灾探测器对火灾前期及早期报警很有效，所以应用最广泛。常用的感烟式火灾探测器有离子型感烟探测器、光电型感烟探测器、红外线型感烟探测器及电容型感烟探测器等。

1） 离子型感烟探测器。离子型感烟探测器是目前应用最多的一种火灾探测器。它是利用烟雾粒子改变电离室的离子电流的原理而设计的感烟探测器，其工作原理是：电离室在电场作用下，正常情况时正、负离子呈有规则的运动，使电离室中形成离子电流。当烟雾粒子进入电离室时，被电离的正离子和负离子被吸附到烟雾粒子上，使正离子和负离子相互中和的概率增加，这样就使到达电极的有效离子束减少。另一方面，由于烟雾粒子的作用，α 射线被阻挡，使电离能力降低，电离室内产生的正、负离子数减少，这些变化将导致离子电流减小，当减小到一定值时，控制电路动作，发出报警信号，将此报警信号传输给报警控制器，就实现了火灾自动报警。

离子型感烟探测器有双源双室和单源双室之分，双源双室探测器是由两块性能一致的放射源片(配对)制成的相互串联的两个电离室和电子线路组成的火灾探测装置。一个电离室开孔称采样电离室(或外电离室)，烟可以顺利进入；另一个是封闭电离室，称参考电离室(或内电离室)，烟无法进入，仅能与外界温度相通。

单源型感烟探测器与双源型感烟探测器的工作原理基本相同，但结构形式则完全不同。它是利用一个放射源而形成两个电离室，即单源双室(参考室包含在采样室中)，射线通过中间电极的一个小孔放射出来，在电路上，两个电离室同样是串联，与双源型感烟探测器类似。

单源双室探测器与双源双室探测器相比，具有非常明显的优点，具体如下所述。

(a) 由于两电离室同处在一个相同的空间，既能保证火灾时烟雾顺利进入参考室从而迅速报警，又能保证环境变化时两室同时变化。因此，它工作稳定，环境适应能力强，对环境因素(温度、湿度、气压和气流)的慢变化和快变化都有更好的适应性，提高了抗潮、抗温性能。

(b) 增强了抗灰尘、抗污染的能力。当灰尘轻微地沉积在放射源的有效源面上，导致放射源放射的α粒子的能量和强度明显变化时，会引起工作电流变化。这时采样室和参考室的电流均会变化，但采样室分压的变化不明显。

(c) 一般双源双室离子型感烟探测器是通过改变电阻的方式实现灵敏度调节的；而单源双室离子型感烟探测器通过改变放射源的位置来改变电离室的空间电荷分布，即源极和中间极的距离连续可调，能比较方便地改变采样室的静态电压，从而实现灵敏度调节，这种灵敏度调节方式连续且简单，有利于探测器响应阈值一致性的调整。

(d) 因为单源双室只需一个更弱的放射源，所以与双源双室的放射源相比源强可减小一半，且克服了双源双室电离室要求两个放射源互相匹配的缺点。

2) 光电型感烟探测器。根据烟雾对光的吸收和散射作用，光电型感烟探测器(图6-6)分为散射型和减光型两种。

(a) 散射型光电感烟探测器。散射型光电感烟探测器利用光散射原理对火灾初期产生的烟雾进行探测，并及时发出报警信号。其发光元件(发光二极管)和受光元件(光敏元件)的位置不是相对的，无烟雾时光不能射到光敏元件上；有烟雾时，光通过烟雾粒子的散射到达光敏元件上，光信号转换为电信号。当烟雾粒子的浓度达到一定值时，散射光的能量就足以产生一定大小的激励用光电流，经放大电路放大后，驱动报警装置，发出火灾报警信号。散射型光电感烟探测器遮光暗室中的发光元件与受光元件的夹角在90°~135°之间，夹角越大，灵敏度越高。一般来说，这种探测器对粒径为0.9~10μm的烟雾粒子能够灵敏探测，而对粒径为0.01~0.09μm的烟雾粒子则没有反应。

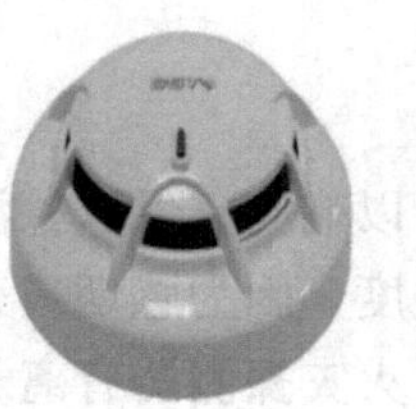

图6-6 光电型感烟探测器

(b) 减光型光电感烟探测器。减光型光电感烟探测器由一个光源(灯泡或发光二极管)和一个光敏元件(硅光电池)对应装置在小暗室(或称采样室)里构成。在正常(无烟)情况下，光源发出的光通过透镜聚成光束，照射到光敏元件上，并将其转换成电信号，使整个电路维持正常状态，不发生报警。当发生火灾并有烟雾存在时，光源发出的光线受烟雾粒子的散射和吸收作用，使光的传播特性改变，光敏元件接收的光强明显减弱，电路正常状态被破坏，发出声光报警。

离子型感烟探测器和光电型感烟探测器不仅在工作原理上不同，在性能特点上也是各有所长，在实际应用中，应根据现场情况进行选择方能达到最佳使用效果。一般来说，离子型感烟探测器比光电型感烟探测器具有更好的外部适应性，适用于大多数现场条件复杂的场所，如办公室、教室、卧室、走廊、餐厅、歌舞厅、仓车、档案室、配电间、电话机房和空调机房等。光电型感烟探测器较适合于化学实验室、药品库、计算机房、放射性场所等外界环境单一或有特殊要求的场所。

两种探测器的基本性能比较见表6-1。

表6-1 离子型感烟探测器和光电型感烟探测器的性能比较

序号	基本性能	离子型感烟探测器	光电型感烟探测器
1	对燃烧产物颗粒大小的要求	无要求，均适合	对小颗粒不敏感，对大颗粒敏感
2	对燃烧产物颜色的要求	无要求，均适合	不适于黑烟、浓烟，适合于白烟、浅烟
3	对燃烧方式的要求	适合于明火、炽热火	适合于阴燃火，对明火反应性差
4	大气环境（温度、湿度、风量）的变化	适应性差	适应性好
5	探测器安装高度的影响	适应性好	适应性差
6	对可燃物的选择	适应性好	适应性差

3）红外线型感烟探测器。线型感烟探测器是对警戒范围内某一线路周围的烟参数予以响应的火灾探测器，它的特点是监视范围广、保护面积大、使用环境要求低等。线型感烟探测器又可分为激光型和红外型两种，目前大多使用红外线型。红外线型探测器由发射器和接收器两部分组成，其工作原理是：在正常情况下，发射器发送一个波长为940nm的红外光束，它经过保护空间不受阻挡地射到接收器的光敏元件上，发生火灾时，由于烟雾扩散到测量区内，使接收器收到的红外光束辐射通量减弱，当辐射通量减弱到预定的感烟动作阈值时，探测器立即动作，发出火灾报警信号。红外线型感烟探测器如图6-7所示。

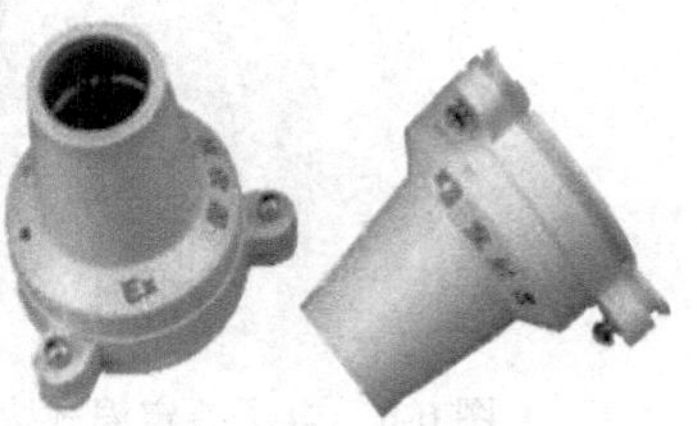
图6-7 红外线型感烟探测器

红外线型感烟探测器具有保护面积大、安装位置较高、在相对湿度较高和强电场环境中反应速度快等优点，适宜用于下列具有较大空间的场所。

（a）无遮挡、大空间的库房、飞机库、纪念馆、档案馆和博物馆等。

（b）隧道工程。

（c）变电站、发电站。

（d）古建筑、作为文物保护的厅堂管所等。

不宜使用红外线型感烟探测器的场所是：有剧烈振动的场所；有日光照射或强红外线辐射源的场所；在保护空间有一定浓度的灰尘、水气粒子且粒子浓度变化较快的场所。

4）电容式感烟探测器。电容式感烟探测器是根据烟雾进入电容极板间的空间，使电容器的介电常数发生变化从而改变电容阻抗的原理制成的。

（2）感温式火灾探测器　感温式火灾探测器是对警戒范围内的温度进行监测的一种探测器，物质在燃烧过程中放出大量的热，使环境温度升高，探测器中热敏元件发生物理变化，从而将温度转换成电信号，传输给报警控制器，发出火灾报警信号。感温式火灾探测器种类繁多，其中的点型感温式火灾探测器按其作用原理可分为定温式、差温式和差定温式三大类。

1）定温式火灾探测器。定温式火灾探测器是一种对警戒范围内某一点周围温度达到或超过预定值时便发出火警信号的探测器。其热敏元件为不同种类的双金属片、热敏电阻、半导体 P—N 结等，其动作范围为 60～150℃，适用于环境温差变化不大或温度较高的场所。

2）差温式火灾探测器。差温式火灾探测器是对警戒范围内某一点周围的温度上升速率超过预定值时便发出报警信号的探测器。其热敏元件为热电偶或热敏半导体。但由于在一些阴燃熏烧的火灾中，环境温度往往以小于 1℃/min 的温升速度缓慢上升，即使温度上升至 100℃或更高，差温式火灾探测器也不会动作，所以在实际使用中差温火灾探测器很少单独使用。

3）差定温式火灾探测器。差定温式火灾探测器兼有差温和定温两种功能的感温探测器，当其中某一种功能失效时，另一种功能仍能起作用，因而大大提高了可靠性。差定温式火灾探测器又分为机械式和电子式两种。电子差定温式火灾探测器如图 6-8 所示。

（3）感光式火灾探测器　感光式火灾探测器用于响应火灾时火焰的光特性，目前广泛使用的感光探测器有紫外火焰型和红外火焰型两种类型。

红外火焰型感光探测器利用火焰的红外辐射和闪烁现象来探测火灾，其核心部件是红外光敏元件。紫外火焰型感光探测器(图 6-9)内部有两根高纯度的钨丝或钼丝电极，电极受到紫外线辐射发出电子，电子被两电极间的电场加速，这些高速运动的电子撞击探测器罩内的氢、氧气体分子，使其电离，造成“雪崩”式放电，将两电极接通，探测器发出报警信号。

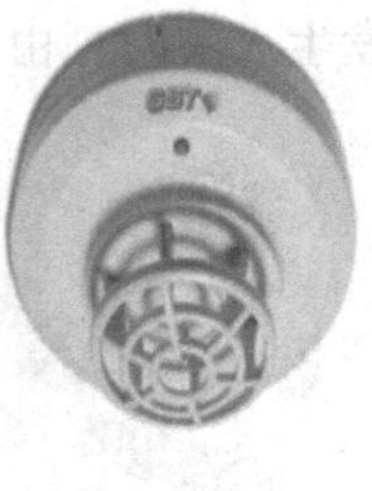

图 6-8　电子差定温式火灾探测器

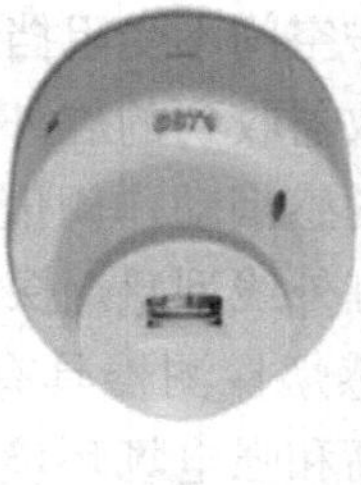

图 6-9　紫外火焰型感光探测器

感光式火灾探测器对迅速发生的火灾或爆炸能够及时响应。

（4）可燃气体火灾探测器　可燃气体火灾探测器根据使用探测元件的不同，分为气敏型、热催化型及电化学型等。气敏型可燃气体探测器利用半导体气敏元件在 250～300℃温度下，其电阻随着可燃气体浓度升高而减小的特性，用半导体气敏材料和电热丝做为探测器的核心，电热丝使气敏材料处于 250～300℃的环境温度下，当可燃气体进入探测器罩内时，气敏材料的电阻减小到某一设定值，从而触发报警电路报警。热催化型可燃气体探测器采用铂丝作为催化剂，当环境中有可燃气体时，由于铂丝的催化作用，可燃气体在铂丝表面无焰燃烧，致使铂丝温度升高，铂丝电阻也随之变化，从而达到检测气体浓度的目的。

可燃气体火灾探测器一般用于可燃气体可能泄漏的危险场所，如厨房、燃气储藏室、油库等。

（5）复合式火灾探测器 因为不同物质燃烧所产生的温度和烟雾粒子密度都不同，因此单一功能的离子型感烟、光电型感烟和感温探测器很难有效、全面地探测各类火情，故必须根据不同场合选择不同类型的探测器。为了能更有效地探测火情，复合式火灾探测器应运而生。复合式火灾探测器将两种或两种以上探测功能集于同一探测器上，同时具有两个以上火灾参数的探测能力，扩大了探测器的环境适应范围，保证了报警的快捷与可靠，目前较多使用的是烟温复合式火灾探测器(图6-10)。

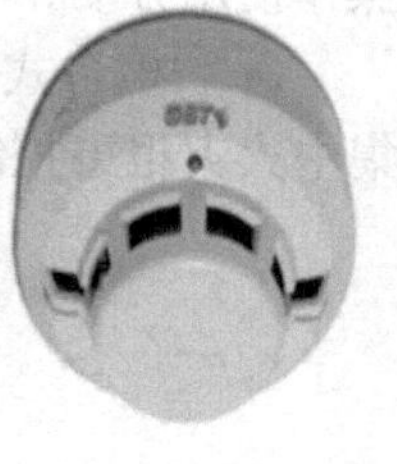

图6-10 烟温复合式火灾探测器

2. 火灾报警控制器

火灾报警控制器是火灾报警系统的中枢，它接收信号并作出相应的分析判断，一旦发生火灾，立即发出火警信号并启动相应的消防设备。计算机技术的发展使传统的开关量多线制火灾报警系统被模拟量总线制火灾报警系统所取代。模拟量总线制火灾报警系统是在计算机基础上发展起来的，是目前工程上的首选产品。在实际应用中，一般均采用总线制、模拟量、多功能的火灾报警控制器。

（1）火灾报警控制器的基本作用

1）向火灾探测器供电。

2）接受火灾探测器、手动报警按钮、水流指示器等相关设备发送来的报警信号，同时能够启动声光警报装置，并能显示火灾的具体部位，记录报警信息。

3）可通过自动消防灭火控制装置启动自动灭火设备和消防联动控制设备。

4）自动监视系统的运行情况，当有故障发生时能自动发出故障报警信号并同时显示故障点的位置。

（2）火灾报警控制器的分类

1）按设计使用要求分类。按设计使用要求可将火灾报警控制器分为以下三类：

（a）区域火灾报警控制器。这种控制器直接连接火灾探测器，处理各种报警信息，一般用于比较小的系统中。

（b）集中火灾报警控制器。这种控制器一般与区域火灾报警控制器相连，处理区域火灾报警控制器送来的报警信号，一般常用于较大系统中。

（c）通用火灾报警控制器。这种控制器兼有区域、集中两级火灾报警控制器的双重特点。通过设置和修改某些参数(可以是硬件方面或是软件方面)，既可连接探测器作区域级使用，又可连接区域火灾报警控制器作集中级使用。

2）按系统连线方式分类。按系统连线方式可将火灾报警控制器分为以下两类：

（a）多线制火灾报警控制器。探测器与控制器的连接采用一一对应的方式，每个探测器至少有一根线与控制器连接，故连线较多，仅适用于小型火灾报警系统，现在已经慢慢被淘汰。

（b）总线制火灾报警控制器。探测器与控制器采用总线方式连接，所有探测器均并联或串联在总线上，一般总线的数量为2~4根，具有安装、调试、使用均很方便的特点，工程造价低，适用于大型火灾报警系统。

3）按结构形式分类。按结构形式可将火灾报警控制器分为以下三类：

(a) 壁挂式火灾报警控制器。这种控制器连接探测器的回路数相应少一些，控制功能较简单，一般区域火灾报警控制器常采用这种结构(图6-11)。

(b) 台式火灾报警控制器。这种控制器连接探测器的回路数较多，联动控制较复杂，操作使用方便，一般常见于集中火灾报警控制器。

(c) 柜台式火灾报警控制器。这种控制器可实现多回路连接，具有复杂的联动控制，集中火灾报警控制器属此类型(图6-12)。

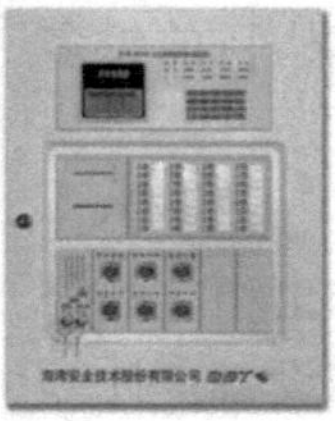

图6-11 壁挂式火灾报警控制器

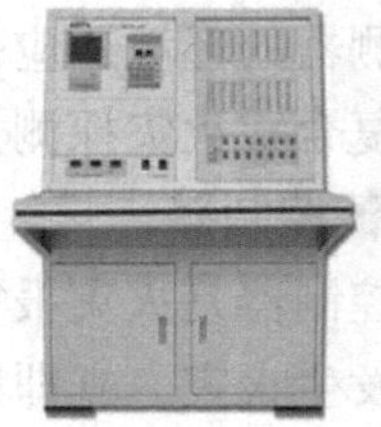

图6-12 柜台式火灾报警控制器

(3) 火灾报警控制器的基本功能 火灾报警控制器的基本功能有以下八种：

1) 主备电源。火灾报警控制器的电源应由主电源和备用电源两部分组成。主电源为220V交流市电，备用电源选用可充、放电反复使用的各种蓄电池。当主电网有电时，火灾报警控制器自动利用主电网供电，同时对电池充电；当主电网断电时，火灾报警控制器会自动切换而改用蓄电池供电，以保证系统的正常运行。

2) 火灾报警。当火灾探测器、手动报警按钮、水流指示器或其他火灾报警信号单元发出火灾报警信号时，控制器能迅速、准确地接收和处理，并进行火灾声光报警，指出具体火警部位和发生时间。

3) 故障报警。系统正常运行时，控制器能对现场所有的设备及控制器自身进行监测，如有故障发生则立即报警，并指出具体故障部位。

4) 时钟单元功能。控制器本身提供一个工作时钟，用于对工作状态提供监测参考。

5) 火灾报警记忆功能。当控制器收到探测器发出的火灾报警信号时，能保持并记忆此信号，使之不随报警信号源的消失而消失，同时也能继续接收、处理其他火灾报警信号。

6) 火警优先。若在系统出现故障的情况下出现火警，报警器能由报故障自动转变为报火警，而当火警被清除后又自动恢复报原故障。

7) 调显火警。当火灾报警时，数码管显示首次火警地址，通过键盘操作可调显其他火警地址。

8) 输出控制功能。火灾报警控制器最少具有一对以上的输出控制触点，用于火灾报警时的联动控制。

(4) 火灾报警系统的线制 火灾报警系统的线制是指探测器和控制器之间的传输线的线数。按其线制火灾报警系统可分为多线制和总线制两种形式。

1) 多线制。多线制是早期的火灾报警技术，其特点是一个探测器构成一个回路，与火灾报警控制器连接。多线制又可分为四多线制和二多线制。

四多线制即 $n+4$ 线制(图6-13a)，n 为探测器数，4为公用线数，分别为电源线 V

(24V)、地线 G、信号线 S、自诊断线 T，另外每个探测器设一根选通线 ST。仅当某选通线处于有效电频时，在信号线上传输的信息才是该探测部位的状态信号。采用四多线制的优点是探测器的电路比较简单，供电和接收信息相当直观，但缺点是线数多、配管直径大、穿线复杂、线路故障多，现已被淘汰。

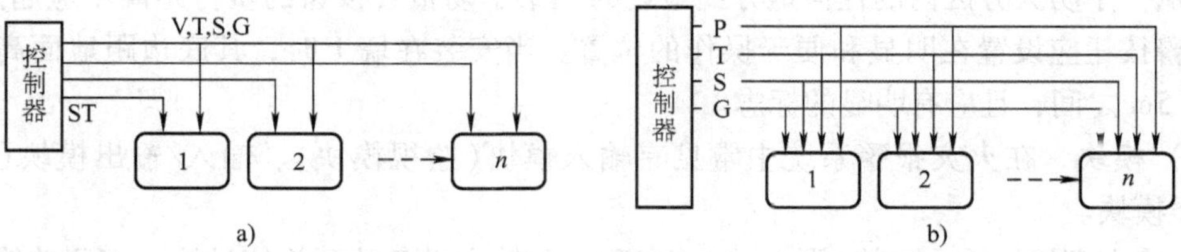

图 6-13　火灾报警系统的线制

a）四多线制　b）四总线制

二多线制即 $n+1$ 线制，即一条是公用地线，另一条线承担供电、选通信息与自检的功能，这种线制比四多线制简化了许多，但仍为多线制。

2）总线制。总线制采用地址编码技术，整个系统只用 2～4 根导线构成总线回路，所有的探测器相互并联。这种系统布线极其简单，施工量明显减少，现已被广泛采用。

四总线制如图 6-13b 所示，P 线传输探测器的电源、编码、选址信号；T 线传输自检信号以判断探测部位或传输线是否有故障；控制器从 S 线上获得探测部位的信息；G 线为公共地线，P、S、T、G 线均为并联方式连接。从探测器到报警器只用四根总线，由于总线制采用了地址编码技术，使控制器能准确地报警到具体探测部位，调试安装简化，系统的运行可靠性大大提高。

二总线制比四总线制又进了一步，用线量更少，但技术的复杂性和难度也提高了。二总线制中的 G 线为公共地线，P 线则完成供电、选址、自检、获取信息等功能。目前，二总线制应用最多，新型智能火灾报警系统也建立在二总线的运行机制上。二总线系统的连接方式有枝形和环形两种。

枝形接法接线如图 6-14a 所示，采用这种接线方法时，如果发生断线，可以自动判断故障点，但故障点后的探测器不能工作。

环形接法接线如图 6-14b 所示，这种接法要求输出的两根总线返回控制器的另两个输出端子，以构成环形。这种接线方法的优点在于当探测器发生短路、断路等故障时，不影响系统的正常工作。

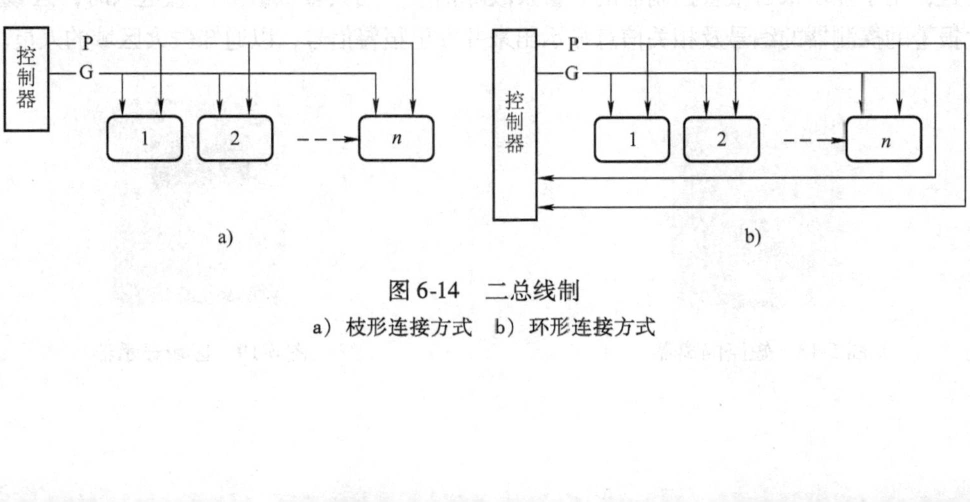

图 6-14　二总线制

a）枝形连接方式　b）环形连接方式

3. 火灾报警系统的配套设备

（1）手动报警按钮　手动报警按钮（图6-15）安装在公共场所，当人工确认火灾发生后，按下按钮上的有机玻璃片就可向控制器发出火灾报警信号。控制器接收到报警信号后，显示出报警按钮的编号或位置并发出声光报警信号。每个防火分区应至少设置一个手动报警按钮，且从一个防火分区内的任何地方到最近的一个手动报警按钮的步行距离不应超过30m。手动报警按钮应设置在明显和便于操作的位置。当安装在墙上时，其底边距地面高度应在1.3~1.5m之间，且应有明显的标志。

（2）模块　在火灾报警系统中常见有输入模块（监视模块）、输入/输出模块（控制模块）两类模块。

1）输入模块。输入模块（图6-16）将各种消防输入设备的开关信号接入探测总线，以实现报警或控制的目的。输入模块适用于水流指示器、压力开关、非编址手动报警按钮、普通型火灾探测器等主动型设备。这些设备动作后，输出的动作开关信号可由输入模块送入控制器，从而发生报警，并可通过控制器来联动其他相关设备。

2）输入/输出模块。输入/输出模块（图6-17）是联动控制柜与被控设备间的连接桥梁，能将控制器发出的动作指令通过继电器控制现场设备来实现，同时也将动作的完成情况传回到控制器。它适用于排烟阀、送风阀、喷淋泵等被动型设备。

图6-15　手动报警按钮

图6-16　输入模块

图6-17　输入/输出模块

（3）短路隔离器　短路隔离器（图6-18）接在传输总线上，其作用是当系统的某个分支短路时，自动将其两端呈高阻或开路状态，使之与整个系统隔开，且不损坏控制器，也不影响总线上其他部件的正常工作，当故障消除后，它能自动恢复这部分的工作，即将被隔离出去的部分重新纳入系统。

（4）区域显示器　区域显示器（图6-19）是一种可以安装在楼层或独立防火区内的火灾报警显示装置，用于显示来自报警控制器的火警及故障信息。当火警或故障信息送入时，区域显示器将产生报警的探测器的编号及相关信息显示出来并发出报警信号，以通知失火区域的人员。

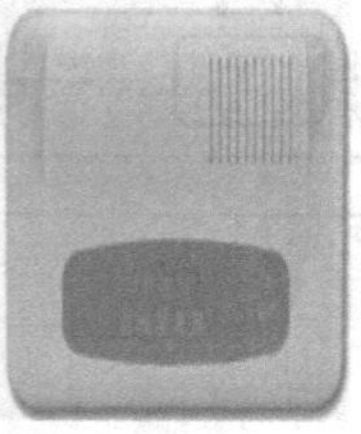

图6-18　短路隔离器

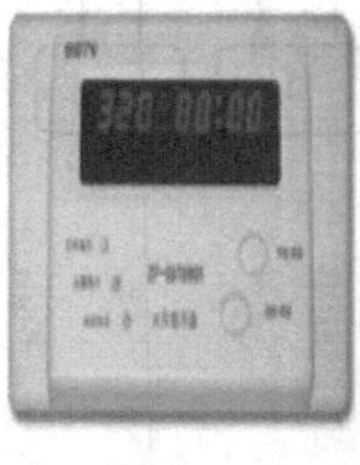

图6-19　区域显示器

（5）总线驱动器　当报警控制器监控的部件过多（超过200只）、所监控设备的电流过大（超过200mA）或总线传输的距离过长时，需用总线驱动器来增强线路的驱动能力。

（6）报警门灯及引导灯　报警门灯一般安装在巡视观察方便的地方，如会议室、餐厅、房间及每层楼的门上端，可以与对应的探测器并联使用，并与该探测器的编码一致。当探测器报警时，门灯上的指示灯亮，使人们在不进入的情况下就可知道探测器是否报警。

引导灯安装在疏散通道上，与控制器相连接。在有火灾发生时，消防控制中心通过手动操作打开有关的引导灯，以便引导人员尽快疏散。

声光报警盒是一种安装在现场的声光报警设备，分为编码型和非编码型两种。其作用是当发生火灾并被确认后，声光报警盒由火灾报警控制器启动，发出声光信号以提醒人们注意。

（7）CRT报警显示系统　CRT报警显示系统把所有与消防系统有关的平面图形及报警区域和报警点存入计算机内，火灾发生时能在显示屏上自动用声、光显示火灾部位、报警类型、发生时间等，并用打印机自动打印出来。

课题3　消防联动控制系统

消防联动控制系统的控制对象有灭火设施、火灾事故广播、消防通信、防排烟设施、防火卷帘、防火门、电梯和非消防电源等。

6.3.1　自动喷水灭火系统

自动喷水灭火系统属于固定式灭火系统，是目前较为广泛采用的一种固定式消防设施。它具有价格低廉、灭火效率高等特点，能在发生火灾后，自动进行喷水灭火，并能在喷水灭火的同时发出警报。在一些发达国家的消防规范中，几乎所有的建筑都要求使用自动喷水灭火系统。在我国，随着建筑业的快速发展及消防法规的逐步完善，自动喷水灭火系统也得到了广泛的应用。

1. 自动喷水灭火系统的分类

自动喷水灭火系统可分为室内消火栓灭火系统、湿式喷水灭火系统、干式喷水灭火系统、干湿两用灭火系统、预作用喷水灭火系统、雨淋灭火系统、水幕系统、水喷雾灭火系统、轻装简易系统、泡沫雨淋系统、大水滴（附加化学药品）系统等几种。

2. 湿式自动喷水灭火系统的主要部件

湿式自动喷水灭火系统是一种应用广泛的固定式灭火系统，该系统管网内充满压力水，长期处于备用工作状态，适用于温度为4～70℃的环境。当保护区域内某处发生火灾时，环境温度升高，喷头的温度敏感元件（玻璃球）破裂，喷头自动启动系统且将水直接喷向火灾发生区域，并发出报警信号，以达到报警、灭火、控火的目的。

湿式自动喷水灭火系统主要由以下几部分构成：

（1）水箱　水箱在正常状态下维持管网的压力，在火灾发生初期给管网提供灭火用水。

（2）水力警铃　水力警铃是湿式、干式、干湿两用式、雨淋和预作用自动喷水灭火系统中的重要部件。当火灾发生时，由报警阀流出带有一定压力的水驱动水力警铃报警。警铃在水流量等于或大于一个喷头的流量时立即动作。

(3) 湿式报警阀　湿式报警阀安装在总供水干管上，连接供水设备和配水管网，一般采用单向阀的形式。当管网中有喷头喷水时，就破坏了阀门上下的平衡压力，使阀板开启而接通水源和管网，同时部分水流过阀座上的环行槽，经信号管道送至水力警铃，发出声音报警信号。

(4) 消防水泵结合器　消防水泵结合器用于给消防车提供供水口。

(5) 控制箱　控制箱在控制室内安装，可接收系统传来的电信号并发出控制指令。

(6) 压力罐　压力罐用于自动启、闭消防水泵。当管网中的水压过低时，与压力罐连接的压力开关发出信号传递给控制箱，控制箱接到信号后发出指令启动消防水泵给管网增压；当管网水压达到设定值后消防水泵即停止供水。

(7) 消防水泵　消防水泵可给消防管网中补水。

(8) 闭式喷头　闭式喷头可分为易熔金属式、双金属片式和玻璃球式三种，其中以玻璃球式应用最多。正常情况下，喷头处于封闭状态；当有火灾发生且温度达到设定值时喷头开启进行喷水灭火。

(9) 水流指示器　水流指示器的动作原理是：当水流指示器感应到水流动时，其电触点动作，接通延时电路(延时20~30s)；延时时间到后，通过继电器触发，发出声、光信号并传给控制室，以识别火灾区域。

(10) 压力开关　压力开关是自动喷水灭火系统的自动报警与控制附件，它能将水的压力信号转换成电信号。当水压力超过或低于预定工作压力时，电路就闭合或断开，并输出信号至火灾报警控制器或直接启动其他电气设备。

(11) 延时器　延时器是一个罐式容器，安装在报警阀和水力警铃之间。因水源压力突然发生变化而引起报警阀的短暂开启或因报警阀的局部渗漏，水流都将进入警铃管道，而延时器就是起一个暂时容纳的作用，从而避免虚假报警。只有在真正发生火灾时，喷头和报警阀才会相继打开，水流源源不断地大量流入延时器，经过30s左右充满整个容器，然后冲击水力警铃报警。

(12) 试警铃阀　试警铃阀用于人工测试。打开试警铃阀泄水，使报警阀自动打开，水流充满延时器后可使压力开关及水力警铃动作报警。

(13) 放水阀　放水阀用于检修时放空管网中的余水。

(14) 末端试水装置　末端试水装置设在管网末端，用于自动喷水灭火系统等流体工作系统中。该试水装置的末端接一个相当于一个标准喷头流量的接头，打开该试水装置，就可进行系统模拟试验调试。利用末端试水装置可对系统进行定期检查，以确定系统是否能正常工作。

3. 湿式自动喷水灭火系统的工作原理

当发生火灾时，温度上升，喷头上装有热敏液体的玻璃球达到动作温度时，由于液体的膨胀而使玻璃球炸裂，喷头开始喷水灭火。喷头喷水导致管网的压力下降，而报警阀后压力下降会使阀板开启，接通管网和水源以供水灭火。报警阀动作后，水力警铃经过延时器的延时(大约30s)后发出声音报警信号。管网中的水流指示器感应到水流动时，经过一段时间(20~30s)的延时，发出电信号到控制室。当管网的压力下降到一定值时，管网中压力开关也发出电信号到控制室，启动水泵供水。

湿式喷水灭火系统动作程序框图如图6-20所示。

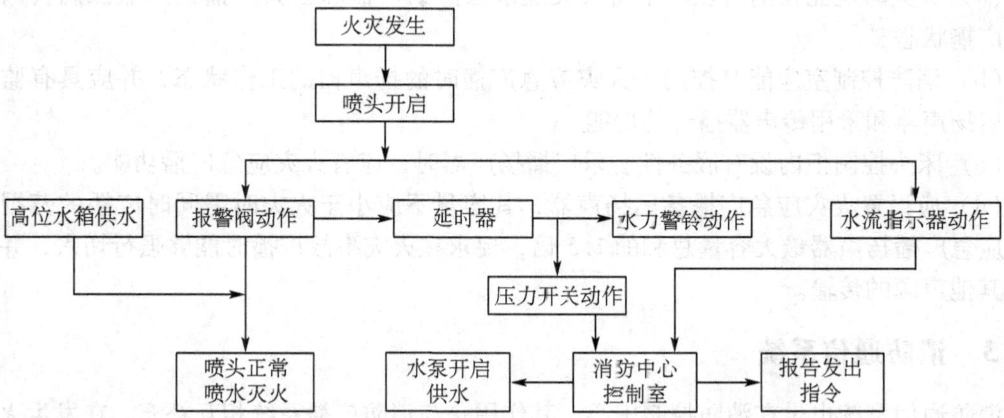

图6-20 湿式自动喷水灭火系统动作程序框图

6.3.2 火灾事故广播系统

消防控制中心应设置火灾事故广播系统，其作用是发生火灾时指挥现场人员进行疏散并向消防部门及时报警。

1. 火灾事故广播系统的分类

火灾事故广播系统按线制可分为总线制火灾事故广播系统和多线制火灾事故广播系统两类。

（1）总线制火灾事故广播系统 该系统由消防控制中心的广播设备、配合使用的总线制火灾报警联动控制器、消防广播切换模块及扬声器组成。

（2）多线制火灾事故广播系统 多线制火灾事故广播系统对外输出的广播线路是按分区来划分的，每一个广播分区由两根独立的广播线路与现场扬声器连接，各广播分区的切换控制由消防控制中心专用的多线制消防广播切换盘来完成，使用的播音设备与总线制火灾事故广播系统相同。

多线制火灾事故广播系统的核心设备是多线制切换盘，通过此盘可完成手动或自动对各广播分区进行正常或消防广播的切换，其缺点是 n 个防火分区需要敷设 $2n$ 条广播线路。

2. 火灾事故广播系统的组成设备及要求

火灾事故广播系统的组成设备包括音源、前置放大器、功率放大器及扬声器，各设备的工作电源都由消防控制系统提供。

（1）扬声器的设置要求

1）在民用建筑内扬声器设置在走道和大厅等公共场所，并应保证在防火区域的任一位置到最近一个扬声器的距离不大于25m。

2）每个扬声器的额定功率不小于3W，客房设置的扬声器功率一般不小于1W。

3）在环境噪声大的工业场所设置的扬声器，在其播放范围内最远点的声压级应高于背景噪声15B。

（2）其他要求

1）火灾事故广播系统的线路应独立敷设并有耐热保护，不应和其他线路同槽或同管敷设。

2）火灾事故广播与背景音乐或其他广播系统合用时，应符合下列要求：

(a) 火灾时应能在消防控制室将火灾疏散层的扬声器和公共广播扬声器强制转入火灾应急广播状态。

(b) 消防控制室应能监控用于火灾应急广播时的扬声器的工作状态，并应具有监控遥控开启扬声器和采用传声器播音的功能。

(c) 床头控制柜内设有服务性音乐广播扬声器时，应有火灾应急广播功能。

(d) 应设置火灾应急广播备用扬声器，其容量不应小于火灾时需同时广播的范围内的火灾应急广播扬声器最大容量总和的 1.5 倍，要求在火灾事故广播时能够强行切入，并同时中断其他声源的传输。

6.3.3 消防通信系统

消防通信系统也设在消防控制中心，其作用是与消防广播系统相互补充，在发生火灾时能够进行紧急通信并向消防部门及时报警。

消防通信系统是一种消防专用的通信系统，分为多线制和总线制两种。通过消防通信系统可迅速实现对火灾的人工确认，并可及时掌握火灾现场的情况和进行其他必要的通信联络，便于指挥灭火及恢复工作。

1. 消防通信系统的设置要求

消防通信系统的具体设置安装要求有以下几点：

1) 消防专用电话网络应为独立的消防通信系统。

2) 控制室应设置消防专用电话机，且宜选择共电式电话总机或对讲通信电话设备。

3) 应设置消防专用电话的部位为：消防水泵房、备用发电机房、配变电室、主要通风和空调机房、排烟机房、消防电梯机房及其他与消防联动控制有关的且经常有人值班的机房；灭火控制系统操作装置处或控制室；企业消防站、消防值班室和总调度室。

4) 设有手动报警按钮、消火栓按钮等处宜设置电话插孔。电话插孔在墙上安装时，其底边距地面的高度应为 1.3～1.5m。

5) 作为特级保护对象的各避难层应每隔 20m 设置一个消防专用电话分机或电话插孔。

6) 消防控制室、消防值班室或企业消防站等处，应设置可直接报警的外线电话。

2. 总线制消防通信系统

总线制消防通信系统由火灾报警控制器、总线制消防电话主机、现场电话分机、电话专用模块及电话插孔组成，系统的主要功能有以下几点：

1) 分机可呼叫主机，且无需拨号，经过主机允许可与主机通话。

2) 主机可呼叫任一分机，分机之间经过主机允许也可相互通话。

3) 电话插孔可以任意扩充。

4) 摘下固定分机或将电话分机插入电话插孔都被视为分机呼叫主机。

5) 主机呼叫固定分机可通过报警控制器启动。

6) 可通过相应的模块来实现分机振铃的振动。

3. 多线制消防通信系统

多线制消防通信系统的控制核心是多线制消防电话主机。按实际需要的不同，主机的容量也不同。在系统中，每一部固定消防电话分机占用消防电话主机的一路，并采用相互独立的两根线与主机相连。

电话插孔可并联使用，并联的数量不限。并联的电话插孔仅占消防电话主机的一路，也采用相互独立的两根线与主机相连。

6.3.4 防排烟系统

防排烟系统在整个消防联动控制系统中的作用非常重要。在火灾事故中造成的人身伤害，绝大部分是因为窒息。而且燃烧产生的大量烟气如不及时排除，还会影响人们的视线，使疏散的人群不容易辨别方向，容易造成不应有的伤害，同时也影响消防人员对火场环境的观察及灭火措施的准确性，降低灭火效率。

在建筑物中采用的防排烟方式有自然排烟、机械排烟、自然与机械组合排烟以及机械加压送风防烟等几种。自然排烟是利用室内外空气对流作用进行的，它具有设备简单、节约能源等优点，但排烟效果受外界环境的影响很大。而机械防排烟则不受外界环境的影响。

一般来讲，防排烟设施有中心控制和模块控制两种方式。下面以机械排烟方式为例对这两种方式加以说明。

1. 机械排烟系统的中心控制方式

中心控制方式的排烟控制框图如图6-21a所示。火灾发生时，火灾探测器动作，将报警信号送到消防控制中心。消防控制中心发出控制信号到排烟阀门使其开启，排烟风机联动运行。消防控制中心也发出控制信号到空调机、送风机、排风机等设备使其关闭。消防控制中心在发出控制信号的同时也接收各设备的返回信号，以监测各设备的运行情况。

2. 机械排烟系统的模块控制方式

模块控制方式的排烟控制框图如图6-21b所示。消防控制中心接到报警信号时，将发出排烟阀门和排烟风机等的动作信号，经总线和控制模块来驱动各设备动作，并接收它们的返回信号，以监测各设备的运行状态。

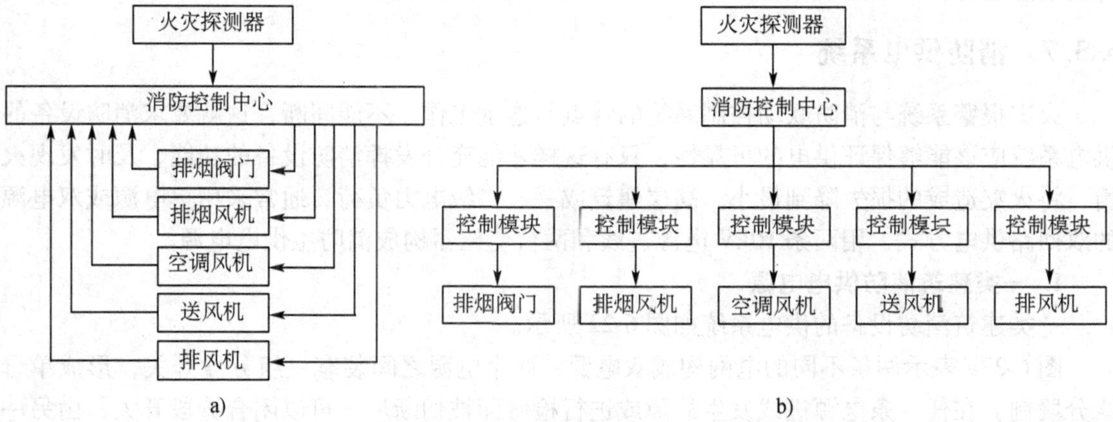

图6-21 机械排烟系统的控制方式
a）中心控制方式 b）模块控制方式

6.3.5 防火卷帘

防火卷帘应设置在建筑物中防火分区的通道口处，形成门帘式防火分隔。火灾发生时，可就地手动操作或根据消防控制中心的指令使卷帘下降至预定点，经延时后再降至地面，以达到人员紧急疏散、灾区隔烟和控制火势蔓延的目的。消防控制设备对防火卷帘的控制，应符合下列要求：

1）疏散通道上的防火卷帘两侧，应设置火灾探测器组及警报装置，且应设置手动控制按钮。

2）疏散通道上的防火卷帘，在感烟探测器动作后，应根据程序自动控制卷帘下降至距地(楼)面1.8m或者地(楼)面。

3）用作防火分隔的防火卷帘，在火灾探测器动作后，卷帘应下降至地(楼)面。

4）感烟、感温火灾探测器的报警信号及防火卷帘的关闭信号应送至消防控制室。

5）火灾报警后，消防控制设备对防烟、排烟设施有下列控制、显示功能：停止有关部位的空调送风，关闭电动防火阀并接受其反馈信号；启动有关部位的防烟和排烟风机、排烟阀等，并接受其反馈信号；控制挡烟垂壁等防烟设施。

6.3.6 消防电梯

电梯是高层建筑中必不可少的纵向交通工具，而消防电梯在火灾发生时可供消防人员灭火和救人使用，且在平时消防电梯也可兼作普通电梯使用。火灾发生时，普通电梯由于供电电源没有把握，故没有特殊情况不能使用。电梯的控制方式有以下两种：

1）将所有电梯控制显示的副盘设在消防控制室，供消防人员直接操作。

2）消防控制室自行设计电梯控制装置，消防值班人员在火灾发生时可通过控制装置向电梯机房发出火灾信号和强制电梯全部停在首层的命令。

每个建筑物内消防电梯数量的多少是根据建筑物的层建筑面积来确定的。通常当层建筑面积不超过1500m^2 时，设置一台消防电梯；当层建筑面积在1500~4500m^2 之间时，应设置两台消防电梯；当层建筑面积大于4500m^2 时，应设置三台消防电梯。

6.3.7 消防供电系统

火灾报警系统与消防联动控制系统的特点是连续工作、不能间断，这就要求消防设备的供电系统应该能够保证供电的可靠性，只有这样才能充分发挥消防设备的功能，及时发现火情，将火灾造成的损失降到最小。高层建筑或一、二级电力负荷，通常采用单电源或双电源的双回路供电方式，用两条10kV电源进线和两台变压器构成消防主供电电源。

1. 一类建筑消防供电电源

一类建筑消防设备的供电系统如图6-22所示。

图6-22a表示两条不同的电网构成双电源，两个电源之间装有一组分段开关，形成单母线分段制。在任一条电源进线发生故障或进行检修而被切断后，可以闭合分段开关，由另一条电源进线对整个系统供电。分段开关通常是闭合的。

图6-22b表示采用同一电网双回路电源，两个变压器之间采用单母线分段，设置一组发电机作为向消防设备供电的应急电源，应满足一级负荷要求。

2. 二类建筑消防供电电源

二类建筑消防设备的供电系统如图6-23所示。二类建筑消防设备通常要求双回路供电，图6-23a即表示双回路供电；图6-23b表示由外部引来一路低压电源，与本部门电源互为备用。二类

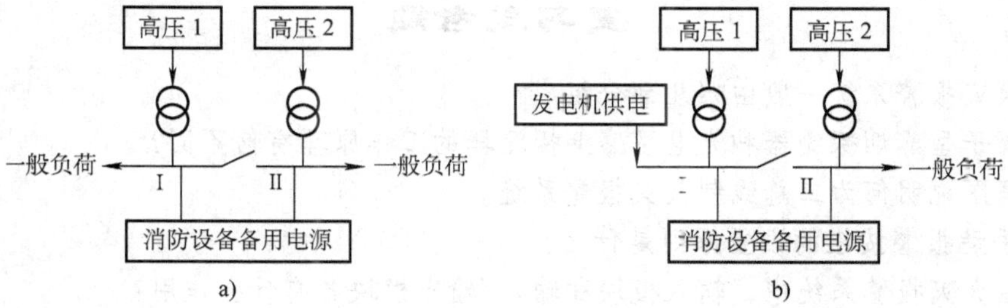

图 6-22　一类建筑消防设备的供电系统示意图

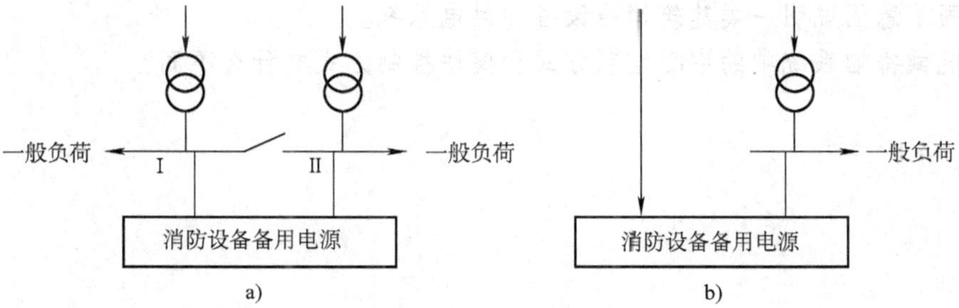

图 6-23　二类建筑消防设备的供电系统示意图

建筑的消防供电系统要求当电力变压器出现故障或电力线路出现常见故障时不致中断供电。

3. 备用电源自动投入

消防供电系统的自动投入装置可自动使两路电源互为备用。正常情况下，两台变压器分别运行，若Ⅰ段母线失压(或1号回路掉电)，可通过自动投入装置使Ⅰ段母线通过Ⅱ段母线接受2号回路的电源供电，完成自动切换任务。

单元小结

消防系统包括火灾报警系统和消防联动控制系统两部分。

火灾报警系统一般由火灾探测器、火灾报警控制器及相关配套设备组成。火灾报警系统按控制方式可以分为三种系统：区域报警系统、集中报警系统和控制中心报警系统。

根据火灾探测器的探测方法和原理，火灾探测器主要有感烟式、感温式、感光式、可燃气体探测器和复合式火灾探测器等，且每种类型又可分为不同形式。

火灾报警控制器是火灾报警系统的中枢，能够对报警信号作出判断并启动消防设备，按设计使用要求可分为区域火灾报警控制器、集中火灾报警控制器和通用火灾报警控制器；按结构形式可以分为壁挂式报火灾警控制器、台式火灾报警控制器和柜台式火灾报警控制器。火灾报警系统分为多线制和总线制两种形式。

火灾报警系统的配套设备有手动报警按钮、模块、区域显示器、总线驱动器、短路隔离器、报警门灯及引导灯、CRT报警显示系统等。

消防联动控制系统包括自动喷水灭火系统、火灾事故广播系统、消防通信系统、防排烟系统、防火卷帘、防火门、电梯和非消防电源断电控制系统等。

复习思考题

6-1 火灾报警系统一般由哪几部分组成?

6-2 离子型感烟探测器和光电型感烟探测器的工作原理有何不同?

6-3 画图说明何为二总线制火灾报警系统。

6-4 手动报警按钮的设置原则是什么?

6-5 在火灾报警系统中,输入模块和输入/输出模块各有什么作用?

6-6 短路隔离器在总线制火灾报警系统中有什么作用?

6-7 湿式喷水灭火系统由哪几部分构成?简述其工作过程。

6-8 画示意图说明一类建筑消防设备的供电系统。

6-9 机械排烟系统中的中心控制方式和模块控制方式有什么不同?

单元 7　通信网络系统

【单元概述】

本单元主要介绍了程控数字用户交换机系统的基本概念和原理，也介绍了公共广播系统的基本概念和组成，同时也就 CATV 系统的概念、原理及组成作了介绍。

【学习目标】

通过本单元的学习，能够掌握程控数字用户交换机系统的基本概念，对程控数字用户交换机系统有一个深入的了解；能够掌握公共广播系统的基本概念，对广播系统有一定的了解；能够掌握 CATV 系统的组成及其各部分的硬件设备，并且能够进行简单的方案设计。

课题 1　程控数字用户交换机系统

7.1.1　电话通信系统概述

电话通信系统有三个组成部分，一是交换设备，二是传输系统，三是用户终端设备。通常在智能大厦系统中使用的交换设备为程控电话交换机，它是负责接通电话用户通信线路的专用设备。

电话交换机的发展很快，它从人工电话(磁石式交换机、共电式交换机)发展到机电式自动电话交换机，又从机电式自动电话交换机(步进制交换机、纵横制交换机)发展到电子式自动电话交换机，以至最先进的程控电话交换机。程控电话交换机是当今世界上交换技术发展的主要方向，近年来已在我国普遍采用。

1. 传输系统

电话传输系统根据传输媒介的不同可以分为有线传输(电缆、光纤等)和无线传输(微波、卫星通信等)。在智能建筑中主要使用有线传输，但是现在基于微波技术的 PHS、TDMA 等技术的应用也使得出现了许多无线传输的电话传输系统。

对于有线传输系统来讲，信息的传输方式又分为模拟传输和数字传输两种。模拟传输是将信息转换成为与之相应大小的电流模拟量进行传输，大部分普通电话都采用模拟传输方式。数字传输则是根据数字编码(PCM)方式将信息转换成为数字信号进行传输，它具有抗干扰能力强、保密性强、电路便于继承、适用于开展新业务等许多优点，现在大量的程控交换机系统就是采用数字传输方式。

2. 用户终端设备

以前所谓的用户终端设备主要指电话机，现在随着通信技术的发展又出现了很多用户终端设备，如传真机、调制解调器、计算机终端、IP 电话机等。

3. 电话交换机

电话交换机是接通电话用户之间的通信线路的主要设备，正是借助于电话交换机，一台用户电话机能够拨打其他任意一台用户电话机，使人们的信息交流能够在比较短的时间内完成。

7.1.2 电话交换机

电话交换机的发展经历了四个发展阶段，即人工制式电话交换机、步进制式电话交换机、纵横制式电话交换机和程序控制电话交换机(简称程控交换机)。

电话交换机根据使用场所和交换机的门数可分为两类电话交换机，即应用于公用电话网的大型电话交换机和应用于用户的小型电话交换机、专用程控用户交换机(Private Automatic Brach Exchange, PABX)和集团电话系统(Key Telephone System, KTS)。

程控用户交换机根据技术结构可以分为程控模拟交换机和程控数字交换机，现在广泛使用的是程控数字交换机。

程控交换技术是传统电话交换技术的计算机化产物。传统电话系统的交换是采用人工转接或者用继电器转接的。使用计算机化的程控交换机后，所有的电话交换都没有了硬件的接通和拆除过程，整个电话系统的转接业务都通过执行计算机指令的方式来实现。

智能建筑程控数字交换机接入公用电话网的中继接线，一般采用用户交换机的中继方式。

程控数字交换机接入公用电话网的中继方式宜选择半自动中继方式、全自动直拨中继方式和混合进网中继方式，并应具有与人工交换机接口的能力。

(1) 全自动直拨中继方式　规模较大的旅馆、饭店、大型商业金融贸易中心及办公自动化程度要求较高的智能建筑，当交换机容量较大时，宜采用全自动直拨中继方式，即DOD1 和 DID 方式或 DOD2 和 DID 方式，交换机呼出及呼入均接至市话交换机的选组级。呼出只听用户交换机的一次拨号音，呼入可直拨到分机用户，其中继方式如图 7-1 所示。

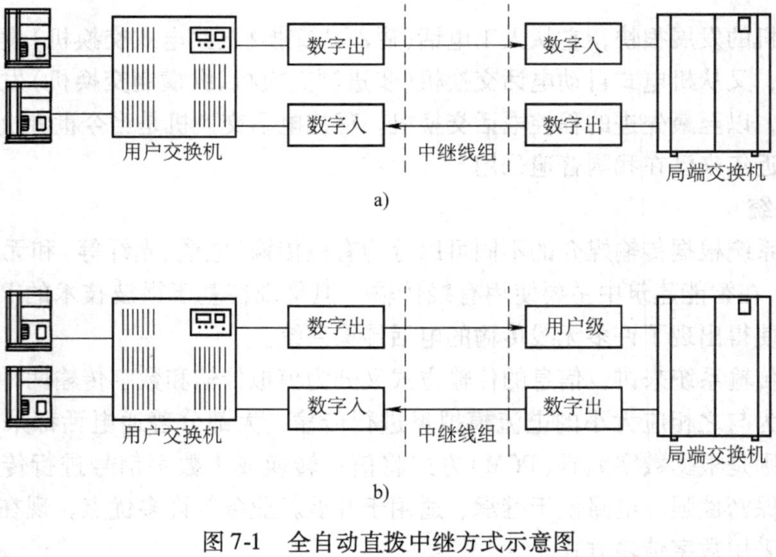

图 7-1　全自动直拨中继方式示意图

a) DOD1 和 DID 方式　b) DOD2 和 DID 方式

DOD(Direct Outward Dialing)为直接拨出，它分为两种形式：一种是用户呼出至公用电话网时不用拨 9 或 0 来进行外线选择；另一种是在呼出至公用电话网时用户必须拨 9 或 0 来进行外线选择，等到有空闲外线时则送出二次拨号音，进行呼叫。

DID(Direct Inward Dialling)为直接拨入，就是从公用电话网呼入时可以直接呼叫到分机用户而不需要经过话务台进行转接。

(2) 半自动中继方式　较小容量的程控数字交换机和模拟市话局的连接，大多采用半自动单向中继(DOD1,BID)方式或半自动双向中继(DOD2,BID)方式，用户交换机的呼入呼出均接至市话局的用户级，如图7-2所示。

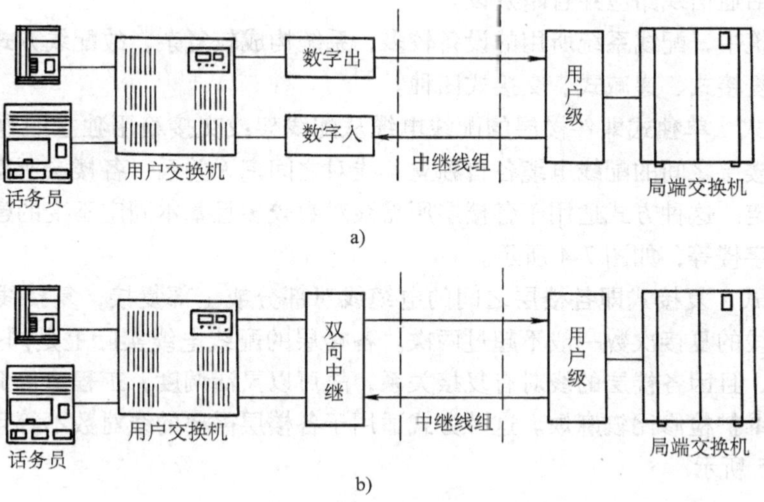

图7-2　半自动中继方式示意图

a) DOD1 和 BID 方式　b) DOD2 和 BID 方式

(3) 混合进网中继方式　容量较大的程控数字交换机也可根据分机用户的性质，将一部分分机用户采用全自动直拨(DID)方式，另一部分分机采用半自动接续(BID)的混合进网方式，以增加中继系统连接的灵活性和可靠性，其中继方式如图7-3所示。

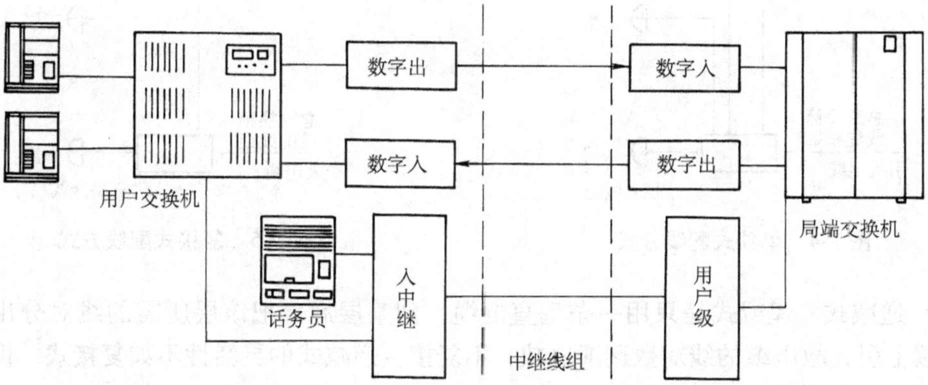

图7-3　混合进网中继(DOD1 + DID + BID)方式示意图

7.1.3　电话通信线路

电话通信线路是由电话交换机通往用户分机的线路，由配线设备、分线设备、配线电缆、用户线、终端出线盒等组成。建筑内的配线始于配线设备，这里的配线设备是指用户配线架或交接箱，在有电话交换机的建筑物内是电话站总的配线架，在无电话交换机的较大型建筑物内，往往在首层或地下一层的电话电缆进户点设电缆交接箱。从配线设备引出若干路垂直电缆，向楼层配线区馈送配线电缆，并在各层设分线箱，再从分线箱用电话线接至各房间的用户出线盒，用户电话机或其他终端设备插入出线盒即可使用。

在高层建筑、旅游宾馆、高级住宅、办公楼等建筑物内，因电话用户高度集中、数量大，相应的电话通信线路应穿管暗敷设。

在大型建筑中，配线系统所用的设备较多，系统构成较复杂，故配线方式千差万别，主要有单独式、复接式、递减式、交接式四种。

（1）单独式 单独式即各楼层的配线电缆从配线架或交接箱用独立的电缆直接引至各用户，因此各楼层之间的配线电缆各自独立，线对之间毫无关系，各楼层所需电缆的线对数则根据需要而定。这种方式适用于各楼层所需线对数较多且基本固定不变的建筑物，如高级宾馆或高级写字楼等，如图 7-4 所示。

（2）复接式 复接式即各楼层之间的电缆线对部分或全部复接，复接线对根据各层需要确定，每对线的复接次数一般不超过两次。各楼层的配线电缆实际上是同一条垂直电缆，不是单独供给，且因各楼层的线对有复接关系，故可以灵活调度，工程造价低，缺点是楼层间相互影响，维护检修比较麻烦。这种方式适用于各楼层需要的线对数不等且经常变化的建筑物，如图 7-5 所示。

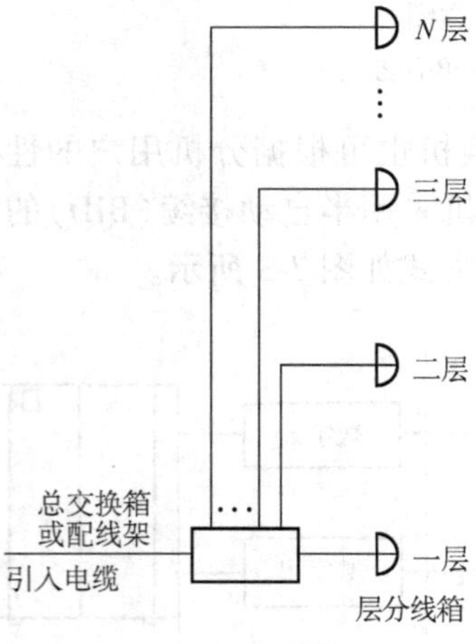

图 7-4 单独式配线方式

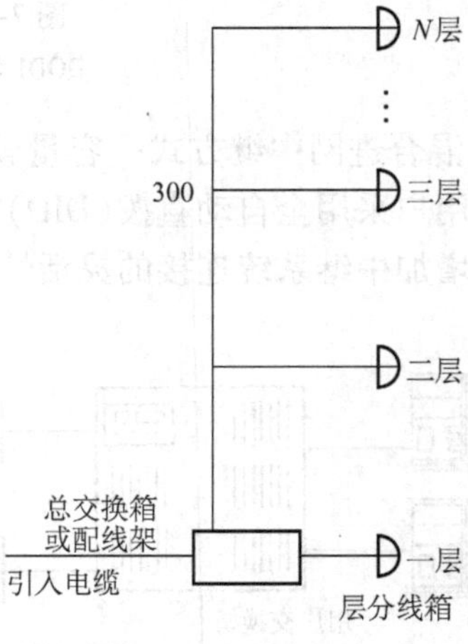

图 7-5 复接式配线方式

（3）递减式 递减式是只用一条垂直电缆，到某层后，把该层所需的线对分出，其余线对继续上引，故电缆的线对数逐渐递减，不复接。递减式的灵活性不如复接式，但容易检修，适用于规模较小的办公楼、宾馆等建筑物，如图 7-6 所示。

（4）交接式 交接式是将整栋建筑物分成几个交接配线区域，先用干线电缆从总交接箱（或配线架）接至区域交接箱，再从区域交接箱接出若干条配线电缆，分别引至各层。这种方式的各楼层配线电缆互不影响，干线电缆的芯线利用率高，适用于大型（或高层）办公楼、高层宾馆等建筑物，如图 7-7 所示。

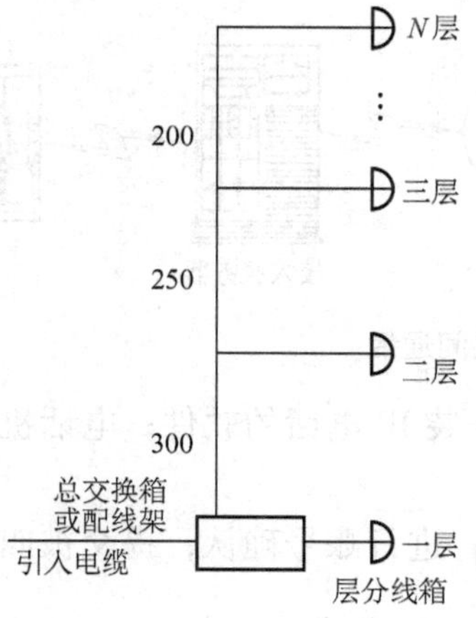

图 7-6 递减式配线方式

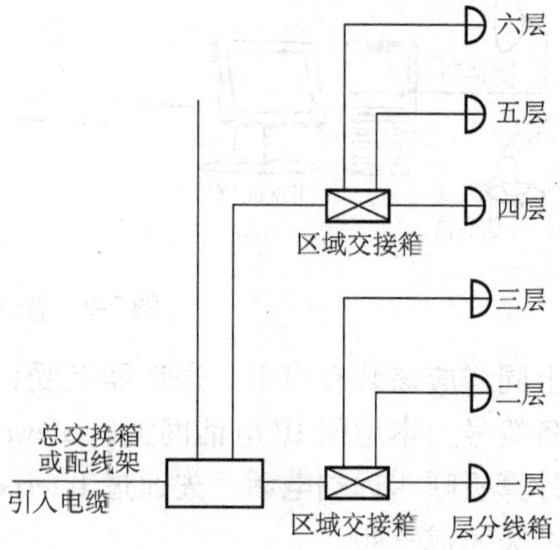

图 7-7 交接式配线方式

7.1.4 IP 电话

1. IP 电话的概念

IP 是国际互联网协议(英文名 Internet Protocol)的简称，IP 电话则是按国际互联网协议规定的网络技术内容开通的电话业务，即网络电话或互联网电话，它是利用 Internet 作为语音传输的媒介从而实现语音通信的一种全新的通信技术。由于 IP 电话通信费用低廉，所以也称之为廉价电话。网络电话、互联网电话、经济电话或者廉价电话，这些都是对 IP 电话的不同称谓，但其实质基本上是一个意思。现在用得最广泛也是比较科学的叫法，即 IP 电话。

2. IP 电话的由来

最初的 IP 电话是个人计算机与个人计算机之间的通话。一些拥有计算机并且可以上互联网的客户，利用电脑与调制解调器，再安装好声卡及相关软件，加上送话器和受话器，双方约定时间同时上网，然后进行通话，具体如图 7-8 所示。

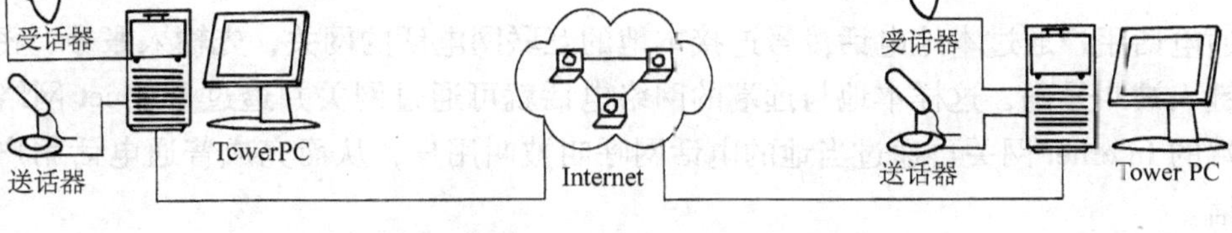

图 7-8 计算机与计算机之间通话

注：Tower PC 为一种采用特殊散热方式的计算机，具有良好的散热性能。

在这一阶段，IP 电话只能完成双方都知道对方网络地址及必须同时上网的点对点的通话。这在普通的商务领域中就显得相当麻烦，因此，这时的 IP 电话不能商用化或进入公众通信领域。

随着 IP 电话的优点逐步被人们所认识，许多电信公司在此基础上进行了开发，从而实现了计算机与普通电话之间的通话，如图 7-9 所示。

计算机一方，一般需要能上 Internet 的普通计算机(PC)、一台调制解调器(Modem)，计

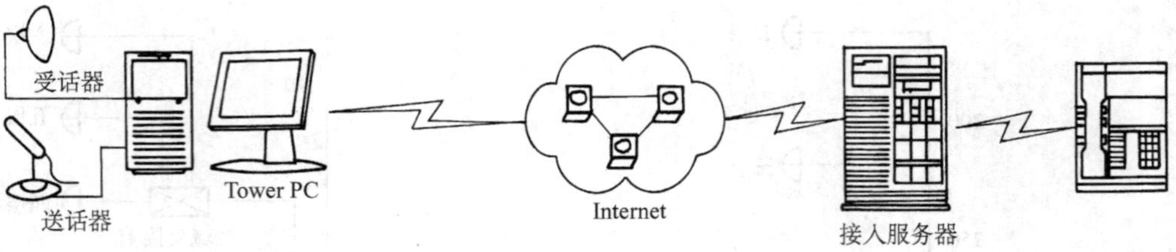

图 7-9 普通电话与计算机之间通话

算机上同样应该装有声卡、送话器及受话器，并且要安装 IP 电话的软件；电话机一方，应当具备拨号上本地网 IP 电话网关(Gateway)的功能。

计算机呼叫远端电话，先通过 Internet 登录到网关，进行账号确认，提交被叫号码，然后由网关完成呼叫。

电话呼叫远端计算机，计算机应当向 Internet 提供一个固定的地址，并且在电话所在网关上进行登记，电话向网关呼叫时，是通过网关自动呼叫被叫计算机的(计算机平时不能关机)。

这一类 IP 电话，拥有电话机的一方，可以不必安装计算机、相关软件与设备。目前，国内有些计算机客户与国外的 IP 电话通信就采用这种方式。但是，这种方式仍十分不便，无法满足公众随时需要通话的要求。

在以上方式的基础上，国际上许多大的电信公司又推出了普通电话与普通电话互联的 IP 电话，如图 7-10 所示。

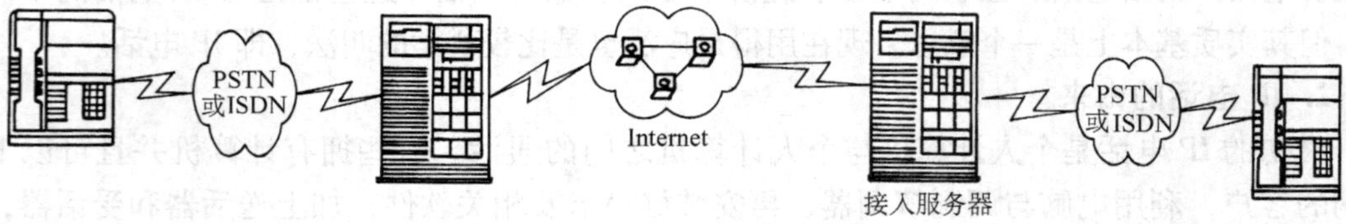

图 7-10 普通电话互联

注：PSTN 为公用电话网，ISDN 为综合业务数字网。

普通电话用户通过本地电话拨号连接本地的互联网电话的网关，先输入账号、密码，确认后再键入被叫号码，这样本地与远端的网络电话就可通过网关并透过 Internet 网络进行连接，远端的 Internet 网关再通过当地的电话网呼叫被叫用户，从而完成普通电话用户之间的电话通信。

作为网络电话的网关，一定要有专线与 Internet 网络相连，目前通话双方的网关最好用同一家公司的产品。

这种通过 Internet 从普通电话到普通电话的通话方式就是人们通常所讲的 IP 电话，也是目前发展最快而且最具商用化前途的电话。

3. IP 电话系统的基本组成

IP 电话系统的基本组成如图 7-10 所示，IP 电话系统一般应由三部分组成：电话(Phone)、接入服务器(网关)和网络管理者或者关守(Gatekeeper)。电话是指可以通过电话网(PSTN)或一线通(ISDN)连到本地网关的电话终端。网关是通过 IP 网络提供电话到电话并完成话音通信的关键设备，即 Internet 网络与电话网、一线通之间的接口设备。网关应当完成语音压缩，即将 64kbit/s 的语音信号压缩成低码率的语音信号；完成寻址与呼叫控制；具有 IP 网络接口和与电话(PSTN)或一线通(ISDN)互联的接口。网络管理者负责用户的注册与管理，它应当具有的功能有：将被叫号码的前几位数字对应网关的 IP 地址；对接入用户的身份认证(即确认)，防止非法用户接入；做呼叫记录并有详细数据，从而保证收费正确；完成区域管理，多个网关也可由一个网络管理者进行管理。

4. IP 电话与传统电话的比较

IP 电话与传统电话相比较，有许多不同之处。它们的语音传输的媒介是完全不同的，IP 电话的传输媒介为 Internet 网络；而传统电话为公用电话网。它们的交换方式也是完全不同的，IP 电话运用的是分组交换技术，信息根据 IP 协议分成一个个分组进行传输，每个分组上都有目的地址与分组序号，到达目的地后再还原成原来的信号，而且各分组可以沿不同的途径到达目的地；而传统电话用的是电路交换的方式，它没有 IP 电话的分组交换功能。

另外，从占用信道或带宽上讲，IP 电话是有信息才传送，反之不传送，这样，其语音信息不占用固定信道，且使用压缩技术后其语音信息可以压缩到 8kbit/s；而传统电话一般要占用 64kbit/s 的固定信道，并且只要不挂机，传统电话始终占用着这一信道，所以 IP 电话的带宽远远小于传统电话。从费用上讲，IP 电话的费用是 Internet 通信资费、市内电话通信资费、IP 电话相关设备费用之和，由于 Internet 资费在我国仅为每分钟 6 分 6 厘，市话费也相当便宜，加上 IP 电话所占带宽比较小，所以与传统的国际长途话费的成本比较相对较低，但也有一些国家或地区对传统的国际长途话费要加收一定的税金，所以国际长途话费相对较高。从话音的质量上讲，IP 电话相对传统电话话音质量较差，其中有带宽、延迟等方面的因素，尤其在网络拥塞时，通话质量可能难以保证。不过，随着技术的不断更新，如采用压缩技术、优先传输方法等都可以提高 IP 电话的通话质量。

课题 2 公共广播系统

7.2.1 公共广播系统的概念

公共广播(Public Addressing, PA)是音响系统中的一种，它是指有线传输的声音广播。公共广播系统通常设置于公共场所，平时播放背景音乐，一般采用自动循环播放方式；发生事故时，兼作事故广播用，指挥引导人员疏散。

公共广播系统包括背景音乐系统和紧急广播系统。一般在智能建筑中设计安装的公共广播系统主要采用专为智能大厦、机场、车站、综合大楼等公共设施而设计的广播系统，这种系统的各个构成单元以及各种安装器件均采用模块化结构，模块高度进制符合 IEC—297 (482.6mm 系列的机械结构尺寸)的有关规定。由于系统采用模块化结构，可根据各种要求组合，因此公共广播系统扩展很方便。

1. 公共广播系统的特点

1）公共广播的服务区域比较广，传输距离比较长，所以为了减少功率传输的损耗，采用与通常见到的歌舞厅、音乐厅等厅堂的扩声系统不同的传输方式。

2）公共广播系统的播音室和服务区域一般是分开的，即传声器和扬声器不在同一个房间内，所以不用考虑声音的反馈影响。

2. 公共广播系统的分类

公共广播系统按照使用性质和功能一般分为以下三种类型：

（1）业务性广播系统　业务性广播系统是以行政管理和业务为主的公共广播系统，以语言广播为主，主要用于工厂、办公楼、学校、车站、客运码头等场所，一般由行政部门负责管理。

（2）服务性广播系统　服务性广播系统是以欣赏音乐或背景音乐为主的广播系统，主要用于一些服务性的场所，如星级宾馆、公寓、写字楼等。

（3）火灾事故广播系统　火灾事故广播系统是为了满足在发生火灾时引导人员疏散的要求而设计的。通常情况下，背景音乐广播系统可以与火灾事故广播系统合用；但是如果合用，则在系统设计时应该按照火灾事故广播系统的要求来确定。

3. 公共广播系统的传输方式

公共广播系统按传输方式可以分为音频传输和载波传输两种方式。

（1）音频传输方式　音频传输又称为直接传输，但与歌舞厅、会场等的直接传输方式不同。音频传输方式比较常用的有两种方式，即定压式和终端带功放的有源方式。

定压式是采用有线广播中常用的定压配接方式进行传输的，它的传输原理和常见的强电的高压传输原理相似，主要是为了减少远距离传输时大电流传输引起的损耗，先采用变压器升压，以高压小电流传输，然后在接收端用变压器降压，从而减少功率传输的损耗。每个终端都由线间变压器（进行降压和阻抗匹配）和扬声器组成。

音频传输的另一种方式是终端带功率放大器的形式，这种方式也称为有源终端方式或低阻输出音频方式。这种方式的传输原理就是将控制中心的大功率放大器的放大部分分解成小的功率放大器，并分散到各个终端去，这样可以解除控制中心的能量负担，又避免了大功率远距离传输带来的损耗。

在实际工程中，终端放大器的供电最好由中心统一控制，且信号线和电源线可以在同一个线管中进行敷设，不会产生干扰，也可以采用就近供电的方式。

（2）载波传输方式　载波传输方式是将音频信号经过调制器调制成高频载波，经电缆传输到各个用户终端，并在终端进行解调还原成声音信号。由于现在的智能大厦中都有有线电视线路，所以一般利用有线电视的同轴电缆进行载波传输。这种方式在宾馆饭店中的应用比较普遍。

这种方式的特点是通过与 CATV 电视系统共用线路从而使广播线路的费用节省、施工简单、维修方便，但是一般仅适用于客房中的播放，不适用于公共区域的播放。若采用这种方式，每个房间的床头均需要一台调频接收设备，所以工程造价高，维修费用也较高。

7.2.2　公共广播系统的组成

公共广播系统一般由背景音乐和紧急广播系统两部分组成。

1. 背景音乐

背景音乐系统（Back Ground Music，BGM）的主要作用是掩盖背景噪声，并创造一种和谐轻松的气氛。它在宾馆、酒店、餐厅、商场、医院等场所都有广泛的应用。

背景音乐系统通常把记录在磁带上、唱片上的音乐节目，经过重放和放大设备，使其输出到各个走廊、门厅或房间内的扬声器上，进行播放。

一个完整的背景音乐系统一般由音源部分、前置放大部分、功率放大部分和放音部分组成，下面就各个部分分别进行介绍。

(1) 音源部分 音源部分一般由传声器(俗称话筒或麦克风)、磁带录音机、激光唱机、调幅/调频接收机组成。双卡磁带录音机可选用普通磁带及金属磁带，并且有杜比降噪、两卡循环、自动增益控制、外接定时装置等功能。激光唱机多为多碟唱机，可长时间连续播放背景音乐。调幅/调频接收模块一般都采用数字调谐并具有存储功能，采用内部微处理器锁相环同步技术，以防止信号偏差，其接收频带范围应符合国家有关规定。

1) 传声器。它是一种将声音信号转换为相应的电信号的电声换能器件。

传声器的分类方法很多，主要有以下几种：

(a) 按换能原理分类，有电动式传声器(动圆式传声器、铝带式传声器等)、电容式传声器(包括驻极体式传声器)、电磁式传声器、半导体式传声器、压电式传声器、(晶体传声器、陶瓷传声器、压电高聚物传声器)。从这一方面来说，目前用得最多的是动圆式传声器和电容式传声器。动圆式传声器的特点是结构简单、坚固耐用、工作稳定性好、价格较低、频率响应特性较好等。电容式传声器则具有频率响应特性好、失真小、噪声低、灵敏度高、音色柔和等特点，但电容式传声器价高，而且必须为它提供直流极化电源(如24V)，给使用者带来不便。而之后研制出的驻极体式电容传声器，它不需要外加直流极化电源，且结构简单、体积小、价格低廉。近来，驻极体式电容传声器和压电高聚合物传声器发展很快，且不断有新产品出现。

(b) 按指向性分类，有无指向传声器(又称全指向传声器)；双指向传声器(又称8字形指向性传声器)；心形传声器、超心形传声器、超指向传声器(又称为单指向传声器)。

(c) 按使用场合分类，有普通传声器、立体声传声器、近讲传声器、佩戴式传声器、无线传声器、测量用传声器。

2) 磁带录音机。磁带录音机即循环放音卡座，它是利用磁带进行录音和放音的电声设备，主要由磁头、走带机构(机芯)、录音放音放大器、偏磁振荡器以及扬声器等部分组成，是一种常用的节目源设备。

磁带录音机的种类繁多，分类方法也是多种多样，常见的分类方法有以下三种：

(a) 按使用的磁带分类，有盘式录音机、盒式录音机和卡式录音机。

(b) 按结构形式分类，可分为录音机、收录机、放音机等。录音机既能录音，又能放音；收录机则是将录音机和收音机功能组合在一起的录音机；放音机则只能放音而不能录音，如通常见到的用耳机聆听的袖珍单放机和学习外语用的放音机。

3) 调幅/调频接收机。广播接收机有调幅(AM)接收机和调频(FM)接收机之分。广播接收机是由高频放大器、本地振荡器、混频器、中频放大器、检波器、功率放大器和扬声器组成的。其中检波器对调幅接收机使用幅度检波器，对调频接收机则使用频率检波器(又称鉴频器)。如果是调频立体声接收机，则在频率检波器之后还要插入立体声解码器。

所谓调谐器，简单地说就是去掉了功率放大器和扬声器的广播接收机，不过在性能指标上比一般广播接收机高。如同广播接收机有调幅机和调频机之分一样，调谐器也分为调幅调谐器和调频调谐器，即分别用来接收调幅和调频广播信号。应该注意的是，调幅广播并不是高保真节目源，因为其信号的频响小于5000Hz，音质较差。但是由于调幅广播的电台数量多、播音时间长，因此仍然将它保留在高保真系统中。调频广播的音质好，属于高保真节目源，且可播送立体声节目，但是它不如调幅广播普及，电台数量亦较少。因此，现在调谐器往往设计成调幅、调频两用，即调幅/调频(AM/FM)调谐器。

4）激光唱机。激光唱机又称CD唱机，CD是Compact Disc的英文缩写，原指激光唱片，不过现在CD也泛指激光唱机。也就是说，CD通常是指利用激光方法拾取声音信号的小型数字音响唱片系统。

CD系统由CD唱片(激光唱片)和CD唱机(激光唱机)两部分组成。CD唱片将模拟声音信号经过一系列数字处理变成数字信号，然后用激光束刻录在直径为12cm的塑料唱片上。CD唱机包括激光拾音器(激光头)、唱盘结构、伺服系统、信号放大和处理电路、信息存储器和单片微机控制系统等，它用激光头拾取CD唱片上的数字信号，经过解码、纠错、数/模(D/A)转换等处理，还原成模拟信号。由于CD系统采用了激光技术、数字信号处理技术、高密度记录技术、精密伺服技术和超大规模集成电路技术等，因此CD唱片和唱机是集光、声、机、电子于一体的高科技数字音响产品。

(2) 前置放大部分和功率放大部分

1）前置放大部分和功率放大部分的作用。前置放大部分由辅助放大模块、线性放大模块组成。辅助放大模块具有半固定音量控制、输出电平调整、静噪等功能；线性放大模块具有输出电平控制、高低音调整及发光二极管输出电平指示等功能。前置放大部分的主要作用是将各种音源送来的信号进行电压放大和处理，使其输出的信号为后级(后面的功率放大器)所使用，以便进行进一步的功率放大。

功率放大部分(即功率放大器)又称后级放大器，简称功放，它的作用是将前置放大部分输出的音频电压信号进行功率放大，以推动扬声器发声。

功率放大部分应采用专为背景音乐和业务、紧急广播系统设计和生产的功率放大器，其特点是公共广播系统所要求的扩声设备具有高清晰度和高可靠性，即音频放大要高度清晰，并且在满负荷输出且长时间使用时不发生故障。

对于前置放大部分，其功能具体地说主要有对各种节目源信号进行切换选择和处理；将微弱的输入信号放大到0.5～1V，以推动后续的功率放大器；进行各种音质控制，以美化音色。

2）功率放大器的种类。功率放大器的分类方法很多，常见的分类有以下三种：

(a) 按输出级与扬声器的连接方式分类可分为变压器耦合输出电路(这种方式由于效率低、失真大等缺点,在高保真功放中已极少使用)和现在广泛使用的无输出变压器方式。无输出变压器方式又包括OTL电路、OCL电路、BTL电路。OTL是英文Output Transformer Less的缩写，OTL电路是一种输出级与扬声器之间采用电容耦合的方式。OCL是英文Output Capacitor Less的缩写，OCL电路是一种输出级与扬声器之间不用电容而直接耦合的方式。BTL是英文Balanced Transformer Less的缩写，BTL电路称为平衡式无输出变压器电路或称为桥式推挽功率放大电路，其输出级与扬声器之间以电桥方式连接，适用于大功率运用。

(b) 按功放所用的放大器件分类可分为电子管功率放大器、晶体管功率放大器和集成电路功率放大器。现在，晶体管(包括场效应晶体管)功放和集成电路(包括厚膜集成电路)功放占主导地位，但在高保真放声系统中，电子管功放仍占有一席之地。电子管功放的缺点是功耗大、体积重量大、效率低，但由于其动态范围大，对信号的过荷承受能力明显优于晶体管功放，而且其负反馈不深，因此它一般不产生瞬态互调失真。而晶体管功放的开环增益大，其优良的电声指标是依靠深度负反馈来达到的，致使它容易产生瞬态互调失真。因此，电子管功放的音色比较纯美，还在家用发烧音响中使用，而晶体管功放存在一种所谓的“集体管声”或“金属声”，使声音有些发硬、发刺。不过，近来对晶体管功放作了不少的改进，如出现无负反馈电路、纯DC(直接耦合)电路等可以改善音质，使晶体管功放和集成电路功放的应用越来越广泛。

(c) 按功放的输出方式分类可分为定阻抗输出和定电压输出两种形式。应该指出，用于宾馆、广场等的公共广播(PA)系统与家用高保真放声系统的功率放大器有所不同，后者的功放一般采用低阻抗输出，而前者往往采用输出变压器输出。输出变压器输出又分为定阻抗输出和定电压输出两种形式，目前定电压输出使用越来越广泛。

(3) 放音部分(扬声器系统) 扬声器系统俗称音箱或扬声器箱，它的作用是将音频电能转换成相应的声能，由于从扬声器系统发出的声音是直接放送到人耳的，所以其性能指标将影响到整个放声系统的质量好坏。

扬声器系统通常由扬声器、分频器、箱体等部分组成，其分类方法有以下几种：

1) 按箱体形式分类。按箱体形式扬声器系统可分为封闭式扬声器系统、倒相式扬声器系统、号筒式扬声器系统、声柱等。常用的是封闭式扬声器系统和倒相式扬声器系统，声柱则适用于会场语言扩声。

2) 按组合扬声器系统的分频数分类。按组合扬声器系统的分频数扬声器系统可分为二分频扬声器系统、三分频扬声器系统、四分频扬声器系统等。

3) 按扬声器系统用途分类。按用途扬声器系统可分为高保实用扬声器系统、监听用扬声器系统、公共广播(扩声)用扬声器系统、其他专门用途(如防火、防水、报警等)扬声器系统。在性能上，监听用扬声器系统的要求最高。

4) 按扬声器系统使用场合分类。按使用场合扬声器系统可分为家用扬声器系统和专业扬声器系统两大类。一般来说，两者不能混用。家用扬声器系统主要用于家庭音响系统放音，一般用于面积小、听众少、环境安静的场合；在设计上追求音质的纤细、层次分明、解析力强；外形较为精致、美观；放音声压不太高，承受的功率较小。专业扬声器系统主要用于厅堂等的专业音响系统放音，一般用于面积大、听众多、环境复杂的公共场所，有较大功率、较高灵敏度，结构牢固，便于吊挂使用，以达到强劲乃至震撼的音响效果；与家用扬声器系统相比，它的音质偏硬，外形也不精致。但专业扬声器系统中的监听扬声器系统，其性能与家用扬声器系统较为接近，外形也较为精致、小巧，所以这类监听扬声器系统也常常被家用音响系统采用，如JBL的Control控制系列、PRO系列、4200系列、42系列、44系列等。

5) 按放音频带分类。按放音频带扬声器系统可分为全频带扬声器系统、低音扬声器系统和超低音扬声器系统等。所谓全频带扬声器系统，是指只能覆盖低音、中音和高范围放音的扬声器系统，一般其下限频率为30～60Hz，上限频率为30～60kHz。在一般中小型音响系统中，只要用一对或两对全频带扬声器系统即可完全承担放音任务。低音扬声器系统或超低音扬声器系统用来补充全频带扬声器系统的低频放音和超低频放音，以加强放音的力度和震撼度。在使用中，一般的低音扬声器系统和超低音扬声器系统多是经过电子分频器分频后，送入一个专用低音功放来放大、放音。

另外，按扬声器系统用途来分类，专业扬声器系统又可分主扩声扬声器系统、监听扬声器系统和返听扬声器系统等。

主扩声扬声器系统一般用作音响系统对公众扩声的主要扬声器系统，它承担着音响系统的主要扩声任务。因此，主扩声扬声器系统对整个音响系统的放音质量影响重大，所以对它的选择应十分严格、慎重，可以选用全频带扬声器系统，也可以选用全频带扬声器系统加超低音扬声器系统来组合扩声。

由于监听扬声器系统是用于控制室、录音室等供调音师进行节目监听用的扬声器系统，因此对其性能要求很高(尤其在录音室、节目制作间)，要求失真小、频响宽、特性曲线平直且对信号很少修饰，这样才能真实地重现节目的原貌。

返听扬声器系统又称舞台监听扬声器系统，一般用于舞台或歌舞厅等供演员或乐队成员监听自己演奏的声音。由于演出人员一般位于舞台上的主扩声扬声器系统的后面，不能听清楚自己的演唱或乐队的演奏声，这样就不能很好地配合或是找不准感觉，使演出效果受到严重影响。返听扬声器系统就是将音响系统的信号放送出来，供舞台上的人进行监听。一般返听扬声器系统的面板做成斜面，放在舞台地面上，扬声器轴线与地面交角为45°。返听扬声器系统的高度也较低，这样既不影响舞台的总体造型，又可让舞台上的人听清楚，而且不致将声音反馈到传声器，造成啸叫声。

2. 紧急广播系统

紧急广播系统采用传声器进行紧急广播，一旦火灾或其他紧急事故发生时，可以完成背景音乐与紧急广播的切换。

紧急广播系统具有与楼层或各个区域相对应的火灾报警联动控制接口，通过消防控制室与各个区域的感烟探测器、感温探测器等设备联动，无论系统处于关闭或任何工作状态下，只要接收到紧急信号，就会自动启动紧急广播系统进行紧急报警。

紧急广播系统启动时，只对发生火警的区域或与火警区域相邻的上下区域(即 $N+1$、N、$N-1$)进行紧急消防广播。通过采用国际标准三线制紧急广播信号连接方式与音控器连接，无论各分区的音量控制是开或关、音量是大或小，都可以直接切换到最大音量级进行紧急报警，且只需通过增加紧急语音存储器便可以实现语音报警，同时还可以使用备用手持传声器进行人工疏散及消防指挥。

除此之外，系统还设计有内置或外接 DC24V 蓄电池作为紧急后备电源，在民用电网被破坏的情况下会自动切换到紧急后备电源，以实现不间断工作。

课题3 有线电视系统

7.3.1 有线电视的概念

有线电视起源于公用天线电视 MATV(Master Antenna Television)系统。公用天线电视系统是多个用户共用一组优质天线并以有线方式将电视信号分送到各个用户的电视系统。

随着国民经济和科学技术的发展，人们对文化、教育和信息等有着多方面的需求，公用天线电视系统已不能适应新的形势，人们不再满足当地电视台开路播放的电视节目，而是期望实现高质量、多频道、多功能的电视转播。有线电视系统不仅能高质量地转播当地的开路电视节目，还可以自办节目或转发卫星电视节目，并能双向传输和交换信息，以满足各种要求。有线电视以有线闭路形式把节目送给千家万户，所以称为 CATV(Cable Television)。

有线电视网一般可分为小型、中型和大型三种，其传送的用户数可以是几百户、几千户甚至几十万户以上。中小型网通常采用电缆传输方式，而大型网在体制和结构上，已从电缆传输方式向光缆干线与电视网络相结合的 HFC 形式过渡。

过去有线电视系统一般只能提供 12 个频道，随着技术的发展，现在大部分有线电视系统可以提供 40 个以上的频道。目前，一般频带 300MHz 的系统有 28 个频道，频带 450MHz 的系统有 47 个频道，频带 550MHz 的系统有 60 个频道。在美国，一般的有线电视系统都能传送 50 套以上的节目，最大的系统为纽约长岛系统，已将 100 套电视节目送给每个用户，而利用数字压缩技术传输 5900 套节目的系统也已开通。

先进的有线电视系统汇集了当代电子技术许多领域的新成就，包括电视、广播、微波传输、数字通信、自动控制、遥控测量和计算机技术等方面，而且还将与“信息高速公路”紧密联系在一起。“天上卫星传送，地面有线电视覆盖”的星网结合的结构模式成为 21 世纪广播电视覆盖的主要技术手段，也将成为“信息高速公路”的基础框架。

7.3.2　有线电视系统的基本组成

有线电视系统大体由信号源接收系统、前端系统、信号传输系统和分配系统四部分组成。如图 7-11 所示是整个有线电视系统的原理框图，表示出了各个组成部分的相互关系。

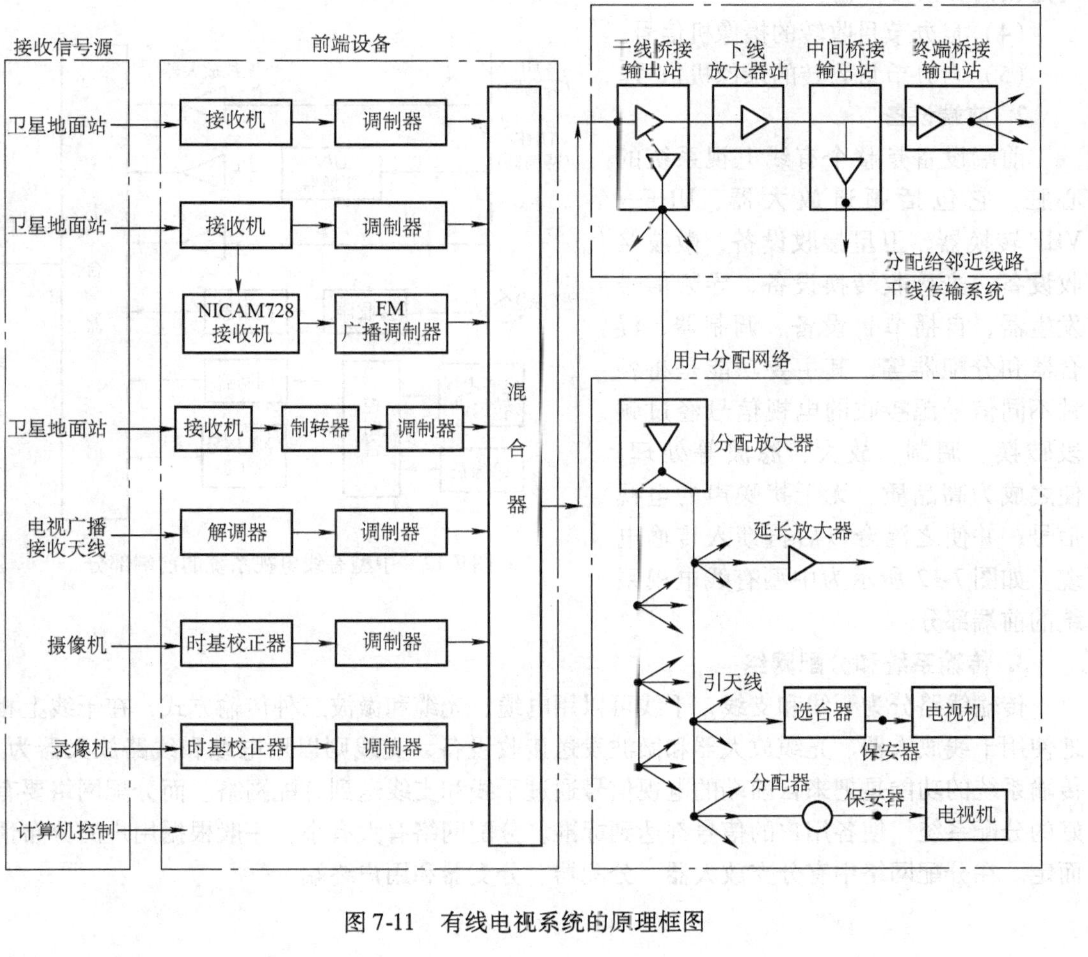

图 7-11　有线电视系统的原理框图

1. 信号源

有线电视系统的信号源有两种：一种是从空间收转的信号，另一种为有线电视系统的自办节目。

(1) 空间收转的VHF、UHF信号　VHF、UHF信号源的要求是接收点场强范围为55～85dB(μV/m)，接收点周围没有其他干扰，电视台、差转台发射的信号达到一定技术标准。这些信号都属于开路信号，而开路信号易受干扰，在接收较远的信号时受干扰的可能性更大(特别在城市中)。

(2) 空间收转的卫星电视信号　卫星电视信号为调频信号，方向性特别强，受干扰的可能性很小，因此信号质量很好。卫星地球站接收天线的架设地点应特别注意避开地面微波站的干扰。在架设抛面天线时，天线的馈源应准确地置于抛面天线的焦点上。

(3) 空间收转的微波电视信号　微波电视信号为调频信号，其工作频段为3.4～4.2MHz。多路微波分配系统(MMDS)电视信号的接收，需经过一个混频器将信号频段降至UHF频段后，直接输入前端设备。接收微波电视信号的抛面天线比接收卫星电视信号的抛面天线的焦距短(即抛面深)，反射信号增益高、波速窄。微波在地面传送时，其传播方向一般与地面平行，受地面干扰源的影响比较大，其信号质量比卫星电视信号差，但比空间开路电视信号要好。微波信号是视距传送的，最远只能传输50～60km，在50km内传输是相当稳定的，再远就需要接力传输。

(4) 自办节目收转的摄像机信号。

(5) 自办节目收转的录像机信号。

2. 前端设备

前端设备是整个有线电视系统的心脏，它包括频道放大器、UHF—VHF转换器、卫星接收设备、微波接收设备、光接收转换设备、导频信号发生器、自播节目设备、调制器、混合器和分配器等，其主要功能是将各种不同信号源接收的电视信号经过频段转换、调制、放大、滤波等处理，使之成为高品质、无干扰噪声的电视信号，并使之混合以后再馈入传输电缆。如图7-12所示为中型有线电视系统的前端部分。

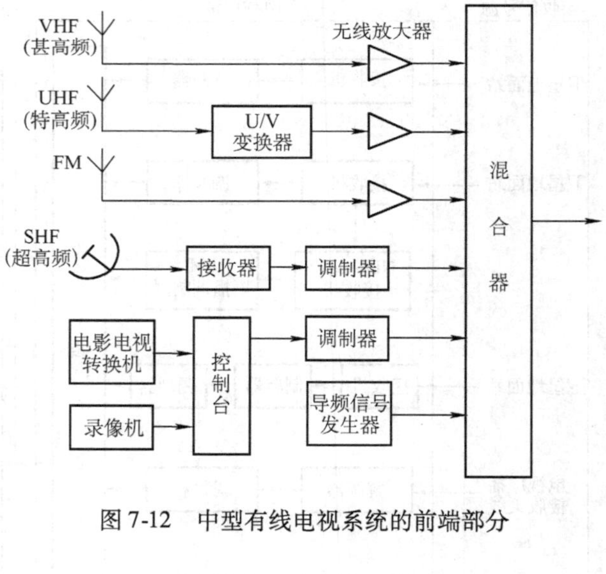

图7-12　中型有线电视系统的前端部分

3. 传输系统和分配网络

传输线路分为干线和支线，干线可以用电缆、光缆和微波三种传输方式，在干线上相应地使用干线放大器、光缆放大器和微波发送接收设备，支线则以用电缆和线路放大器为主。传输系统的功能是把来自前端的电视信号通过干线和支线送到分配网络。而分配网络要有良好的分配系统，使各用户的信号都达到标准。分配网络有大有小，一般根据用户的分布情况而定。在分配网络中有分支放大器、分配器、分支器和用户终端。

7.3.3　有线电视系统的主要部件及设备

1. 接收天线

无线电广播和无线电通信都是由发射机、接收机和天线(含馈电系统)三大部分组成的。电视广播发射天线的作用是把电视发射机输出的已调制好的电视信号，由高频电流能量转变为电磁波能量并辐射到空中去；接收天线的作用正好相反，它把所需要的电视信号的电磁波能量接收下来，并转变为高频电流能量，再经过馈电系统传输到接收机。如图7-13、图7-14、图7-15、图7-16所示为常见的几种接收天线。

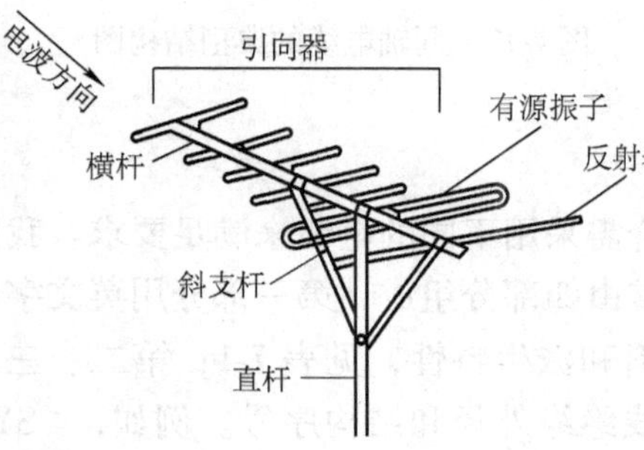

图7-13　八木天线

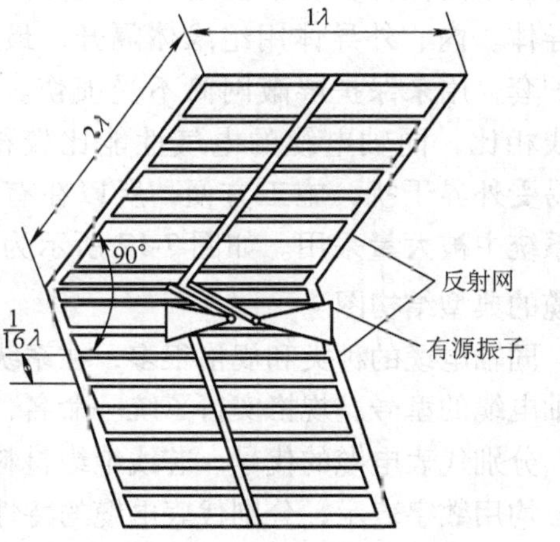

图7-14　带有90°角反射器的分米波天线

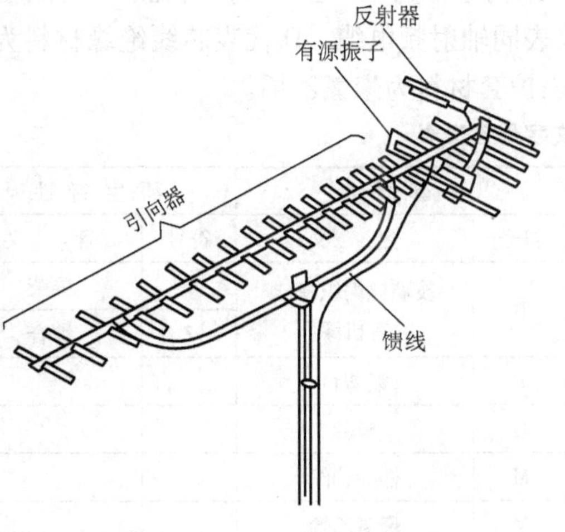

图7-15　多单元分米波天线

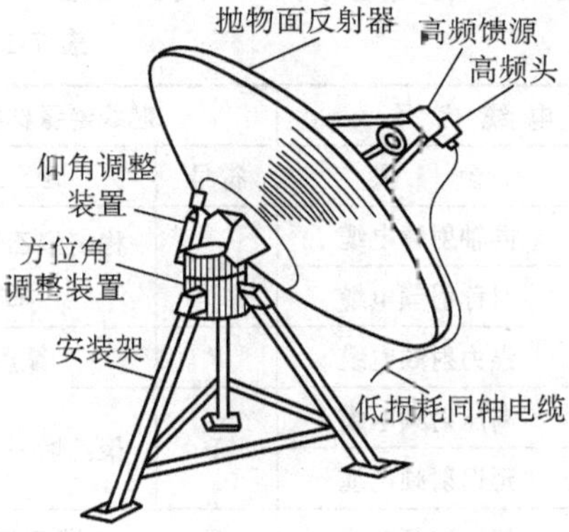

图7-16　抛物面天线

2. 卫星地面站

卫星地面站是卫星通信系统的重要组成部分，它的作用一是向卫星发射信号，二是接收卫星转发的来自其他地面站的信号。

按照安装方式及规模分，地面站可分为固定站、移动站和可拆卸站。可拆卸站是指在短时间内能够拆卸并改变地点的站；按照用途分，地面站又可分为民用、军用、广播、航海、气象、通信、探测等多种地面站；按口径的大小地面站可分为 30m 站、10m 站、5m 站、3m 站、1m 站等。

3. 传输线

（1）平行双线　平行双线电缆实际上是两根保持一定间距的平行导线，通常用聚氯乙烯和聚乙烯等绝缘材料来固定导线的间距，其特性阻抗为 300Ω，俗称扁平线。这种电缆因为没有屏蔽，易受周围的电器干扰，本身的辐射损耗大，电气参数不稳定，所以很少采用。

（2）同轴电缆　同轴电缆是由芯线和屏蔽网筒构成的两根导体，因为这两根导体的轴心是重合的，故称同轴电缆或同轴线。通常将芯线称为内导体，铜丝编织的网筒简称为外导体。内、外导体用绝缘体隔开，最外层有护套，用来保护屏蔽网筒不受损伤。与扁平线相比，同轴电缆的电气性能比较稳定，不易受外界干扰，施工方便，所以在有线电视系统中被大量采用。如图 7-17 所示为同轴电缆的典型结构图。

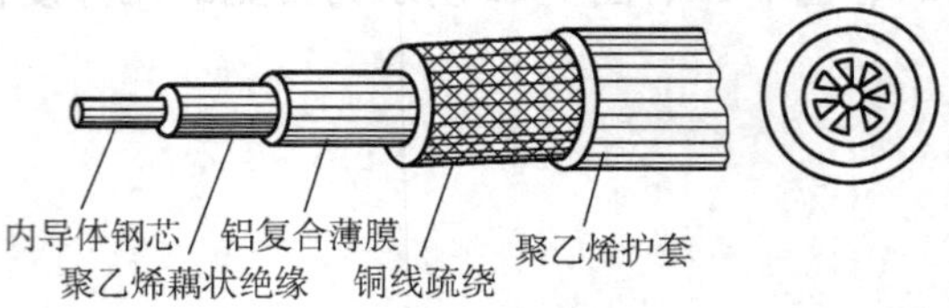

图 7-17　同轴电缆的典型结构图

同轴电缆的种类和规格很多，在系统的不同场合需采用不同的电缆来满足要求。我国对同轴电缆的型号、规格实行了统一命名，其名称通常由四部分组成，第一部分用英文字母表示，分别代表电缆的代号、芯线绝缘材料、护套材料和派生特性，见表 7-1；第二、三、四部分均用数字表示，分别代表电缆的特性阻抗、芯线绝缘外径和结构序号。例如，“SYV—75—5—1”的含义是：该电缆为同轴射频电缆，芯线绝缘材料为聚乙烯，护套材料为聚氯乙烯，特性阻抗为 75Ω，芯线绝缘外径为 5mm，结构序号为 1。近年来，出现了各种新型的同轴电缆，如“SDGFV”型同轴电缆，S 仍然代表同轴射频电缆，D 代表芯线绝缘材料为稳定聚乙烯—空气绝缘，GF 代表高泡，V 仍然代表护套材料为聚氯乙烯。

表 7-1　电缆英文字母含义表

电缆代号		芯线绝缘材料		护套材料		派生特性	
符号	含义	符号	含义	符号	含义	符号	含义
S	同轴射频电缆	D	稳定聚乙烯—空气绝缘	B	玻璃丝编织浸硅有机漆	P	屏蔽
SE	对称射频电缆					Z	综合
SJ	强力射频电缆	F	氟塑料	F	氟塑料		
SG	高压射频电缆	I	聚乙烯—空气绝缘	H	橡套		
SG	延迟射频电缆			M	棉纱编织		
ST	特性射频电缆	W	稳定聚乙烯	V	聚氯乙烯		
SS	电视射频电缆	X	橡皮	Y	聚乙烯		
		Y	聚乙烯				
		YK	聚乙烯纵孔				

（3）光纤

1）光纤的构造。光纤是一种带涂层的透明细丝，其直径为几十到几百 μm。在光纤外围加有缓冲层、外敷层起保护作用。光纤按折射率可分为突变型和渐变型。在芯线与涂层分界面上，若折射率 n 是突变的，称为突变型(阶跃型)光纤；若 n 是渐变的，称为渐变型(梯度型)光纤。

2）光纤分类。光的传输路径称为模，模数即传输路径的个数。光纤分为阶跃多模光纤(SI)、梯度多模光纤(GI)和单模光纤(SM)三种，见表7-2。

表7-2　光纤分类表

光纤的形状		芯线直径/μm	折射率分布	光束传输方式	传输带宽
单模光纤 SM		约 10		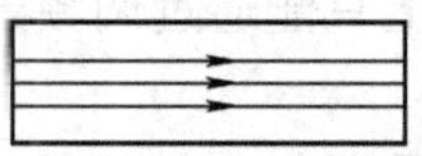	≥10GHz
多模光纤	阶跃型 SI	40～100	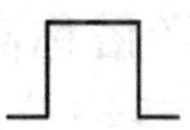	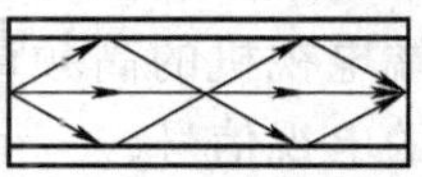	10～50MHz
	渐变型 GI	40～100		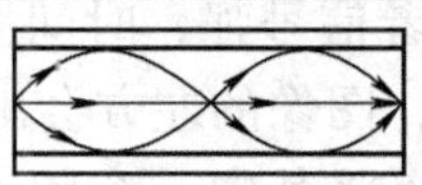	$\times 10^8$ Hz～$\times 10^9$ Hz

(a) 单模光纤的芯线特别细(4～10μm)，光束传输孔径很小，只能通过沿轴向的光束，故称为单模光纤。单模光纤的优点是数据传输速率快，大大加宽了传输的频带，每 km 可达 10MHz；其缺点是光纤较细，耦合能量较小，光纤与光源以及光纤与光纤之间的接口比多模光纤困难。

(b) 阶跃多模光纤的芯线直径为 40～100μm，光束在芯线与折射层的分界面上以全反射的方式传输，由于直径较大，光的入射角不同，存在多个光的传输路径，故称为多模光纤，其模数通常达 100 以上，由于各模之间存在路径长度的差异，导致信号传输在时间上也产生差异，各模信号不能同时到达输出端，即存在色散现象，使传输频带变窄。阶跃多模光纤每 km 的带宽只有几十 MHz。

(c) 梯度多模光纤中芯线的折射率在径向以平方律分布，中间的折射率大于边缘的折射率，因而中间光束的传输速度较小。但由于中间光束的路径较短，所以可使不同路径的光束以基本相等的速度传输，从而减小了色散，加宽了传输频带。梯度多模光纤每 km 的带宽有几百至几千 MHz。

4. 自办节目设备

自办节目设备包括播放录像带、现场实况转播等设备。

5. 前端设备

前端设备是 CATV 系统中最主要的组成部分。前端设备的主要任务是进行电视信号接收后的处理，包括信号的放大、混合、频道转换、电平调整以及对干扰信号的滤波等。

(1) 天线放大器　天线放大器是指安装在接收天线杆上用于放大空间微弱信号的低噪声放大器。天线放大器大致可分为选频(单频)带天线放大器和宽频带天线放大器两类，应根据接收点的具体情况选用。

1）单频带天线放大器。单频带天线放大器具有调谐回路，能提高选择性，对抑制邻频干扰有明显的效果。接收远距离和超远距离电视信号时，一般都存在邻频干扰和同频干扰。

因此，最好选用单频带天线放大器。

2）宽频带天线放大器。宽频带天线放大器频率范围为45～230MHz（全频带天线放大器为40～800MHz），在此范围内具有平坦的放大特性，这种放大器适于在远离发射台的边远地区使用，或用作补偿馈线衰减量的放大器。

（2）频道转换器　频道转换器又称频率转换器，它在不改变频道的频谱结构的前提下，改变电视信号的载频。即如果将A频道的电视信号输入频率转换器，那么，在变频器输出端就能得到B频道的电视信号，而其图像及伴音均是原来A频道的内容，此时在系统终端的电视机上只能通过调频到B频道上来收看A频道的节目，若调在A频道上反而收看不到。

通常在强场区采用频率转换器。由于电视信号场强很强，空间波可不经过系统电缆而直接窜入系统终端电视机的高频调谐器（俗称高频头）。在这种情况下，电视机就接收到了两个同一频道的电视信号，一个是从系统分配网络来的，另一个是直接从空间窜入的。这两个信号前者信号强，时间上迟于后者；而后者信号弱，但时间上先于前者。反映在电视机屏幕上，图像的左方会出现重影，称为“左”重影。这种重影是很难克服的，只能通过频道转换器将其中一个频道的电视信号改换到另一个新的频道上去，以保证图像的质量。

（3）卫星接收机　卫星电视广播系统由地球上行发射站和测控站、卫星转发器以及卫星地球站三个部分组成。CATV系统的卫星地球站又由馈源部分、高频头、卫星接收机、监视器（或电视接收机）以及与CATV系统相连的电缆等组成。由于卫星接收机输出的是视频图像信号和音频伴音信号，因此必须用调制器将它们调制成某一电视频道的射频信号，才能送入CATV系统，该过程如图7-18所示。

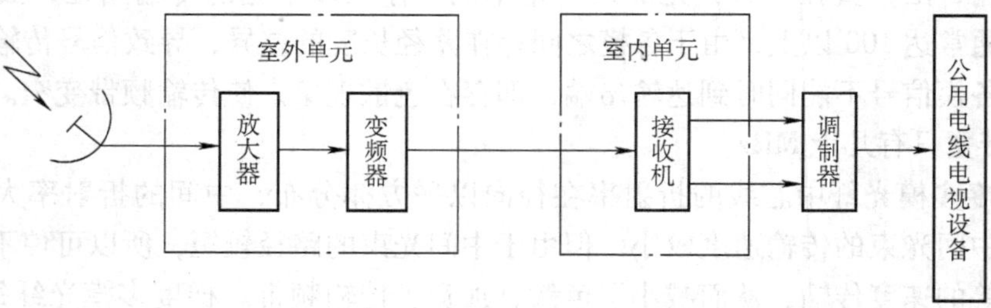

图7-18　卫星电视接收设备与CATV系统的连接

（4）滤波器　滤波器是一种对频率特性要求较高的选频电路。滤波器在系统中的作用有两个，一是让某个频道的电视信号能最大限度地通过，二是对该频道电视信号以外的成分进行最大限度的抑制。它在系统中可以作为一个独立的部件使用，也可以和宽频放大器组合在一起构成频道放大器。

（5）陷波器　陷波器用来阻止（也可以说是滤除）某一特别强的干扰信号（非接收信号）。

（6）调制器　调制器是CATV系统中用于将视频、音频信号调制成电视射频信号的专用设备。它直接与摄像机、录像机、卫星接收机等配合使用。

（7）混合器　混合器的功能是将前端设备的多路射频电视信号混合在一起，由一个输出口输出，再接到系统同轴电缆进行传输。

（8）导频信号发生器　导频信号发生器是一种频率和幅度都相当稳定的正弦波发生器，在CATV系统的干线中，为了增加干线长度或补偿由于温度变化而引起的电缆衰减、放大器增益的变化，可通过自动电平控制和自动斜率补偿。为了使这两种控制同时进行，一般可采用两个频率的导频信号，一个控制电平，一个控制斜率。因为导频信号发生器产生的是供这两种控制所用的基准信号，所以，要求它即使在环境温度和电源电压变化时，也能够输出稳定的载波电平。

6. 传输和分配设备

（1）分配器　分配器是有线电视系统中一个重要的部件，它的作用一是将一路信号功率平均分配给几路，二是将输入端、输出端反过来使用，并可将两路信号、三路信号或四路信号混合起来，用得较多的是前者。在系统中，分配器的每个输出端都不要空载，也不要短路，应该保证阻抗匹配。常用的分配器有二分配器、三分配器、四分配器等，如图7-19所示。分配器是一种无源器件。

图7-19　分配器

（2）分支器　分支器和分配器一样，也是一种无源器件，它在系统中的基本作用是从一根同轴电缆中提取一小部分信号功率供给一个或几个用户终端。由于分支器在信号传输的过程中是有方向的，反过来还可用作信号混合器。常月的分支器有一分支器、二分支器和四分支器等，如图7-20所示。

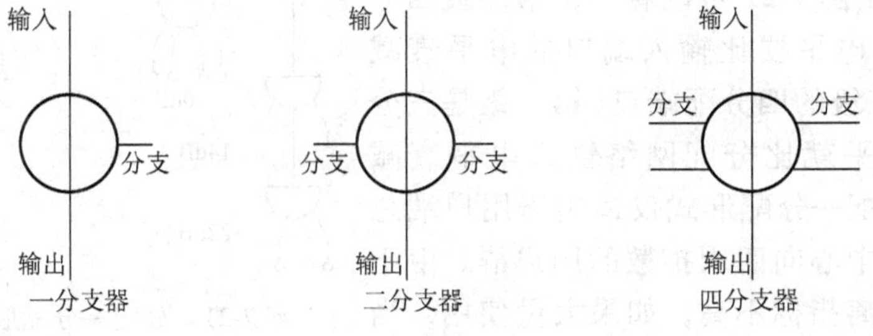

图7-20　分支器

（3）放大器　电视信号从前端送出后，通过干线电缆传送到电缆系统所覆盖的各个分配网，干线放大器用于补偿电缆的衰减，使信号电平在一定的范围内重复“衰减—提升”的过程。

干线放大器有多种形式，按照实际用途来划分，分配系统内使用的放大器有以下几种：

1）线路放大器。

2）分配放大器。

3）干线放大器。

4）干线分支放大器。

5）双向放大器。

（4）阻抗匹配器　阻抗匹配器即300～75Ω“平衡—不平衡”变换器，它也可以反过来成为75～300Ω“不平衡—平衡”变换器。平衡线路如果直接与不平衡线路连接就会破坏平衡状态，使其中一根导线电流产生的影响不能被另一根导线电流产生的影响平衡，这将导致向外的辐射而消耗信号功率；另外，受到干扰时不能再因平衡而抵消，天线的平衡性受到破坏，方向图还会发生变形，抗干扰性能也降低。

（5）衰减器　当系统中的电平太高时，就需要采用衰减器将高电平降到低电平，以满足需要。

（6）均衡器　电缆对电视信号的衰减与频率的平方根成正比，即频率越高衰减越多。均衡器则是补偿电缆的这种衰减特性的，它使衰减量随频率的增高而减小。

（7）终端盒　用户终端盒是系统中用得最多的部件，它是系统和用户设备之间的接口，通过用户电缆将系统的信号直接送到用户设备的输入端口。

7.3.4　有线电视分配网络的组成形式

分配网络的组成形式根据系统用户端的总数和分布情况的不同可以有很多种。在系统工程设计中，分配网络设计最灵活多变，同一系统可以有好几个方案供选择。

1. 分配—分配形式

分配—分配形式的网络中所用的部件均是分配器，如图7-21所示是其基本组成图。在使用这种网络时，每个端口都不能悬空，如某个端口暂时不用，则应接上75Ω的负载电阻，以保持整个分配网网处于匹配状态。这种网络通常最多采用三级，每一级视具体情况可以分别采用二、三、四分配器。由图7-21可以看出，第一级四分配器的四个端口电平要比输入端口的电平衰减8dB，这样到第三级的四分配端口（第二级是三分配器）的输出电平就比分配网络输入电平衰减22dB。所以，分配—分配形式仅适用于用户端总数少并以前端为中心向四周扩散的用户群。由于分配器的反向隔离指标不高，如果大量使用，当个别用户出现故障时，对全系统都将产生影响，故在设计中要慎用。

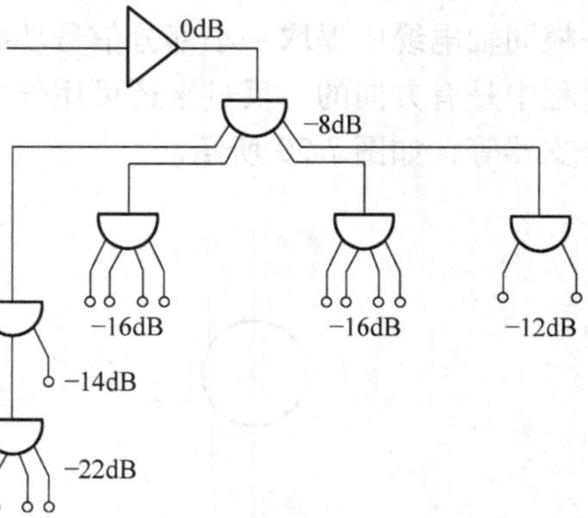

图7-21　分配—分配形式基本组成图

2. 分支—分支形式

分支—分支形式的分配网络中使用的都是分支器，如图7-22所示是其典型组成图。信号自前端进入第一个分支器，它在网络中作为定向耦合器来使用，将信号功率提取一部分供给第一条分支电缆分配用。在第一个分支器后沿着传输方向又接有第二个分支器，它将信号功率耦合给第二条分支电缆分配用。这种分配网络特别适用于用户端数不多而分散且传输距离较远的小型有线电视系统。在使用这种分配网络时，最后一个分支器输出端必须接上一个

75Ω 的负载电阻，以保证网络的匹配。

3. 分配—分支形式

分配—分支形式是网络中使用最广泛的一种组成形式，如图 7-23 所示是其典型组成图。来自前端的信号先经过分配器分配给分支电缆，再通过具有不同分支损耗值的分支器向用户端提供符合《系统技术规范》要求的信号。这种网络形式特别适合在楼房内使用。

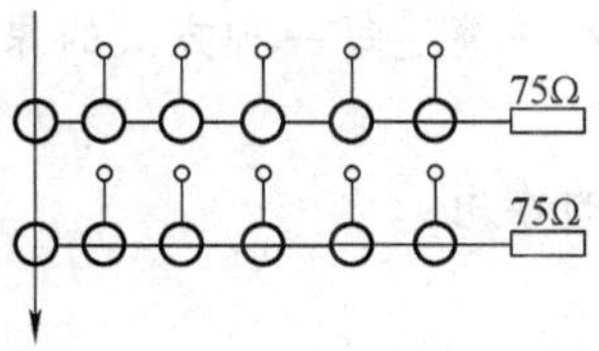

图 7-22　分支—分支形式典型组成图

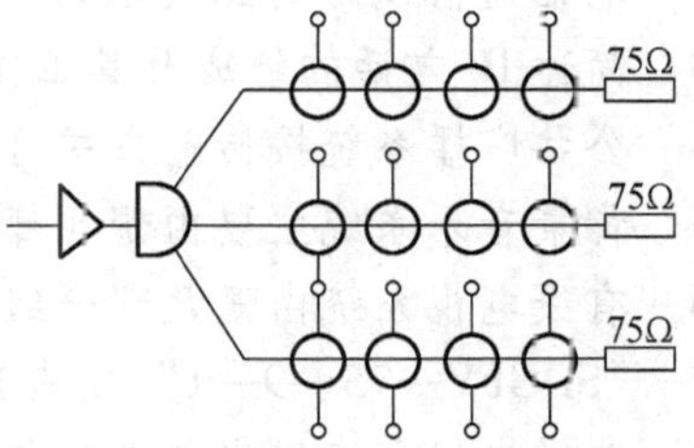

图 7-23　分配—分支形式典型组成图

4. 分支—分配形式

如图 7-24 所示是分支—分配形式的组成图。用户端的信号通过分支器和分配器的途径得到，为了使各用户端得到的信号电平保持一致，就要选用具有不同分支损耗值的分支器。

5. 分配—分支—分配形式

分配—分支—分配形式实际上是分配—分支和分支—分配两种形式的综合应用，如图 7-25 所示。此外，还可组合成分支—分配—分支形式。

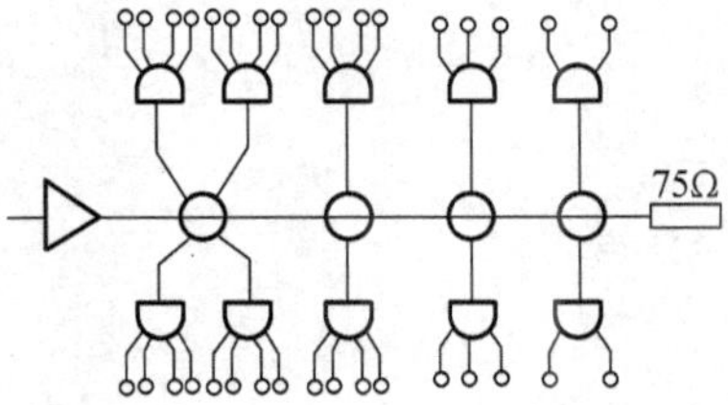

图 7-24　分支—分配形式组成图

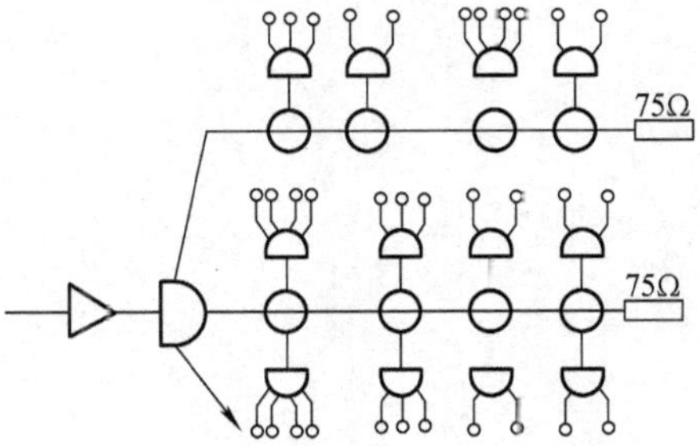

图 7-25　分配—分支—分配形式

单 元 小 结

电话通信系统有三个组成部分，即电话交换设备、传输系统、用户终端设备。程控数字交换机接入公用电话网的中继方式有半自动中继方式、全自动直拨中继方式和混合进网中继方式。IP 电话系统一般由三部分组成，即电话(Phone)、接入服务器(网关)和网络管理者或者关守(Gatekeeper)。

公共广播系统按照使用性质和功能一般分为三种，即业务性广播系统、服务性广播系统和火灾事故广播系统。公共广播系统一般由背景音乐和紧急广播系统两部分组成。

有线电视系统由信号源接收系统、前端系统、信号传输系统和分配系统四部分组成。常见的分配网络组成形式有分配—分配形式、分支—分支形式、分配—分支形式、分支—分配形式、分配—分支—分配形式。

复习思考题

7-1 程控数字交换机接入公用电话网的中继方式有哪几种?

7-2 电话通信线路的配线方式有哪几种?

7-3 简述 IP 电话的组成及其工作原理。

7-4 公共广播系统按传输方式可以分为哪两种方式?并简述每一种方式的原理。

7-5 背景音乐系统主要由哪几部分组成?

7-6 有线电视系统由哪几部分组成?并简述各部分的作用。

7-7 “SDGFV—75—9—1”所表达的含义是什么?

7-8 单模光纤和多模光纤各有何特点?

7-9 频道转换器有什么作用?

7-10 分支器和分配器的作用有何不同?

7-11 有线电视系统常有哪些分配网络的组成形式?

单元8 办公自动化系统

【单元概述】

本单元主要介绍了办公自动化系统的组成及功能，也简单介绍了办公自动化系统的软硬件系统。

【学习目标】

通过本单元的学习，能够掌握办公自动化系统的组成及功能，并对办公自动化系统有一定的了解。

课题1 办公自动化系统的组成及功能

办公自动化(OA)是一项技术，指的是在现有的办公事务活动中，通过引进现代化管理方法、科技手段和各种辅助数据，来提高办公效率和质量，辅助办公决策。办公自动化往往是围绕办公室和办公台来开展的，现代办公台往往备有电话、传真机、电脑(或网络终端)、打印机、扫描仪、摄像(照相)机及其他设备。

办公自动化系统(OAS)是服务于具体办公业务的人机交互系统。办公自动化系统有多功能电话交换系统(如集团电话系统)、各种计算机系统、高性能传真机、复印机、声像储存系统等办公设备以及与此配套的系统软件、工具软件、应用软件等。

综合型的智能建筑的办公自动化系统包括两部分：一部分是服务于智能建筑本身的办公自动化系统，如物业管理、运营管理等公共管理和服务部门；另一部分是服务于智能建筑的用户业务领域的办公自动化系统，如金融、外贸、政府部门等专用的办公自动化系统。总之办公自动化系统是应用计算机技术、通信技术、多媒体技术和行为科学等先进技术，使人们的部分办公业务借助于各种办公设备，并由这些办公设备与办公人员构成服务于办公目标的人机交换系统。

8.1.1 办公自动化系统的发展

办公自动化起源于20世纪70年代，距今虽然仅有30多年的历史，但发展极为迅速。办公方式已从单项办公业务处理向综合型办公系统发展，从局限于单个机构的办公系统向网络化、标准化和智能化发展，从文字、数据处理向数据、文字、图像和语言综合一体化处理发展。

办公自动化系统的发展大致经历了以下四个阶段：

第一阶段(20世纪60～70年代中期)以单项业务处理为中心，采用文字处理机、复印机、传真机等单机设备，实现单项办公业务自动化，仅服务于单项业务。这时还不能称之为办公自动化，只是采用成熟的电子技术对办公设备进行改造。

第二阶段(20世纪70年代中期~80年代初)以数据处理为中心，以计算机为基础，基于传统的关系型数据库，强调对数据的计算和统计能力。这一阶段出现了具有综合能力的办公设备(如专业自动交换机)，从而实现部分办公业务的自动化或半自动化，但无法建立统一的集成办公平台，只局限于内部部分信息的处理。

第三阶段(20世纪80年代中期~90年代初)以工作流为中心，以网络为基础，强调协同工作，对内部各种消息的发布与传递、工作流的管理、档案资料的管理以及信息服务系统进行信息交换。用户可以获取和发布信息，通过远程办公实现办公活动，不受时间和空间的限制，从而显著地提高工作效率和质量。

第四阶段(20世纪90年代以后)以知识管理为中心，主要指在恰当的时间，将正确的知识传给合适的人，让他们采取最恰当的行动，以避免重复和错误。它关注的是如何充分得到分布在不同地方的知识。知识管理能够提供丰富的学习功能和知识共享机制，确保每一个使用者都能随时随地根据需要向专家学习、向现有知识学习，实现员工在办公自动化系统中的地位从被动向主动的转变，从而在提升每个员工创造能力的基础上，大大提高他们的整体创新和应变能力。

8.1.2 办公自动化系统的组成和分类

1. 办公自动化系统的组成

办公自动化系统发展到今天，已经成为由办公活动中范围广泛的多种技术集合而成的综合信息系统。办公自动化系统大体上由六种要素组成，分别为组织机构、办公空间、办公人员、办公信息和知识、工作程序、办公技术。其中，在这六个要素中最主要的依次是：办公人员，包括办公负责人及一般办公人员；办公过程中涉及的各种数据，包括数字型及非数字型数据；办公活动的工作程序，也就是办公人员要遵守的规则和办公活动的规范；办公设备和技术手段，即以计算机为主的各种数据处理设备。

2. 办公自动化系统的分类及其各自的功能

根据不同类型的办公室和办公结构，可以将办公自动化系统大致分为三个层次：事务型办公系统、管理型办公系统和决策型办公系统。三个层次的办公系统构成的逻辑模型如图8-1所示。

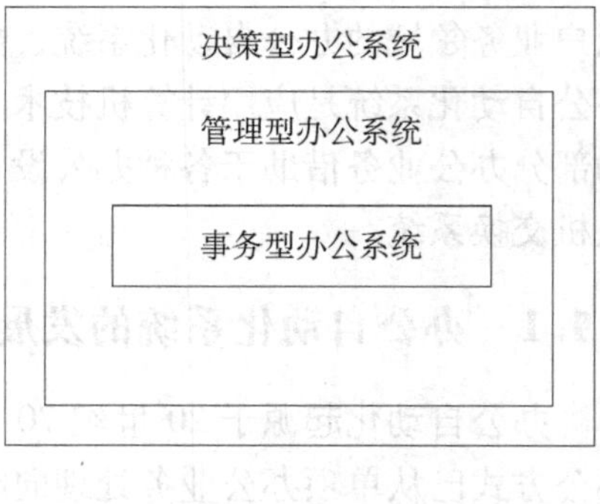

图8-1 三个层次的办公系统构成的逻辑模型

(1) 事务型办公系统 事务型办公系统的主要内容是执行例行性的日常办公事务，它涉及大量的基础性工作，这些工作包括文字处理、电子排版、电子表格处理、文件收发登陆、电子文档管理、办公日程管理、人事管理、财务统计、报表处理、个人数据库等。事务型办公自动化系统可以是单机系统，但现在基本上是网络化的多机系统，如图8-2所示。

(2) 管理型办公系统 管理型办公系统是把事务型办公系统和综合信息紧密结合的一体化办公信息处理系统。它由事务型办公系统支持，以管理控制活动为主，除了具备事务型办公系统的全部功能外，还增加了信息管理功能。根据不同的应用，管理型办公系统又可分为政府机关型、市场经济型、生产管理型、财务管理型、人事管理型等。

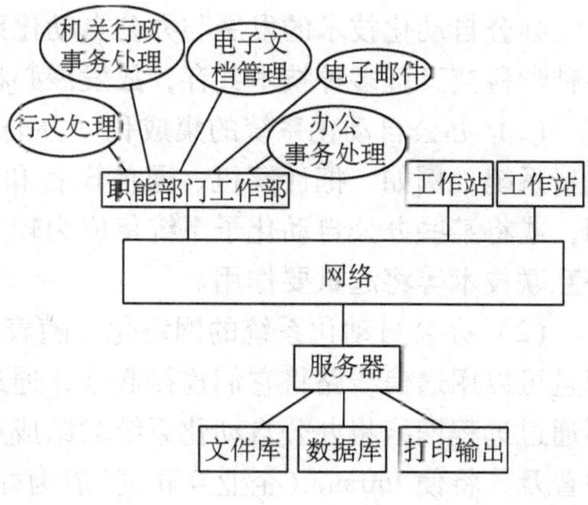

图 8-2　事务型办公系统

管理型办公系统多数是以局域网为主体构成的系统，局域网可以连接不同类型的主机，可方便地实现本部门计算机网络之间或者是与远程计算机网络之间的通信。通信网络最典型的结构采用中、小型主机系统与超级微机和工作站三级通信网络结构，如图 8-3 所示。其中，中、小型主机将主要完成管理信息系统的功能，处于最高层，设置于计算机中心机房；超级微机处于中间层，设置于各职能管理机关，主要完成办公事务处理功能；工作站则完成一些实际操作，设置于各基层科室，为最底层。这种结构具有较强的分布处理能力，资源共享性好，可靠性高。

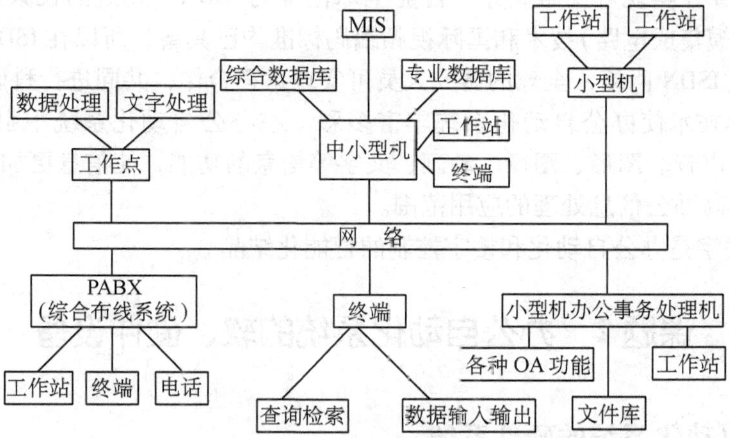

图 8-3　管理型办公系统

(3) 决策型办公系统　决策型办公系统是在事务处理系统和信息管理系统的基础之上增加了决策或辅助决策功能的最高级的办公自动化系统。这种系统主要担负辅助决策的任务，即对决策提供支持。它不同于一般的信息管理，它要协助决策者在求解问题答案的过程中方便地检索出相关的数据，对各种方案进行试验和比较，并对结果进行优化。为此，该系统除了利用信息管理系统数据库所提供的基础信息或数据资料之外，还需为决策者提供模型、案例或决策方法。所以只有数据库的支持是不够的，还必须具备模型库和方法库。模型库是决策支持系统的核心，其作用是提供各种模型供决策者使用，以寻求最佳方案。模型库一般包括计划模型、预测模型、评估模型、投入/产出模型、反馈模型、结构优化模型、经济控制模型、仿真模型、综合平衡模型等。在实际应用中，对同一问题可以用不同的模型，从不同的角度进行模拟，从而向决策者提出有效的建议。

8.1.3 办公自动化系统的发展趋势

办公自动化技术的发展与办公自动化系统的形成虽然至今不过30年的历史，但由于其多种学科交叉且多种技术共存，故发展必将突飞猛进，主要表现在以下几个方面：

（1）办公自动化系统的集成化　办公自动化系统的集成化是指将单项技术集成从而形成新系统。例如，把计算机、通信设备和事务处理器的功能集于一台设备上，实现一机多用；或将某些办公自动化子系统集成为较完整的系统。在集成化的过程中，局域网技术、网络互联技术等将起重要作用。

（2）办公自动化系统的网络化　随着技术的发展，办公自动化设备不但可以单独使用，而且可以用通信线路将它们连接起来，通过联网将单项办公业务系统联成完整的办公系统，再通过远程网络将办公自动化系统联结成更大范围的办公自动化系统。尤其是Internet技术的普及，将使Intranet（企业互联网）成为办公自动化系统的网络平台。

（3）联机办公系统将成为办公自动化的热点　外贸公司、集团公司的办公自动化系统都要在广域网内处理办公业务，如银行信用卡业务、飞机订票业务、地震预报、天气预报等都要联机进行处理。

（4）电子信箱将成为全国办公自动化系统的基础。

（5）利用ISDN实现可视通业务　目前全球范围的ISDN、先进的视频压缩技术、低成本VLSI（超大规模集成电路）技术和国际视频编码标准均已具备，所以在ISDN上将实现使用可视电话。通过ISDN网络，全球的研究人员可实现远程合作，共同进行科研。

（6）多媒体技术使办公自动化系统丰富多彩　在办公自动化系统中引入多媒体技术，使系统具有处理声音、图形、图像、动画、文字等信息的功能，使信息更加形象、丰富和生动，同时，也提高办公信息处理的应用范围。

（7）智能楼宇是办公自动化和楼宇控制的智能化结晶。

课题2　办公自动化系统的软、硬件设备

8.2.1 办公自动化系统的硬件系统

1. 办公自动化系统的硬件设备

办公自动化是多种先进技术的集成，各种新型的办公设备是实现办公自动化的基础。在办公自动化系统中，一般包括如下几类硬件设备：

（1）图文数据处理设备　图文数据处理设备包括计算机设备、打印机、复印机、扫描仪、印刷系统、数码摄像设备、录音设备及数据存储设备等。

（2）图文数据传送设备　图文数据传送设备包括图文传真机、电话机、程控电话交换机、卫星收发设备、微波通信设备等，具体如路由器、数据交换机、网卡、光端机等。

（3）图文数据特殊处理设备　图文数据特殊处理设备为办公提供特殊服务，如碎纸机等保密设备、防火墙与入侵检测设备等。

2. 办公自动化系统的计算机系统

（1）计算机　办公自动化系统中的计算机可分为大型、小型、微型和便携式计算机。

目前办公用计算机系统一般都是多用户分时系统，有很强的处理能力和很快的运算速度，有多种输入输出设备和大容量的存储设备，可以集中管理所有终端文件和进行事务操作，使所有用户共享数据库，一台主机可以连接几十个终端，构成一个集中控制式的办公自动化系统。办公人员可在各办公室的终端上进行各种办公业务的处理，这种办公用计算机可支持本地网络与其他网络的远程通信。

（2）工作站与网络 工作站是办公自动化系统的重要组成部分，它是在微机基础上供办公人员进行多种信息处理的设备。工作站具有信息收集、信息处理、信息传输、信息存储和信息变换等功能。办公人员可通过某一工作站共享整个系统的资源，在脱机方式下，还可以独立工作，进行各种业务处理；联机时，能实现数据、文字、声音、图形、图像的远距离传输。因此，工作站是办公自动化系统中最基本、最大量使用的设备。

网络对于办公自动化系统而言，局域网应是重点选择考虑的对象。但是，当需要与远距离的工作站或局域网连接时，就必须使用广域网。若要降低办公自动化系统的成本，也可利用本单位现有的程控交换机将单位内的计算机连接起来进行通信。

目前，国内中小型规模的办公自动化系统一般都是在计算机局域网或中小型微机系统环境下建立的。局域网具有投资小、见效快、软件维护方便等优点，而且各工作站脱离局域网后还具有独立处理数据的能力。局域网能将分布在各办公室的工作站连接起来，符合办公室分布处理的特点。当有更高的资源共享要求时，可将超级小型微机接入网中，便可使分布在各办公室的工作站共享超级小型微机上的软硬件资源。中、小型计算机分时系统功能强、技术较成熟并具有丰富的资源，且由于其本身就是多任务多用户的集中式数据处理系统，有成熟的通信功能，因此，能很好地完成集中式的数据处理任务。但因中、小型微机的终端本身无处理能力，一旦脱机便不能处理任何事情。因此，主机除了要承担数据处理任务外，还得承担通信任务，当终端数目很多时，主机的负担很重，而且一旦主机有故障，整个系统就将瘫痪。虽然可通过增加通信控制器来减轻主机的通信负担以及配置主机的备份，但这将大大增加系统的成本。

8.2.2 办公自动化系统的软件系统

办公自动化系统的软件结构为层次式，共有三层软件：基本软件层、办公室环境软件层和办公室应用软件层，各层软件都支持办公室网络环境。

1. 基本软件

基本软件包括操作系统和各种基础平台软件。

2. 办公室环境软件

办公室环境软件是指为办公室提供基本支持环境的软件，主要有下列几种：

（1）办公室管理软件 办公室管理软件管理办公室系统的配置、作业、安全、保密等。

（2）办公室文件管理系统 办公室文件管理系统管理办公室环境下的个人用文件及共用文件。

（3）办公室邮件管理系统 办公室邮件管理系统是对个人工作站之间资料和信息的传递管理。

（4）办公室数据库管理系统 办公室数据库管理系统是对办公室共享信息的管理。

3. 办公室应用软件

应用软件层是办公室系统中最大的软件层，其中包括各种办公事务处理的应用程序和实用程序。这一层软件又可分为具有一定通用性的软件及完全专用的软件。

（1）通用软件　较为通用的应用软件大多是一些办公人员的工具型软件，用这些软件可以处理各种不定型的办公业务。通用软件主要有文字处理软件、声音处理软件、表格处理软件、图像处理软件、图形处理软件和文字、图表、数据的集成软件、统计分析软件、预测软件、情报资料检索软件、日程计划软件、词典检索服务软件。

（2）专用软件　专用软件是指为具体办公业务和其他业务使用的软件。专用软件数量较多使用广泛，过去一般由用户自行研制，但现在大多数的专业软件产品在市场上均有出售。

1）各种专家软件。各种专家软件有会议室管理软件、印刷排版系统软件、电话记账软件、办公用品管理软件、出勤管理软件、现金出纳软件、会计业务软件、图书馆软件、备忘录软件。

2）行业管理专用软件系统。行业管理专用软件系统有旅游管理系统、医院管理系统、商店管理系统、车辆调度系统、工厂管理信息系统。

单元小结

办公自动化系统大体上由六种要素组成：组织机构、办公空间、办公人员、办公信息和知识、工作程序和办公技术。办公自动化系统大致分为三个层次：事务型办公系统、管理型办公系统和决策型办公系统。

办公自动化系统中的硬件设备包括图文数据处理设备、图文数据传送设备、图文数据特殊处理设备、计算机系统及网络等。办公自动化系统有三层软件：基本软件层、办公室环境软件层和应用软件层。

复习思考题

8-1　简述办公自动化系统的组成。

8-2　根据不同类型的办公室和办公结构，可以将办公自动化系统大致分为几种类型？并简述每一种类型的组成和原理。

8-3　举例说明何为办公室环境软件，何为办公室应用软件。

单元9 现场总线技术

【单元概述】

本单元主要介绍了现场总线技术的基本概念，介绍了 LonWorks 现场总线技术以及 BACnet 数据通信协议。

【学习目标】

通过本单元的学习，能够掌握现场总线技术的基本概念，能够对 LonWorks 总线技术有一定的认识，并对 BACnet 数据通信协议有一个初步的了解。

课题1 概 述

传统的集散式控制系统中，各厂商生产网络系统都有自己特定的通信协议，不同厂商的产品之间很难实现互联。为了打破这种“信息孤岛”，现场总线技术应运而生。现场总线被称为自动控制领域的计算机局域网，主要应用于生产现场（现场控制总线级），在微机测控设备之间实现双向、串行、多节点数字通信，是一种开放式、数字化、多点通信的底层控制网络。正是由于现场总线技术的应用使得集散式控制系统逐步成为一种公开化、标准化的解决方案，真正实现了全分布式的控制系统。

现场总线技术将专用的微处理器置入传统的测量控制设备，使这些设备具有数字计算和数字通信的能力，采用可进行简单连接的双绞线等介质作为物理总线，把多个测量控制设备连接成网络系统，并按照公开、规范的通信协议，使位于现场的多个微机化测量控制设备之间以及现场设备与远程监控计算机之间实现数据传输与信息交换，从而形成适应各种实际需求的自动控制系统。现场总线技术把单个分散的测量控制设备变成网络结点，以现场总线为纽带，把它们连接成可以相互沟通信息、共同完成自控任务的网络系统或控制系统。现场总线技术给自动化领域带来的变化正如局域网技术将众多分散的计算机连接在一起而使得计算机的功能、作用所发生的变化一样，使得自控系统与设备具有通信能力，不同厂商的产品也可以方便地连接成网络系统，并使自动控制系统开始加入信息网络的行列。

9.1.1 现场总线的标准化发展

现场总线作为应用于生产控制现场的网络系统，其开放性和标准化是所有用户及大部分设备生产厂商的共同愿望。为构建自控领域的开放互联系统，1984 年，美国仪表协会（ISA）下属的标准与实施工作组中的 ISA/SP50 开始制定现场总线标准；1985 年，国际电工委员会决定由 Proway Working Group 负责现场总线体系结构与标准的研究制定工作；1986 年，德国开始制定过程现场总线（Process Fieldbus，Profibus）标准，由此拉开了现场总线技术标准制定及其产品开发的序幕。

1992 年，由 Siemens、Rocemount、ABB、Foxboro、Yokogawa 等 80 家公司联合成立了 ISP (Interoperable System Protocol)组织，着手在 Profibus 标准的基础上制定现场总线标准。1993 年，以 Honeywell、Bailey 等公司为首，成立了 World FIP(Factory Instrumentation Protocol)组织，有 120 多个公司加盟该组织，并以法国标准 FIP 为基础制定现场总线标准。此时，许多大公司已经意识到，现场总线应该有一个统一的国际标准。但由于行业、地域及发展历史等方面的原因，加上各公司和企业集团受商业利益的驱使，现场总线的标准化进程较为缓慢。

1994 年，ISP 与 World FIP 北美部分合并，成立了现场总线基金会(Fieldbus Foundation, FF)，推动了现场总线标准的制定及其产品的开发，并于 1996 年颁布了低速总线 H1 的标准，同时安装了示范系统，将不同厂商符合 FF 规范的仪表互联为控制系统和通信网络，低速总线 H1 开始步入实用阶段。

此后，在不同行业还陆续派生出一些有影响的现场总线标准，它们大都是在公司标准的基础上逐渐形成的，并得到其他公司、厂商、用户以至国际组织的支持和认可。这些现场总线标准有德国 Bosch 公司推出的 CAN(Control Area Network)、美国 Echelon 公司推出的 LonWorks 等。

现场总线技术主要应用于控制现场，由于各行业的控制需求各异，加上各种现场总线的投资效益和各公司的商业利益都不同，至今的控制领域仍然没有完全统一的现场总线标准，处于多种标准共存甚至在同一控制现场有几种异构网络互联通信的局面。这一局面估计还将在今后一段时间内广泛存在，但发展共同遵从的统一的标准规范，真正形成开放互联的控制系统，仍然是现场总线技术发展的方向。

9.1.2 现场总线的特点及优越性

现场总线技术采用智能化的现场控制装置和开放的通信协议，使得整个控制系统的测控能力大大提高，同时系统的构建、维护也更加方便。

现场总线技术改变了传统控制系统的结构形式，主要表现在以下两个方面：

1）现场总线采用智能化的现场测控设备，具有数字计算和数字通信能力的现场设备使得控制功能彻底分散到现场而不依赖上位机来完成，真正实现了全分布式控制。

2）现场总线采用数字信号代替模拟信号，这样不仅具有较强的抗干扰能力和较高的控制精度，同时可以利用数字信号的频分复用技术实现一对线缆上传输多路信号。相对于传统的一对一物理连接，总线系统简化了系统结构，节约了连接电缆和各种安装维护费用。

1. 现场总线系统的特点

（1）开放性　只要符合同一总线标准的产品都可以方便地进行互联，符合不同标准的产品之间可以通过标准的协议转换设备实现互联，从而为用户提供了集成自主权。

（2）互操作性和互用性　通过现场总线，现场设备之间、系统之间可方便地进行信息传送与沟通，并进行点对点的互操作，不同厂商的类似产品也可以相互替换。

（3）现场设备智能化与功能自治性　现场总线技术将传感测量、补偿计算、工程量处理与控制功能分散到现场设备中完成，仅靠现场设备即可完成自动控制的基本功能，并能随时诊断设备的运行状态。

（4）系统结构的高度分散性　现场总线技术构成了一种全分布式的控制系统，进一步减少了传统集散式控制系统中上位机所起的作用，简化了系统结构，提高了可靠性。理想的现场总线要求每一个传感器、执行机构都具有自我控制能力，各传感器、执行机构通过总线网络协同工作，而不依赖其他上位设备。但实际上，这种要求一方面建设成本过高，另一方面网络数据通信量太大，因此目前绝大多数楼宇自控系统利用现场控制设备（DDC 或 PLC）作为现场总线的控制结点，传感器、执行机构与现场控制设备之间大多仍然采用传统的模拟连接方式，只有极少数传感器、执行机构具有自己的处理系统而直接连接在现场总线上。

（5）对现场环境的适应性　现场总线工作在控制现场，作为控制网络的底层，专为现场环境而设计。它可以支持双绞线、同轴电缆、射频、红外线、电力线等介质，具有较强的抗干扰能力，并可满足安全防爆要求。

2. 现场总线的优越性

由于现场总线的上述特点，特别是现场总线系统结构的简化，使得控制系统从设计、安装、投运到控制运行及其检修维护，都体现了很大的优越性，表现在以下几个方面：

1）采用总线技术，减少了线缆的数量与安装费用。

2）现场控制设备具有自诊断和简单的故障处理能力，发生故障时只需针对故障控制器进行维修，从而节省了维护开销。

3）标准化、开放化的通信协议使得用户可在符合同一标准的多家厂商的产品中选择，具有高度的集成自主权。

4）数字信号传输和现场设备的智能化提高了系统的准确性和可靠性。

课题2 LonWorks 现场总线技术

自20世纪80年代以来，逐渐产生了许多现场总线标准与技术，其中很多已逐渐形成其影响并在特定应用领域显示出自己的优势。它们都各具特点，对现场总线技术的发展起了很大的作用。表9-1中列出了一些比较有影响的现场总线技术及其传输速率和传输距离等参数。

表9-1 几种有影响的现场总线技术

现场总线技术	最大传输速率	最大传输距离
FF	31.25kbit/s ~ 2.5Mbit/s	500m ~ 1.9km
Bitbus	62.5kbit/s ~ 2.4Mbit/s	30m ~ 1.2km
Profibus	500kbit/s	1.2km
CAN	1Mbit/s	1 ~ 10km
L2	9.6 ~ 1500kbit/s	9.6km
HART	3Mbit/s	3km
ControlNET	5Mbit/s	5km
Modbus	9.9kbit/s ~ 10Mbit/s	450m ~ 1.5km
LonWorks	78.8kbit/s ~ 1.25Mbit/s	130m ~ 2.7km

9.2.1 LonWorks 基本概念

LonWorks 技术的核心是神经元芯片（Neuron Chip），它不仅是 LonWorks 总线的通信处理器，同时也可作为采集和控制用的通用处理器，LonWorks 技术中所有关于网络的操作实际上都是通过神经元芯片来完成的。一个神经元芯片拥有三个单元处理器：一个用于链路层的控制(MAC 处理器)；一个用于网络层的控制(网络处理器)；一个用于用户的应用程序(应用处理器)。另外它还包括 11 个 I/O 接口，这样在同一个芯片上就能完成网络和控制的全部功能。

除此之外，LonWorks 总线的组成还包括 LonWorks 结点和路由器、LonTalk 协议、LonWorks 收发器、LonWorks 网络和结点开发工具等。LonWorks 之所以能够成为目前世界上最流行的现场总线之一，是因为它具有许多其他现场总线不具备的优势，LonWorks 的技术特点有以下几点：

1）在一个神经元芯片上可以完成网络和控制的全部功能。

2）支持多种通信介质(双绞线、电力线、光纤、无线等)以及它们的互联。

3）LonTalk 支持 ISO/OSI 七层参考模型，并提供了一个固化在神经元芯片内的网络操作系统。

4）提供给使用者一个完整的开发平台，包括现场调试工具 LonBuilder、协议分析工具、网络开发语言 Nenron C 等。

5）由于支持面向对象的编程(网络变量 NV)，从而很容易实现网络的互操作。

此外，LonWorks 的标准性、规范性也是它得到广泛应用的重要原因之一。LonMark 是与 Echelon 公司无关的 LonWorks 用户标准，其目的是为了使 LonWorks 产品之间能够更好地互联。理论上，按照 LonMark 设计规范设计的 LonWorks 产品均可非常容易地集成在一起。

9.2.2 LonWorks 智能楼宇自动化系统的设计和实施

采用 LonWorks 网络，使得从封闭的依赖于单个厂商的控制系统到完全可以互操作的智能楼宇自动化系统的转变成为现实。作为智能楼宇自动化产品的开发者或系统集成者，可以以 LonWorks 技术为依托，开发与 LonWorks 兼容的通用智能控制结点和各种专用节点以及各种智能传感器、执行器；也可以从与 LonWorks 兼容的不同 OEM 厂商生产的硬件和软件中，按照应用的要求配置和灵活选用，完全没有必要依赖于单一的货源。

LonWorks 的开放性和互操作性使得不同厂商的产品很容易集成于一个功能齐全和结构灵活且容易安装、维护和扩充的一体化的智能建筑管理控制系统。

1. 智能结点设计

一般来说，使用 LonWorks 技术组成的自动控制网络中，检测点、控制点可分为四类，即数字量(开关量)的输入/输出和模拟量的输入/输出。在结点设计时，可以根据应用要求和器件功能，选择各种输入/输出的优化组合，形成系列产品。下面以威世达公司的 VCN 通用智能结点系列产品为例分别作一简要说明。

(1) 数字量(开关量)输入结点　数字量(开关量)输入结点主要用于检测外部数字信号和具有开关状态的信号，比如检测继电器的闭合状态、某些开关的状态、电平信号的输入等。这类结点在设计过程中主要考虑的问题是如何将各种各样的数字量和开关量转换成 Neuron(神经元)芯片能够接收的信号，这类 Neuron 芯片能够接收的信号在输入通道上要加光电隔离器，以提高结点运行的安全性和可靠性。

(2) 数字量(开关量)输出结点　在 LonWorks 网络中，很多的控制机制都是通过数字量输出结点来完成的，如继电器的驱动和各种显示器的驱动等。在设计这类结点时，主要是要解决外部高电压、大电流的提供问题。在电路中，同样也需要进行光电隔离，以提高结点的可靠性和安全性。

(3) 模拟量输入结点 模拟量输入结点主要用于采集网络中的模拟信号。由于模拟信号种类繁多(如电压信号、电流信号等)，而这类信号由于应用的场合和使用的传感器均不同，其范围也不尽相同，如电压信号可以是0~5V、0~10V、-5~+5V、-10V~+10V，电流信号可以是0~10mA、4~20mA等，所以模拟量输入结点的前端应增加信号整理电路，以使这些信号处于一个合理的范围内，从而便于采集。由于神经元芯片所提供的I/O接口只有11个引脚，所以在结点的设计中，大多都采用串行接口的A/D转换器，而神经元芯片中的IO8~IO10提供了标准的SPI总线，为串行A/D到神经元芯片的连接提供了方便。当然为了在结点中进一步提高数据采集速度，也可以使用并行接口的A/D器件，只是这种器件连接到神经元芯片时，要使用较多的I/O接口。另外在结点中使用串行A/D器件可以比较容易地实现光电隔离，而在使用并行A/D器件时，由于速度和使用数量等方面的原因要实现光电隔离比较困难。

在进行模拟输入结点的设计时，还可以使用其他类型的A/D变换形式，比方说在A/D速度要求不高而精度要求较高的场合可以使用V/F变换来实现模拟量到数字量的转换。

(4) 模拟量输出结点 模拟量输出结点对于驱动某些控制设备是必需的，如步进马达的控制、一些调节阀的控制等。与模拟量输入结点一样，在模拟量输出结点中使用最多的还是串行的D/A变换器件。只是根据控制对象的不同，可能要求模拟量输出结点提供不同的信号(如电压信号、电流信号等)，所以在实际设计中，要增加输出信号整理电路。

(5) 结点设计中的抗干扰措施 过程通道是前向接口(A/D等)、后向接口(D/A等)与神经元芯片或神经元芯片之间进行信息传输的路径，在过程通道中长线传输的干扰是主要干扰因素。随着系统主振频率越来越高，系统过程通道的长线传输越来越不可避免。例如，按照经验公式计算，当主机主振频率为1MHz且传输线大于0.5m时或主振为4MHz且传输线大于0.3m时，即作为长线传输处理。

为保证长线传输的可靠性，主要措施有光电耦合隔离、双绞线传输、阻抗匹配等。例如，在上述结点设计中，一般都增加了光电隔离电路，不仅提高了结点的安全性，同时也增加了结点的抗干扰能力。在LonWorks网络中的传输媒体大多采用双绞线，它保证了信号传递的质量，从而可使信号传送到足够远的地点。另外在使用双绞线时，网络端点的阻抗匹配也是影响信号质量及传输距离的重要因素，在设计网络时要格外注意。

2. 智能楼宇自动化系统的实施

在实施楼宇自动化系统时，一般遵循下列步骤：建立控制逻辑，选择控制结点和其他设备，网络结构设计，布线，安装调试。建立控制逻辑即定义监控对象，确定监控点以及监控对象与其他设备的通信方式。

楼宇自动化系统的监控对象一般包括暖通空调、照明、保安门禁、火灾报警、能源监测以及和大厦信息管理系统的接口等。控制逻辑是根据应用系统的监控要求而确定的，例如，公共地段的照明按时开关，办公室的照明在有人进入时打开，公共门禁和HVAC按时间程序开关，保安系统使用动目标传感器等。监控对象的性质和监控要求决定了监控点的数目和类型(模拟量输入AI、模拟量输出AO、数字量输入DI、数字量输出DO等)以及这些输入与输出之间的关系。

(1) 选择控制结点及其他设备 在确定好控制逻辑之后，就可以开始选择结点。选择结点主要考虑采用何种结点以适合应用要求。为简单起见，可将结点分为两大类，即通用结点和专用结点。通用结点可以通过使用 Neuron C 编程来监测和控制多个输入/输出点，如威世达公司的各种模拟量、开关量、数字量 I/O 结点。专用结点是已经定义为某种专用的输入/输出（如 DI、DO、AI、AO）结点，如威世达公司的电梯楼层显示结点、呼梯结点及轿箱结点、电动门锁控制结点、能量计费结点等。

（2）通信类型　通信类型即采用何种通信媒体（双绞线自由拓扑结构、信道电源线、供电线、无线），要根据实际的需要和可能考虑。一般来说，双绞线自由拓扑结构成本较低；信道电源线在需要使用电池或备用电源时比较适合；供电线在装修改造的工程中可能比较经济；无线可在无法使用其他通信媒体时（如无法连线时）提供解决办法。在考虑通信类型时，还需要考虑是否需要采用路由器、网桥或重发器。

（3）网络结构设计　网络结构设计即确定每一个控制结点的位置，网络中使用结点的数量，路由器、网桥和重发器的数量，网络的构型即是否要有多个域（Domain）、子网（Subnet）、组（Group），哪些结点属于哪个域和组，还有人机界面是否采用主监控 PC 等。

（4）布线、安装、调试　布线是一项复杂的工程，楼宇自动化系统与结构化布线技术的结合使布线更加规范化。采用双绞线自由拓扑结构收发器的 LonWorks 结点一般使用结构化布线的普通双绞线或屏蔽双绞线作为其通信媒介。除了网络布线外，电源、传感器、变送器、执行器的输入/输出连线、空调控制线、门锁、照明设备控制线等等都需要加以确定。在确定设备位置和布线要求后，制定布线计划和细节，即可实施布线和安装。调试过程是反复多次进行的过程，包括结点程序调试、设备功能调试及网络联调。若使用开发系统及网络安装调试工具进行网络模拟调试，无疑可以减少现场安装调试的工作量，从而节省调试成本。

LonWorks 技术体现了控制网络技术发展的最新趋势，它对控制领域内各种不同应用的适应性，它提供的一体化解决办法，它的无中心真正分布式控制模式，它的开放性、互操作性，以及它被工业界的广泛接受，都成为控制网络的实际主流标准，从而使得基于 LonWorks 平台开发真正一体化的智能建筑管理控制系统，不但是现实可行的，而且是具有广阔前景的。

课题 3　BACnet 数据通信协议

现场总线仅仅是对楼宇自控系统的现场控制级网络进行了定义，但楼宇自控系统网络结构的标准化进程并不满足于现场控制级网络系统的公开化、标准化，而是追求整体通信协议解决方案的标准化。BACnet 是由多个楼宇自控系统产品供应商共同达成的在楼宇自控及控制领域内的一种数据通信协议标准。它是由美国供热、制冷和空调工程师协会（ASHRAE）研发制定的，提供了在不同厂商产品之间实现数据通信的标准。制定 BACnet 的目的是通过定义工作站级通信网络的标准通信协议，来取消不同厂商工作站之间的专有网关，同时也使工作站直接与相应的控制系统相连，从而实现整个楼宇控制系统的标准化和开放化。

BACnet 全称为 A Data Communication Protocol for Building Automation and Control Network，即楼宇自动控制网络数据通信协议。BACnet 协议最根本的目的是要提供楼宇自控系统实现互操作的方法。BACnet 协议详细地阐述了楼宇自控网络系统的功能，阐明了有关系统组成单元如何共享数据、使用何种通信媒介、功能及信息格式、协议如何转换等方面的全部规则。BACnet 数据通信协议的产生使得系统集成不必考虑设备生产厂商，并为各种兼容系统在不依赖于任何专用芯片组的情况下实现相互开放通信提供了可能。BACnet 易于实现，它代表着建筑设备监控技术的一种发展方向。

9.3.1 BACnet 模型

BACnet 是 ASHRAE 提出的楼宇自动控制网络数据通信协议，这个协议提供了一种机制，通过这种机制，各类微机化的设备都可以相互交换信息，而不用考虑它所提供的特定服务。因此，BACnet 协议可以应用于计算机、通用直接数字控制器以及具有特定或单一功用的控制器设备中，且应用效用是完全相同的。

BACnet 协议产生的原因是楼宇业主和楼宇自动控制系统的使用者对自动控制设备互操作性的广泛要求，这种要求体现在希望不同厂商生产的设备能够组成一个统一的可以协调工作的自动控制系统。为此，标准项目委员会(SPC)征集了许多对此感兴趣的公司和个人的意见，同时参考了国内和国际各种已成文或已经实际使用的数据通信标准，花了大量时间从各方面分析各种协议的优、缺点。

SPC 在评价和选择协议解决方案时，考虑了以下几个问题：解决方案是否需要符合 ISO 的开放式系统互联(OSI)的基本参考模型？解决方案是否需要应用于所有类型的设备？解决方案是否简单、有效？解决方案对于协议的扩展性即对其他的设备应用，以及将来的硬件和软件技术的支持有何影响？解决方案是否经济合算？

通过讨论，SPC 得到了一个包含楼宇自控系统网络通信协议所应具有特性的 BACnet 网络协议模型，具体如下所述：

1）所有网络设备，除主从/令牌传递的从属机以外，都是对等的。某些同等设备可能比其他非 BACnet 协议模型的网络设备具有更多的特权和职责。

2）每一个网络设备都称之为一个“对象”的实体，这是一个具有网络访问特征的集合模型。每个对象用一些“属性”来描述，这些属性表示了设备的硬件、软件以及操作的各个方面。在不需要了解设备内部设计或配置细节的情况下，对象提供了识别和访问设备信息的方法。尽管本协议规定了广泛的应用对象的类型以及它们的属性，但是一旦有需要，利用开发工具仍可以自由地增加新的对象类型。

3）设备之间的通信是通过读写某些对象的某些属性及利用其他的协议服务来完成的。协议虽规定了一套详尽的服务集合，但是同样也允许开发工具创建新的服务。

4）设备的完善性，即实现特定服务请求或理解特定对象类型种类的能力，由设备的“一致性类别”参数进行标示。每一种类别定义一个服务、对象、属性的最小集合，被声明为某一类别的设备必须支持其相应的集合。

5）协议遵循 ISO 的“分层”通信体系结构的概念，因此使用不同的网络访问方法和物理介质可以交换相同的报文，也可以根据传输速度和吞吐量的要求，花费适当的开销来配置 BACnet 网络。

6）协议是为采暖、通风、空调、制冷控制设备所设计的，它也为其他楼宇控制系统(如照明、安保、消防系统等)的集成提供了一个基本原则。虽然这些扩展超出了 BACnet 协议的范围，但亦可以简单实现。同时，协议中定义的许多对象和服务可以被不加修改地使用，当然，在需要某些其他类型的楼宇控制功能时，也可以简单地定义新的对象和服务。

最后需要指出的是，所有的通信协议都是一个解决各种信息交换问题的方案集合，并且随着时间的推移和技术的进步而不断改变。BACnet 协议也不例外，它的应用给楼宇自控系统的集成与标准化提供了参照体系，同时也将随着业内人士的努力而不断完善和发展。

9.3.2 BACnet 的体系结构

国际标准化组织在制定计算机网络通信协议标准时定义了一个模型，称为开放系统互联参考模型(OSI)(ISO7498)，目的是解决计算机与计算机之间普遍的通信问题。在这个模型中，将计算机通信这样一个复杂的问题分解成七个小的、容易解决的子问题，每个子问题只与某些通信功能相关，并且把这些子问题称为协议体系结构的一层，整个模型是一个七层的体系结构，如图 9-1 所示给出了这七层的体系结构。

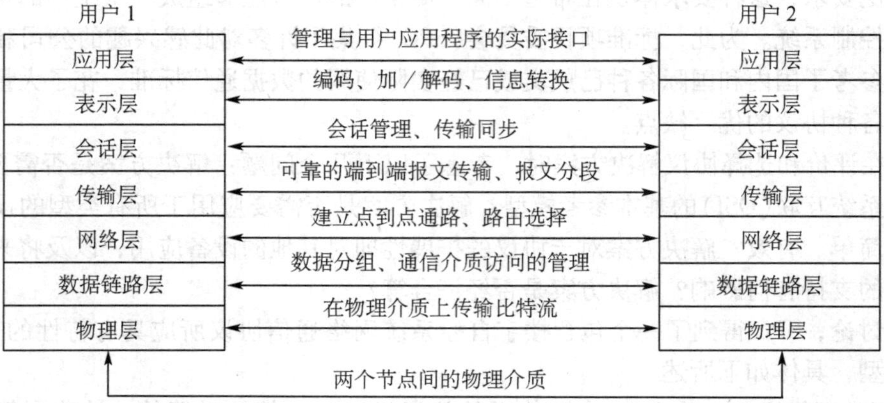

图 9-1　开放系统互联参考模型

就某个层次而言，它利用下面各层所提供的服务，同时也向上面各层提供服务。可以把每一层想像成一个黑箱，黑箱的上面和下面都具有经过标准化定义的接口。一个应用程序通过与 OSI 应用层连接，可实现与另一个远程应用程序的通信。对于这种发生在两个应用程序之间的通信，看似两个程序是通过各自的应用层接口直接相连，各层仅仅需要了解其他层很少的情况。通过类似的方式，协议的每一层利用下面各层的服务来提供通信服务，并与另一个系统的同等层建立起一个虚拟的对等层的通信，但真正的通信只发生在物理层。

OSI 模型以高度概括的观点来分析计算机与计算机之间的通信，用来解决全世界范围内巨大而复杂的计算机网络的通信问题。在这种情况下，互相通信的各个计算机之间可能相距很远，因此报文要通过一系列中间点才能到达，而这些中间点相应地可能需要实现路由选择功能和某种解释功能以及复杂的同步和差错恢复功能。

OSI 模型的定义虽然十分规范，但实现 OSI 模型协议所需要的费用较高，网络构建也比较麻烦，因此，实际上完全按照 OSI 模型设计的网络协议并不多。在绝大部分楼宇自动控制系统中，并不需要实现 OSI 模型的所有内容。但从功能性方面来考虑，经过去除某些功能后，OSI 模型仍然是对自动控制通信协议一个很好的参考。如果只选择 OSI 模型中需要的层次，形成一个简化的模型作为楼宇自动控制系统的协议体系结构，可以减少报文的长度，降低通信处理的开销，并且也满足楼宇自动控制系统的需要。另外，结构简化后的各层可以充分利用现有的、易用的、应用广泛的局域网技术，如以太网、ARCNET 和 LonTalk 等。这样不但可以降低成本，而且也有利于提高性能，为系统集成开辟新的路径。

BACnet 建立在包含四个层次的简化分层体系结构上，这四层相当于 OSI 模型中的物理层、数据链路层、网络层和应用层，如图 9-2 所示。BACnet 标准定义了自己的应用层和简单的网络层，对于其数据链路层和物理层，提供了以下五种选择方案。

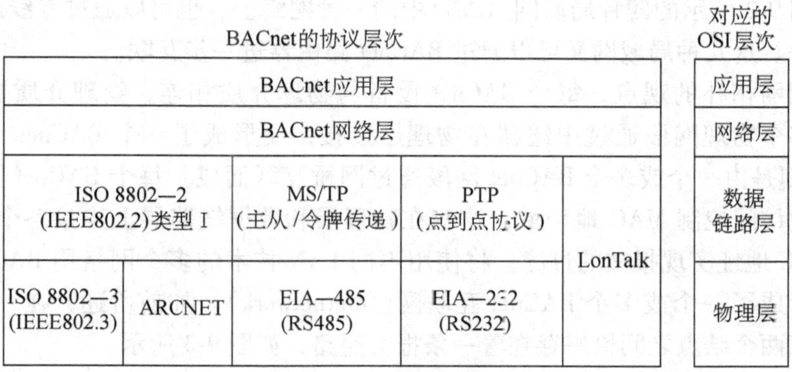

图 9-2　BACnet 简化的体系结构层次图

（图中括号内文字表示局域网的标准）

第一种方案是 ISO8802—2 类型 1 定义的逻辑链路控制(LLC)协议，加上 ISO8802—3 介质访问控制(MAC)协议和物理层协议。ISO8802—2 类型 1 提供了无连接(Connectionless)不确认(Unacknowledged)的服务，ISO8802—3 则是著名的以太网协议的国际标准。

第二种方案是 ISO8802—2 类型 1 定义的逻辑链路控制协议加上 ARCNET(ATA/ANSI878.1)协议。

第三种方案是主从/令牌传递(MS/TP)协议加上 EIA—485 协议。MS/TP 协议是专门针对楼宇自动控制设备设计的，与 ISO8802—2 类型 1 类似，它通过 EIA—485 的物理层向网络层提供接口。

第四种方案是点对点(PTP)协议加上 EIA—232 协议，这种方案为拨号串行异步通信提供了通信机制。

第五种方案是 LonTalk 协议。

这些方案都支持主/从 MAC、确定性令牌传递 MAC、高速争用 MAC 以及拨号访问，在拓扑结构上都支持星型和总线型拓扑，另外还支持双绞线、同轴电缆、光缆等物理介质。

简化的四层 BACnet 体系结构，是考虑了 BACnet 网络的独特特征和要求以及最少协议开销原则后得出的。

由此可见，BACnet 协议体系结构的建立基于以下几点考虑：

1）实现一个完全的 OSI 七层体系结构需要大量的资源和开销，因此对目前的楼宇自动控制系统是不适用的。

2）按照 OSI 模型的方式构造协议的体系结构，并且采用现有的计算机网络技术，可以使新协议的实现成本低，并便于其他计算机网络系统的集成。

3）根据楼宇自动控制系统的环境及要求，可以去除 OSI 某些层的功能来简化 OSI 模型，制定出新协议的体系结构。

由物理层、数据链路层、网络层和应用层组成的简化体系结构，是当今楼宇自动控制系统的最佳解决方案之一。

9.3.3 BACnet 网络的拓扑结构

为了适应各种应用要求，BACnet 并没有规定严格的网络拓扑结构。BACnet 设备可以直接连接到如图 9-2 所示的四种局域网(LAN)中的一种网络上，也可以通过专线或拨号异步串行线连接起来。这几种局域网又可以通过 BACnet 路由器进一步互联。

按照局域网拓扑的观点，每个 BACnet 设备与物理介质相连，物理介质被称为物理网段。一个或多个物理网段通过中继器在物理层连接，便形成了一个 BACnet 网段。而一个 BACnet 网络则是由一个或多个 BACnet 网段通过网桥互联而成。每个 BACnet 网络都形成一个单一的介质访问控制 MAC 地址域，这些在物理层和数据链路层上连接各个网段的设备，可以利用 MAC 地址实现报文的过滤。将使用不同 LAN 技术的多个网络用 BACnet 路由器互联起来，便形成了一个或多个 BACnet 互联网(Internetwork)。如前所述，在一个 BACnet 互联网中，任意两个结点之间恰好存在着一条报文通路，如图 9-3 所示。

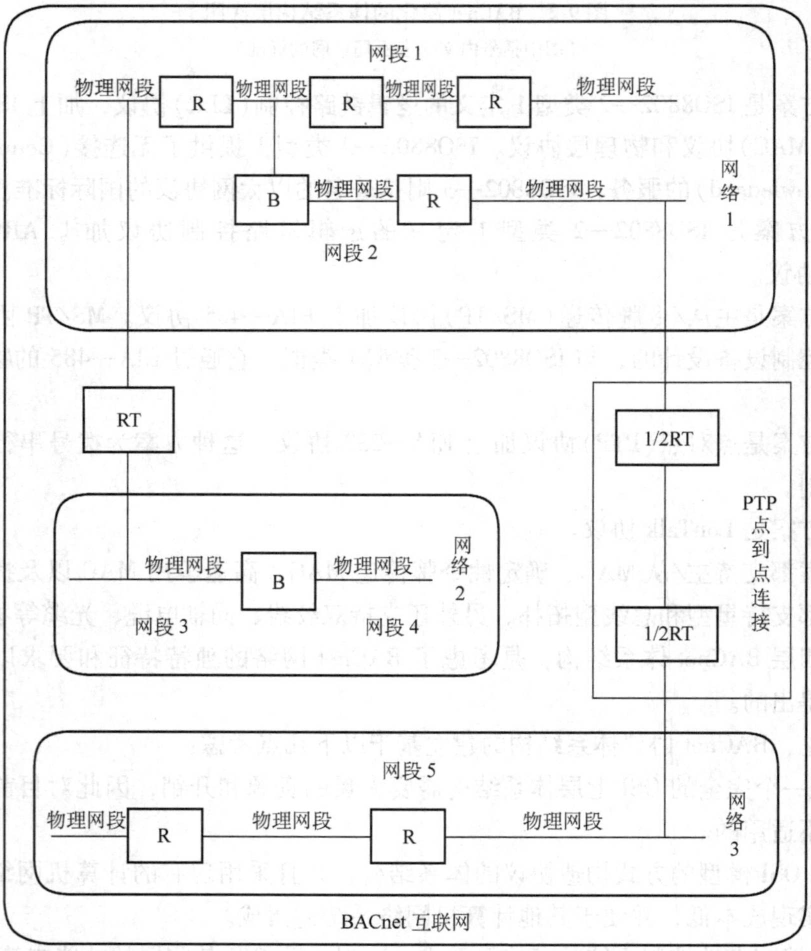

图 9-3 BACnet 互联网结构图

B—网桥 RT—路由器 R—中继器 1/2RT—半路由器

9.3.4 BACnet 的安全性

BACnet 系统在安全方面的主要隐患是有人有意或无意地改变设备的配置参数或控制参数。问题产生的原因经常是由于安全措施没有把某个计算机的操作包括在内，从而使得在那台计算机上可以进行非法操作。需要采取安全措施的一个重要地方是人机接口处。由于人机接口处不属于通信协议范围，因此厂家可根据需要自由地在该接口处设置密码保护、跟踪记录或者其他控制措施。另外，在 BACnet 协议中对任何属性的写访问操作，都没有明确要求是“可写的(Writable)”，但这一点可以通过只允许在虚终端结点(Virtual Terminal Node)处修改或干脆完全禁止来加以改进。这样厂家便可以利用它们认为尽可能合适的、完备的机制，来保护密钥属性(Key Property)。最后，BACnet 还定义了用来提供对等实体、数据来源及操作员身份的鉴别的服务。

单 元 小 结

现场总线技术改变了传统控制系统的结构形式，其特点为：现场总线采用智能化的现场测控设备，现场总线采用数字信号代替模拟信号，开放性、互操作性和互用性，现场设备智能化和功能自治性，系统结构的高度分散性。

LonWorks 技术的组成包括神经元芯片、LonWorks 结点和路由器、LonTalk 协议、LonWorks 收发器、LonWorks 网络和结点开发工具等。

BACnet 数据通信协议使得系统集成不必考虑设备生产厂商，并使各种兼容系统实现了相互开放通信。BACnet 数据通信协议只选择 OSI 模型中需要的层次，形成了一个简化的模型作为楼宇自动控制系统的协议体系结构。

复习思考题

9-1 简述现场总线的基本概念。

9-2 现场总线技术相对于传统的集散式控制系统有何优点？

9-3 LonWorks 技术的组成有哪些？

9-4 LonWorks、LonTalk 、LonMark 各代表什么？

9-5 简述 BACnet 协议的体系结构。

附录 智能建筑术语(中英文对照)

ACC(Access Control Computer) 访问控制计算机
ADSL(Asymmetric Digital Subscriber Line) 非对称数据用户线
AHU(Air Handing Unit) 空气处理机组
AIBI(American Intelligent Building Institute) 美国智能建筑学会
AM(Accounting Management) 计费管理
AS(Administration Subsystem) 管理子系统
ATM(Asynchronous Transfer Mode) 异步传输模式
BAS(Building Automatic System) 楼宇自动化系统
BMAS(Building Management Automatic System) 楼宇管理自动化系统
BA(Building Automation) 楼宇自动化
CAS(Communication Automation System) 通信自动化系统
CDDI(Copper Distributed Data Interface) 铜缆分布式数据接口
CCITT(Consultative Committee on International Telephone and Telegraph) 国际电话电报咨询委员会
CECS72:97 建筑与建筑群综合布线系统工程设计规范
CLP(Cell Loss Priority) 信元丢失优先权
CM(Configuration Management) 配置管理
CMS(Carpacking Management System) 停车场管理系统
CNS(Computer Network System) 计算机网络系统
CP(Convergence Protocol) 汇聚协议
CPE(Convergence Protocol Entity) 汇聚协议实体
CPS(Car Packing System) 停车场系统
CS(Cabletron Spectrum) 归纳模块化技术
CS(Convergence Service) 汇聚服务
CS(Convergence Sublayer) 汇聚子层
CSCW(Computer Supported Cooperative Work) 计算机支持的协同工作
CSN1 中国一号信令
DCN(Digital Conference Network) 数字式会议网络
DCS(Distributed Control System) 集散式控制系统
DDC(Direct Digital Controller) 直接数字控制器
DP(Data Processing) 数据处理
DPS(Difference Pressure Switch) 压差开关
DSP(Digital Signal Processor) 数字信号处理器
DSS(Decision Support System) 决策支持系统

EMI(Eletromagnetic Interference) 电磁干扰
EOLR(End of Line Resistance) 线端电阻
FAS(Fire Alarm System) 火灾报警系统
FDDI(Fiber Distributed Data Interface) 光纤分布式数据接口
FM(Fault Management) 失效管理
FS(Flowrate Switch) 压差开关
GIB(Generic Information Block) 通用信息模块
HDTV(High Deformation Television) 高清晰度电视
HEC(Header Error Control) 信头差错控制域
HEMS(High-level Entity Management System) 高级实体管理系统
HFC(Hybrid Fiber Coax) 光纤同轴电缆(技术)
HMP(Host Monitoring Protocol) 宿主机监视协议
HS(Horizontal Subsystem) 水平布线子系统
HVAC 通风和空调
IBCMS(Intelligent Building Central Management System) 智能建筑中央管理系统
IBMS(Intelligent Building Management System) 智能建筑管理系统
IBS(Intelligent Building System) 智能建筑布线系统
ICMP(Internet Control Message Protocol) 因特网控制信息协议
IDF(Intermediate Distribution Frame) 中间分配线架
IFC(Intelligent Fire Controller) 智能型消防控制器
ILC(Intelligent Light Control) 智能型照明控制器
IMA(Interative Multimedia Association) 交互式多媒体协会
IMT(Inductive Modeling Technology) 归纳模块化技术
IOS 智能分站
IPC(Industry Processing Computer) 工业控制用微机
ISDN(Integrated Services Digital Network) 综合业务数字网
ITV(Interactive Television) 交互式电视
JPEG(Joint Picture Experts Group) 联合图像专家组
LLC(Logical Link Control) 逻辑链路控制
LPC(Local Procedure Call) 局部过程调用
MATV 卫星电视
MDF(Main Distribution Frame) 主配线架
MFA(Management Funt Area) 管理功能
MIDI(Musical Instruments Digital Interface) 乐器数字接口
MIS(Management Information System) 管理信息系统
MMDS(Multichannled Microwave Distribution System) 多路微波分配系统
MPC(Multimedia Personal Computer) 多媒体个人计算机
MPE(Management Protocol Entity) 管理协议实体
MPEG(Motion Photographic Experts Group) 动态图像专家组

MS(Management Service) 管理服务
MU(Management User) 管理用户
NA(Numerical Aperture) 数值孔径
NCU(Network Control Unit) 网络控制单元
NEU(Network Extribution Unit) 网络扩展模块
NEXT(Near-End Cross Talk) 近端串扰
NI(Network Integration) 网络集成
OAS(Office Automation System) 办公自动化系统
OCR(Optical Character Recognition) 光学字符识别
OTDR 光纤时间区域反射仪
PA&STV 广播与卫星电视接收系统
PABX 内部交换机
PAS(Public Announcement System) 公共广播系统
PC(Personal Computer) 个人计算机
PDL(Programme Definition Language) 交互式音频、视频系统的程序定义语言
PDS(Premises Distribution System) 综合布线系统
PM(Process Manager) 进程管理机
PMTC 多媒体处理技术的应用
PT(Payload Type) 信息负载类型
RBS(Riser Backbone Subsytem) 垂直干线子系统
RFI(Radio Frequency Interference) 射频干扰
SRS(Segmentation and Reassembly Sublayer) 拆装子层
SAS(Safety Automation System) 安全防范自动化系统
SCS(Structured Cabling System) 结构化综合布线系统
SH(Smart Home) 智能住宅
SI(System Integration) 系统集成
SM(Security Management) 安全管理
SMS(Security Messaging System) 保安报警系统
SNMP(Simple Network Management Protocol) 简单网络管理协议
STB(Set-Top Box) 机顶盒
TB(Terminal Box) 末端送风装置
TCI(Trunk Cabling Interface) 星形接线
TDS(Time Division Switching) 时分交换结构
TI(Traffic Intersections) 交通叉口
TLC(Transaction Logging Computer) 业务登录计算机
TRAV(Terminal Regulated Air Volume) 末端调节的变风量系统
UTP(Unshield Twisted Pair) 非屏蔽双绞线
VAV 变风量
VCI(Virtual Channel Identifier) 虚拟信道标识

VOD(Video-On-Demand)　点播电视
VPI(Virtual Path Identifier)　虚拟路标标识符
WAS(Work Area Subsystem)　工作区子系统
WLL(Wireless Local Loop)　无线本地环路
WP(Word Processing)　字处理
WWW(World Wide Webs)　万维网
XBS　基本型建筑物自动化系统
XFI　开放型建筑物自动化系统
XSM　保安防火网

参 考 文 献

[1] 沈晔．楼宇自动化技术与工程[M]．北京：机械工业出版社，2005.
[2] 王娜．智能建筑概论[M]．北京：人民交通出版社，2002.
[3] 刘军明．弱电系统集成[M]．北京：科学出版社，2005.
[4] 黄河．综合布线与网络工程[M]．北京：中国建筑工业出版社，2004.
[5] 吴成东．智能建筑综合布线系统设计与实践[M]．北京：清华大学出版社，2003.
[6] 窦志．建筑师与智能建筑[M]．北京：中国建筑工业出版社，2003.
[7] 陆伟良．智能化建筑导论[M]．北京：中国建筑工业出版社，1999.
[8] 盛啸涛，姜延昭．楼宇自动化[M]．西安：西安电子科技大学出版社，2004.
[9] 沈瑞珠．楼宇智能化技术[M]．北京：中国建筑工业出版社，2004.